建筑幕墙创新与发展

——2016全国铝门窗幕墙行业年会论文集

主　编　黄　圻
副主编　刘忠伟　董　红

中国建材工业出版社

图书在版编目（CIP）数据

建筑幕墙创新与发展：2016 全国铝门窗幕墙行业年会论文集 / 黄圻主编. —北京：中国建材工业出版社，2016.2

ISBN 978-7-5160-1378-6

Ⅰ. ①建… Ⅱ. ①黄… Ⅲ. ①铝合金-门-文集 ②铝合金-窗-文集③幕墙-文集 Ⅳ. ①TU228-53 ②TU227—53

中国版本图书馆 CIP 数据核字（2016）第 030609 号

内 容 简 介

《建筑幕墙创新与发展》——2016 全国铝门窗幕墙行业年会论文集共收集论文 35 篇，分为建筑幕墙行业 2015—2016 发展动态、设计与施工、方法与标准、材料性能四部分，涵盖了建筑幕墙行业发展现状、生产工艺、技术装备、新产品、标准规范、管理创新等内容，反映了近年来行业发展的部分成果。

编辑出版本书，旨在为幕墙行业在更广泛的范围内开展技术交流提供平台，为行业和企业的发展提供指导。本书适合所有幕墙行业从业人员阅读和在实际工作中借鉴，也可供相关专业的科研、教学和培训使用。

建筑幕墙创新与发展

——2016 全国铝门窗幕墙行业年会论文集

主 编 黄 圻

副主编 刘忠伟 董 红

出版发行：中国建材工业出版社

地 址：北京市海淀区三里河路 1 号

邮 编：100044

经 销：全国各地新华书店

印 刷：北京雁林吉兆印刷有限公司

开 本：787mm×1092mm 1/16

印 张：18

字 数：446 千字

版 次：2016 年 2 月第 1 版

印 次：2016 年 2 月第 1 次

定 价：72.00 元

本社网址：www.jccbs.com.cn 微信公众号：zgjcgycbs

广告经营许可证号：京海工商广字第 8293 号

本书如出现印装质量问题，由我社市场营销部负责调换。联系电话：(010)88386906

序

改革开放以来，我国经济的高速发展给建筑行业带来了难得的机遇。建筑新兴产业的诞生，创造了大量的就业机会，新型建筑幕墙美化了城市，高档门窗的使用改善了人们的居住环境。但是在高速发展过程也带来了一些问题和疑惑，我国开始进入新常态下的结构性调整阶段。

从去年开始，明显放缓的经济运行趋势，对我国建筑门窗幕墙行业的影响和冲击较大。相当一部分企业的产值出现了下滑。部分企业出现了亏损，银行贷款的减少和资金链的紧张是企业面临的最大难题。

国民经济在经历了30年的高速发展后进入了结构调整的平稳期，房地产结束了长达15年的超级繁荣期，进入了真正意义上的调整期。2016年我们建筑门窗幕墙行业，受国家宏观经济调控和压缩房地产业投资的影响，总体形势普遍严峻，门窗幕墙企业工程量不足，资金不到位，工程付款条件苛刻，工程垫资现象严重，今年不少企业都适时调整了企业的目标计划，减少了销售额目标总量，增加了对工程回款率和保利润的基本要求，使得下半年企业的营业额目标更加切合实际。

多年来，我国优质建筑门窗的实际应用水平始终不高，特别是新建商品房的门窗。优质门窗的实际应用水平不高有多种因素：①低价中标，放弃使用优质门窗；②房地产公司一味追求利益最大化，压缩门窗在整个工程里的投资比例；③政府部门对建筑节能指标执行力度不够坚决。总之，多年来我们行业从国外发达国家引进、消化、吸收了许多性能优良的新产品，同时也有企业自主研发，适合本地气候和使用特点的新门窗，这些新品基本上是放在自己企业的样品室里无人问津。

今年我们铝门窗幕墙委员会组织的论文集的题目是《建筑幕墙创新与发展》，这次论文集围绕着绿色建筑、建筑节能、建筑工业化等建筑整体发展内容撰写，论文内容新颖丰富、涉及面广泛、创新性强、技术含量较高，有不少论文是首次发表。本书分为“建筑幕墙行业 2015—2016 发展动态”、“设计与施工”、“方法与标准”、“材料性能”四个部分，共计 35 篇论文。内容涉及建筑幕墙设计及施工安全，幕墙施工管理办法，新型建筑幕墙门窗材料的推广和使用，新型节能门窗和系统门窗的设计与推广。这些论文和学术报告的发表对提高我国建筑幕墙和铝合金节能门窗的整体水平具有积极的促进作用，对加速我国的建筑工业化水平有指导作用。

2016 年是我国国民经济社会发展第十三个五年计划的开局之年，是国家宏观调控，调整产业结构，不断创新的一年，我们要努力奋斗，抓机遇，迎挑战，共创我国铝门窗幕墙行业更美好的明天。

黄圻

二〇一六年元月

目　　录

一、建筑幕墙行业 2015—2016 发 展 动 态

2015年铝门窗幕墙委员会工作总结

黄　圻
中国建筑金属结构协会

一、宏观经济形势对门窗幕墙行业的影响

1. 宏观经济对行业的影响

2015年以来，世界经济面临错综复杂局面，全球经济复苏缓慢。我国的经济形势和运行态势总体是好的，经济发展长期向好的基本面没有变，韧性好、潜力足、回旋空间大的基本特性没有变，经济持续增长的良好支撑基础和条件没有变。新的增长点正在加快，新的增长动力正在形成，经济发展的最终前景是广阔的。

多年来，改革开放的高速经济发展给我们建筑行业带来了无数的商机，建筑新兴产业的诞生，带来大量的就业机会，新型建筑幕墙美化了城市，高档门窗的使用改善了人们的居住环境。但是在高速发展过程也带来了一些问题和疑惑，我国开始进入新常态下的结构性调整阶段。

2. 我国铝门窗幕墙行业发展的基本情况

从2014年开始，明显放缓的经济运行形势，对我国建筑门窗幕墙行业的影响和冲击较大。相当一部分企业的产值出现了下滑。部分企业出现了亏损，银行贷款的减少和资金链的短缺是企业面临的最大难题。

2015年我们建筑门窗幕墙行业，受国家宏观经济调控和压缩房地产业投资的影响，总体形势普遍严峻，门窗幕墙企业工程量不足，资金不到位，工程付款条件苛刻，工程垫资现象严重，工程结算“以房抵款”的现象十分普遍，开发商这种做法也更增加了我们企业资金周转的困难。今年不少企业都适时调整了企业的目标计划，减少了销售额目标总量，增加了对工程回款率和保利润的基本要求，使得下半年企业的营业额目标更加切合实际。

2014年以来，行业内已经有少量企业出现了危机，范围涉及幕墙、门窗、铝型材等企业、玻璃原片和深加工企业。有企业的部分生产线停产，有个别企业关厂变卖，也有个别企业出现企业资不抵债，由政府托管清收。从目前我们了解的情况看，出问题的企业或是想上市，搞资本运作；或是盲目扩大生产，乱投项目，总之是大大超出了企业自身的能力，导致企业经营不善。

多年来，我国建筑门窗的实际应用水平始终上不去，我这里说的门窗实际应用水平，是指目前老百姓新购买商品房使用的门窗。门窗的实际应用水平上不去有多种因素，有低价中标，放弃使用优质门窗问题；有房地产公司一味追求利益最大化，压缩门窗在整个工程里的投资比例问题；有政府部门对建筑节能指标执行力度不够坚决问题；总之，多年来我们行业花了大力量，从国外发达国家引进、消化、吸收性能优良的新产品，也有企业自主研发，适合本地气候和使用特点的新门窗，这些新品基本上是放在自己企业的样品室里无人问津。这

些年房地产采购最流行的一句话就是“需要合理的性价比的门窗”，但从根本上就否定了“优质优价的基本理念”。

现有的门窗幕墙行业的招投标体制，流行的是价格优先，现在的幕墙工程单价与20年前委员会的行业推荐的隐框幕墙、明框幕墙指导价格没有异样，甚至有些工程的价格还略低于当年的指导价。房屋价格的迅速膨胀使得任何一个地方有房不愁卖，在多烂的房也有人抢的前提下，我们企业精心研发的好门窗却少有人问津，我们企业研发的门窗，性能是优良的，但是实际工程中老百姓使用的门窗，质量是低劣的。

3. 房地产对门窗幕墙行业的影响

随着我国经济发展进入新常态，国民经济在经历了30年的高速发展后进入了结构调整的平稳期，房地产结束了长达15年的超级繁荣期，进入了真正意义上的调整期。

2015年宏观经济形势仍然对房地产行业有较大冲击，开发商净利润回落，中小型房地产企业出现亏损甚至倒闭，二三线城市商品房销售低迷，成品房库存量继续增大。

尽管今年上半年，国家针对房地产市场持续低迷制定了政策层面的利好，房屋限购取消了，限贷松绑了，公积金调整额度了，利率下降了，8月底，央行再次降息降准，但是全国楼市回暖仍然乏力。

对于国家而言，经济调控就是要调整产能过剩，大量产品积压和低水平重复建设项目，以及大量消耗能源和浪费资源的行业和产品，建筑业肯定首当其冲。当前房地产的主要调控办法是控产量、去库存。去库存，北上广深地区房价虚高，大量去库存不容易，三线城市房屋购买乏力，去库存也很难有效实施。据国家统计局统计，今年楼市库存再次上涨。

控产量，直接影响到我们建筑门窗生产企业，导致全行业生产总量不足，利润滑坡。而今年房地产解决资金紧张的最好办法也是去库存，直接拿现房抵债。

4. 近期相关政策出台对建筑幕墙的影响

（1）《关于党政机关停止新建楼堂馆所和清理办公用房的通知》，通知要求：政府部门严禁以任何理由，新建、扩建、改建楼堂馆所。

（2）《住房和城乡建设部 、国家安全监管总局关于进一步加强玻璃幕墙安全防护工作的通知》，通知要求：新建住宅、党政机关办公楼、医院、中小学校、人员密集、流动性大的商业中心，交通枢纽，公共文化体育设施等场所，临近道路、广场及下部为出入口、人员通道的建筑，严禁采用全隐框玻璃幕墙。

（3）今年住房和城乡建设部关于印发《建筑业企业资质标准》的通知，在新《建筑业企业资质标准》中取消了有关建筑门窗的资质。

我国终止了实施了近30年的建筑门窗生产审批制度，今后我国的建筑行业生产门窗产品，不再需要生产许可证，也不需要企业资质，由过去的行政审批制度逐步过渡到市场监管。

（4）随着国家标准《建筑设计防火规范》（GB 50016—2014）和《建筑幕墙、门窗通用技术条件》（GB/T 31433—2015）的陆续实施，国家对建筑幕墙及外墙上门、窗的耐火完整性提出了较高的要求。目前市场上生产的大部分建筑外窗都难以满足耐火完整性0.5h的要求，而门窗生产企业在研发过程中也都存在着不同程度的难度和问题，这种现状显然无法满足当前国家标准和工程市场的需要。

5. 建筑幕墙安全规定

近些年，上海、浙江、广东等地陆续出现过幕墙玻璃自爆、脱落伤人事件，引起了新闻媒体和社会的广泛关注，也引起了国务院有关领导的重视，要求加强建筑幕墙工程质量安全监管。住房和城乡建设部工程质量安全监管司要求中国建筑金属结构协会立即组织有关力量，认真调查研究目前建筑幕墙行业的质量安全现状，分析产生质量安全问题的主要原因，提出切实可行的技术方案和管理措施，为政府加强建筑幕墙质量安全监管提供政策建议。中国建筑金属结构协会召集有关幕墙设计施工企业、各相关标准及规范的主编。与会代表就我国建筑幕墙行业30年发展的实际状况，当前行业存在的各类质量问题，以及如何加强我国建筑幕墙工程质量安全监管进行了认真的探讨和研究。大家一致认为：

（1）现代建筑发展到今天，不论在高层或超高层建筑，还是大型公共建筑的外墙和屋顶等外维护结构设计，建筑幕墙始终是不可替代的优选产品。根据国外几十年的建筑幕墙发展经验，建筑幕墙的安全总体是可控的，幕墙外装饰材料经合理的选用和完善的保护，建筑幕墙材料的安全使用是有保障的。

（2）专家们认真分析了近些年来我国建筑幕墙质量安全问题存在的主要原因，针对我国新建建筑幕墙和既有建筑幕墙工程质量，认真分析了玻璃自爆、隐框玻璃幕墙的危险性、硅酮结构密封胶使用寿命，石材及陶瓷板等脆性材料的使用，门窗五金件的缺失等容易出现幕墙重大隐患的因素。

（3）大家讨论和研究了当前建筑幕墙的相关标准、规范、管理条例是否健全，相关规定制定的是否合理，是否需要尽快修订，特别是强制性标准条款在实际施工中能否得到贯彻和落实。

（4）提出加强建筑幕墙工程质量安全的建筑行政监管的建设性意见供政府管理部门参考。

年初，住建部会同安全监管总局联合发文《关于进一步加强玻璃幕墙安全防护工作的通知》，基本为以下几点：

（1）充分认识玻璃幕墙安全防护的重要性，要进一步强化新建玻璃幕墙安全防护措施。

（2）严格落实既有玻璃幕墙安全维护要求，对既有玻璃幕墙，责任人应每年进行一次专项检查。

（3）对新建建筑的玻璃幕墙工程的使用方法范围提出了一定的限定和要求：a）新建普通住宅、政府办公楼、医院门诊急诊楼和病房楼、中小学校教学楼、托儿所、幼儿园、老年人建筑，不得在二层以上采用玻璃幕墙。b）人员密集、流动性大的商业中心，交通枢纽，公共文化体育设施等场所，临近道路、广场及下部为出入口、人员通道等区域，严禁采用全隐框玻璃幕墙。c）应加强玻璃幕墙的维护检查。玻璃幕墙竣工验收一年后，施工单位应对幕墙的安全性及适用性进行全面检查。

从今年执行有关建筑幕墙管理的力度和各地行政主管部门监管力度来看，建筑幕墙，特别是玻璃幕墙工程的不良反应还是大大减少，也没有出现重大幕墙玻璃破损或坠落事故。一方面我们行业大大加强了幕墙安全施工意识，另一方面业主方和使用单位也加强了对既有幕墙的自我监控意识。当然这一政策也带来了一些负面影响，全年行业建筑幕墙的总产值显著减少，当然影响最大的还是经济滑坡和压缩房地产项目。

6. 成功举办第二十一届全国铝门窗幕墙行业年会暨铝门窗幕墙新产品博览会

2015第21届全国铝门窗幕墙行业年会在广州华泰宾馆隆重召开，各地方省市协会的领导，委员会副主任、专家组专家、骨干企业代表共计300多人参加了此次会议，会上主要就大家关心的行业形势作分析报告，回顾2014年委员会开展的各项工作，展望2015年工作思路。

2015年3月委员会在广州保利世贸博览馆成功举办了第21届全国铝门窗幕墙新产品博览会。此次博览会有几大亮点：亮点一，展会规模稳步增长。展商达到507家，展览面积75000平方米，专业观众46780人，各项数据同比增长20%。亮点二，推出星品展。为了鼓励新产品、新工艺，助力行业技术进步，今年展馆中心区域特设“星品汇”创新概念展区，展示节能、创新领域高科技含量的产品和技术。星品评选期间1000多个创新产品的行业领导品牌、个人发明及研究设计参与；10多位国内外专家进行评选；200多家权威媒体推介，广泛覆盖消费受众。亮点三，庞大的专业观众数据库。每年观众数据的积累，形成庞大的专业观众数据库，这些专业观众有房地产商、设计院工程师、建筑设计师、海外代理商和经销商等，他们都是展商潜在的目标客户和未来的合作伙伴。

7. 提供咨询服务，细化会员管理工作内容，创新工作方式

积极为广大会员单位服务，广泛开展技术咨询服务工作，日常接待会员单位的技术咨询服务，相关标准的了解和查询。

发展新的会员单位，截止到2015年12月底，委员会新发展会员50家，协会规模进一步壮大。伴随着互联网+时代的到来，委员会与时俱进，不断细化会员管理工作内容，创新工作方式。如在官网上开通在线申请会员功能，给每位新申请会员发送确认函的同时，附上委员会官网公众号二维码，企业能在公众号中找到本企业会员证号及链接，并能随时了解行业动态信息。另外我们还及时建立了委员会常务理事微信群、专家组微信群，随时在线发布通知和消息。常务理事、专家组专家和会员企业都反馈委员会工作与时俱进，充满生机与活力。

二、2015～2016年委员会主要工作

1. 协助企业研发和推广耐火完整性门窗

随着国家标准《建筑设计防火规范》（GB 50016—2014）和《建筑幕墙、门窗通用技术条件》（GB/T 31433—2015）的陆续实施，国家对建筑幕墙及外墙上门、窗的耐火完整性提出了较高的要求。根据我委员会多方调查了解和企业反馈，目前市场上生产的大部分建筑外窗都难以满足耐火完整性0.5h的要求，而门窗生产企业在研发过程中也都存在着不同程度的难度和问题，这种现状显然无法满足当前国家标准和工程市场的需要。

为使建筑门窗生产企业尽快生产出满足耐火完整性要求的门窗产品，缩短企业研发时间，有效降低整窗耐火改造的费用，委员会决定借助广东金刚玻璃科技股份有限公司多年研发积累的大量成功防火经验，在行业积极开展推广建筑门窗耐火完整性技术的活动，以此配合行业企业完成国家对建筑门窗幕墙产业的新要求，进而推动行业的技术更新与进步。

2. 开展实施建筑门窗行业资格评定工作

为了加强行业自律，规范行业行为，提高行业整体素质，经中国建筑金属结构协会第十届理事会第五次常务理事会通过，在全国建筑门窗行业开展实施建筑门窗行业资格评定工作。

为了进一步转变政府职能，继续深入推进行政审批制度改革，自2002年起国务院前后4批取消了由政府部门审批的项目，其中建筑金属门窗生产许可证取消。今年住房和城乡建

设部关于印发《建筑业企业资质标准》的通知，在新《建筑业企业资质标准》中取消了有关建筑门窗的资质。

我国终止了实施了近30年的建筑门窗生产审批制度，也就是说，今后我国的建筑行业生产门窗产品，不再需要生产许可证，也不需要企业资质了。政府部门有过去的行政审批制度逐步过渡到市场监管、企业信誉的市场经济方式中来，以后企业生产门窗产品，是由市场决定。产品质量、品牌和企业信誉是企业的最终生命。

为了充分发挥行业协会的自律作用，预防政府行政审批取消后对行业监管造成的不利影响，协会用企业登记的方式，通过建立企业信息，逐步建立企业诚信档案，引导会员单位建立良好的信誉经营体系，促进行业的健康发展。

设立的建筑门窗企业行业资格登记制度产品涉及：钢、铝、塑、木门窗和自动门、电动门产品；类别分为：制造企业和安装企业；企业等级分为：一级、二级、三级。

为了结合国家即将颁布发行的职业大典，我们在行业企业资格等级制度中增加了有关技术等级工人的要求，同时为了配合门窗技术等级工人的技术业务培训和持证上岗，我们协会还编写了建筑门窗培训教材和技术工人等级考试大纲等教材。

有关行业企业登记工作我们正在积极实施过程中，具体推进工作协会委托各省市协会与当地企业积极联系配合。

3. 编写《建筑门窗安装工职业技能标准》

劳动人事部已颁布新的职业大典，在职业大典里新增加了建筑门窗制作工、建筑门窗安装工、建筑幕墙制作工以及建筑幕墙安装工。

住房和城乡建设部人事司根据职业大典修订工作的有关安排，启动了此次大典修订中新设立职业技能标准的编制工作，根据人事司标准起草工作的统一安排，此次标准的编写工作由部人力资源开发中心负责组织，我会具体承担并负责“建筑门窗安装工”工种标准的起草，编制完成的标准将以行业标准的形式向社会发布。

4. 筹备建立门窗幕墙团体标准体系

根据国务院《深化标准化工作改革方案》（国发［2015］13号）文件精神要求，协会作为政府和企业之间的衔接纽带，有利于充分发挥市场主体活力，更好满足市场竞争和创新发展的需要，与国际并轨，逐步构建团体标准的市场条件机制。

根据《关于培育和发展团体标准的指导意见（试行）（征求意见稿）》相关指导意见，今后行业标准或国标推荐性标准，逐步退出以政府为主导的标准编制体系，取而代之的是市场驱动的团体标准。

筹备和规划合理的建筑门窗、建筑幕墙标准化体系，以目前现有的国标、行标体系为基础，结合建筑工程标准体系，创建合理科学的社团标准体系，标准不是单纯的重复设置，部分要求和技术条件可根据行业特点制定得更加合理。向发达国家标准学习，把产品标准内容与工程标准内容相结合，把单一的产品标准向门窗的施工和安装要求延伸，解决我国多年来的建筑门窗施工质量差的问题。

现有建筑工程标准体系中，也是分为国家标准和行业标准，其中建筑幕墙产品几乎都是行业类标准规范，目前申请行标类的产品规范和修订规范都比较困难，今后也可能保留国标的工程类标准和规范，逐步下放行标的工程类标准和规范。

同时一些跨界类标准，多年来各个标准之间存在着一些执行条款不协调的问题，如建筑铝合金型材标准与建筑门窗标准要求的不一致、建筑密封胶部分产品标准与建筑幕墙规范的不协调。因此，我们在新的标准体系中建立一些跨界标准要求，对整个建筑门窗产品提出一套比较完整的设计、制作、安装体系。

产品分为：建筑门窗、建筑幕墙。类别分为：产品和工程；配套类产品类涵盖：门窗型材、玻璃、配件、五金件等；技术导则、通用技术条件类。

创建团体标准规范体系，建立标准设立、监督、评审、批准、执行、宣传贯彻等一系列管理机制，把团体标准编出水品，用到实处，贯彻落实到位。真正把建筑门窗幕墙团体标准做到，愿意用，喜欢用，主动用，必须用。

为了使得团体标准更加具有权威性和行业代表性，中国建筑金属结构协会正在与中国建筑装饰协会一起协商，共同合作，建立门窗幕墙团体标准体系。相互协调、共同设定和管理一套标准体系，统一技术要求。共同协调后不会出现标准重复编制，内容重叠，技术要求不一致等现象。

团体标准工作，我们也将邀请广大企业和行业专家积极参与活动，编制出代表行业水平的标准体系，向国际先进水平看齐，把我国的建筑门窗建筑幕墙真正提高一个档次，一定水平。

5. 建筑铝结构应用研究

前不久，国家领导人就建筑业的改革发展提出，“要大力推广绿色建材、钢结构、铝材的应用”，要求工信部、住建部牵头落实。建筑铝结构在国外建筑行业早已研发和使用，我国相对发展较慢，一是经济发展速度较慢，用户承担能力有限；二是我们行业没有大型挤出设备和模具，建筑铝结构的型材断面大、铝合金状态特殊、大模具技术手段缺乏。2001年上海召开APEC会议主会场的上海科技馆球形穹顶结构，就是采用美国铝业设计加工的铝合金结构设计穹顶，结构设计完成后，在美国工厂加工，海运到上海，由上海高新铝质公司安装完成。近年国内也有不少城市（北京、上海、杭州）开始使用铝合金人行天桥。

近几年随着我国建筑制造业的迅猛发展，大型铝合金挤出设备先进，施工企业大型铝合金结构施工水平高，复杂建筑结构计算机辅助设计普及应用，用户经济承担能力增强。

铝结构产品应用在建筑上具有很多的优点：轻质、装饰性好、结构设计感强、体现线条美观、有视觉冲击感，特别容易体现建筑设计师的结构设计风格。我们行业可以逐步研发有关铝结构在具有装饰性建筑结构方面的应用，委员会也将组织有关企业、设计、施工单位，着手研发有关项目的可行性研究，编制相关产品标准和施工规范，探讨铝合金焊接等施工方法，为我国建筑行业提供更多的新产品和新技术。

6. 关于建立铝门窗行业诚信体系的意见

根据民政部《关于推进行业协会商会诚信自律建设工作的意见》以及中国建筑金属结构协会关于建立行业诚信体系的文件要求，铝门窗幕墙委员会在全行业开展铝合金门窗（系统门窗）诚信建设。目前我国每年的建筑门窗用量很大，国家对建筑门窗节能指标不断提升，但目前社会上的门窗，特别是居民实际使用的门窗产品质量很差。为了提高我国建筑门窗的实际应用水平，响应国家对工业产品的诚信建设的要求，加强行业自律，增强用户品牌意识，推广名优产品的使用率，我们委员会联合配套件委员会决定在全行业内以共同推广建筑门窗诚心体系，产品涉及：铝合金门窗、铝木复合门窗。诚信体系覆盖铝合金门窗使用的主要原材料产品，包括铝合金型材、断热铝合金型材、玻璃、密封胶、门窗五金配件，主要密封材料。诚信体系建成的同时，要将成熟的系统门窗产品向建筑业和房地产企业广泛推广应用，结合新闻媒体、网站把行业诚信体系建设和优质系统门窗产品理念推向广大普通消费者，把合格产品，优质门窗理念渗入到普通百姓让其社会化。主要工作范围和计划：

（1）诚信产品主体：铝合金节能门窗企业、铝木复合门窗、铝合金系统门窗企业。

（2）工作路线图：制定诚信产品范围、制定诚信认定标准、制定门窗企业认定规则、制定配套件企业认定规则、企业现场认定和年检、发放诚信认定证书、配合媒体宣传在房地产企业推广、与房地产企业签约转换。

（3）主要推广应用主体：建筑行业、房地产企业、居民建筑。

2016年是我国国民经济社会发展第十三个五年计划的开局之年，国家调整产业结构，不断创新的一年，我们要团结奋进加倍努力，抓机遇，迎挑战，共同努力，为了我国铝门窗幕墙行业的明天更美好。

二、设计与施工

U型玻璃幕墙设计与施工技术要点

刘忠伟

北京中新方建筑科技研究中心　北京　100024

摘　要　U型玻璃幕墙作为一种建筑幕墙形式已经在各类建筑上得以广泛的应用，但是在实际应用中一直无设计计算方法，也无工程标准规范可循。本文根据《建筑玻璃应用技术规程》(JGJ 113—2009)的有关规定，给出了U型玻璃幕墙的构造要求、计算方法和施工要点，可在工程实际中应用。

关键词　U型玻璃幕墙；构造要求；计算方法；施工要点

1　前言

U型玻璃亦称槽形玻璃，是采用压延成型的方法连续生产出来的，因其横截面呈U型，因此称U型玻璃，经钢化处理的称为钢化U型玻璃。U型玻璃品种很多，按表面处理方式可将其划分为压花玻璃和彩色玻璃；按颜色分可将其划分为有色和无色；按表面状态可将其划分为平滑和带花纹的；按强度可将其划分为钢化和非钢化。

U型玻璃是典型的透光不透视材料，由于其断面呈U型，使用时如同槽钢，因此其承载力和强度极大。采用U型玻璃构造出的幕墙具有理想的透光性、隔热性、保温性和较高的机械强度，用途广泛、施工简便，而且有着独特的建筑与装饰效果，并能节约大量轻金属型材，所以被世界上许多国家的建筑所采用。

U型玻璃既可用于室内隔断，又可广泛地应用于外墙，图1是用于外墙的室外效果——青岛颐中烟厂，图2是用于室内隔断的室内效果。

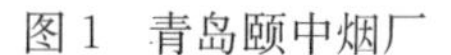

图1　青岛颐中烟厂

图2　U型玻璃室内效果

U型玻璃幕墙之所以受业主欢迎和建筑设计师青睐，是因为U型玻璃幕墙具有如下特点：

（1）U型玻璃幕墙既有非透明幕墙的稳重感、厚重感，又有玻璃幕墙的精细感、灵巧感，装饰效果极佳。

（2）U型玻璃幕墙不可燃，防火性能极好；U型玻璃几乎无放射性，减少光污染，环保性好。

（3）U型玻璃幕墙无色差，且颜色多样，与天然石材幕墙和金属幕墙比具有绝对优势。

（4）U型玻璃幕墙可构造成全玻幕墙，由于U型玻璃吸水率极低，因此U型玻璃幕墙没有天然石材通常吸尘、吸水、吸油的缺点，因此U型玻璃幕墙表面非常干净，装饰效果显著。

2 构造要求

U型玻璃可以用于室内，也可用于室外。用于建筑外围护结构的U型玻璃，其外观质量应符合行业标准《建筑用U型玻璃》(JC/T 867—2000)中优等品的规定，且应进行钢化处理。该标准按照U型玻璃的外观质量将U型玻璃分为合格品、一等品和优等品，优等品质量最好。按照四部委的安全玻璃使用规定，用于幕墙的玻璃必须使用安全玻璃，因此U型玻璃用于幕墙时应进行钢化处理。像平板玻璃一样，U型钢化玻璃也有自爆问题，采用优等品的U型玻璃做钢化处理，钢化玻璃后的U型玻璃自爆率较低，提高U型玻璃幕墙的安全度。

U型玻璃幕墙可以采用单排构造，也可采用双排构造。单排构造的U型玻璃幕墙造价较低，但其隔声性能和热工性能较差，因此对U型玻璃墙体有热工或隔声性能要求时，应采用双排U型玻璃构造。U型玻璃是透光不透视产品，在双排U型玻璃之间设置PC阳光板或二氧化硅气凝胶可增加其热工性能和隔声性能，且仍具有透光性能。双排U型玻璃可以采用对缝布置，也可采用错缝布置。基本构造形式如图3～图8所示。

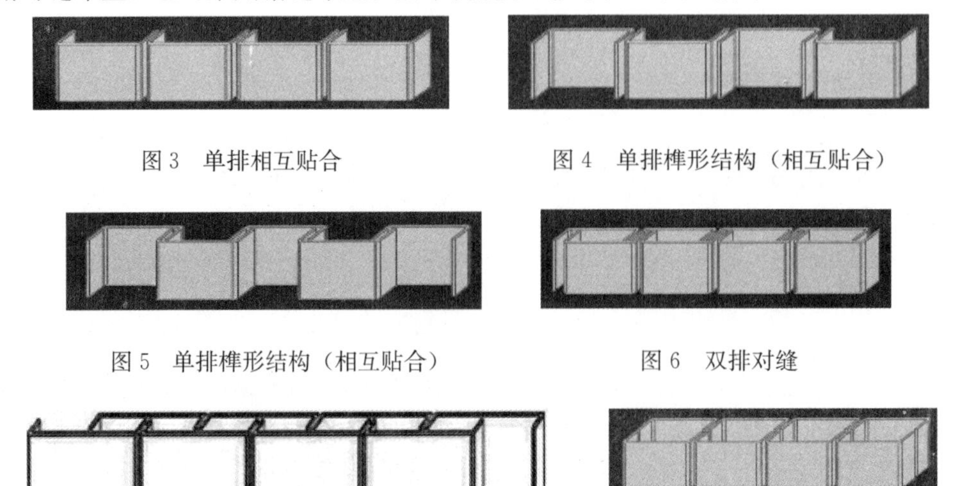

图3 单排相互贴合

图4 单排榫形结构（相互贴合）

图5 单排榫形结构（相互贴合）

图6 双排对缝

图7 双排错缝

图8 翼对翼横向排列

采用U型玻璃构造曲形墙体时，对底宽260mm的U型玻璃，墙体的半径不应小于2000mm；对底宽330mm的U型玻璃，墙体的半径不应小于3200mm；对底宽500mm的U

图 9 曲面 U 型玻璃幕墙

型玻璃，墙体的半径不应小于 7500m。采用 U 型玻璃构造曲形墙体时，其构造如图 9 所示。U 型玻璃曲面墙体，实际上是折线墙面，有一面的开口间隙较大，需要用柔性材料先填充再注硅酮密封胶。

当 U 型玻璃墙高度超过 4.5m 时，应考虑其结构稳定性，并应采取相应措施。这里的结构稳定性主要是指安装 U 型玻璃的框架，它必须依附在建筑的主结构上。

3 U 型玻璃的设计计算

U 型玻璃用于外墙时应进行风荷载作用下的承载力计算，有抗震设计要求时尚应考虑地震作用。风荷载和地震作用及其组合应按《建筑结构荷载规范》（GB 50009—2012）执行。U 型玻璃是压延生产工艺，按照《建筑玻璃应用技术规程》（JGJ 113—2009）规定：U 型玻璃的设计许用强度取平板玻璃的 0.6 倍，因为平板玻璃的设计许用强度为 28MPa，因此 U 型强度设计值 f_a 应取 17MPa，钢化处理后，强度增加 3 倍，因此 U 型玻璃强度设计值 f_a 应取 51MPa。

U 型玻璃的承载力可按式（1）计算：

$$\frac{N}{A_n}+\frac{M}{\gamma W_n}\leqslant f_a \tag{1}$$

式中：N 为 U 型玻璃的轴力设计值，N；M 为 U 型玻璃的弯矩设计值，N·mm；A_n 为 U 型玻璃的净截面面积，mm^2；W_n 为 U 型玻璃在弯矩作用下的净截面抵抗矩，mm^3；γ 为 U 型玻璃截面塑性发展系数，可取 1.00；f_a 为 U 型玻璃的设计强度设计值，N/mm^2。

在风荷载标准值作用下，U 型玻璃的挠度 u 应符合式（2）要求：

$$u\leqslant L/150 \tag{2}$$

式中：u 为 U 型玻璃的挠度，mm；L 为 U 型玻璃长度，mm。

4 U 型玻璃安装

U 型玻璃墙四周结构框体可采用铝型材或钢型材，并应与主体结构可靠固定，U 型玻璃下端应各自独立支撑在均匀弹性的衬垫上，U 型玻璃与周边的金属件、混凝土和砌体之间不应硬性接触，在 U 型玻璃的上端与建筑构件之间应留有不小于 25mm 缝隙，U 型玻璃之间和 U 型玻璃墙周边应采用弹性密封材料密封。

5 小结

U 型玻璃并不是新近开发出的产品，但其在幕墙上的应用却是新的应用领域。近年来，采用 U 型玻璃的幕墙建筑越来越多，在最新版的《建筑玻璃应用技术规程》JGJ 113—中增加了 U 型玻璃一章，使得 U 型玻璃幕墙的设计与施工有章可循，因此对 U 型玻璃幕墙的应用必将起到极大地推动作用

玻璃肋支承点支式玻璃幕墙在设计中应该考虑的问题

王德勤
北京德宏幕墙工程技术科研中心　北京　100062

摘　要　玻璃肋支承点支式玻璃幕墙作为一种建筑幕墙形式，已经在各类建筑上得以广泛的应用。但是，在这类幕墙的实际应用中也出现了不少让我们无法回避的问题和缺憾。在本文的内容中，从玻璃肋支承点支式玻璃幕墙的分类和问题，到具体案例的分析。并对玻璃肋在连接节点设计和构造设计时需要考虑的问题作了深入地解析。特别是对玻璃肋局部稳定计算的计算方法和玻璃肋整体稳定性计算方法作了详细的介绍。

关键词　玻璃肋支承点支式玻璃幕墙；驳接玻璃肋；连接节点；玻璃肋整体稳定性计算

1　引言

玻璃肋支承点支式玻璃幕墙作为一种建筑幕墙形式，很早就在我国的各类建筑上得以应用。它在建筑设计中是一种重要的表现手法。建筑师们常用这种幕墙形式的无框、简洁而通透、视野开阔的特性展示建筑作品的魅力。以晶莹剔透的墙面使室内外相互呼应，空间融会贯通，让室内的静物和室外的大自然融为一体。由于玻璃肋支承点支式玻璃幕墙具有的这些突出优点，在近年来备受建筑师和社会的青睐。

这类幕墙在建筑设计中经常出现在酒店、写字楼和高层建筑的大堂、共享空间及裙楼等位置，多是整栋建筑的脸面。其结构形式从单肋、双肋驳接，发展到多片玻璃肋驳接，从单一的竖向垂直玻璃肋发展到斜向肋、水平肋和异形驳接玻璃肋。驳接玻璃肋的使用受力跨度，从最初的几米发展到二十多米，甚至接近三十米。玻璃肋支承点支式玻璃幕墙确实为现代建筑的外立面添了彩，丰富了建筑外立面的表现手法（图 1～图 6）。

图 1　双片驳接斜向玻璃肋

图 2　采用条形连接板的驳接玻璃肋

图 3　单片整体玻璃肋点支承玻璃幕墙

图 4　玻璃铰接连接玻璃肋幕墙

图 5　空间撑杆支承多跨玻璃肋幕墙

图 6　异性水平玻璃肋支承玻璃幕墙

在玻璃幕墙的分类中，玻璃肋支承点支式玻璃幕墙也是一大类。有整体玻璃肋支承的支承点支式玻璃幕墙；有由多片玻璃通过连接板将其驳接成整体肋板支承的支承点支式玻璃幕墙；有垂直地面安装的玻璃幕墙；也有与地面成一定夹角安装的斜面玻璃幕墙；还有将玻璃肋水平安装的，水平肋驳接点支式玻璃幕墙。连接件和驳接系统也根据不同的工程各有不同，如图 7 所示。

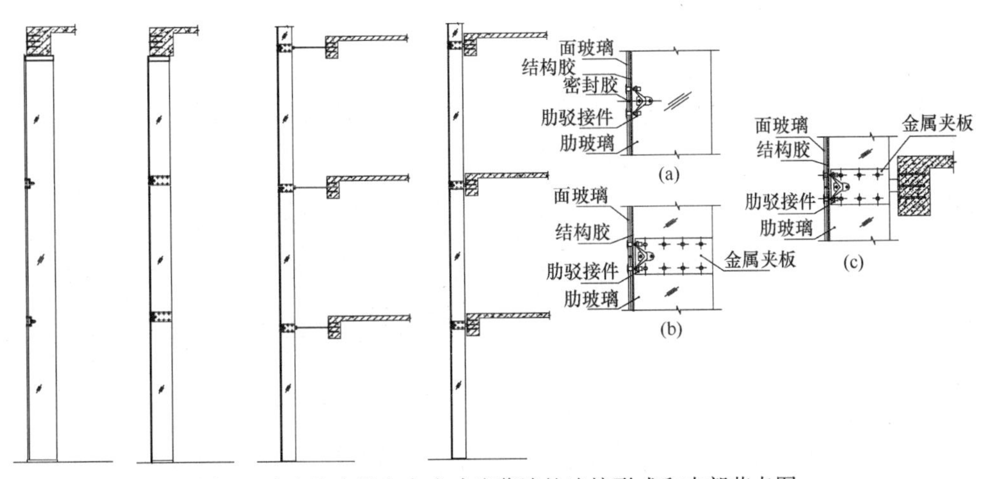

图 7　玻璃肋支承点支式玻璃幕墙的连接形式和中部节点图

2 驳接玻璃肋支承的点支式玻璃幕墙在实际项目中出现的问题

在玻璃肋支承点支式玻璃幕墙的实际应用中也出现了不少让我们无法回避的问题和缺憾，由于这些已经显露的此类幕墙的弱点的存在，实时提醒着我们在玻璃肋支承点支式玻璃幕墙的设计和施工过程中严谨认真地对待每一个节点的设计和施工安装。真正做到玻璃肋的受力清晰、胸中有数、确保安全。

图 8 和图 9 中所示的是某些驳接玻璃肋支承点支式玻璃幕墙在安装或使用中的肋玻璃大面积破损照片；图 10 是无框玻璃门上的水平玻璃肋与竖向玻璃肋连接不当引起的玻璃肋爆裂；图 11～图 15 中所示的是驳接玻璃肋支承点支式玻璃幕墙在玻璃肋连接节点和肋与面板连接节点设计不当而引起的玻璃爆裂情况。

图 8　采用条形连接板的玻璃肋大面积破损

图 9　采用点状连接板的玻璃肋大面积破损

图 10　与水平玻璃肋接口处破损

图 11　在驳接件与玻璃肋连接处破损

在图 8～图 15 中可以看出，玻璃肋支承点支式玻璃幕墙的实际应用中由于设计或施工安装不当，使得肋玻璃出现严重的破损现象，给工程留下严重的安全隐患。这样的玻璃爆裂情况不但出现在玻璃幕墙的安装过程中，在使用过程中也常出现玻璃肋板和面板自爆的现象。更严重的是有个别项目在恶劣天气来袭时其无法抵抗外力的冲击，出现整体坍塌事件。

图 12　在驳接件与玻璃肋连接处破损

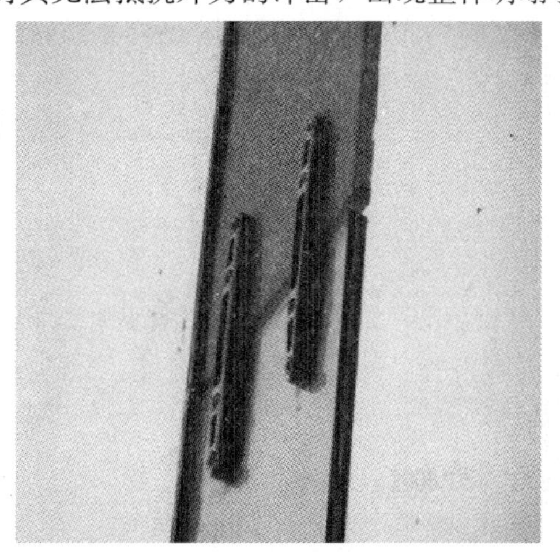

图 13　条形连接板玻璃肋破损

图 14　驳接节点设计不当而引起的爆裂

图 15　驳接节点设计不当而引起的爆裂

在 2014 年 7 月 18 日，台风“威马逊”先后在海南省文昌市沿海登陆，登陆时中心附近最大风力有 17 级。按照香港天文台资料，台风“威马逊”则是继 1979 年台风“荷贝”后，35 年以来登陆华南的最强风暴。截至 7 月 20 日中央气象台停止编号，“威马逊”共造成海南、广东、广西的 59 个县市区、742.3 万人、468.5 千公顷农作物受灾，直接经济损失约为 265.5 亿元。17 级超强台风“威马逊”台风是对海口诸多幕墙工程的严峻考验。经过“威马逊”台风后，幕墙的安全性表现如何？

通过调查分析，总体来说，在超强台风下，绝大多数幕墙工程主体结构未见损坏，能经受住此次超强台风的严峻考验。个别项目在超强台风袭击下，幕墙出现了以下问题：面玻璃破裂、密封失效漏水、铝塑板整体剥落、开启扇坠落、玻璃肋支承拼接肋点支式玻璃幕墙整体坍塌、玻璃整体坠落等。

在海南海口市的某商场，大堂的全玻璃幕墙是采用了拼接玻璃肋支撑的点支式玻璃幕墙，在此次超强台风下整体塌落，只在边部还有一片面玻璃和半截肋。门玻璃也有损毁（图16～图18）。该幕墙的面板玻璃和肋板玻璃都整体损毁，影响较大。

图16　海口某商场全玻幕墙整体塌落

图17　海口某商场全玻幕墙未塌落前全景

图18　海口某商场幕墙整体塌落后照片

图19　菲律宾马尼拉某大厦全玻幕墙整体塌落

在这次超强台风“威马逊”的袭击下，菲律宾马尼拉的某大厦大堂玻璃盒子的全玻璃幕墙也出现了整体坍塌。其幕墙形式也是采用了拼接玻璃肋点支式玻璃幕墙，在此次超强台风下整体塌落，无框玻璃门也完全损毁（图19）。

这些出问题的项目告诉我们，在幕墙设计时一定要充分分析自然环境和在极限状态时对幕墙的影响，确保幕墙在使用过程中的安全性。在《玻璃幕墙工程技术规范》（JGJ 102—2003）中4.4.3条文说明条中就提到“采用玻璃肋支承的点支承玻璃幕墙，其肋玻璃属支承结构，打孔处应力集中明显，强度要求较高；另一方面，如果玻璃肋破碎，则整片幕墙会塌落。所以，应采用钢化夹层玻璃”。在正文的4.4.3条规定了“采用玻璃肋支承的点支承玻璃幕墙，其玻璃肋应采用钢化夹层玻璃”。

在《玻璃幕墙工程技术规范》（JGJ 102—2003）中对全玻璃幕墙的玻璃肋截面高度 h_r 和在风荷载标准值下挠度 d_r 都有严格的计算公式，并规定了“风荷载标准值下，玻璃肋的挠度 d_f 宜取其计算跨度的1/200”。同时还强调“高度大于8m的玻璃肋宜考虑平面外的稳定验算；高度大于12m的玻璃肋，应进行平面外稳定验算，必要时应采取防止侧向失稳的构

造措施。”在条文说明中做了充分的说明，

3 在构造设计和节点设计时需要考虑的问题

根据实际工程的情况看，海口某商场玻璃肋支承的点支式玻璃幕墙虽采用钢化夹层玻璃，但在此次超强台风的作用下仍出现了整体塌落；菲律宾马尼拉某大厦的玻璃肋支承的点支承玻璃幕墙在台风中也出现整体坍塌的现象。这说明了这种采用拼接的玻璃肋支承的点支式玻璃幕墙只考虑了采用钢化夹胶玻璃还不够，还应该考虑到在夹胶玻璃同时破损的情况下玻璃肋的整体还应该保持一定的体型和稳定性。这是在台风多发地区和易出现极限荷载状态的地区需要关注的安全性问题。同时，在节点设计上要特别关注整体玻璃幕墙在工作状态时变位能力和在极限状态时的适应能力。

3.1 在节点设计时 需要考虑的问题

为适应大跨度建筑造型，玻璃肋需要通过拼接才能成为整体，其所受的弯矩与肋的跨度平方成正比，跨度越大，拼接处的弯矩及剪力也越大。在玻璃肋的拼接节点设计时应注意，由于玻璃的特性，不宜采用连接螺栓与玻璃孔壁之间的作用（包括在玻璃孔内加套垫或注胶）来提高连接板与玻璃立面的连接强度。

拼接玻璃肋板可通过螺栓将钢板与玻璃之间的界面材料压紧提高其摩擦力，以此来有效地将连接节点固定。所以，最好采用胶粘接的方法，即通过在玻璃与钢板间用粘结剂来传递弯矩及剪力，形成等强连接（可采用树脂类的粘结剂）。这种方法有效避免了拴接方式孔边应力集中所带来的连接节点承载力低下问题。还有一种有效的方法就是，采用在钢板与玻璃之间的位置用硅胶板或橡胶板为界面材料，通过螺栓将钢板、硅胶板或橡胶板与玻璃压紧来提高其摩擦力，以此来有效地将连接节点采用摩擦力的作用将钢板与玻璃固定。

在设计中应该注意的是，如采用粘接的方案要考虑到。不锈钢与玻璃的线胀系数不同，除考虑传递内力外，粘接面还应考虑两种材质之间的相对温度位移。有计算证明，不锈钢与玻璃在40℃温差作用下，粘接边缘的应力已达到80.8861MPa，大于钢化玻璃边缘强度限值。在此部位极易出现由于温差的变化引起的玻璃爆裂现象。不同材料在组合时要考虑温差应力，此应力与材料的线膨胀系数差值及温变幅度有关。玻璃线膨胀系数为 1.0×10^{-5}/℃，不锈钢板的线膨胀系数为 1.8×10^{-5}/℃，钢板的线膨胀系数为 1.2×10^{-5}/℃。因此，采用钢板与玻璃肋粘接可有效降低减小由温差应力带来不利影响。

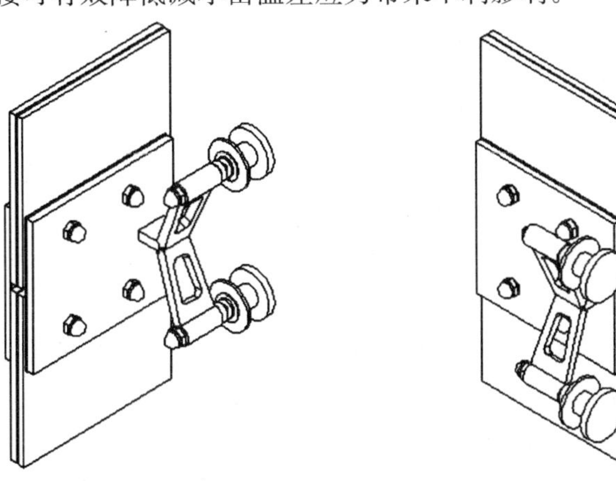

图20 拼接玻璃肋中部连接节点三维图　　图21 拼接玻璃肋中部连接节点三维图

在粘结剂的选择方面，除了要满足抗剪强度外，还必须具有一定的变位能力，以化解或降低玻璃表面温度应力的影响。要注意，粘接强度越高，变位能力越弱，两者需综合考虑。

要提醒注意的是在玻璃肋与面板玻璃连接节点设计时，在充分分析其受力状态、节点适应变形的能力的基础上，还要对爪件与玻璃肋的连接形式进行分析，要在有效连接的前提下考虑爪件对肋板玻璃的影响。不得采用将爪件未经螺栓压合，而直接粘节在玻璃肋板上（图22和图23）已有项目证明，这种连接方式很容易出现在面玻璃受到风荷载作用时，在粘接点的边缘，由于应力过于集中而将钢化玻璃压应力层玻璃撕裂的现象（图24）。

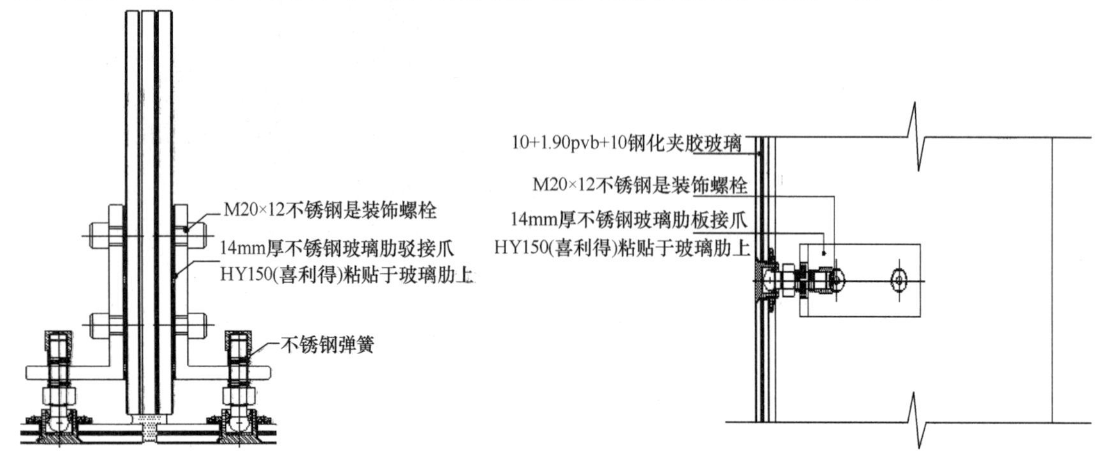

图22　玻璃肋与面板玻璃连接节点　　图23　玻璃肋与面板玻璃连接节点

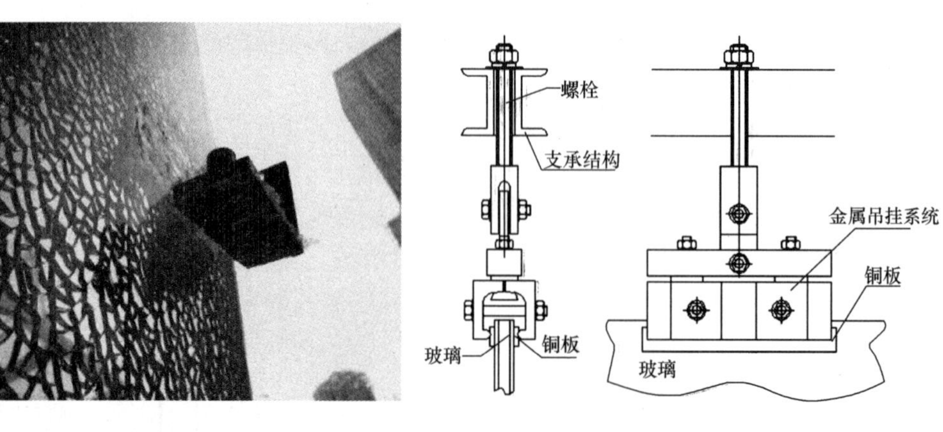

图24　爪件直接粘在玻璃肋板上将玻璃撕裂　　图25　玻璃吊夹吊挂玻璃的连接方式

在玻璃肋顶部节点设计时最好采用不打孔的连接方式，减少由于孔边应力引起的玻璃破损现象，应该尽可能地采用玻璃吊夹吊挂玻璃的连接方式（图25）这种连接方式能在有效的传递玻璃自重力的同时，充分适应由于外界影响引起的变形位移能力，是一种较为成熟的吊挂玻璃连接方式。

在整体设计时，要考虑到主体结构或结构构件应有足够的刚度，采用钢桁架或钢梁作为受力构件时，按照规范的规定取其跨度的1/250以下。因为顶部支承结构的刚度直接影响着底部节点的变形量。

在玻璃肋的下部节点设计时最好采用入U型槽的连接方式（图26），这也是能够很好地适应玻璃肋板在长度方向变形能力的成熟节点。在玻璃入U型槽的深度和在槽内预留变形量的设计时，应该考虑到玻璃在温度变化影响下会热胀冷缩，玻璃的线胀系数为1×10^{-5}/℃，一块边长1500mm的玻璃，当温度升高80℃时会伸长1.2mm。如果在安装玻璃时，玻璃与镶嵌槽底紧密接触，一旦伸长就会产生挤压应力，这种应力很大，$\sigma_t=\alpha E\Delta T$。当$\Delta T=80$℃时，$\sigma t=1\times10^{-5}\times0.72\times105\times80=57.6\text{N/mm}^2$，大于浮法玻璃强度标准值，因此在设计玻璃幕墙节点时，应使玻璃边缘与镶嵌槽底板间留有配合间隙，防止玻璃产生挤压应力。

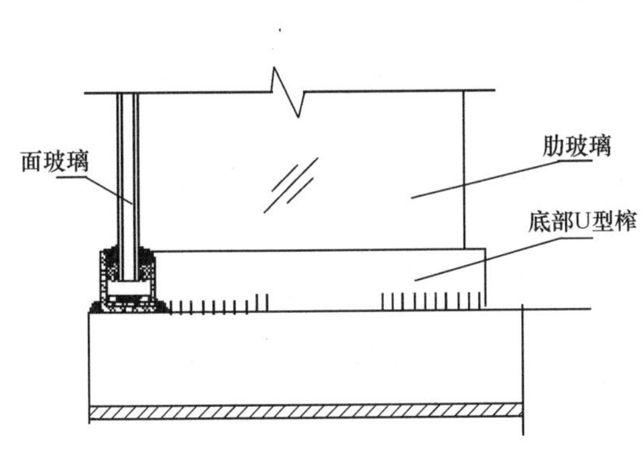

图26 玻璃吊夹吊挂玻璃的连接方式

图27 玻璃肋端部连接方式

拼接玻璃肋支承的点支承玻璃幕墙虽然在项目上使用已经很广，但由其特点和材料所致其安全度还有待深入研究。所以建议，在台风多发地区应谨慎选用拼接玻璃肋支承的点支承玻璃幕墙。如一定要采用玻璃肋支承的点支式玻璃幕墙，就应严格按照规范中要求方法进行计算；在夹胶玻璃的选型时，应考虑使用SGP胶片或三层玻璃夹胶。经破坏性实验证明其破损后的稳定性和安全性后方可使用。

3.2 在构造设计时应考虑的问题

由于玻璃材料的特性要求，在玻璃肋的设计时，尽可能地减少在肋板上钻孔，也尽量不要在玻璃肋上设计凹缺口。尽可能地减少由于孔边应力引起的肋板爆裂现象。玻璃钻孔的尺寸和位置应按《建筑门窗幕墙用钢化玻璃》(JG/T 455—2014）中要求的进行设计。

在玻璃经过切割后，其周边会隐藏着许多微小的裂口。这些裂口在各种效应与热应力影响下，会扩展成裂纹，如果裂纹进一步发展会导致玻璃破裂。所以为了减少和消除玻璃因钻孔或切割加工后留下的小裂纹而导致玻璃破裂。应该要求在玻璃加工成型后，用磨边机进行处理，对玻璃板块的四周边和钻孔的孔边进行精磨边和抛光的加工处理，以消除玻璃周边隐藏的微小的裂痕。

对于钢化玻璃来说，由于钢化玻璃表面有约占其总厚度1/6的受压应力区，其余的为拉应力区，钢化玻璃的内外拉、压应力总体平衡，使其机械性能得到明显提升，但一旦玻璃表面裂纹扩展到受拉区，钢化玻璃将立即破裂。

另一方面，应该考虑到玻璃破碎后玻璃肋的稳定性和安全性。在对较高的玻璃肋板设计时，除了要认真设计每一个连接节点，还要充分考虑到玻璃肋板的整体稳定性。当玻璃肋达到一定的高度时，就需要考虑其侧向稳定性。按照《玻璃幕墙工程技术规范》(JGJ 102—2003）对大玻璃肋的规定："高度大于8m的玻璃肋宜考虑平面外的稳定验算；高度大于

12m 的玻璃肋，应进行平面外稳定验算，必要时应采取防止侧向失稳的构造措施。”在条文说明充分做了说明，由于玻璃肋在平面外的刚度较小有发生屈曲的可能，当正风压作用使玻璃肋产生弯曲时，玻璃肋的受压部位有面板作为平面外的支撑；当反向风压作用时，受压部位在玻璃肋的自由边，就可能产生平面外屈曲。所以，跨度大的玻璃肋在设计时应考虑其侧向稳定性要求，必要时要进行稳定性验算，并采取横向支撑或拉结等措施。

1. 玻璃肋局部稳定计算

玻璃肋结构通常由玻璃面板和玻璃肋组成，玻璃肋与玻璃面板一般垂直放置，承受玻璃面板传来的风荷载及地震荷载。由于厚度较薄，玻璃肋类似于承受平面内荷载的薄板，在风荷载或自重作用下会产生压应力，如压应力较大，则会发生薄板的局部屈曲失稳现象。因此，玻璃肋的局部稳定验算是首先需要考虑的问题。

对于矩形单方向受压薄板，依据经典板壳临界应力公式：

$$\sigma_{cr} = \beta\pi 2Et^2/[12(1-\upsilon^2)b^2] \tag{1}$$

式中：σ_{cr}为玻璃肋在均布荷载作用下的稳定临界应力，MPa；β为弹性屈服系数；E为玻璃的弹性模量，取 72000MPa；t为玻璃肋等效厚度，mm；υ为玻璃泊松比，取 0.2；b为肋截面宽度，mm。

对于三边简支、一边自由的板，屈曲系数为 0.425，而对于非受荷边简支、受荷边一边固定一边自由的板，屈曲系数为 1.277。对于玻璃肋而言，可考虑面玻璃对于玻璃肋具有一定的嵌固作用，即类似于 T 型钢的翼缘对于腹板的嵌固作用，建议屈服系数可取 1.0。

2. 玻璃肋整体稳定性计算

由于玻璃肋平面外的刚度远小于平面内刚度，对于超高玻璃肋，如果缺乏必要的侧向约束，则当荷载达到一定的临界值，就有可能发生平面外的弯曲并扭转，也即称为平面外失稳或侧向屈曲。因此，为了防止发生玻璃肋的平面外失稳，对于超高玻璃肋尚应进行整体稳定的验算。玻璃幕墙工程技术规范中也建议对于“高度大于 8m 的玻璃肋宜考虑平面外的稳定验算”，但并未提供具体计算方法。

澳大利亚的幕墙规范给出了多种边界条件下的玻璃肋的整体稳定验算。对于常见的玻璃肋，可认为玻璃肋的一边有连续的约束，其极限侧向屈曲弯矩可由式（2）求得：

$$M_{CR} = \{(\pi/L_{ay})^2 \times (EI)y[d^2/12 + y0^2] + (GJ)\}/(2y_0 + y_h) \tag{2}$$

式中：M_{CR}为局部侧向屈曲弯矩，N·mm；L_{ay}为玻璃肋的高度，mm；$(EI)_y$为玻璃肋绕弱轴方向抗弯刚度（其中：E为玻璃的弹性模量，为 72000MPa；I为玻璃肋弱轴惯性矩（mm^4），N·mm^2）；d为玻璃肋宽度，也就是上面计算中的参数b，mm；y_0为侧向约束与中性轴距离，mm；(GJ)：玻璃肋抗扭刚度（其中：G为玻璃的剪切模量，为 30000MPa；J为玻璃肋抗扭惯性矩，mm^4），N·mm^2，按 AS1288－2006 计算得：y_h：荷载作用点与中性轴距离，mm。

当玻璃肋承受正风压时（荷载向内），y_0与y_h取异号；当承受负风压时（荷载向外），y_0与y_h取同号，极限侧向屈曲弯据较承受正风压时小，这也反映了弯矩的作用使玻璃肋自由边受压而产生更为不利的影响。

根据上述公式以及采用有限元法对玻璃肋的研究分析发现，玻璃肋的极限侧向屈曲弯矩主要与玻璃肋的厚度和高度有关，临界荷载随着宽度或厚度的增大而增大，随着跨度的增大而减小。并且，对玻璃肋稳定性的影响，肋的厚度和跨度比肋的宽度的影响大，玻璃肋的宽度对于超高玻璃肋的极限侧向屈曲弯矩的提高作用并不明显。

而玻璃肋的自重对于玻璃肋的整体稳定有一定影响，采用悬挂式玻璃肋要比落地式玻璃肋具有更高的抗侧向屈曲能力，这是由于悬挂系统中的玻璃肋的自重产生了对于抗侧向屈曲有利的拉力作用。不过，与玻璃肋的厚度和高度相比，自重在其中的影响还是较小的。

4 小结

在近些年，超高的驳接玻璃肋支承的点支承玻璃幕墙出的问题比较多，问题主要集中在玻璃肋连接节点上，因为在这一部位的受力较为复杂，再加上玻璃材料自身的特性所以容易出现问题。在实际工程中也出现了不少由于节点处理不当，造成面玻璃破损的情况。

对于跨度大的玻璃肋在设计时应考虑其侧向稳定性要求，必要时要进行稳定性验算，并采取横向支撑或拉结等措施。目前，国内对于玻璃肋的稳定性的设计及计算的理论较少，在设计计算时可以参考经典板壳理论和国外的相关规范。对于玻璃肋结构分析，即使玻璃肋正截面承载力不是由临界屈曲荷载控制，但是分析玻璃肋临界荷载仍然有一定的意义。

对于采用玻璃孔边受力的节点设计时一定要进行受力分析、模拟计算和实体实验后才能确定方案。在玻璃肋板的孔位设计时，应该充分考虑到玻璃钻孔的加工精度对玻璃肋支承的点支承玻璃幕墙整体性能的影响。

参考文献

[1] 《玻璃幕墙工程技术规范》(JGJ 102—2003).

[2] 蒋金博，郭迪，张冠琦. 强台风影响下幕墙安全分析，幕墙设计，2014，5.

[3] 计苓. 大跨度玻璃肋幕墙技术要点探析[J]. 中国幕墙网，2013.04.

[4] 王德勤. 点支式玻璃幕墙的设计与施工问题解答[J]. 建筑幕墙设计与施工，2006，09.

[5] 周冬磊. 全玻幕墙超高玻璃肋设计计算及稳定性分析[J]. 中国幕墙网，2015，02.

异型金属屋面在设计中应该考虑到的问题

王德勤
北京德宏幕墙工程技术科研中心　北京　100062

摘　要　双曲异型的金属屋面越来越多的应用在许多国内外建筑造型中，本文以实际工程为例进行分析。介绍异型金属屋面的结构与构造设计原理、节点的设计思路和相关的施工技术。用大量的现场图片、节点图纸，针对在异型金属屋面的设计中碰到的难点和关键技术进行分析。从屋面最外面的装饰面板到连接件、防水层、保温层、隔热层、隔声层以及排水屋面构造、除雪融冰系统等的设计作较为详细的介绍。
关键词　异型金属屋面；直立锁边；弧形钢管檩条；排水天沟；顶部装饰板。

1　引言

异型曲面建筑，特别是双曲面的建筑造型越来越多的应用在许多国内外建筑造型中。以往只是作为建筑造型中的个别单体，现在已经大范围的应用到整个建筑造型中。新型的计算机技术已经完全可以满足异型幕墙的造型设计需要。

现有建筑造型已经呈现多元化的发展方向，一些新派建筑师不满足于设计中规中矩的建筑形式，许多极富视觉冲击力的建筑越来越多地呈现在我们面前。幕墙作为建筑的外饰层，早就被建筑设计师重视，很多现代建筑的造型和个性是通过幕墙这个载体呈现出来的。如何实现建筑创意甚至如何将建筑的语言表达的更加透彻，已经是许多幕墙设计师必须面临的问题（如图 1～图 4 所示）。

图 1　鄂尔多斯博物馆东立面照片

图 2　长沙梅溪湖国际文化艺术中心大剧院

我们从专业的角度去理解建筑幕墙，是“由面板与支承结构体系（支承装置与支承结构）组成的、可相对主体结构有一定位移能力或自身有一定变形能力、不承担主体结构所受作用的建筑外围护墙。”幕墙与屋面和采光顶的主要区别是在于“大于 75°”和“小于 75°”

的范围内。但在异形建筑中往往在外维护结构面上无明显的“75°构造分界线”。这就要求幕墙设计师们在异形建筑设计时要建立起“广义幕墙”的概念。特别是在构造设计时要以安全为主，保证各项性能的实现。

图 3　哈尔滨大剧院外立面效果图

图 4　鲁台经贸中心菱形金属幕墙及屋面

图 1～图 4 项目的整个建筑的外立面都是由不规则的双曲面构成，是非线性建筑理念在实际项目中的体现。非线性建筑设计探讨了褶皱的世界。在这个世界中，时间和空间随着物质的折叠、展开和再折叠而形成。这一观念打破了几何学的传统空间概念，展开了一个动态运动中时空共存的流动世界。我们要讨论的正是这种非线性幕墙或屋面在表现非线性建筑的魅力的同时，用技术的手法来保证艺术效果的实现。曲线、曲面作为非线性的一个重要形式以建筑幕墙为载体，向人们展示着非线性建筑的魅力。

2　异型金属屋面的设计

2.1　金属屋面系统的基本构造

无论项目的外形有何艺术性的变化，其直立锁边金属屋面系统的基本构造大体是相同的。主体结构一般为钢结构支撑系统。典型的直立锁边金属屋面系统的构造如下（自下而上）：

主体支撑钢结构；檩托，可进行双向调整的连接机构；檩条，弧形钢管或型钢；硬防水板，底层硬质防水镀锌钢板（厚度为 1.5mm）或压型钢板；防潮层，聚乙烯防潮隔气层；隔声层，玻璃纤维增强硅酸钙板；T 型支座系统；保温层，双层 50mm 保温棉；内防水层，防水透气膜；外防水层，铝镁锰金属屋面板，厚度为 0.9mm，高直立锁边；转接件，铝合金材质的连接装置；弧形铝支撑管，多为 $\phi40\times3$ 的弧形铝管；二次转接件，铝合金材质的连接装置；面层铝合金装饰板，厚度为 3mm 铝板或石材等表面装饰材料（如图 5～图 6）所示。

从节点图中可以看出，金属屋面部分的构造和支承结构为分三层：一是主体支撑异型钢结构或网壳结构，在此之外为钢檩条，作为结构的次龙骨；第二层是屋面板等功能材料，是依附在次龙骨之上的部分；第三层是直立锁边金属屋面板外部的弧形铝管檩条等外层装饰面层。

依附在支撑结构上，能起到各项功能作用的板材、膜材共有七层：最外层为面板装饰层、铝镁锰金属面板层、防水透气膜层、保温棉层、硅酸钙板隔声层、聚乙烯防潮层、底层为镀锌钢板硬防水层。每一层都有着相应的功能，同时每一层也都有它特殊的工艺特点，这就需要整体设计时全面综合的考虑每一部分设计方案。

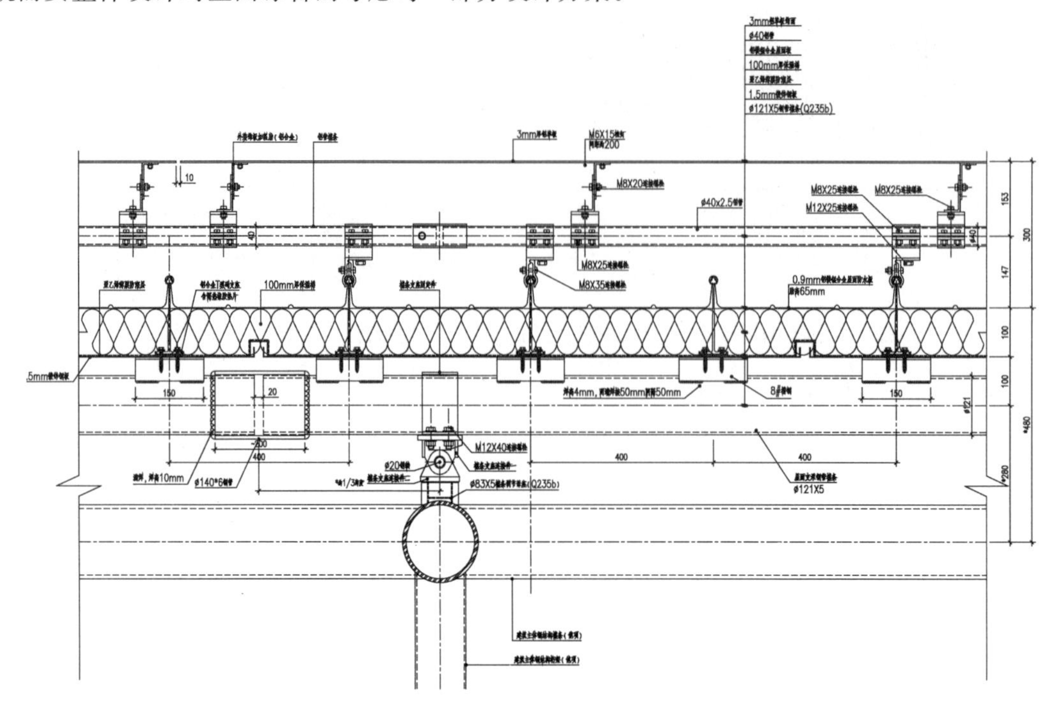

图 5　金属屋面系统基本节点形式图 1

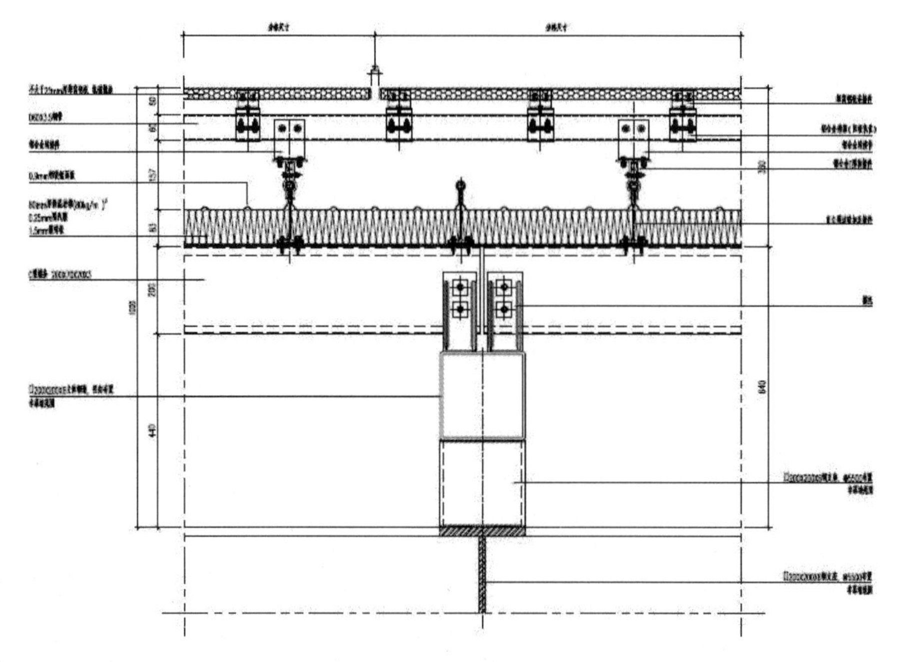

图 6　金属屋面系统基本节点形式图 2

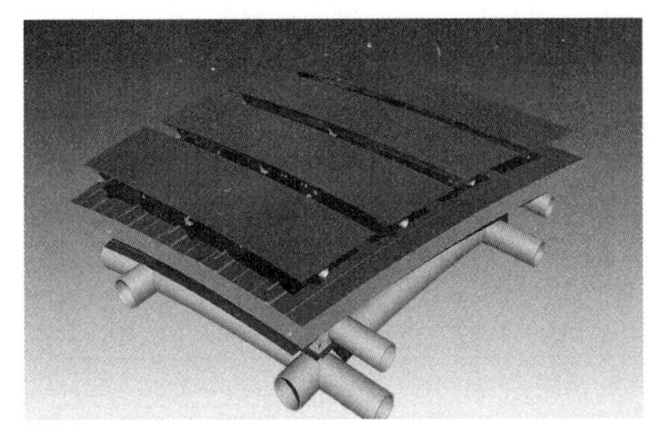

图 7　金属屋面系统基本节点形式效果图 1

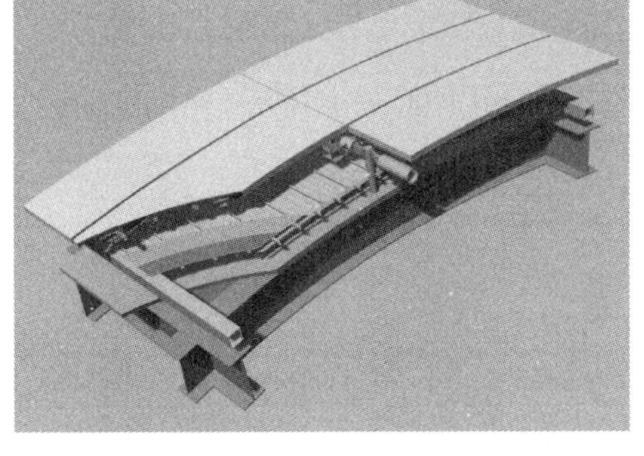

图 8　金属屋面系统基本节点形式效果图 2

2.2　檩条与主体钢结构的连接设计

实际工程的主体支撑钢结构，一般是一个由异型钢管网壳和异型钢管桁架共同组成的空间网壳结构，或由各种断面的型钢构成的曲面空间钢结构（如图 9～图 12 所示）。其外形极为复杂，这就容易造成在空间结构的施工中很难控制其安装精度，常出现外形尺寸偏差较大的现象。在某项目的施工中，主体支撑空间钢结构的外形尺寸误差达到了±800mm，给屋面层的施工造成了极大的困难。所以对主体空间钢结构的外形尺寸精度的控制是保证项目主体质量的一个极其重要的环节。

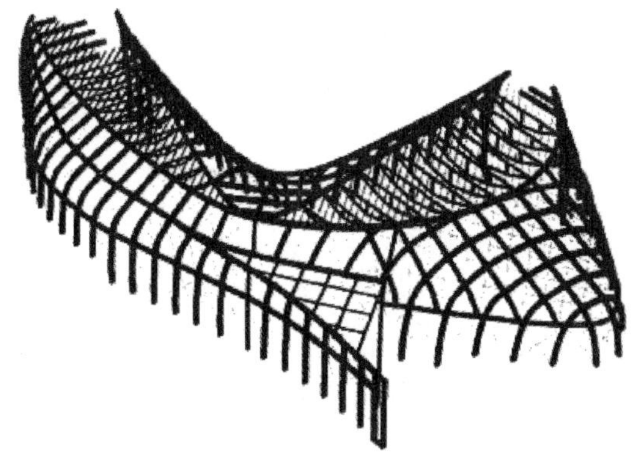

图 9　主体支撑空间结构模型图 1

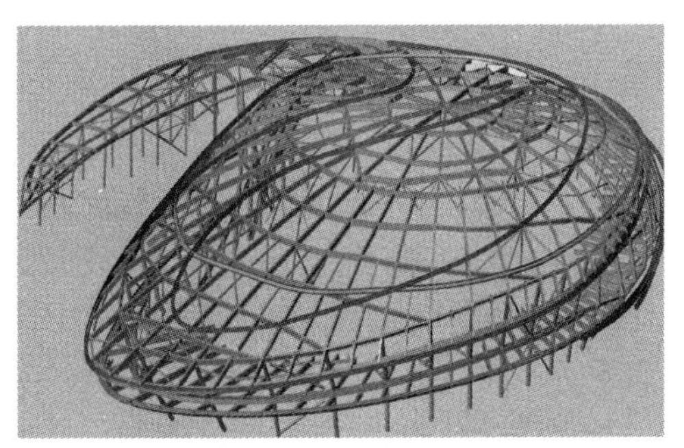

图 10　主体支撑空间结构模型图 2

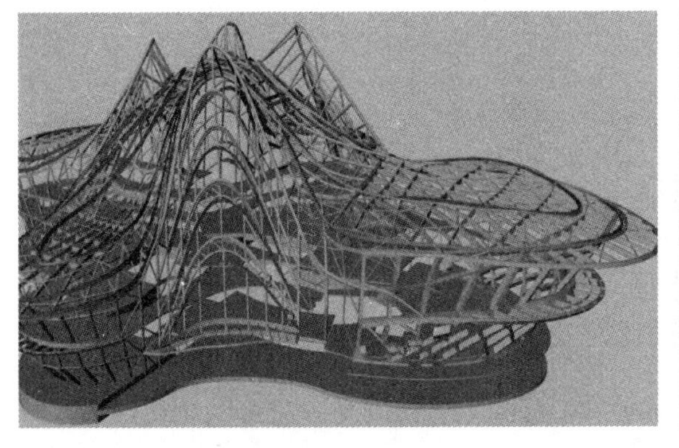

图 11　主体支撑空间结构模型图 3

图 12　主体支撑网壳钢结构内视照片

为能保证屋面安装后的外形尺寸，必须在安装次檩条时将主体结构偏差调整到外形尺寸允许的范围之内。在设计时我们应根据现场的实际情况采取按实际尺寸调整檩托、母座的长度，使檩条在安装后的空间位置保持在设计范围内。为了实现这一目的，必须对现场的多个（最好是全部）檩托支点位置，采用全站仪或其他高精度测量仪器进行空间位置测量。要准确的得到檩托支点的三维空间数据，用这些数据重新建立三维模型，并与原三维模型进行对照、合模。用此办法来精确定位并确定每一个檩托母座的长度，使得在安装次檩条时能保证其外形尺寸。

在异形钢结构网壳支撑的金属屋面系统中，最好采用可调节檩托。这种可调节檩托，由钢材机械加工制成，在主体钢结构上焊接母座后，檩托旋入母座。檩托的高低尺寸可以通过旋入母座的多少进行适量调节，这可以吸收由于主体钢结构引起的部分偏差。檩托安装如图14。

图13　檩条安装在檩托上示意图

图14　檩托安装在主体钢结构上示意图

图中的檩条为ϕ121×5的钢管，安装在檩托上，并且通过U型抱箍紧固件连接固定。在檩条接口位置，檩托上两个U型抱箍分别固定两支檩条。檩条的安装示意如图13～图14。

在双曲面异形项目中，每一根檩条都是弧形的，而且弧形半径常常是无规律的变化，半径的大小是根据空间模型的尺寸确定的。弧形檩条必须在工厂加工成形后运入现场进行安装。由于在安装过程中如果按焊接节点将会出现很大焊接应力，使檩条的形状改变，无法顺滑的拟合外形，为避免上述的问题应采取无焊接的节点设计，用机械连接的办法解决实际问题。

在这里强调，近年来异形幕墙技术的发展也逐渐趋于成熟，BIM技术也广泛地应用在幕墙和金属屋面的设计和施工中。利用BIM技术，采用模型控制施工精度、指导下料，已经被许多幕墙设计人员所掌握。它将会成为异形金属屋面的设计施工得心应手的工具。

2.3　底层硬质防水板、防潮、隔声、保温层的设计

2.3.1　底层硬质防水板

屋面底板的做法有很多，可以用软防水、用压型钢板以及聚安脂硬泡等。但由于异形金属屋面大多为不规则的双曲面，这些做法都无法解决双曲扇形面伸缩变形的问题。采用1.5mm厚的镀锌钢板不但解决了扇形排版问题，同时也为安装过程中施工人员提供了可靠的安全踏板，避免在施工时损坏下层底板。

为了能保证防水性能，根据多年生产异型双曲金属屋面的经验，结合项目的特点，在金属屋面系统的外层，选用高直立锁边铝镁锰金属面层防水板，在中层采用防水透气膜，在底层采用1.5mm厚的镀锌钢板做底层的防水层，用双层防水的方案来确保屋面系统的防水

性能。

为了保证二次防水和提高钢板的平面外刚度，在节点设计时确定了在左右两块钢板之间折直角边，并加盖“Ω”型钢槽（如图 15 所示）。上下两块钢板在安装时上板压下板边 180mm，来保证其防水性能。（如图 16 所示）

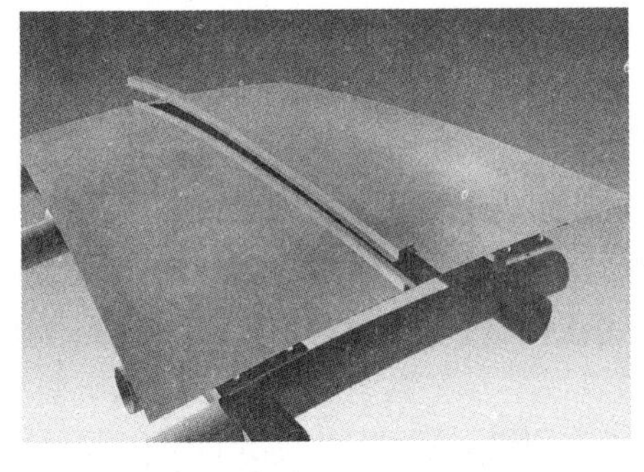

图 15　镀锌钢板加盖“Ω”型钢槽示意图

图 16　硬防水底板安装过程照片

2.3.2　防潮层

在金属屋面的使用过程中，为防止室内潮气进入保温层，在玻璃保温棉的下侧加贴隔气、隔潮、反射热辐射的铝箔隔气层和聚乙烯防潮隔气层。为防止室外潮气进入玻璃棉，在玻璃棉的外侧加贴防水透气膜，起隔潮、防潮防水的作用。

2.3.3　玻璃棉保温层

在屋面的保温隔热性能进行计算后，确定保温层的厚度，一般为 100mm 厚左右，这要根据保温性能的要求通过计算来定。可用超细玻璃棉，容重为 24kg/m^3，玻璃棉的导热系数为 0.036[W/(m^2·k)]。为保证工程质量，达到节能的目标及其他物理性能，最好选择采用的玻璃棉制品是经高温熔融，由高速离心设备制成无机纤维后，再加入特制粘结剂和防尘油经摆动带铺毡并通过特殊设备改变纤维排列结构，最后经固化定型而成的新型轻质保温材料。这种轻质保温材料具有如下特点：

（1）耐腐蚀性能：此种玻璃纤维棉性能稳定持久，且对钢材腐蚀有抑制作用，不会与钢板间发生任何电化学反应，据有关标准的规定测定，保温棉等 PH 值为 7.1。

（2）防火性能：根据中国国家标准 GB50016 及中国国家防火建筑材料监督检验测试中心的检测判定，保温棉不燃性（A 级）合格。

（3）环保性能：玻璃纤维较细，不含渣球（0%，GB/T 5480.5），使玻璃棉的导热系数较低，对人体皮肤刺激较小。

（4）抗潮湿性能：保温棉在温度 49℃，相对湿度 90%，常压下通过 ASTME84 测试，吸湿量低于 2%，如该产品被渍湿，干燥后保温性能完全恢复。

2.3.4　隔声吸音层

我们大多接触的异形金属屋面项目是博物馆、体育馆、大剧院等公共场馆一般对性能要求都较高。我们常规的建筑幕墙和金属屋面的综合隔声量约为 30dB。往往达不到隔声性能的要求。这就要求我们在设计过程中就要对隔声性能加以重视。

我们简单分析一下金属屋面声音传递的途径和提高隔声性能的办法：雨滴撞击金属屋面所引起振动，将有两种形式的声音传向室内。一是屋面振动辐射出的空气声；一是通过结构传递的固体声。如果屋面的构造具有良好的空气声隔绝能力及良好的撞击声隔绝能力，可降低雨噪声。增加屋面质量是解决雨噪声最为有效的途径，但是对于金属屋面等轻质屋面而言，通过增加屋面质量来解决问题的可行性不大，因此只能通过改变屋面的结构做法降低雨噪声对室内的影响。一般来说，分层越多，层与层之间的界面越多。雨噪声是属于在结构中传递的弹性波，声波通过界面时会因反射等因素而降低继续行进的声能。因此界面有利于降低声能。

采用一层12mm厚纸面石膏板、8mm厚GRC板、1～2mm钢板等形成隔声层，通过降低层与层间传递的空气声可降低雨噪声。但需要注意的是，必须进行缝隙处理，尤其是弧形屋盖，隔声层一定不能出现漏声，否则隔声性能将大打折扣。采用岩棉、离心玻璃棉等吸声材料作层间填充，可提高隔声层的空气声隔声性能。同时，这些吸声材料还具有提高保温性能的效果。但还应该注意，有些材料如聚苯、聚氨酯等，虽具有保温特性，但不具有吸声性能，对于雨噪声的隔绝效果甚微。

根据实验室测试数据证明，在轻质屋面板内，采用纸面石膏板、GRC板做隔声层，可起到较好的隔声效果。隔声层一方面起到分层的作用，一方面也增加了部分重量，从两方面提高了隔声量。通过增加GRC板材后维护幕墙和金属屋面的综合隔声量能够增加10dB左右，达到40dB。

金属屋面中各层板材材料是由钢龙骨固定的，受声一侧板的振动会通过龙骨传到另一侧板，这种像桥一样传递声能的现象被称为声桥。声桥越多、接触面积越大、刚性连接越强，声桥现象越严重，隔声效果越差。在板材和龙骨之间加弹性垫，如弹性材料垫对隔声有一定的改善，最多可以提高5dB以上。

因此综合以上各项因素，通过对屋面层构造的改造，在屋面层内增加GRC板材和聚乙烯交联减振垫层，综合隔声量能够提高12～15dB。能够有效地解决建筑内声音外传和金属屋面雨噪声隔声问题。

2.4 铝镁锰金属屋面板的设计

防水是屋面系统最基本也是最重要的功能，它的好坏直接影响着工程的形象和声誉。正因如此，屋面系统的防水性能是金属屋面最值得关注的方面。

普通压型金属板采用的是螺钉穿透式固定，钉孔处仅靠螺钉下的橡胶垫片密封。随着垫片的老化及屋面板受风压反复作用，垫片的密封性能将大打折扣，并导致漏水。而且由于屋面存在成千上万个钉孔，其施工质量也受工人素质及技术水平的制约而难以保障。一旦出现问题，漏水点的查找也十分困难，不易补救。

异形金属屋面系统的外层，选用高直立锁边铝镁锰金属面层防水板（如图17所示），在中层采用防水透气膜，在底层采用1.5mm厚的镀锌钢板做底层的防水层，用双层防水的方案来确保屋面系统的防水性能。

2.4.1 防水性能分析

直立锁边屋面板型，板肋直立，使得其排水断面几乎不受板肋影响，所以有效排水截面较普通板型更大，加之板肋较高65mm，更能保证屋面板在坡度平缓情况下的防水性能，同时铝合金的弹性模量小，对双向弯曲的屋面适应性更强。

采用直立锁边固定方式，杜绝了传统螺钉穿透固定方式带来的漏水隐患。直立锁边屋面板的固定，首先是将铝合金固定座用高强不锈钢螺钉固定于镀锌檩条上翼缘，再将屋面板扣在铝合金固定座的梅花头上，最后用电动锁边机将屋面板的搭接边咬合在一起。由于采用了直立锁边固定方式，屋面没有螺钉外露，整个屋面不但美观、整洁，而且杜绝了成千上万个螺钉孔造成的漏水隐患。

图 17 高直立锁边铝镁锰金属面层防水板示意

图 18 直立锁边扇形弯弧板

此板型的另一个优点是防毛细作用，体现在直立锁边系统的板肋上。板肋小边上的特制凹槽在咬边后形成的空腔扩大了板肋的隙缝，防止毛细现象的发生，阻绝水分通过毛细作用进入室内，以更好地达到屋面的防水功能。

2.4.2 吸收热胀冷缩性能的分析

能有效吸收屋面由于热胀冷缩而产生的横向变形和由于底部结构的不均匀沉降而产生的垂直变形。金属面板的固定座和下部的保温材料及钢檩条跟随主体结构上下运动，而板面的折边可以吸收大量的形变。在沿板肋的纵向，板更有足够的挠度吸收可能产生的竖向形变（如图 19 所示）。

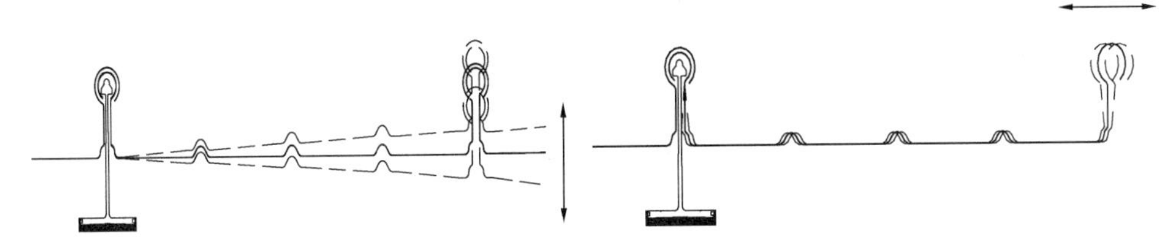

图 19 屋面板吸收下部结构的垂直变形图　　图 20 屋面板吸收热胀冷缩的横向变形图

金属屋面系统利用板的折边变形和板肋空隙来制调整热胀冷缩。对每块 400mm 宽的金属屋面板，可调节的量可达 5mm，在总的可调整量内完全可以吸收该方向的结构位移（如图 20 所示）。

2.4.3 透气性能的分析

空气中总是含有一定量的水分的，水分的含量即湿度在一年四季甚至每天都在变化，有时高有时低，这些水分都是以气态方式存在，但高湿度的热空气在遇到冷的界面时，空气中的水分就会由气态变为液态，形成冷凝水。屋面板上下的空气交换有助于使屋面板上下的空气湿度保持一致，避免一侧的湿度过高在遇温度突变时产生冷凝现象，尤其是要防止屋面板底的湿度太高。有时在翻开一些压型钢板屋面时，会发现板的表面没有被锈蚀，但板底已锈迹斑斑，这就是由于在板底的湿气太多又排不出去，加速了压型钢板的氧化腐蚀。

本方案采用的板型，其板肋的搭接既可防止雨水和毛细水的浸入，但又不妨碍空气的自然流通，使屋面板底的空气能够流动，屋面系统就如同可以呼吸换气一样，不会将湿气闷在板下部。

2.4.4 板的长度方向吸收热胀冷缩性能的分析

屋面板和铝合金固定座采用机械咬合的方式来连接，屋面板通过机械咬合力扣合在铝合金固定座的梅花头上，但屋面板仍可以在铝合金固定上面自由滑动，此种连接方式可充分吸收屋面板由于热胀冷缩在纵向产生的变形。在《采光顶与金属屋面技术规程》中规定直立锁边压型屋面面板长度不宜大于 25m，使屋面板能够自由伸缩同时又能控制在一定的范围内，避免产生较大的温度应力。

但应注意的是，在屋面板通过机械咬合在铝合金 T 型固定座的梅花头上后，由于温度变化会在面板和梅花头之间产生纵向的滑动，如处理不当可能在此处出现破损。最好是在此处增加界面来减少屋面板与 T 型固定座的梅花头之间的摩擦，从而提高其使用寿命。

2.4.5 金属屋面板的排版设计

异形金属屋面的外形有不少是不规则形状，这就给金属屋面板的排版设计工作增添了很大的难度。金属屋面板的排版设计是否可行，屋面板对曲面的顺滑覆盖是保证屋面板能自由伸缩及防水的关键，因而分析屋面板铺设在曲面上的效果，并根据分析结果制定相应的排板方案决定着整个屋面工程的成败。为了确保其使用功能必须对不规则的外形进行详细的分析，这样才能完成合理的排版设计。

根据建筑图纸，建立精确的三维模型，并将三维模型分为两大区域，即顶部区域和墙面区域。在两个区域之间由天沟来分界。在顶部区域内根据三维模型中所显示出的坡度走势，将高的部分设置成屋脊，底部的位置设为天沟，使之自然形成了不规则的多个分区。

在每个分区中的板型都是根据所在位置的不同而产生变化的。有的分区全部都由扇形弯弧板组成。有的分区是由扇形弯弧板与弧形板组合而成。有的分区是由扇板、弧板、直板相互组合成形的。但在每个分区中只能有一个坡度不同的排水走向。（如图 21～图 24 所示）

对双曲形状金属屋面在排版设计时需要考虑以下几个问题：

（1）由于屋面双向弯曲，如使用直板，会出现扭曲甚至无法安装的情况，在此情况下，使用扇形板或局部使用扇形板将是最好的解决办法。

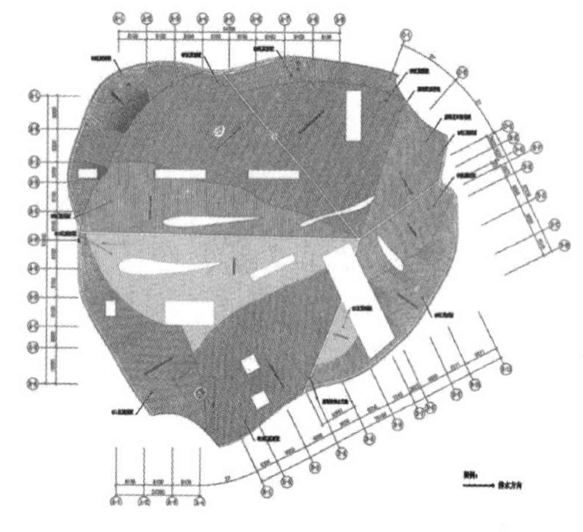

图 21　屋面板顶部区域分布图

图 22　屋面铝板曲率分析

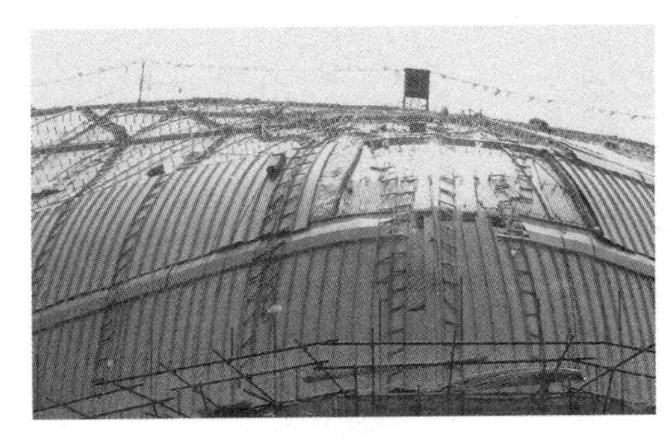

图 23　顶部区域屋面板分区图

图 24　墙面区域屋面板分区图

(2) 由于屋面板铺设方向不能沿着曲面的径向，因此在沿着屋面板侧向会有较大的偏移，尤其是板的中部，如果出现这种偏移，且偏离距离过大，将需要板有很好的柔韧型，并可能需要采用异性板。

(3) 由于屋面双向弯曲，在屋面板的中部会出现橘皮效应（中部增宽）。直立锁边的压型板由于带肋，每片板可以在中间拉大 5～10mm，可以有效解决此问题。若结合扇形板宽度变化的特点，能更好地解决此问题。

2.5　金属屋面板与面层装饰板连接系统的设计：

直立锁边金属屋面板的最大特点是，在屋面板的外部如果设置装饰面层，可以利用转接件实现无穿透式连接。异形金属屋面的外层装饰面板的材质和形状最能展现建筑的个性，是建筑师们极为重视的一个设计环节。所以在保证屋面功能的基础上，如何利用好直立锁边金属屋面板的外形构造来有效的固定和连接外层装饰板就显得极为重要。我所使用过的外层装饰板材料就有六种之多，最常用的是铝单板（平板或曲面板），其次是复合材料板如钛锌复合板、纯钛复合板、幻彩复合板等，还有 GRC 曲面板、天然板岩石材板等。当然也有无外装饰层直接利用直立锁边板作为建筑的外表面。

转接件是在屋面板锁扣的上部安装，起到转接横向铝管的作用。转接件采用铝合金型材加工而成，转接件为两件，满足其转角要求。弧形铝支撑管是采用挤压的铝合金型材，起到支撑连接件固定外装饰板的作用（如图 26）。外装饰板是通过连接件固定在弧形铝支撑管上使其所受的荷载能传递给屋面支撑系统（如图 25、图 27、图 28 所示）。

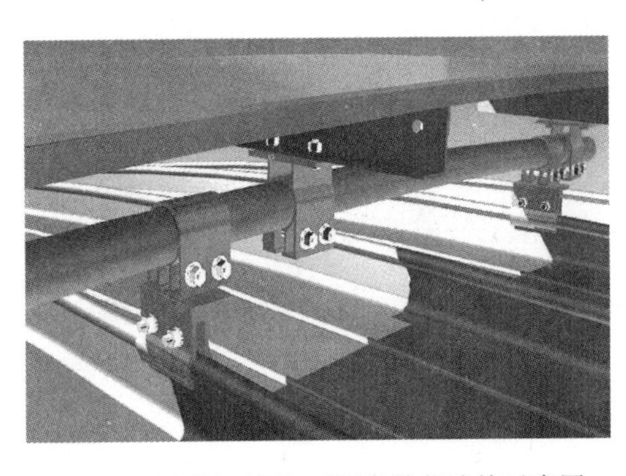

图 25　金属屋面板与面层装饰板连接示意图

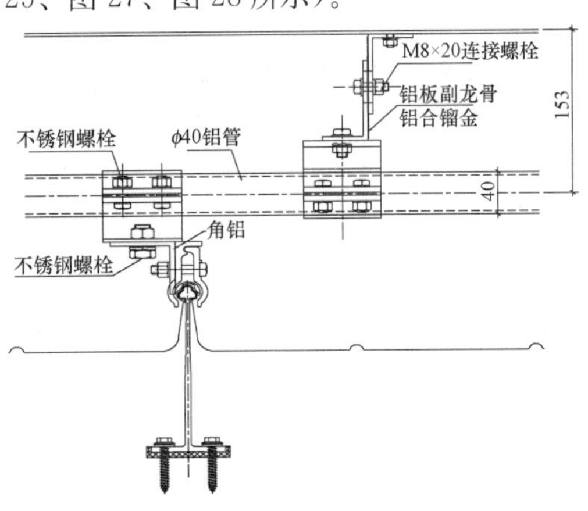

图 26　弧形支撑管与屋面板、装饰板连接图

图 27　弧形支撑管与屋面板连接现场照片

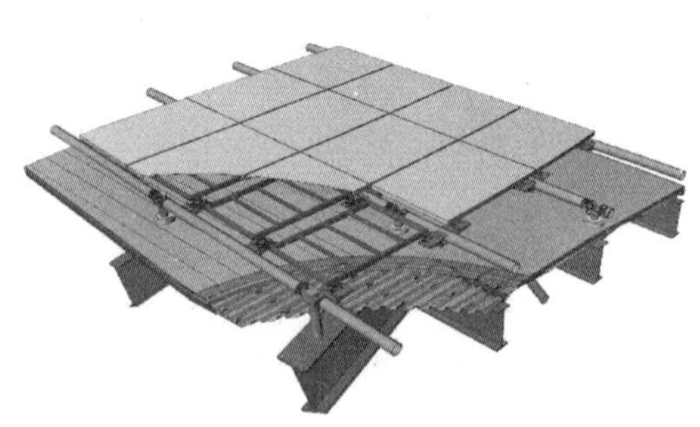

图 28　支撑管与屋面板连接效果图

3　功能性节点的设计方案

3.1　屋脊与排水天沟

3.1.1　屋脊设计方案

金属屋面的外形往往都比较复杂，高低起伏曲面转角多，建筑外形要求过渡顺滑，在视觉上无明确的屋脊线。但是由于功能的要求，在相邻的两个区域中的排水走向不一致，每一块金属面板的伸缩变形方向不一致。所以，必须在适当的位置设置屋脊。用它来作为屋面排水方向的分界和金属面板的可变形伸缩端或固定端，如图 29（a）和（b）所示。

屋脊的位置是根据排版分区设计时高点的位置线所确定的。所以在顶部形成了多条长短

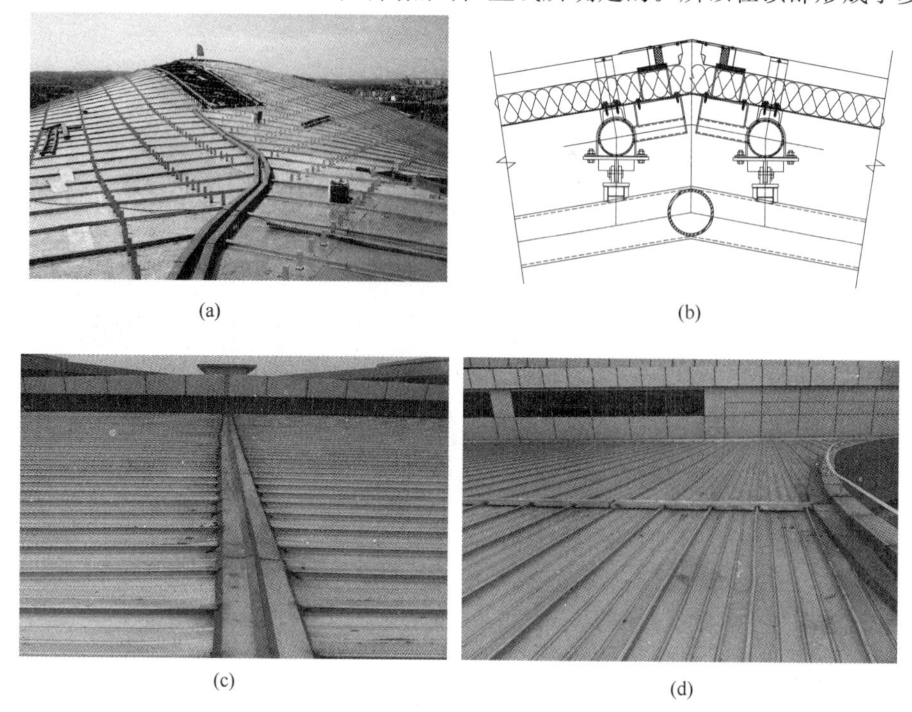

(a)　(b)

(c)　(d)

图 29　金属屋面板屋脊安装图

（a）金属屋面板屋脊安装现场；（b）金属屋面板屋脊设计节点图；
（c）金属屋面板屋脊安装现场图；（d）金属屋面板屋脊安装现场照片

不一的曲线形屋脊或直线形屋脊，如图 29（a）和（c）所示。

但在实际工程中，如对排版分区设计的理解不到位，对屋脊线的设计不在高点上（如图 29（c）、（d），也就是说在屋脊线的两侧屋面板的排水坡度若不能大于 3%（最好大于 5%），将会在此出现防水的薄弱区。极易由此导致防水失败并造成漏水的现象。

3.1.2 排水天沟设计方案天沟槽的设计应考虑：

（1）排水天沟宜采用防腐性能好的金属材料，不锈钢的厚度不应小于 2.0mm，如图 30 所示。

（2）防水系统宜采用两道以上的防水构造。防水系统应具备吸收温度变化等所产生的位移的能力。

（3）排水天沟的截面尺寸应根据排水计算确定，并在长度方向上应考虑设置伸缩缝，顺直天沟连续长度不宜大于 30m，非顺直天沟连续长度不宜大于 20m。

（4）天沟槽的设计，在充分考虑到其自身的排水、引水的功能外，还要考虑到排水天沟是整个采光顶系统的一个组成部分，其功能要完整。特别是在保温、隔热、隔声及装饰性能上要根据不同的项目进行专门的设计。一般要求在天沟金属槽的室内设置填充保温棉，在可视部分包饰装饰面层。

在天沟金属槽的室外则涂防水油膏加防水卷材，这样有利于减少噪声、提高沟槽的防腐能力、提高使用寿命，如图 30 和图 31 所示。在这里要提醒的是，对重要的项目在防水天沟应设置溢流口来防止，一旦天沟的落水口出现问题，溢流口将作为防水系统的最后一道防线。

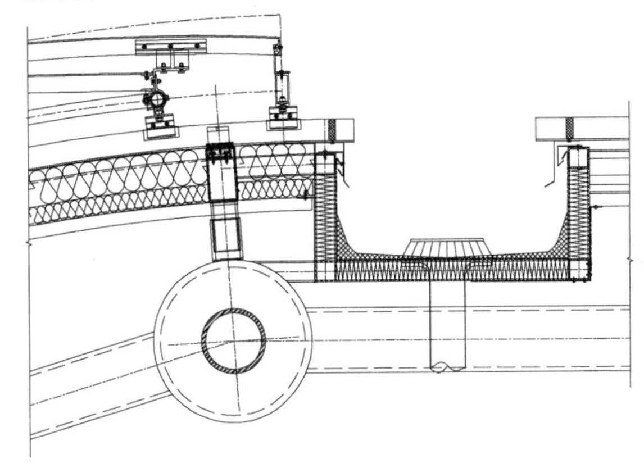

图 30 屋面板天沟槽设计节点图

图 31 金属屋面板天沟槽安装现场

3.2 虹吸系统的设计

当雨水、雪水按照我们的要求汇入天沟内就进入了有组织的排水的过程，一般情况下从天沟内向外排水的方案有两种：一是通过水的重力和天沟的排水坡度使雨水汇聚到落水斗处，通过排水管道有组织的排出。这种方法简单易维护，大量使用在建筑上。二是近年来引进的虹吸排水系统技术。

虹吸式排水系统的基本原理是，当天沟积水深度逐渐加大并超过雨水斗上表面高度，掺气比值迅速下降为零，雨斗内水流形成负压或压力流，泻流量迅速增大，从而形成饱和排水状态（图 32）其技术特点在于虹吸式雨水斗设计，水进入立管的流态被雨水斗调整，消除

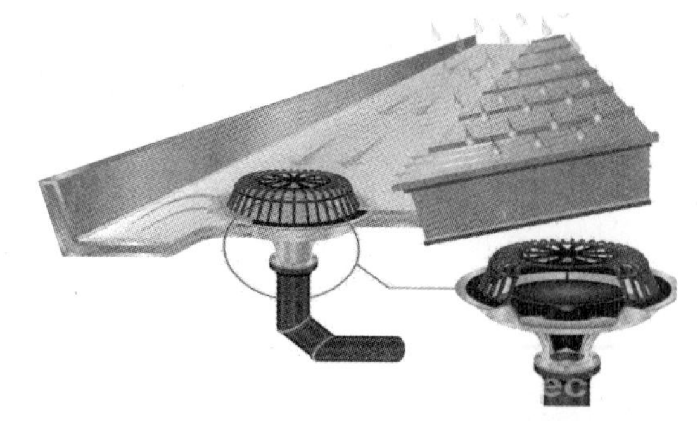

图 32 天沟内虹吸系统的节点效果图

了由于过水断面缩小而形成的旋涡，从而避免了空气进入排水系统，使系统内管道呈满流状态。利用了建筑物高度赋予的势能，在雨水的连续流转过程中形成虹吸作用，导致水流速度迅速增大，实现大流量排水过程。

在设计坡度较大的排水天沟时，在天沟内设置了阻水板装置来保证排水的顺畅。

3.3 除雪融冰系统的设计

金属屋面的建筑项目如果是在北方地区，在屋面和天沟的构造设计时应考虑到冰雪荷载对建筑的影响。由于冰雪荷载的作用个别项目曾经出现过重大的安全事故。所以在构造设计时，增加合理的除雪融冰系统的设计，是极为重要的（如图 33，图 34）。

图 33 天沟内呈“S”型铺设的恒功率电伴热带

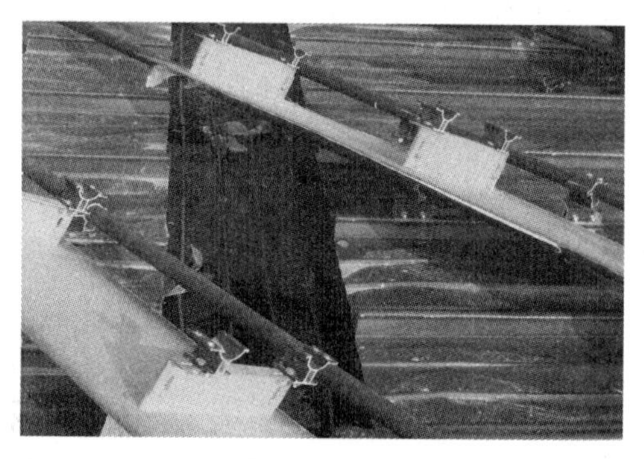

图 34 天沟内平行铺设的恒功率电伴热带

3.3.1 除冰融雪系统的设计

我就某实际工程项目使用过的除冰融雪系统的设计介绍如下以便设计参考。

除冰融雪系统的材料选用：天沟融雪系统设计要求为除冰和融雪，选用恒功率电伴热带。根据本工程所在地的冬季气候条件，为保证除冰和融雪的速度和效果，伴热带标称功率为 35W/m，铺设范围为不锈钢天沟。天沟内铺设方式采用 1：6 呈“S”型铺设，天沟槽除冰融雪功率为 210W/m。在落水斗附近加密铺设。

除冰融雪控制系统和电源点的设置。考虑实际使用和控制系统操作方便以及电源等情况，该建筑屋面天沟设多个控制点，每个控制点设 1 个控制箱分区控制。

3.3.2 除冰融雪系统散热量计算

天沟除冰融雪系统设计依据为《地面辐射供暖技术规程》（JGJ 142—2004），单位地面面积所需散热量（Qx）按以下公式计算：

$$T_{pj} = Tn + 9.82 \times (Qx/100)0.969$$

式中：T_{pj} 为地表面温度（℃），地表面温度按照融雪要求在 1℃左右，即 $T_{pj}=1$℃；Tn 为环境计算温度。在融冰项目中为最低室外环境温度，即 $Tn=-31$℃（当地室外最低气温－31℃）；Qx 为单位地面面积所需散热量 W/m^2，即 $1=-31+9.82\times(Qx/100)\ 0.969$。$(Qx/100)\ 0.969=32\div 9.82=3.26$

通过以上公式得知：$Qx \approx 348W/m^2$

注：每延米平均功率 348×0.6＝209W，使用 35W/m 发热电缆，实际按每延米 6.5m 发热电缆（含折弯曲线）铺设。

3.4 防雷系统的设计需要考虑的问题

金属屋面的外形都比较复杂，建筑师们常利用金属屋面的外层装饰面板作为语言来展示建筑的艺术魅力，往往不愿意在面板之外有其他的外露构造。在建筑物的顶部设置防雷接闪器是最有效的防雷装置。根据国家《建筑物防雷设计规范》（GB 50057）的规定，除第一类防雷建筑物外，如是金属屋面的建筑物，宜利用其金属屋面板作为闪接器。但应符合下列要求：金属板之间采用搭接时，其搭接长度不应小于 100mm。

金属屋面直接直接作为接闪器时在其必要的位置将面板和主体钢结构导通，使金属板与建筑的防雷体系可靠连接，并保持导电畅通（如图 35）。确保导通的做法是将铝板和连接件之间的橡胶垫片取消，接触表面的铝板或铝型材应去除氧化膜保护层，铝镁锰屋面板支承件 T 码和支承龙骨的连接处取消安装绝缘垫片，每个导通点的间距不大于 10m。

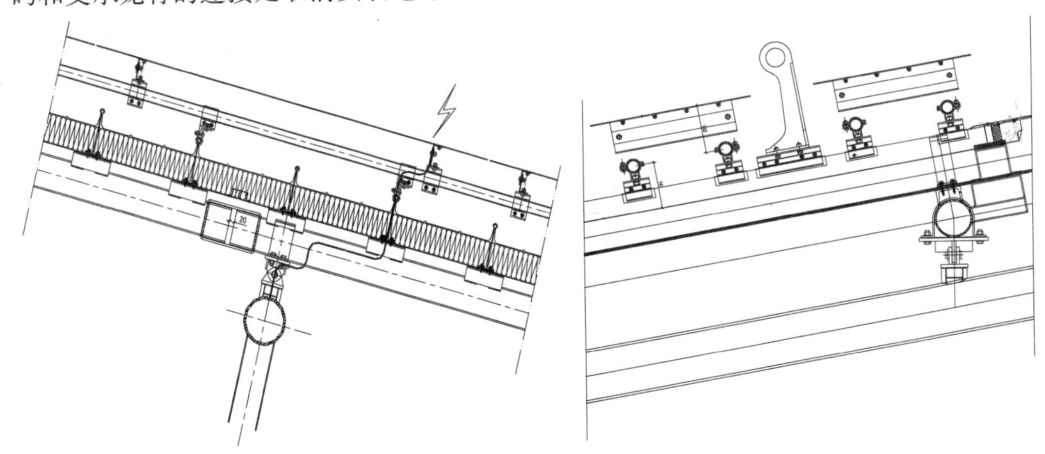

图 35　屋面板防雷设计节点图　　图 36　屋面板清洗吊环设计节点图

第二类防雷建筑物的滚球半径为 45m，滚球沿需要防止雷击的部位滚动，当球体只接触接闪器或只触及接闪器和地面，而不触及需要保护的部位时，该部位就得到了接闪器的保护。

在此需要提醒大家的是，在屋面防雷系统的设计时需要考虑的是在金属屋面板外层的装饰面是否能够导电，如果采用了绝缘材料作为装饰面层，如 GRC 板、复合板、石材和陶瓷板等，就一定需要在建筑的高点上设置专门的凸出屋面的防雷接闪器。

3.5 清洗机构的设计

建筑外表面的清洗方案是多种多样的。其中之一是通过从金属屋面上安装的清洗吊环机构来实现的。吊环分布在金属屋面上，其间距和位置是根据屋面的具体形状而设置的，两个环之间距离一般在 4m 左右，吊环的分布主要考虑清洗时清洗机构的设置，确保清洗人员能够顺利清洗整个屋面。吊环采用不锈钢材质，通过不锈钢螺栓固定在金属屋面板上，螺栓并不穿过屋面板，杜绝由于钻孔引起的渗水可能。

吊环的孔用于安装清洗用的软梯或绳索。清洗时用软梯或绳索悬挂在清洗吊环上，清洗人员在软梯或绳索上对建筑进行清洁。

4 小结

在实践中，我们针对具体的难点，用我们已掌握的技能加以突破，获得了很多解决问题的办法。本文就金属屋面设计与施工过程中的一些具体问题和做法作了一些总结，还有待同行们进一步探讨和建议，共同为金属屋面设计和施工技术的提高做一些工作。由于篇幅原因，本文也只介绍了与施工图设计所相关的一些问题。就施工过程中的施工组织、测量放线、空间几何尺寸的定位、安装过程中局部区域结构变形的监控等施工经验，另有文章进行介绍。特别是针对排水天沟设计、计算、施工及工作原理、构造等设计和施工的薄弱环节，在《金属屋面在设计和施工中常见问题解析——屋脊与天沟在设计中要解决的问题》文章中有相关分析和介绍。

参考文献

[1] 王德勤、张洋、杨涛．鄂尔多斯博物馆双曲面异形金属屋面设计[J]. 中国建筑防水，2011，08.
[2] 王德勤，鲁台会展中心异型金属屋面鱼鳞外饰板的施工技术[J]. 建筑幕墙，2013，01.

鱼鳞型采光顶的设计及安装

胡忠明　朱应斌

摘　要　本文详细解读了一种新型鱼鳞型采光顶设计的原理、特点及安装工艺。作为一种新型的、在国内首次采用的采光顶形式，该采光顶的优美体型、多重功效、完美构造得到了业主及专家的高度评价，成为合肥政务综合楼工程的画龙点睛之笔，也使得该项工程获得了安徽省“黄山杯”奖，并被推荐参加国家“鲁班奖”的评定。鱼鳞型采光顶不仅为公司带来了良好的社会效益和经济效益，同时还获得了国家新型技术专利。

关键词　新型技术；专利；鱼鳞型采光顶；遮阳；抗震；防水；安装；幕墙

0　前言

玻璃采光顶技术难度较大，荷载除自重荷载、风荷载外，还要考虑雪和冰荷载及冰雹的袭击。不但要考虑正风压，更要考虑负风压；不但要考虑防漏水，更要考虑防止因玻璃破碎造成的不安全因素。这就向我们幕墙设计师提出一个任务：研究并生产更多、更好、更丰富多彩的玻璃采光顶。

近几年以来，合肥市步入了“大发展、大建设、大环境”的全面发展阶段，全市各项基础设施建设全面开展，旧城改造、新城建设的工作同时进行。经国务院批准，在合肥市西南角划拨了一块面积12.7平方公里的土地，成立合肥市政务文化新区，力求将其打造成合肥市新的市中心，而其中最主要的建筑就是作为合肥市新的市委、市政府、市人大和市政协四大班子的办公场所的“合肥政务综合楼”。

“合肥政务综合楼”位于政务文化新区内，分为五个区，一区由东西两座塔楼组成，地上32层，建筑面积约94000m^2；二区为会展中心，三区为会堂，四五区为辅楼。幕墙总面积18万多m^2，整个建筑群体中最为核心的部分就是位于二区中心部分的一个直径38m的玻璃半球形采光顶。

1　本工程采光顶的独特需求

合肥政务综合楼二区阳光大厅采光顶为直径38m的半球体，由于该采光顶独特的位置和功能需求，业主要求该采光顶具有下列特点：

（1）外形独特、新颖，最好是国内没有的形式，务必将其建成国内一流的建筑；

（2）采光顶必须做到既要保温、遮阳、防结露，还要尽可能的通透、简洁；

（3）由于工期短，且采光顶顶部距地面四十多米，不允许满铺脚手架，但还要求采光顶安装必须简单快捷，维护方便；

（4）采光顶还必须具有通风换气、电动排烟的功能，满足国家通风及防火规范的要求；

（5）采光顶所采用的材料必须是环保节能的，同时材料截面构造务必新颖，尽可能减少

图1 合肥政务综合楼鸟瞰图

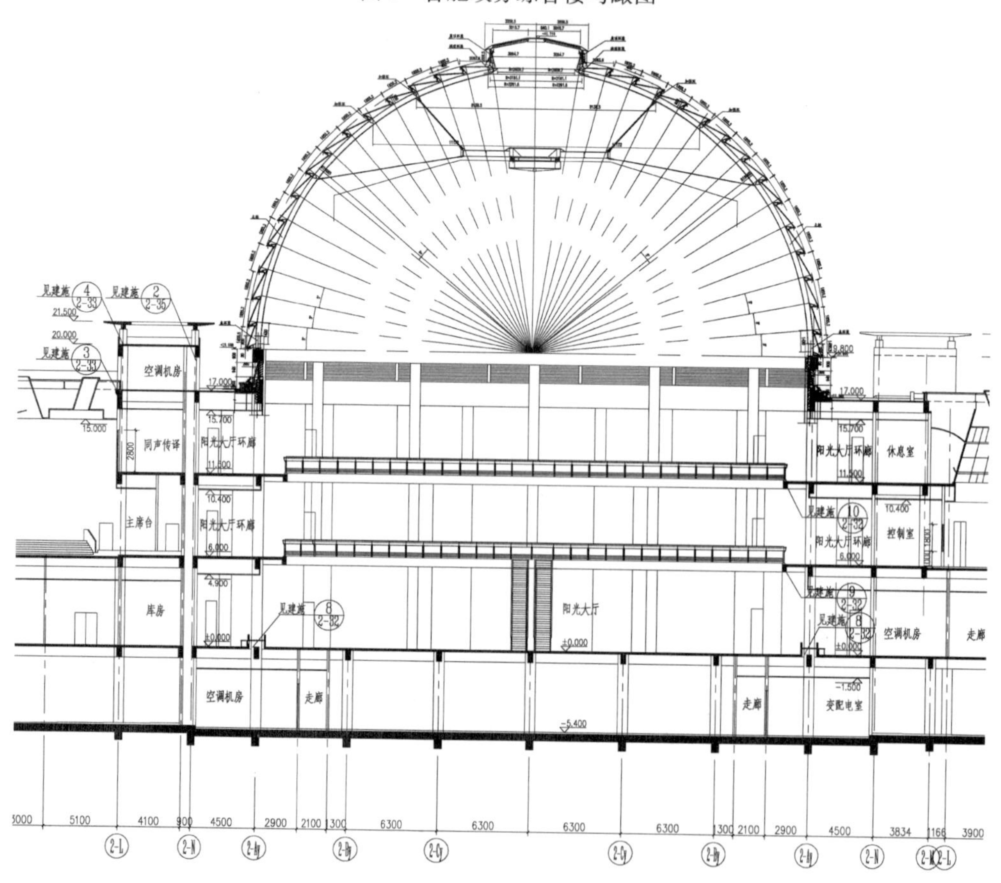

图2 合肥政务综合楼鱼鳞型采光顶剖面图

对视线和光线的干扰。

针对业主的如此高标准、高要求，我们立即组织人手，查阅了大量的国内外资料，希望能够完美实现业主和建筑师的构想。但国内现有的传统采光顶形式均不能满足业主的上述需求。

2 传统采光顶形式

目前国内现有的传统采光顶形式主要有以下两种，其构造和优缺点如下：

（1）框架式隐（明）框玻璃采光顶

该形式采光顶主要采用横竖型材附着于主体钢结构之上，采用硅酮结构胶或铝压板固定玻璃，起到采光保温的功效。其特点是：安装简便，造价低廉，早期采光顶普遍采用，但具有防水性能一般、内外视效果较差、不够通透、采光受横竖型材影响的缺点。

（2）点式玻璃采光顶

该形式采光顶主要采用不锈钢驳接系统将玻璃固接于主体钢结构之上。其特点是：结构形式新颖，采光效果好，目前在大量场馆上采用，但具有无法收集冷凝水；玻璃受力形式不好、玻璃易碎、玻璃安装精度要求较高、三维调节差、适应变形能力小的缺点。

上述两种传统采光顶形式均无法满足本工程业主的需求。

3 鱼鳞型采光顶构造设计

针对传统采光顶的特点，结合合肥政务综合楼工程的独特需求，我们通过查阅大量的国内外建筑，发现德国议会大厦屋顶的采光顶形式独特，外观新颖，球体直径基本接近本工程，为此，我们专门去德国进行现场考察，确定合肥政务综合楼阳光大厅采光顶采用鱼鳞型采光顶形式。由于该形式的采光顶我们从来没有接触过，国内外资料也没有详细的介绍，我们只有从功能和外形出发，研究采光顶的每一个细节，经过几周的潜心研究，我们终于设计出了一整套完整独特的鱼鳞型采光顶节点、安装、吊运方案。

鱼鳞型采光顶外形独特、简洁，所有安装在外部进行，维修方便，还具有极好的节能遮阳效果。鱼鳞型采光顶结构，含有钢结构横向檩条、中空玻璃、辅助胶垫、密封胶等。在横向檩条的外侧设置受力牛腿，在受力牛腿空腔中插接并固定有可滑动的球头支耳，下横向受力龙骨安装在球头支耳上；在横向檩条的下侧设置钢板支耳，上横向受力龙骨连接在钢板支耳上；大片玻璃插接在下横向受力龙骨和上横向受力龙骨之间。小片玻璃与受力牛腿相连。在大、小片玻璃的夹角部位设置有冷凝水排泄口。

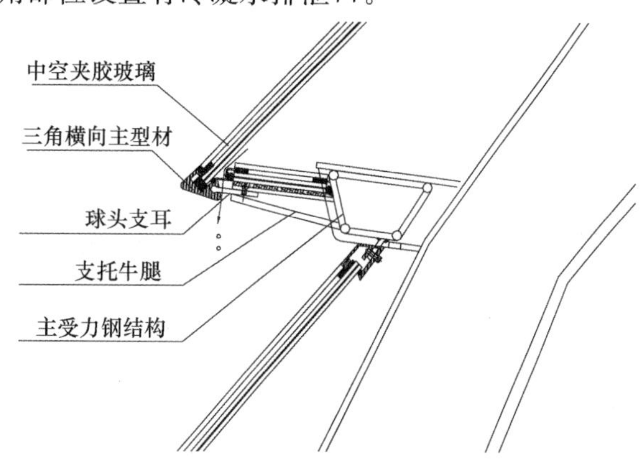

图 3　鱼鳞型采光顶细部节点

4 鱼鳞型采光顶结构设计原理

合肥政务综合楼阳光大厅鱼鳞型采光顶结构设计的安全性是我们考虑的首要任务，我们在结构设计时主要参考《玻璃幕墙工程技术规范》（JGJ 102—2003）、《建筑结构载荷规范》（GB 50009—2012）、《采光顶与金属屋面技术规程》（JGJ 255—2012）等规范，尤其是对主受力构件和玻璃按照业主提供的《合肥市政务文化新区政务综合楼阳光大厅玻璃穹顶平均风压分布数值风洞模拟》数值反复演算。

1. 玻璃计算

采光顶玻璃为12+16A+10+2.65PVB+10mm中空夹胶钢化玻璃，对边支撑，短边长度为L=1920mm，长边长度为4400mm。

（1）荷载计算

① 风荷载计算如下：

根据《玻璃幕墙工程技术规范》（JGJ 102—2003）中5.3.2，玻璃幕墙的风荷载标准值应按下式计算，且不应小于1.0kN/m²：

$$W_k = \beta_{gz} \times \mu_s \times \mu_z \times W_0$$

式中：W_k为风荷载标准值，kN/m²；β_{gz}为阵风系数，根据《建筑结构荷载规范》（GB 50009—2012）表8.6.1查表并线性插值得β_{gz}=1.57；μ_{s1}为风荷载局部体型系数，此处根据《建筑结构荷载规范》（GB 50009—2012）中8.3.4规定：μ_{s1}=2.0；μ_z为风压高度变化系数，根据《建筑结构荷载规范》（GB 50009—2012）中表8.2.1及条文说明8.2.1：本工程粗糙度为B类，查表并线性插值得μ_z=1.52；W_0为基本风压值，根据《建筑结构荷载规范》（GB 50009—2012）附录E中附表E.5查表得0.35kN/m²（按50年一遇）。

计算结果如下：

$$W_k = 1.57 \times 2.0 \times 1.52 \times 0.35 = 1.66\text{kN/m}^2$$

② 风荷载分配计算如下：

在计算夹胶中空玻璃时，先将夹胶中空玻璃进行等效：将夹胶中空玻璃等效成12+16A+12.6mm的中空玻璃，然后根据荷载分配原则进行荷载分配。根据《玻璃幕墙工程技术规范》（JGJ 102—2003）中6.1.5.1：

$$W_{k1} = 1.1 W_k \frac{t_1^3}{t_1^3 + t_2^3}$$

$$W_{k2} = W_k \frac{t_2^3}{t_1^3 + t_2^3}$$

式中：W_{k1}为直接承受风荷载作用的单片玻璃承受的风荷载标准值，kN/m²；W_{k2}为不直接承受风荷载作用的单片玻璃承受的风荷载标准值，kN/m²；W_k为作用在中空玻璃上的风荷载标准值，kN/m²；t_1为直接承受风荷载作用的单片玻璃厚度；t_2为不直接承受风荷载作用的单片玻璃厚度。

参数取值：

$$W_k = 1.66\text{kN/m}^2,\ t_1 = 12\text{mm},\ t_2 = 12.6\text{mm}$$

计算结果如下：

等效的中空玻璃内片（10+2.56PVB+10mm夹胶片的等效单片玻璃）所承受的风荷载标准值为0.89kN/m²；等效的中空玻璃外片（12mm单片玻璃）所承受的风荷载标准值为0.85kN/m²。

根据《玻璃幕墙工程技术规范》（JGJ 102—2003）中6.1.4，夹胶玻璃的荷载分配原则是按刚度来进行分配。对于10+2.56PVB+10mm夹胶玻璃，由于内外片厚度相等，因此荷载均分在两单片上，即：作用在夹胶中空玻璃的夹胶单片（10mm）玻璃上的风荷载标准值为 0.45kN/m^2。

作用在 12mm 单片玻璃上的地震作用荷载标准值（抗震设防烈度 7 度，加速度为 0.01g）为 0.1229kN/m^2，则有作用在该玻璃上的风荷载标准值 0.85kN/m^2，水平荷载作用的设计值为 1.4×0.85+0.5×1.3×0.1229=1.27kN/m^2。

作用在 10mm 单片玻璃上的地震作用荷载标准值（抗震设防烈度 7 度，加速度为 0.01g）为 0.1024kN/m^2，则有作用在该玻璃上的风荷载标准值 0.45kN/m^2，水平荷载作用的设计值为 1.4×0.45+0.5×1.3×0.1024=0.70kN/m^2。

（2）12mm 单片钢化玻璃强度校核（玻璃按对边简支板考虑）

该处玻璃外片的最大弯曲应力可依据如下的公式计算：

$$\sigma_{max}=\frac{M}{1.25W}\leqslant(\sigma)_g$$

$$M=\frac{S_1l^2}{8}$$

$$W=\frac{1000t_1^2}{6}$$

式中：σ_{max}为在风载荷、地震载荷和自重作用下玻璃外片的最大弯曲应力，N/mm^2；S_1 为分配到玻璃外片的载荷设计值，S_1=1.27kN/m^2；l 为玻璃支承边的跨度，l=1920mm；t_1 为中空玻璃的外片厚度，t_1=12mm；M 为中空夹胶玻璃外片所受的最大弯矩，N/mm；W 为中空夹胶玻璃外片的抵抗矩（mm^3）；$[\sigma]_g$ 为玻璃外片的大面强度允许值，N/mm^2。

经计算，σ_{max}=19.5（N/mm^2）$\leqslant$ $[\sigma]_g$=42（N/mm^2），所选玻璃外片的强度满足设计要求。

（3）10mm 单片钢化玻璃强度校核（玻璃按对边简支板考虑）

该处玻璃外片的最大弯曲应力可依据如下的公式计算：

$$\sigma_{max}=\frac{M}{1.25W}\leqslant(\sigma)_g$$

$$M=\frac{S_1l^2}{8}$$

$$W=\frac{1000t_1^2}{6}$$

式中：σ_{max}为在风载荷、地震载荷和自重作用下玻璃外片的最大弯曲应力（N/mm^2）；S_1 为分配到玻璃外片的载荷设计值，S_1=0.70kN/m^2；l 为玻璃支承边的跨度，l=1920mm；t_1 为中空玻璃的外片厚度，t_1=10mm；M 为中空夹胶玻璃外片所受的最大弯矩，N/mm；W 为中空夹胶玻璃外片的抵抗矩，mm^3；$(\sigma)_g$ 为玻璃外片的大面强度允许值，N/mm^2。

经计算，σ_{max}=15.5（N/mm^2）$\leqslant$ $(\sigma)_g$=42（N/mm^2），所选玻璃外片的强度满足设计要求。

（4）玻璃刚度校核（玻璃按对边简支板考虑）

该处玻璃的最大挠度可依据如下的公式计算：

$$\mu_{max}=\frac{5S_kl^4}{384EI}$$

$$I=\frac{1000t_e^3}{12}$$

$$t_e = 0.95\sqrt[3]{t_1^3 + t_{ne}^3}$$

$$t_{ne} = \sqrt[3]{t_2^3 + t_3^3}$$

式中：μ_{max}为在风载荷、地震载荷和自重作用下玻璃的最大挠度，mm；S_k 为载荷标准值 $S_k = 1.66kN/m^2$；l 为玻璃支承边的跨度，$l=1920mm$；E 为玻璃的弹性模量，$72000N/mm^2$；t_e 为玻璃的等效厚度，mm；t_{ne}为中空夹胶夹胶层的等效厚度，mm；t_1 为中空玻璃的外片厚度，mm；t_2 为中空夹胶玻璃夹胶层外片厚度，mm；t_3 为中空夹胶玻璃夹胶层内片厚度，mm；I 为中空夹胶玻璃夹胶层单片的抵抗矩 mm^3；(μ) 为玻璃的最大许可挠度，mm。

经计算：$\mu_{max}/l = 15.32/1920 \approx 1/125 \leqslant 1/60$ ，所选玻璃的刚度满足设计要求。

2. 横向主型材受力计算

水平荷载设计值为 $1.4 \times 1.66 + 0.65 \times 0.3277 = 2.54kN/m^2$；

竖向荷载设计值为 $1.2 \times 0.8192 = 0.98kN/m^2$；

水平荷载标准值为 $1.66kN/m^2$；

竖向荷载标准值为 $0.8192kN/m^2$；

横向主型材材质为6063A－T5，抗弯强度设计值为 $124.4\ N/mm^2$。

横向主型材力学模型可简化为三等跨连续梁（最大板块横型材长度为4400mm，支点距为1136mm)，横向主型材承受的水平荷载为面材传递的水平线荷载，横向主型材承受的竖向荷载为面材自重，因在4个连接耳板处分别设置了硬质垫块，所以面材自重荷载以集中荷载形式作用于横型材。该处采用有限元软件ANSYS进行分析，分析结果如下：

(1) 横梁强度校核

由图4可知，横梁最大应力值为 $\sigma = 32.2(N/mm^2) \leqslant f = 124.4(N/mm^2)$，所选横梁的强度满足设计要求。

(2) 横梁刚度校核

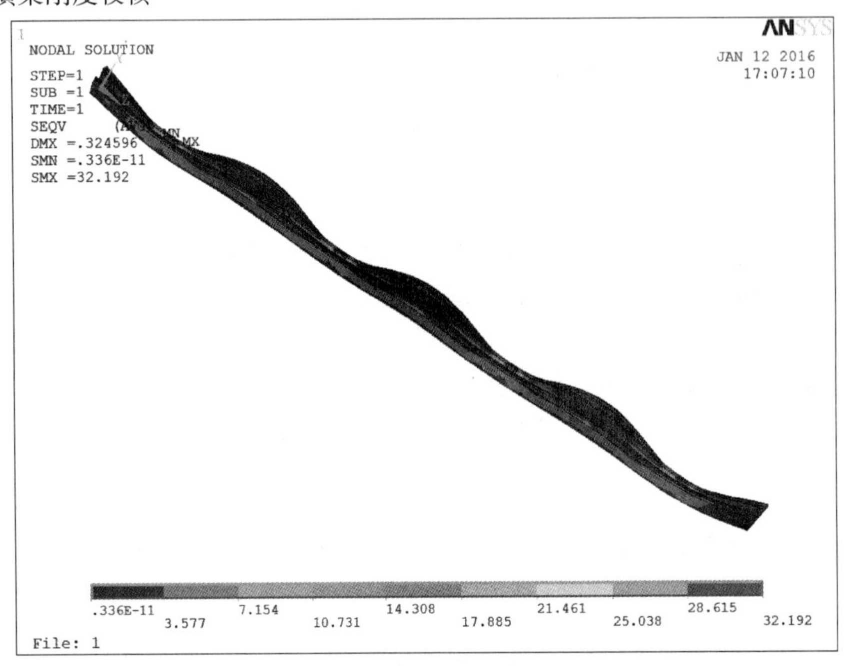

图4 横梁强度校核图1

由图 5 可知，横梁的最大挠度为 0.21mm，小于横梁的最大允许挠度 $d_{f,lim}$=1136/180=6.31mm，所选横梁的刚度满足设计要求。

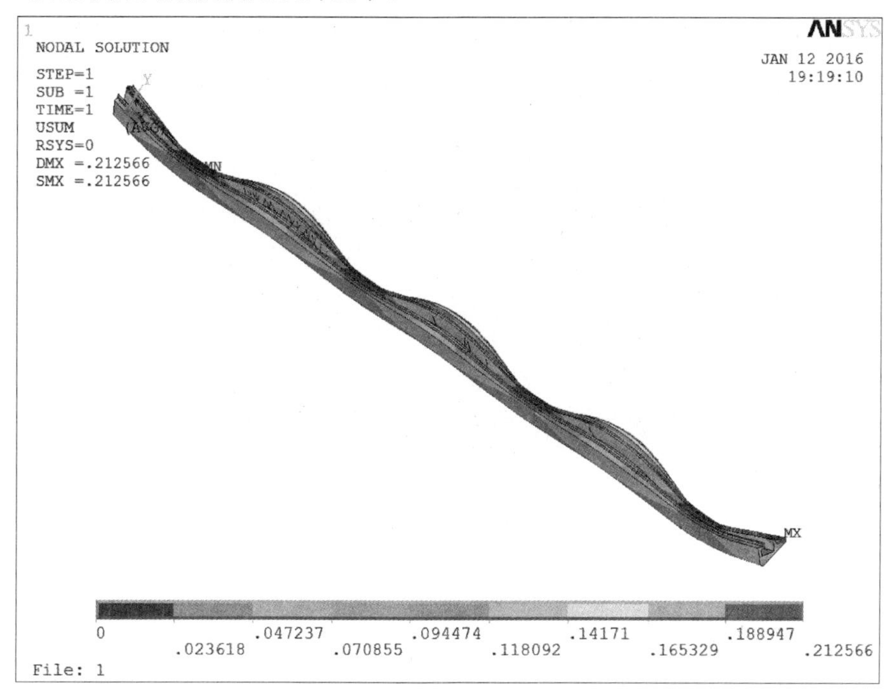

图 5　横梁应用校核图 2

5　鱼鳞型采光顶系统的优点

本工程中所采用的鱼鳞型采光顶具有以下优点：

（1）结构简洁，内视光透性好，外形独特美观。

（2）结构的所有结合工序均可在室外进行，使得分格大而厚重的玻璃的吊运和安装都很方便，使以后的维修也相对方便。

（3）在大小玻璃的夹角处设置有冷凝水排泄口，便于因温差或其他原因而产生的积水能及时排走。

（4）本结构中的球头支耳后端可在牛腿中滑动，以便于调节进出，其球头又可以在横向型材中转动，以适应鱼鳞型采光顶不同角度的变化。

（5）本工程第一次采用了双银低辐射充氩气中空玻璃，该玻璃的 U 值仅为 1.5，遮阳系数仅为 0.30，保温及遮阳系数非常显著。

（6）该玻璃采光顶造型独特，设计及施工难度很大，我们设计的节点很好地解决了这些问题，通过这个工程摸索出了一套完整的类似工程的安装工艺，对其他工程具有很好的借鉴作用。

（7）该系统由于设计独特新颖，已于 2007 年 8 月获国家新型实用专利。

6　鱼鳞型采光顶的吊运及安装

合肥政务综合楼二区阳光大厅鱼鳞型采光顶是为钢结构穹顶形式玻璃幕墙（图 6），玻璃采用 12+16+10+2.65+10mm 双银低辐射充氩气中空钢化玻璃，玻璃板块分格大且超重，最大板块尺寸达 4000mm×2000mm，重量达 700kg，玻璃厚度 50mm。由于钢结构跨度很大且全部漏空，采光顶施工作业条件十分恶劣，既没有施工脚手架也没有安全防护，因此施工难度系数和危险系数都很高。

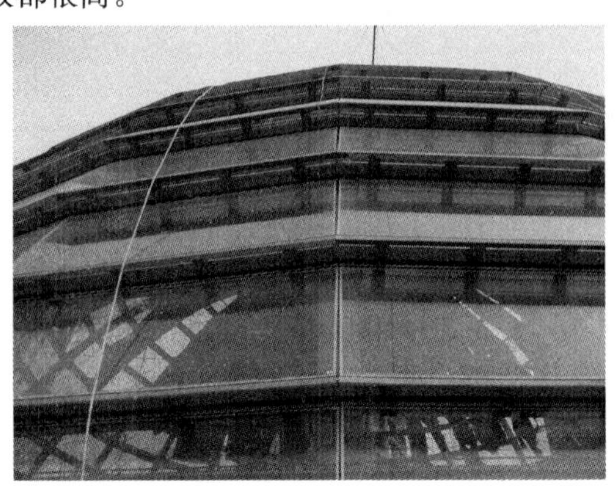

图 6　鱼鳞型采光顶现状图

1. 鱼鳞型采光顶安装工艺及施工方案

(1) 安装工艺流程

测量放线—纠偏及吊装设备的安装—钢结构氟碳喷涂—铝龙骨安装—玻璃尺寸反馈厂家—玻璃生产—玻璃吊装（调整）—电动开启窗安装—打胶—清洗—验收—交付使用

(2) 测量及技术要求

① 用水平仪（管）复核玻璃下托架（钢牛腿）的水平，同一水平面的玻璃托架误差需控制在±2mm 以内，钢牛腿角度∠A（图 7）需偏差一致，误差控制在±1°以内；

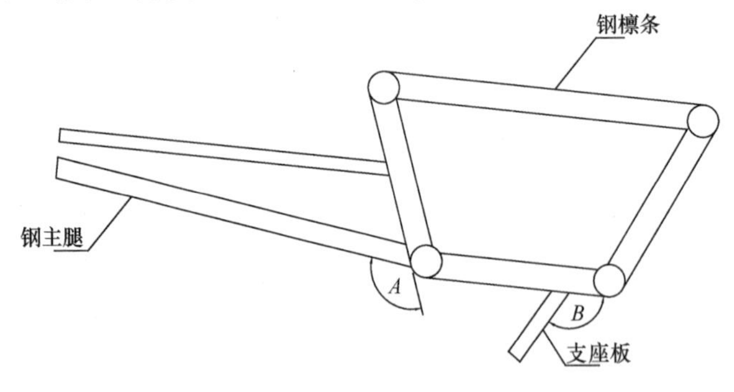

图 7　水平仪

② 用水平尺和钢卷尺复核玻璃上连接钢板的位置，每节横向梁上连接钢板高度需在同一水平线上，误差控制在±2mm 以内，同时，连接钢板倾斜角度∠B（图 7）必须控制在公差允许范围内，误差±1°；

③ 用水平仪检测一圈范围内的牛腿和钢支座板，要求控制标高在±3mm 以内，超过误差范围内必须重新调整校正；

④ 用钢卷尺检查支座和牛腿分布间距，钢支座板的间距按设计严格控制在±2mm以内。

（3）铝型材安装程序和步骤：

在屋面组装铝转接轴（KM. 36）—安装玻璃下横料（KM. 37）—安装玻璃上横料（KM. 38）—调节上、下横料标高和对角线误差—紧固连接螺钉—安装玻璃胶条和垫块—隐蔽验收

（4）玻璃转运和安装：

① 用吊车将玻璃卸货至四区外环存放点—用叉车与吊车配合将下面六排玻璃整箱分批吊运至二区屋面—用龙门吊和玻璃运输车运至安装部位下方—将扒杆吊安装在第九排横向钢檩条上（活动卡扣）—用大型吸吊机吸附玻璃—（通过手拉葫芦与转向滑轮）吊运玻璃至相应安装部位—（通过手拉葫芦）调整、固定玻璃—（挪吊）依此将一至六排玻璃安装到位（图 8）；

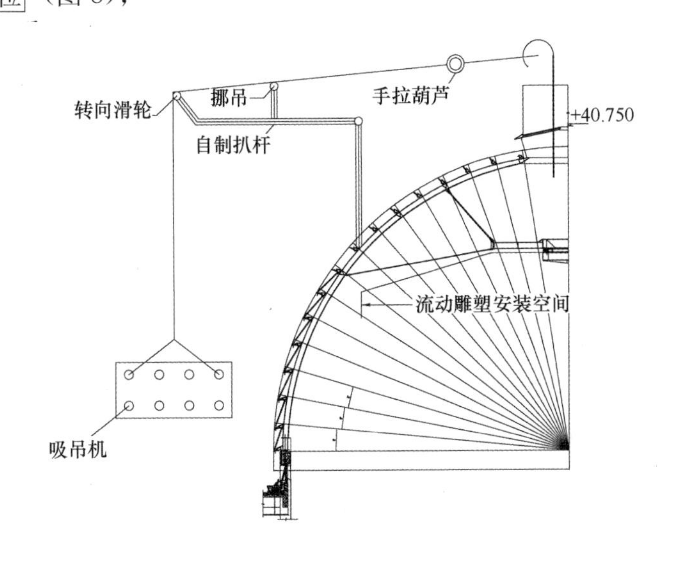

图 8　玻璃转运工序图

② 第七排以上玻璃由于主拱坡度逐渐变小，玻璃只能从地面直接起吊安装。首先，将扒杆吊按（见图 9）布置，用 1.5 吨卷扬机作牵引动力设置在大厅地面，通过转向滑轮与吸吊机连接（玻璃板块），直线起吊至对应洞口安装定位，通过手拉葫芦进行微调固定镙紧，然后将扒杆往上方逐步推进挪位，吊装下一块玻璃。

2. 安全措施

安全生产是工程施工的重中之重，为此，我们在安装鱼鳞型采光顶时制定了下列安全措施。

（1）在钢结构逐步成型过程，请总包单位将双层大眼和密目安全网跟进铺设在钢结构骨架上，形成一个个的兜网，防止施工过程中的坠落；

（2）在幕墙骨架安装过程中，在主拱和横向檩条上布置 $\phi18$ 的安全保险绳，施工人员顺

着保险绳上下左右行进；

（3）在玻璃安装过程采用电动吸吊机，在玻璃起吊和安装过程，下方设置安全警戒线，派专职安全巡视员看护，防止他人进入吊装区域；

（4）为防止玻璃在吊运过程出现翻转，采用手泵式吸盘配以揽风绳予以牵引导向，防止玻璃因碰撞破损坠落。

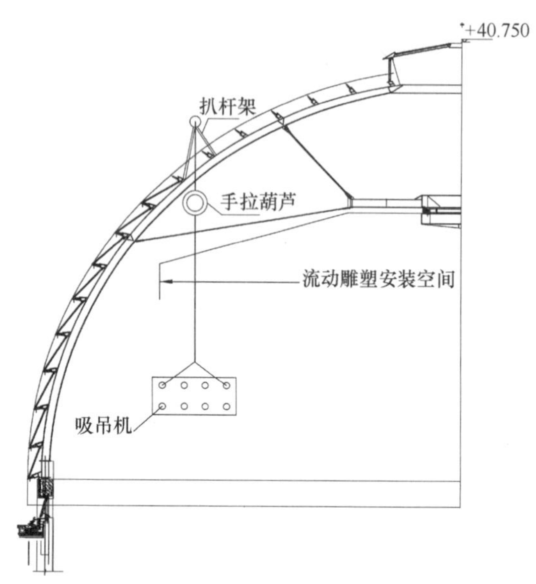

图9　玻璃吊装图

图10　玻璃外部吊运现场

图11　玻璃内部吊运现场

以上是我们对于合肥政务综合楼幕墙工程中设计和安装鱼鳞型采光顶的思路和构想，希望能抛砖引玉，激发大家的灵感，设计出更多、更好、更丰富的采光顶形式。

参考文献

[1] Norman Foster. “The Master Architect Series11-Selected and Current Works of Foster and Partners” . The images Publishing Group Pty Ltd，1997.

[2] David Jenkins. “On Foster……Foster On”，Prestel，2000.

[3] Martin Pawley. “Norman Foster-A Global Architecture”，Thames & Hudson，1999.

[4] Norman Foster. “GA DOCUMENT EXTRA 12”，1999.

新型双层幕墙设计及应用

孟根宝力高　刘珩　阚亮

沈阳远大铝业工程有限公司　沈阳　110000

摘　要　回顾双层幕墙的发展历史，总结各种形式（内、外、混合、密闭式）双层幕墙的优劣；论述新型双层幕墙的设计要点：节能匹配设计、关注综合成本以及长寿命设计技巧等；进而提出双层幕墙窄幅化、低综合成本化、高性能化、智能化和集成化是双层幕墙发展的必由之路。其中重点介绍了CCF密闭式双层幕墙的设计要点和ACF超中空幕墙的设计理念。

关键词　新型双层幕墙；CCF密闭式双层幕墙；ACF超中空幕墙；幕墙设计

1　概述

随着2015年度中国房地产行业发展放缓，中国建筑行业在经历了30年改革开放的飞速发展后，将进入行业调整期。这种调整将不单单只体现在建筑市场的规模上，还会体现在建筑行业的发展理念上，在人们享受着改革开放红利的同时，对未来生活的理念也将逐渐诉诸建筑：舒适、节能、环保、高效及人工智能将成为未来建筑行业的追求目标。而国内幕墙行业市场产品也必将由低端、粗犷向高端、精细化过渡发展。本文以双层幕墙为例，探讨双层幕墙的技术特点以及未来的发展方向——CCF密闭式双层幕墙和ACF超中空幕墙。

2　双层幕墙的基本概念及工程实例

双层幕墙亦称作通风式幕墙、热通道幕墙，由内外两层幕墙、中间空腔、通风系统、空调系统、环境监测系统、楼宇自动控制系统等构成。它是结合烟囱效应、热压差、气压差等原理来对幕墙内空气的交换与流动进行控制，装配必要的附属装置来实现夏季散热与冬季保温的目的。从设计构思、内容组成和工作过程各方面看，都是一个各专业协调合作的多功能系统。

双层幕墙作为比较流行的建筑外围护结构最早出现在德国，首次应用于京根的史泰福工厂，建成于1903年，是一个三层的建筑，底层作为存储空间，上面两层用来作为工作区域。目前建筑仍在使用中（图1和图2）。北美的第一个双层幕墙工程是美国旧金山“HALLI-DIE”大楼，建于1918年（图3）。十九世纪末二十世纪初，双层幕墙开始进入中国，最早的是北京天亚花园，2004年竣工（图4）。

目前，双层幕墙作为新型的建筑节能产品之一，不断被应用于国内外幕墙工程中，例如位于上海鼎固大厦，2007年竣工（图5），上海越洋国际广场、陆家嘴星展银行、金虹桥大厦等。法兰克福的航空铁路客运中心“THE SQUAIRE”，2008年竣工（图6）。伦敦的莱登大厦“THE LEADENHALL BUILDING”，2014年竣工（图7～图9）。

图 1

图 2

图 3

图 4

图 5

图 6

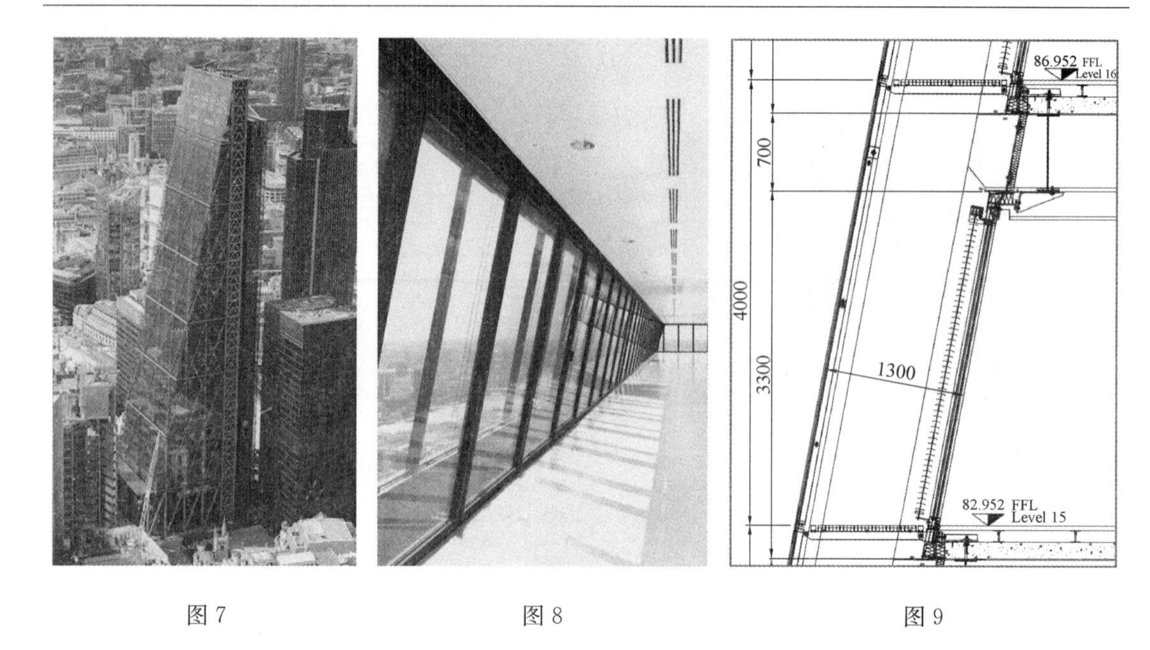

图7　　图8　　图9

3　双层幕墙的分类

双层幕墙按是否通风可分为通风式和密封式；其中通风式可以分为外循环（自然通风）、内循环（机械通风）和双循环（混合通风）。外循环根据其循环特点可分为整面式、通道式、箱体式和外百叶式（图10）。

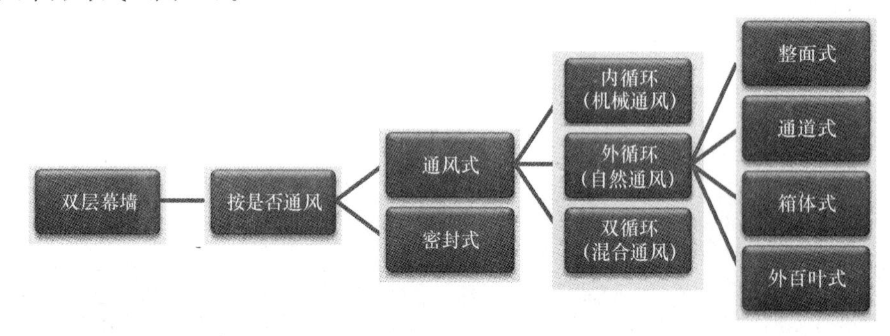

图10

4　双层幕墙的优势及劣势

（1）双层幕墙对比单层幕墙具有显著的优点，主要表现在以下几点：

① 保温节能性能

外层幕墙的存在加强了外围护结构的保温性能。通过双层玻璃幕墙之间空气层的缓冲可以有效地降低建筑表面的热损失。冬季时，关闭进出风口，空气层相对静止，形成温室效应，增加内层幕墙玻璃表面的温度，可以节省采暖费用（图11）；夏季时，打开进出风口，在烟囱效应的作用下，空气从下端进入，在上端流出，空气的流动带走空气腔中的热量，可以节省空调费用。双层幕墙的综合传热系数可以达到1.0～1.5W/（m^2·K），保温性能远远高于普通单层幕墙。图12为上海金虹桥项目双层幕墙通风器的工作状态示意图。

图 11

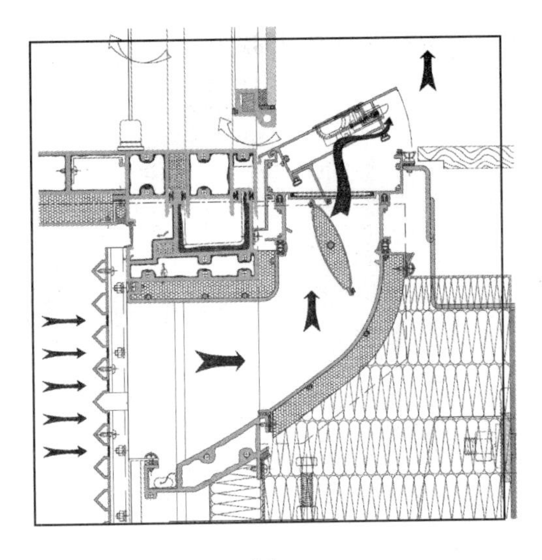

图 12

② 隔声性能

双层玻璃幕墙由于外皮对于噪声的屏蔽作用，其隔音性能可达到 55dB，大大降低了室外噪音对于室内的影响。对城市中心区的，处于很强的交通噪音环境中的建筑尤其适宜。

③ 舒适性

双层幕墙通过调节空腔内的铝合金百页的高度和角度，改善室内光环境和热环境，可依据房间内人员的喜好进行设置，因而具有较高的热舒适性，可见光控制性，兼其具有优秀的隔声性能，让室内生活与工作的人们有一个清凉安静的工作环境（图 13）；另一方面，可通过内层幕墙的开启设计直接解决人们在雨天而无法开窗唤气的问题。

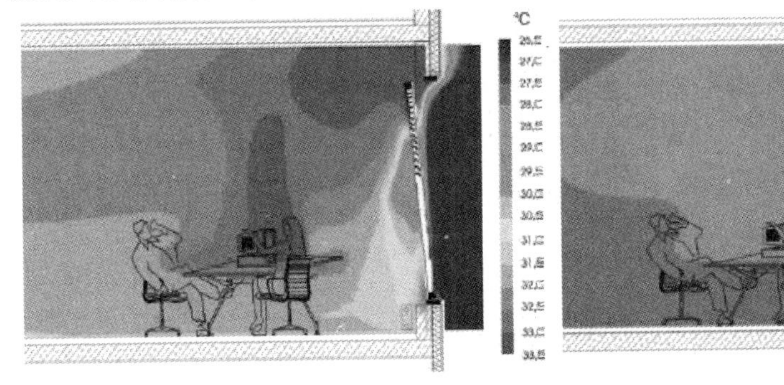

图 13

④ 长期经济性

双层幕墙的制造成本是普通幕墙的 1.5～2 倍，如果采用双层幕墙，前期一次性投入比普通单层幕墙要高，但是由于双层幕墙的良好的保温节能性能，所以会大大降低空调运行成本，以沈阳地区的某建筑 20000 m^2 幕墙为例，如果采用双层幕墙，虽然造价比普通单层幕墙高，但经过测算，运行 9 年后，节省的电价就可以弥补幕墙造价的差价，一般幕墙使用寿命在 25～30 年，那么，从整个生命周期来看，采用双层幕墙比采用普通单层幕墙更具有经济性。图 14 为运行 9 年后普通单层幕墙和双层幕墙总费用对比，图 15 为运行 30 年后普通单层幕墙和双层幕墙总费用对比。经过对比，可以清楚地反映出采用双层幕墙的总费用在长期来看是有优势的。

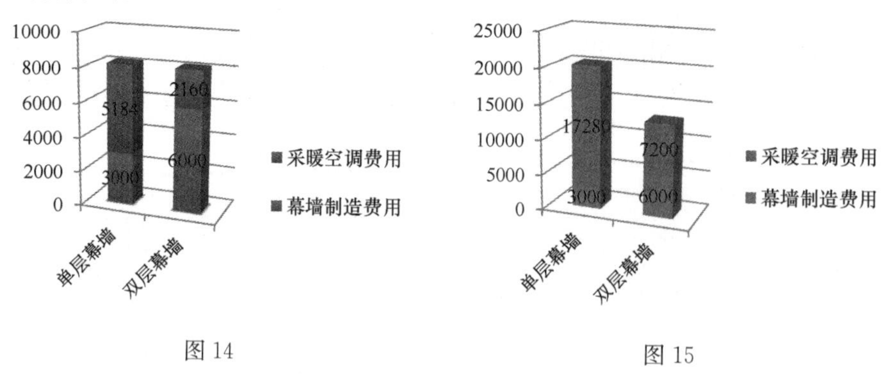

图14　　图15

(2) 双层幕墙对比单层幕墙存在的问题和劣势，主要表现在以下几点：

① 消防问题

由于双层幕墙的换气功能，在竖直方向的烟囱效应会造成消防上的隐患，目前双层幕墙属新型技术，还没有国家标准，上海市地方标准《建筑幕墙工程技术规范》(DGJ 08-56—2012)中有关于双层幕墙防火的相关规定。国内其他消防法规没有关于双层幕墙的专门规定，但要求起主要建筑围护作用的内层幕墙必须满足消防规范要求，同时可以在总体建筑设计时考虑安装报警器和喷淋系统。

② 空气流通通道的清洁问题

由于城市空气污染日趋严重以及风沙和蚊虫原因，双层幕墙系统如选用外循环的通风方式时，空气流通通道内的幕墙表面以及格栅区域会因空气流通而带入大量的灰尘和污染物，需要定期维护清理，而由于空气通道内的空间通常为狭长区域，机械清理非常不便，多数是由人工清理，随着国内人员成本的逐年升高，双层幕墙空气流通通道的清洁问题将给建筑物的日常围护带来不可忽视的经济负担。

③ 有效建筑使用面积问题

由于建筑面积由外墙皮开始计算，而双层幕墙相对于单层幕墙在垂直于建筑立的进深方向要占有更多的平面空间，因此双层幕墙的应用会直接导致建筑的有效使用面积比普通单层幕墙损失2.5%～3.5%。

5　新型双层幕墙-CCF密闭双层幕墙的技术特点及设计要点

CCF (Closed Cavity Facade) 密闭双层幕墙是由外层玻璃、内层玻璃、断热铝型材形成的内有遮阳百叶的密闭腔体以及集中供气系统组成的幕墙产品。其内外两层玻璃的密封性能要求较高，一般不设置开启扇。密闭腔体通过空气干燥净化系统供气，使密闭腔体内的气压值永久保持略高于室外气压值，使其具有洁净、不结露的特点。其结构示意详如图15和图16所示。

(1) CCF密闭双层幕墙除具有传统双层幕墙优良保温性能、隔声性能和舒适性外还具有如下特点：

② 幕墙系统窄幅化

图 15

图 16

密闭双层的密闭空气腔是由外层玻璃和内层玻璃组成，幕墙系统的进深幅度相对于传统双层幕墙大幅度减少，可控制在 350mm 左右（图 17），密闭双层幕墙系统横剖示意图，可最大限度提升建筑的有效使用面积。

② 解决消防隐患

密闭双层幕墙无楼层间空气流通通道，无需考虑普通双层幕墙在层间安装报警器和喷淋系统的防火要求，在防火设计细节处理上与普通单元幕墙无异，降低幕墙防火成本。

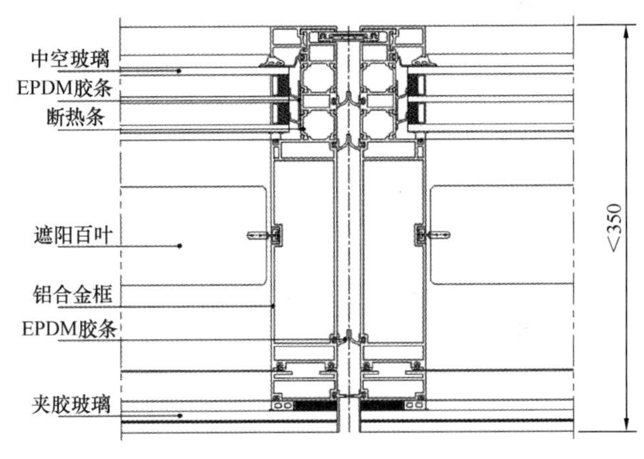

图 17

③ 永久免维护

通过供气系统对密闭空气腔体充入干燥净化的空气后，腔体内气压高于室内外气压，密闭空气腔内无结露风险，无灰尘沉积，使得密闭空气腔在幕墙全寿命周期内免维护，节约了传统双层幕墙的空气流通通道清洁费用，使得密闭双层幕墙在人力资源昂贵的欧洲及北美等经济发达国家更具推广价值。

④ 室内面积使用率高

因密闭腔体洁净，室内不需要增设维护通道开启扇，不需要预留清洁及维护空间，完全将原建筑内对幕墙空气流通通道维护设施占用的室内空间规划为有效使用面积，提高了室内使用面积率。

⑤ 成本经济性

密闭双层幕墙的造价约为普通单元幕墙的 1.25～1.4 倍，而传统双层幕墙的造价约为普通单元幕墙的 1.5～2.0 倍，且其具备永久免维护的产品特性，在建筑物的服役寿命周期内，其综合成本更具备节能、环保的优势。

（2）密闭双层幕墙的核心设计观念既为幕墙构造窄幅化、密闭腔体长寿命设计，其核心设计要点既是保证二者对立统一性得以实现。其主要设计要点如下：

① 密闭腔体内的温度控制及数据积累

因密闭腔体内空气热量由于日光照射的积累，其工作温度比普通双层幕墙要高，各地区由于所处纬度的不同，日光照射强度不同，密闭腔内年最高温度也不同，持续的高温对幕墙的材料的耐久性有更高的要求，例如：玻璃的热应力问题，喷涂层在紫外线照射下的高温耐久性问题。因此密闭双层产品在推广前需要对各使用地区的温度数据进行采集和整理，以求得到最佳设计方案。图18为数据采集中的密闭双层幕墙。

图18

② 百叶系统的长寿命设计

因百叶系统处于永久免维护的密闭腔体内，且长时间处于高温工作状态，对百叶的电机等部件提出了更高的使用要求，幕墙设计过程中需要考虑百叶的维护及更换方案，但幕墙构造的窄幅化又同时带来了百叶维护的困难，目前，百叶电机的外置为最佳维护方案，但同时带来了腔体的密封性的问题，需要特殊考虑。

③ 供气系统的设计

设计需要根据密闭双层幕墙的使用面积和工程所在地区空气温度、湿度、含尘浓度，海拔高度等因素，确定供气系统所需的供气量及供气压力、保证气体的除湿、除尘净化要求。同时可根据客户要求配置不同自动化程度的控制系统，以保证供气系统合理、有序、按要求低成本运行。如图19所示为供气系统及智能控制示意图。

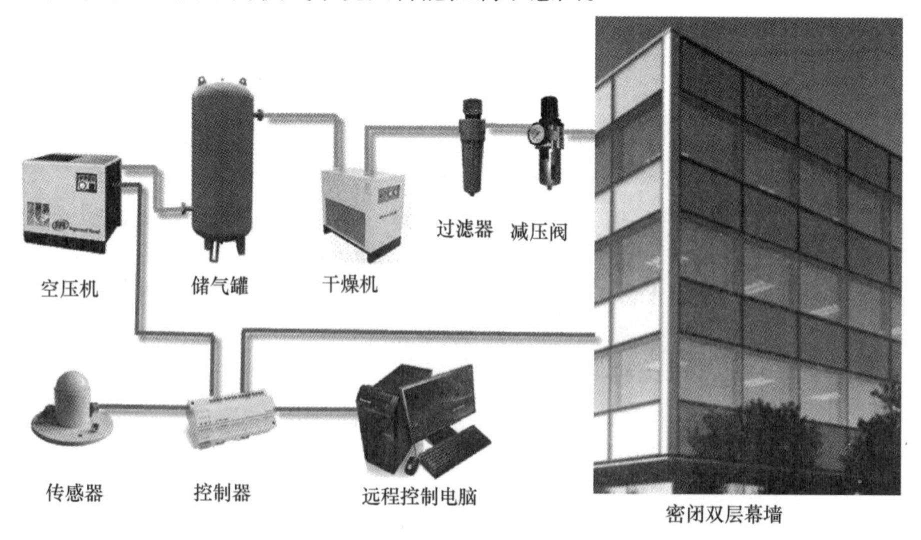

图19

6 新型双层幕墙-ACF超中空幕墙双层幕墙的设计理念及设计要点

ACF（Advance Cavity Facade）超中空幕墙是将中空玻璃的构造理念应用于幕墙系统，

将密闭双层幕墙的内外层玻璃视为中空玻璃的内外层玻璃，将断热铝型材框视为中空玻璃的间隔条和合片胶层，由位于断热铝型材腔体内的可更换的干燥剂对密闭腔气体提供长效的除湿保障，避免腔体内表面结露。图 20 为 ACF 超中空幕墙设计理念图。

ACF 超中空幕墙相对于 CCF 密闭双层幕墙，其节省了供气系统的设计和投入，但同时也增加了密闭墙体内干燥剂的更换维护工作。其更适合于气候环境相对干燥，全年气温温差较小的城市及地区。其主要设计要点如下：

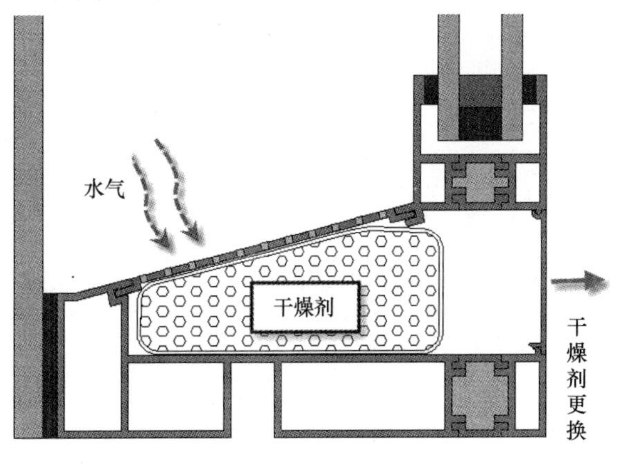

图 20

① 干燥剂的长效性及其更换设计

干燥剂作为长效的除湿保障，其性能的直接决定了幕墙维护周期的长短，同时干燥剂的更换设计方案需简洁易于操作，并满足室内装饰效果。两者在设计阶段的优劣对建筑物后期的运营维护成本起到了决定性的作用。

② 干燥剂的布置及用量

干燥剂的布置对密闭腔体内的水气吸收效果影响显著，其布置及用量均需要进行大量的试验测试及计算模拟分析，以得到最经济的布置方案和材料用量。

7 新型双层幕墙与传统幕墙综合性能对比

表 1 幕墙综合性能对比表

幕墙综合性能	单层幕墙	通风式双层幕墙	CCF 密闭式双层幕墙	ACF 超中空幕墙
保温性能	★☆☆	★★★	★★★	★★★
隔声性能	★☆☆	★★☆	★★★	★★★
防火性能	★★☆	★☆☆	★★★	★★★
人体舒适度	★☆☆	★★★	★★★	★★★
幕墙维护	★★☆	★☆☆	★★★	★★☆
有效建筑面积	★★★	★☆☆	★★☆	★★☆
节能环保	★☆☆	★★☆	★★★	★★☆
制造成本	★★★	★☆☆	★★☆	★★☆
综合经济成本	★☆☆	★★☆	★★★	★★☆

8 小结

双层幕墙系统因其良好的保温、隔声性能和使用舒适性已经在全世界经济发达地区得到了广泛的应用，而密闭式双层幕墙系统（CCF 和 ACF）在兼具传统双层幕墙优点的同时使其在整体造价、日常维护、节能环保方面更具优势和推广价值。未来，随着各种新型建筑材料的出现和升级，如热致相变和电致变玻璃的应用普及将会带来传统遮阳方式和理念的转变，空气净化技术的发展和突破将会对供气系统的集成化控制带来人工智能升级，以及物联网技术的应用。新型的双层幕墙系统会随着材料技术和其他工业技术的发展而不断出现，双层幕墙窄幅化、低综合成本化、集成化及智能化将是未来发展的必由之路。双层幕墙市场将会成为物联网技术与建筑幕墙技术得到充分融合、多种形式幕墙产品并存的极具发展潜力的高端产品市场。

参考文献

[1] 孟根宝力高. 现代建筑外皮[M]. 沈阳：辽宁科学技术出版社，2015.

[2] Laverge，J.，Janssens，A. Schouwenaars，S. &Steeman，M.（2010）. Condensation in a closed cavity double skin façade：a model for risk assessment[J]. Proceedings of ICBEST 2010，Vancouver，British Columbia，June

[3] Henk De Bleecker，Maaike Berckmoes，Piet Standaert，Lu Aye，MFREE-S Closed Cavity Façade：Cost—Effective，Clean，Environmental.

浅谈拉索（杆）与框架结构复合体系在大型公建项目中的应用

周　东　刘长龙　李亚明
江苏合发集团有限责任公司

摘　要　拉索（拉杆）与框架结构复合体系是采用竖向拉索或拉杆支撑幕墙的竖向重力荷载，而由水平向的框架构件承受幕墙水平荷载，其作为大跨度框架结构幕墙形式的一种，具有良好的建筑立面装饰效果，和较少的幕墙构件遮挡，是大型公建项目大跨度框架幕墙的一种新型结构体系。

关键词　大跨度；索杆结构；横向主受力

1　概述

在大型公建项目（机场、会展类工程）中，如何更好地解决大空间、大跨度幕墙结构受力体系问题以实现最优的建筑立面效果，一直是建筑师、幕墙设计师所共同努力的方向。而目前最常用的幕墙手法主要是以点支式玻璃幕墙为主，索桁架、杆桁架、单层索网、自平衡、肋驳接等各种类型的点式幕墙因其新颖的结构造型、通透的视觉效果深得广大建筑师的喜爱。而传统框架式幕墙因其结构体系受限，摆脱不了粗壮、密集的钢结构，渐渐地淡出了大型公建项目的舞台。

近年来，新兴出现的拉索（杆）与框架结构复合体系，因其兼备框架幕墙的线条感和点式幕墙的结构通透性，吸引了诸多建筑师的目光，并在各类大型公建项目中崭露头角。

拉索（杆）与框架结构复合幕墙的结构设计原则，主要由幕墙横向构件来承受大跨度幕墙的风荷载和水平地震荷载，幕墙的自重荷载由竖向的拉索（杆）来承担。而竖向的拉索（杆）可以隐藏于玻璃板块的竖缝位置，减少结构构件的外露，达到良好的外视效果。

2　系统适用

因为拉索（杆）与框架结构复合幕墙主要采用横向构件承受幕墙的水平荷载，所以，玻璃板块受力模型通常为上下边对边简支板，故玻璃板块宜采用横向长条形分格尺寸。

图 1 为北京首都机场 T3 航站楼 EWS-1 系统的典型局部立面，玻璃分格尺寸为 3500mm（宽）×1800mm（高），玻璃采用 12＋1.9PVB＋12＋16A＋15 的中空钢化夹胶 Low-E 玻璃，铝合金横梁跨度为 10.5m。

图 2 为福州海峡国际会展中心会议中心的典型局部立面，玻璃分格尺寸为 3000mm（宽）×2000mm（高），玻璃采用 8＋1.52PVB＋9＋12A＋10 的中空钢化夹胶 Low-E 玻璃，横梁跨度为 9m。

图1 北京首都国际机场T3航站楼局部立面

图2 福州海峡国际会议展览中心局部立面

图3为常州博物馆的典型局部立面，玻璃分格尺寸为2200mm(宽)×1200mm(高)，玻璃采用8+12A+8的中空钢化Low-E玻璃，铝合金横梁跨度为6.6m。

图3 常州博物馆局部立面

所以，拉索（杆）与框架结构复合幕墙适用于大跨度结构、建筑立面强调横向线条、板块分格以横向长条形大分格为主的建筑类型。

3 节点构造设计

3.1 隐藏式拉索与横梁连接节点

为了达到最优的立面效果，设计通常将竖向吊索隐藏于玻璃板块的竖向拼缝位置，钢横梁通过特制的紧固件与通长拉索固定，所有的连接构造在幕墙十字接缝处的内部空间完成。拉索穿过钢板连接件的孔位设计成大圆孔或长圆孔，以减少横梁在风荷载作用下的变形位移对拉索受力产生的影响。因横梁跨度通常都比较大，所以设计采用钢横梁作为主受力构件，可以优化结构受力性能，从而获得更小的杆件截面和更低的经济投入（图4）。

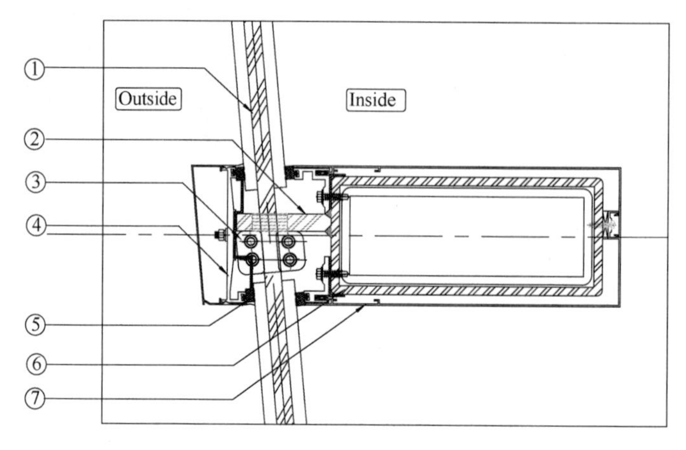

图4 隐藏式拉索与横梁连接节点面

①—拉索；②—钢板连接件；③—拉索紧固件；④—铝合金压板；

⑤—EPDM胶条；⑥—钢横梁；⑦—铝合金盖板

3.2 不锈钢拉杆与横梁连接节点

当需要采用拉杆作为竖向承重构件时，每个竖向玻璃分格处设置一根拉杆，并在拉杆与横梁连接处设置调节机构，以调节安装玻璃时拉杆承受自重荷载后的变形位移。若拉杆位于玻璃面内侧，则应尽量靠近玻璃面设置拉杆，以减少玻璃自重对横梁截面产生的扭矩因素。

因普通拉杆的连接端不同于拉索构造，不能吸收风荷载下横梁的水平向位移，所以若采用拉杆连接构造，拉杆头的连接应采用万向铰的构造。且拉索的受力性能和经济性能要优于拉杆，故本系统推荐优先使用拉索作为竖向承重构件（图 5 和图 6）。

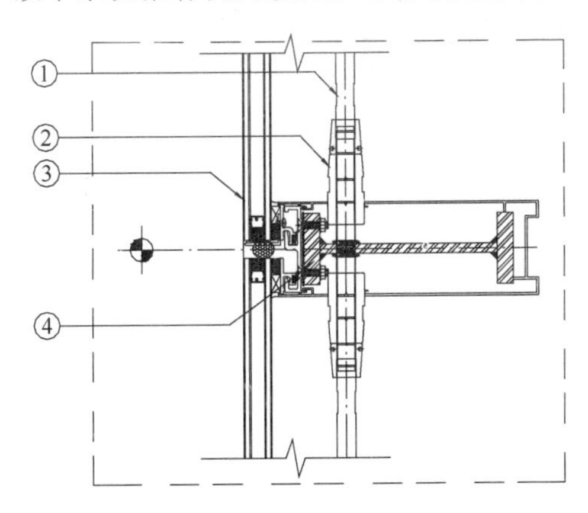

图 5 外露式拉杆与横梁连接节点

①—不锈钢拉杆；②—拉杆套管；③—中空玻璃；④—H 型钢横梁

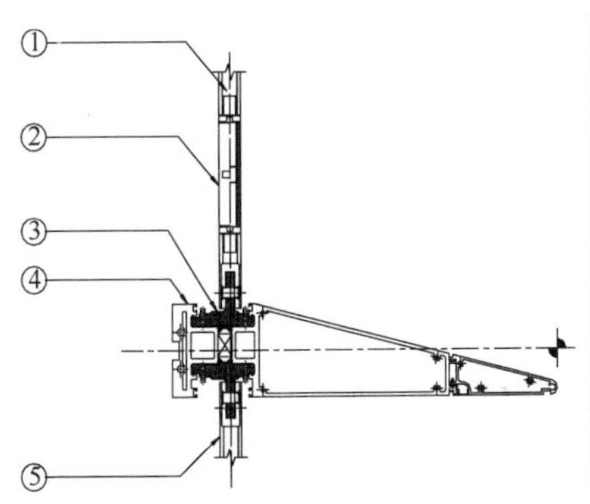

图 6 隐藏式拉杆与横梁连接节点

①—不锈钢拉杆；②—拉杆调节端；③—铝合金连接滑块；④—铝合金横梁；⑤—拉杆固定端

4 结构分析

4.1 模型建立

本文采用福州海峡国际会议展览中心标准立面大样作为结构分析典型立面，其相关计算参数如下（图 7）所示：

A 类地区；

玻璃分格 3m（宽）×2m（高），横梁跨度 9m，幕墙高度 22m，标高 22.00m，玻璃采用8+1.52PVB+8+12A+10的中空钢化夹胶Low-E玻璃，横梁采用260×110×8mm Q235B矩形钢管，竖索采用Φ16（1×19）不锈钢拉索；

风荷载标准值：W_k=1.926kN/m^2

单位分格玻璃自重荷载标准值：G_{k1}=4.23kN

单位长度（2m）钢梁的自重荷载标准值G_{k2}=1.39kN

（本模型为简化计算，未考虑地震荷载作用）

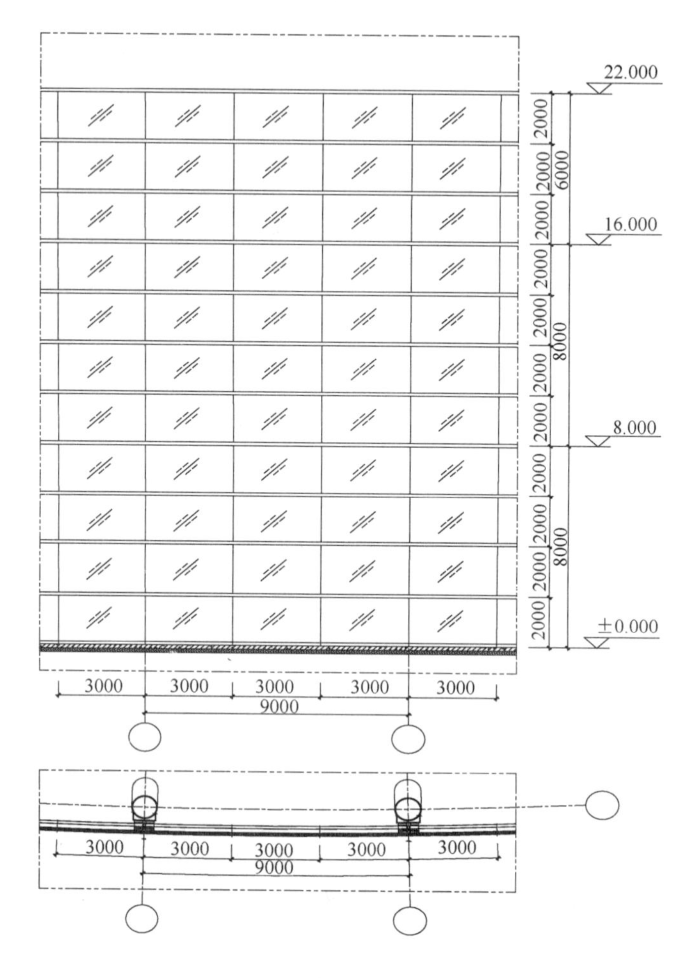

图7 标准立面大样

4.2 钢横梁结构分析

钢横梁结构分析采用SAP2000有限元软件进行分析，自重荷载及约束模型如图8所示，水平风荷载如图9所示：

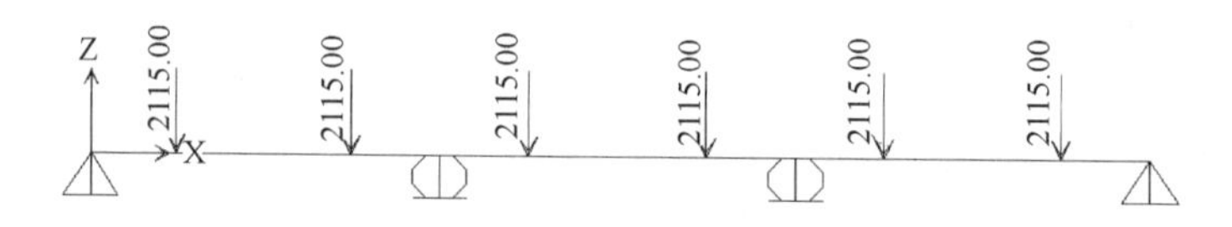

图8 自重荷载

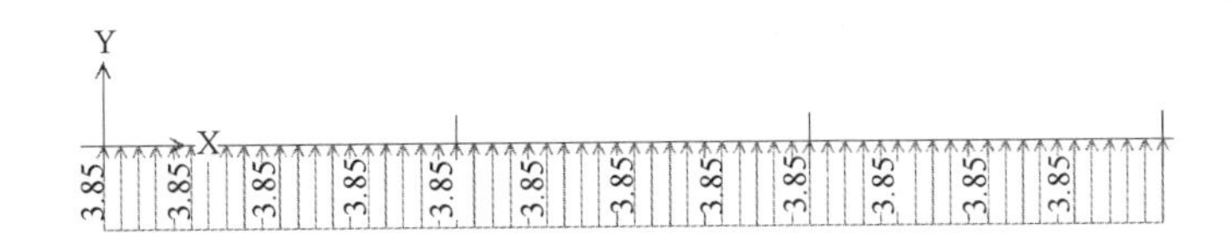

图 9　水平风荷载

计算结果，钢横梁在水平向最大位移为 34.9mm，竖直向最大位移为 0.47mm，如图 10 所示：

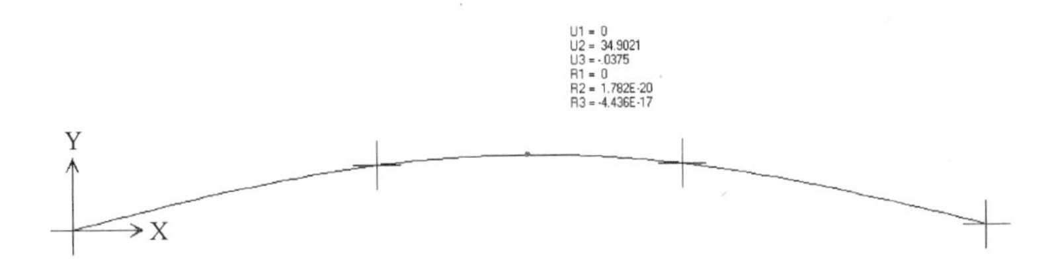

图 10　钢横梁变形图

钢梁弯矩图如图 11、图 12 所示：

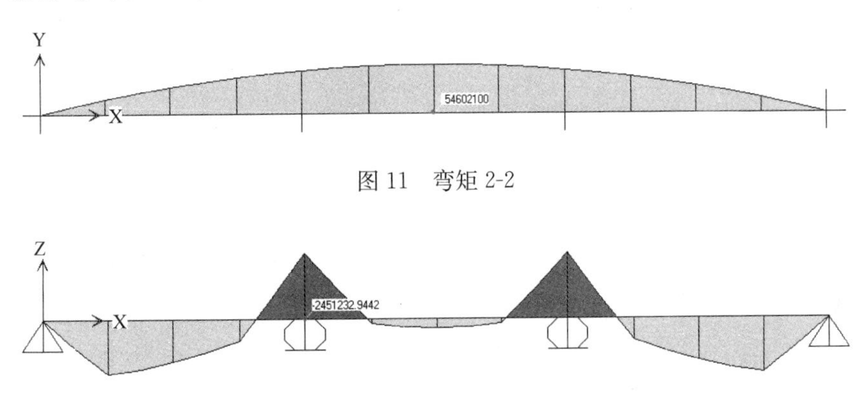

图 11　弯矩 2-2

图 12　弯矩 3-3

钢横梁挠度校核，$d_f \leqslant L/250$；$d_f = 34.9 \leqslant 9000/250 = 36mm$，横梁刚度满足要求。

钢横梁强度校核：横梁最不利截面位于跨中，应力 $\sigma = 151.6\ N/mm^2 < f_a = 205.0N/mm^2$ 横梁强度满足要求。

4.3　不锈钢拉索受力分析

不锈钢拉索承受玻璃和钢梁的自重荷载，单层分格的自重荷载标准值 $G_k = G_{k1} + G_{k2} = 5.62kN$，自重荷载设计值 $G = 1.35 \times G_k = 7.59kN$。单根拉索共承受 10 个分格的自重荷载设计值：$G = 75.9kN$。

拉索选择 $\phi 16$ 的不锈钢拉索，其钢索最小破断力标准值为 175.48kN，钢丝强度标准值为 1320MPa。钢索断面面积为 152.81mm^2。拉索最小破断力设计值为 175.48/1.8＝97.49kN，钢丝强度设计值为 1320/1.8＝733.3MPa。

拉索强度校核：$F_{max} = 75.9kN < 97.49kN$；

$\sigma_{max} = F_{max}/A = 75900/152.81 = 496.7MPa < 733.3MPa$，满足要求。（注：JG/T 200—2007 规定 1×19 不锈钢绞线强度折减系数为 0.87，JG/T 201—2007 规定钢索压管接头最小

破断力大于拉索的90%。)

4.4 钢横梁起拱高度及施工分析

因拉索在玻璃安装过程中,受到玻璃自重荷载的影响会产生伸长变形,为保证安装完成后的立面效果和结构稳定,钢横梁需进行预起拱处理,以抵消钢索的伸长变形。

拉索伸长量可按下式计算:

$$\Delta = (\sigma / E) \times L \quad (式1)$$

式中:Δ 为拉索伸长量,mm;σ 为拉索应力,N/mm^2;E 为不锈钢拉索弹性模量,可取 1.30×10^5,N/mm^2;L 为拉索单位长度,mm。

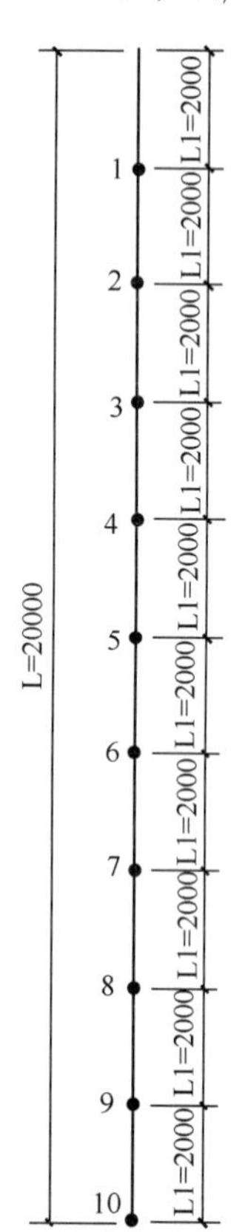

图13

安装第一层玻璃板块时,节点1位移量:$\Delta_1 = (\sigma_1 / E) \times L_1$;安装第二层玻璃板块时,节点2位移增加量:$\Delta_2 = (\sigma_1 / E) \times 2L_1 = 2 \times \Delta_1$,同时节点1位移增加量为 $\Delta_2 / 2 = \Delta_1$,以此类推,节点位移可按下表所示:

表1 安装玻璃板块时节点的拉索伸长量

	S1	S2	S3	S4	S5	S6	S7	S8	S9	S10
1	Δ_1	$2\times\Delta_1$	$3\times\Delta_1$	$4\times\Delta_1$	$5\times\Delta_1$	$6\times\Delta_1$	$7\times\Delta_1$	$8\times\Delta_1$	$9\times\Delta_1$	$10\times\Delta_1$
2	Δ_1	$3\times\Delta_1$	$5\times\Delta_1$	$7\times\Delta_1$	$9\times\Delta_1$	$11\times\Delta_1$	$13\times\Delta_1$	$15\times\Delta_1$	$17\times\Delta_1$	$19\times\Delta_1$
3	Δ_1	$3\times\Delta_1$	$6\times\Delta_1$	$9\times\Delta_1$	$12\times\Delta_1$	$15\times\Delta_1$	$18\times\Delta_1$	$21\times\Delta_1$	$24\times\Delta_1$	$27\times\Delta_1$
4	Δ_1	$3\times\Delta_1$	$6\times\Delta_1$	$10\times\Delta_1$	$14\times\Delta_1$	$18\times\Delta_1$	$22\times\Delta_1$	$26\times\Delta_1$	$30\times\Delta_1$	$34\times\Delta_1$
5	Δ_1	$3\times\Delta_1$	$6\times\Delta_1$	$10\times\Delta_1$	$15\times\Delta_1$	$20\times\Delta_1$	$25\times\Delta_1$	$30\times\Delta_1$	$35\times\Delta_1$	$40\times\Delta_1$
6	Δ_1	$3\times\Delta_1$	$6\times\Delta_1$	$10\times\Delta_1$	$15\times\Delta_1$	$21\times\Delta_1$	$27\times\Delta_1$	$33\times\Delta_1$	$39\times\Delta_1$	$45\times\Delta_1$
7	Δ_1	$3\times\Delta_1$	$6\times\Delta_1$	$10\times\Delta_1$	$15\times\Delta_1$	$21\times\Delta_1$	$28\times\Delta_1$	$35\times\Delta_1$	$42\times\Delta_1$	$49\times\Delta_1$
8	Δ_1	$3\times\Delta_1$	$6\times\Delta_1$	$10\times\Delta_1$	$15\times\Delta_1$	$21\times\Delta_1$	$28\times\Delta_1$	$36\times\Delta_1$	$44\times\Delta_1$	$52\times\Delta_1$
9	Δ_1	$3\times\Delta_1$	$6\times\Delta_1$	$10\times\Delta_1$	$15\times\Delta_1$	$21\times\Delta_1$	$28\times\Delta_1$	$36\times\Delta_1$	$45\times\Delta_1$	$54\times\Delta_1$
10	Δ_1	$3\times\Delta_1$	$6\times\Delta_1$	$10\times\Delta_1$	$15\times\Delta_1$	$21\times\Delta_1$	$28\times\Delta_1$	$36\times\Delta_1$	$45\times\Delta_1$	$55\times\Delta_1$

注:Sn 代表安装第 n 层玻璃板块时,各节点的拉索伸长量。

故,每层钢梁在与拉索连接节点处的起拱高度可以按下式进行计算:

$$S = [a \times n - 0.5 \times a \times (a - 1)] \times \Delta_1 \quad (式2)$$

式中:S 为钢梁起拱高度,mm;a 为拉索与钢梁的连接节点编号(由上而下递增);n 为拉索与钢梁的连接节点总数;Δ_1 为安装第一层玻璃板块时的拉索伸长量,mm,可按(式1)进行计算。

由此,理论模型中钢梁在与拉索连接节点处的起拱高度如表2所示:

表2 理论模型中钢梁在与拉索连接节点处的起拱高度

钢梁编号	S_1	S_2	S_3	S_4	S_5	S_6	S_7	S_8	S_9	S_{10}
钢梁起拱高度(mm)	5.7	10.8	15.3	19.2	22.6	25.5	27.7	29.4	30.6	31.1

但是在实际工程施工中,钢梁对玻璃自重荷载存在刚度贡献,所以实际施工过程中,根据有限元模型分析,钢梁在与拉索连接节点处的起拱高度应按表3所示:

表 3　钢梁在与拉索连接节点处的起拱高度

钢梁编号	S_1	S_2	S_3	S_4	S_5	S_6	S_7	S_8	S_9	S_{10}
钢梁起拱高度 (mm)	3.4	6.4	9.0	11.2	13.0	14.5	15.7	16.6	17.2	17.4

5　工程应用

图 14　北京首都国际机场 T3 航站楼人视效果图

5.1　北京首都国际机场 T3 航站楼

北京首都国际机场 T3 航站楼是北京 08 年奥运会重点工程，其航站楼 3A（T3A）和航站楼 3B（T3B）立面幕墙 EWS-1 系统大面积采用了隐藏式拉索与铝合金横梁组合的结构形式，总面积达 11.5 万 m^2。

图 15　福州海峡国际会议展览中心鸟瞰效果图

5.2　福州海峡国际会议展览中心

福州海峡国际会展中心位于福州市仓山区城门镇浦下洲，总用地面积为 668949m^2，设计用地面积 461715m^2，建筑面积 386420m^2，幕墙面积约为 90000 平方米，其中会议中心（W-C1）幕墙系统采用了隐藏式拉索与钢横梁结构复合体系，面积约为 6200m^2。

图 16　常州博物馆人视效果图

5.3 常州博物馆

常州博物馆位于常州市行政中心南侧，总建筑面积约3.1万m^2，其博物馆及报告厅立面隐框玻璃幕墙采用了竖向外露式钢拉杆与横向钢铝结合框架梁的复合构造，其面积约为3000m^2。

6 结语

拉索（拉杆）与框架结构复合体系改变了传统框架幕墙竖向龙骨主受力的结构形式，采用横向杆件作为承受风压的主受力构件，而自重由纤细的拉索或拉杆承受，可以有效减少公建项目中大空间、大跨度玻璃幕墙的框架遮挡，达到良好的视觉效果和水平线条感。同时，横向杆件形式除了普通的型钢、铝型材等，还可以采用玻璃肋、钢板肋等更具立面装饰效果的构件，兼顾了结构支撑、装饰、遮阳的多重功能。

参考文献：

[1] 罗忆，张芹，刘忠伟.《玻璃幕墙设计与施工》.
[2] 刘越生，游易楚，刘长龙.《福州海峡国际会展中心会议中心玻璃幕墙设计》.
[3] 吕之华，吕令毅.《弹性悬索的非线性分析》.

大型机场航站楼幕墙设计特点分析

花定兴
深圳市三鑫幕墙工程有限公司

摘　要　大型机场航站楼建筑幕墙设计具有结构跨度大、平面空间造型复杂等诸多特点，如何达到大跨度结构和建筑幕墙技术完美结合，其设计特点分析是非常重要的。

关键词　大跨度；航站楼；空间造型；幕墙设计

近十多年来，全国各地建成了一大批大型机场航站楼。机场航站楼代表着机场所在城市和地区的形象，其在公众心目中占有特殊的地位。航站楼作为功能复杂、设施完善、技术先进的重要建筑，它在建筑新材料、新结构和新技术应用方面以及在设计理念和风格流派方面多起着标志性建筑主导作用。航站楼通常采用钢和玻璃作为主要的建筑材料，建筑造型趋于简洁、流畅和通透，以强调其可识别性及其机场建筑特性。大面积的透明玻璃幕墙成为航站楼所常用的重要建筑设计符号。

与此同时，伴随着机场航站楼建筑要求的大空间、简洁通透，幕墙结构也变得越来越复杂，一些高难度的幕墙结构在大型航站楼建筑幕墙设计中得到全方位应用。无论是传统的框架式玻璃幕墙，还是大跨度的钢索结构的点支式玻璃幕墙或者单元式玻璃幕墙，由于大跨度幕墙结构相对于主体结构的独立性和特殊性，结构设计已成为幕墙设计中关键环节。笔者根据多年来主持的国内十余项大型机场航站楼建筑幕墙的设计实践谈谈体会：

1　大型机场航站楼建筑幕墙特点：

（1）建筑造型复杂（屋面或立面多为曲面和斜面）；

（2）建筑立面高低起伏大（如昆明新机场屋面高低起伏达 50m）；

（3）建筑平面尺度大、伸缩缝多（建筑周长约 4～9 公里，边长达 200～800m）；

（4）建筑立面倾斜面多（如北京 T3、上海浦东 T2、广州 T1、深圳 T3、厦门 T4）；

（5）幕墙结构体系跨度大（一般为 20～40m，风荷载作用下变形大）；

（6）主体结构屋面外挑檐长，风压作用变形对立面幕墙影响大；

（7）建筑构造复杂，收边收口和转角多；

（8）幕墙结构体系复杂多样（包括单杆结构、平面钢桁架、空间钢桁架、预应力索桁架和单层索网结构）；采用预应力索结构的有广州、重庆、昆明、青岛、宁波等机场航站楼幕墙；

（9）幕墙结构材料包括钢结构、不锈钢索结构、铝合金结构、玻璃结构，甚至由各种材料组成的其他组合结构。

2　大型机场航站楼幕墙设计重难点

（1）幕墙型式与结构体系综合确定；

（2）幕墙结构体系与主体结构力学关系的确立；

（3）建筑伸缩缝构造与幕墙结构关系（包括登机桥）；

（4）幕墙空间结构体系概念设计与计算分析。

（5）幕墙结构自身及和主体结构连接；

（6）建筑幕墙与主体建筑收边收口（异性面板）处理；

（7）幕墙与主体建筑相互位移适应（风、地震、温度）的构造防水设计；

（8）超大尺寸的电动开启窗的刚度、强度、五金连接的开启问题。

3 大型机场航站楼幕墙结构设计要点

（1）必须了解幕墙面板布置及其分格（一般由建筑师提出并全面熟悉设计院图纸）；

（2）熟悉幕墙后面主体结构支承情况（楼层及梁柱、屋面结构等）；

（3）了解主体结构对幕墙的边界条件（特别对索结构）；

（4）建筑师及业主对幕墙结构型式的要求；

（5）各种结构型式的受力特点；

（6）各种结构型式适用条件；

（7）各种结构型式经济合理性；

（8）各种结构型式与幕墙的匹配性；

（9）不要盲目追求使用索结构，特别是单索，使用索结构对边界条件要求高，由于建筑结构设计结束后才开始进行幕墙设计，设计院往往未考虑予拉力荷载。幕墙索结构和主体结构存在互为影响关系。索结构对主体结构产生较大反力，主体结构的变形对索结构预拉力也有很大影响；

（10）单索结构计算必须考虑几何非线性影响，索结构的张拉对相邻索结构有很大影响，必须进行施工期间索张拉计算，合理确定索结构预应力的张拉方案；

（11）应重视钢结构连接节点可靠性（耳板、销轴、焊缝的计算等）；其连接非常重要（预埋件、螺栓、角码）；

（12）隐框玻璃幕墙设计要谨慎，玻璃下设可靠铝合金托条，结构胶设计计算及质量要有可靠保证；

（13）钢结构的稳定计算要考虑长细比及平面外稳定。有些计算软件无法进行钢结构稳定计算，必要时应人工校核。平面外支撑要有可靠保障；

（14）应明确各种荷载传递路径与结构体系中各杆件所担负功能。尽量使荷载传递路径简捷；

（15）要考虑结构安装活动调节控制。

4 工程案例分析

4.1 北京首都国际机场扩建工程T3航站楼

（1）大板块玻璃幕墙

玻璃幕墙以大分格、大跨度玻璃为主（最大玻璃规格为3464mm×2500mm）。为满足建筑师对视觉效果的要求，玻璃幕墙采用三角形空间钢桁架结构作为主受力体系，以横向铝合金横梁作为抗风、以竖向吊杆作为竖向承重、从而形成可靠的幕墙结构体系，实现了具有通透视觉，宏伟壮观的建筑幕墙（图1、图2）。

图1　局部外视效果图

（2）大铝合金横梁

为满足建筑使用要求，在幕墙外部设置水平遮阳板，结合幕墙的结构体系，综合考虑之下，将横向水平铝合金横梁截面向幕墙玻璃面外延伸形成一定宽度，具有遮阳效果，同时本横梁又作为幕墙结构体系中水平抗风杆件，从而既满足了建筑要求，又满足了结构受力要求，可谓是建筑与结构经典的结合。

图2　局部内视效果图

铝合金横梁主要承受水平方向的风荷载、地震荷载、维护荷载等作用力。大跨度铝合金横梁自身的强度、刚度满足设计要求，并通过支座将荷载传递给主支承桁架体系，支座的设计还应能满足垂直荷载产生的扭转力矩，并可实现横梁三维方向的调整，以保证横梁的安装精度。竖直方向的荷载（重力荷载、雪荷载等），通过嵌在玻璃缝隙中的高强不锈钢吊杆传递给隐藏在屋面空间桁架边缘处的箱梁，再通过箱梁传递给主支承桁架体系。

铝合金横梁（图3）采用了高强度铝合金（6063A T5/T6），单根横梁长度达到13.9m，这样对铝合金的开模、挤压、加工、喷涂、安装各个环节的难度是国内幕墙工程中是前所未有的。

铝合金横梁集三种功能（图4）于一体：

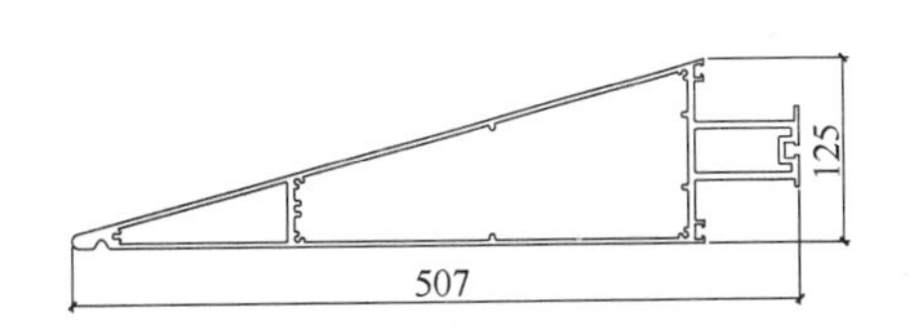

图3

图 4

① 外挑出玻璃外面 450mm，可作为幕墙的遮阳板；

② 抗风梁承受幕墙的风荷载和地震荷载的作用；

③ 作为统一明显的装饰线条，形成建筑外立面的主基调。

（3）不锈钢吊杆

不锈钢吊杆（图 5）的使用有效地弥补了横梁弱轴方向的不足，充分利用吊杆抗拉能力强的特点。不锈钢吊杆要承受整个幕墙一半的重量，而且要藏在玻璃接缝中间，所以要尽可能的细，最后选用 S630 高强不锈钢。不锈钢吊杆的受力是从下往上递增的，所以越到上面越粗，最大直径为 $\phi22$，最小为 $\phi14$。不锈钢吊杆在大跨径横梁纵向区格内，采用分段安装方式，采用等强度的不锈钢套筒同向螺纹进行上下连接。通过螺栓螺母与大跨径横梁连接，并通过调节螺栓、螺母，来保证大跨径横梁安装的直线度。不锈钢吊杆为绝热型，嵌在 EWS-1 玻璃幕墙系统的纵向玻璃缝中，纵向玻璃缝采用平装黑色相容的干嵌缝材料通过机械固定在玻璃铝嵌条内。嵌缝材料不仅具有良好的隔热、隔声性能，而且能够满足不锈钢吊杆因大跨径横梁受力后挠曲变形而产生的位移。

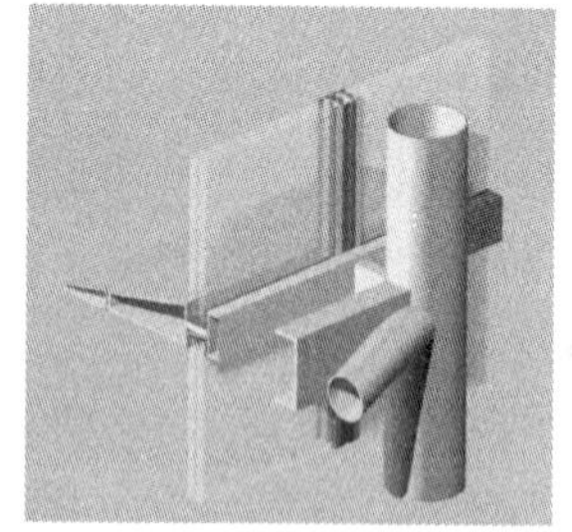

图 5

（4）幕墙钢结构

为达到立面宏伟壮观、通透明快的效果，幕墙主受力构件采用弧形桁架，通过桁架将幕墙传来的荷载全部传递给混凝土结构。桁架布置间距为 13.9m 左右，沿幕墙面均匀布置（图 6）。

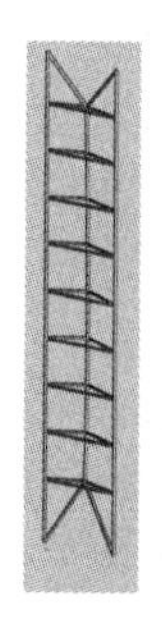

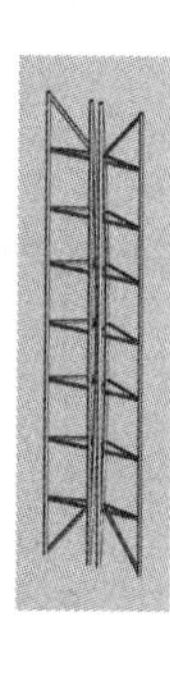

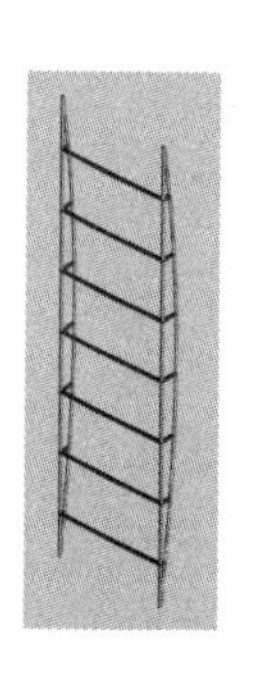

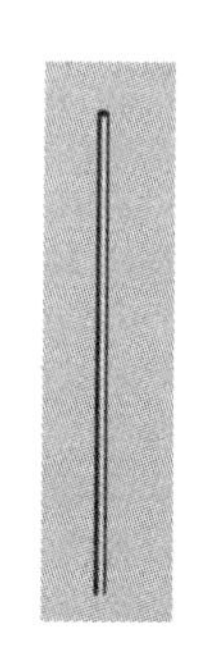

图 6

（5）本工程最大亮点：

① 抗风铝合金大横梁与横向装饰及遮阳功能三合一；

② 隐藏不锈钢吊杆承受幕墙自重（立面简洁）；

③ 三角形支撑幕墙钢桁架与主体结构活动球铰链接适应屋架风压变形；

4.2 昆明长水国际机场航站楼

昆明新国际机场航站楼（图7）建筑面积54.8万 m^2，建筑幕墙面积约15万 m^2。航站楼主要由前端主楼、前端东西两侧指廊、中央指廊、远端东西Y型指廊和登机桥等部分组成。南北总长度为855.1m。东西宽1134.8m。中央指廊宽度为40m；Y指廊宽度37m，尽端局部放大到63m；前端东西两侧指廊端部双侧机位的部分，指廊宽度46m；航站楼最高点为南侧屋脊顶点，相对标高72.25m。在幕墙的设计及施工中，采用了多项新技术。

图7

（1）悬索点式玻璃幕墙系统

该工程最大特点是南立面60m高的点式玻璃幕墙单层索网体系与主体彩色钢结构连为一体。索的巨大预拉力和钢彩带变形相互影响其力学关系复杂，其柔性单层索网结构在箱形钢结构中滑动的复杂结构体系为国内外行业内首创。单索点支式玻璃幕墙镶嵌在金黄色钢彩带内，尤其是南立面波浪形钢彩带给单索点支式玻璃幕墙结构设计和施工带来前所未有技术难题。这种由高强度不锈钢钢丝拉索结合高强度瓜件组成玻璃幕墙的支撑体系，大大减少了幕墙构件对于建筑外部造型的限制，创造出一种更为轻巧、明快的现代建筑形象，在机场夜幕下更起着显著的标识性作用（图8）。

图8

单索点式幕墙系统采用单索结构体系，索结构布置如图9所示，中间ϕ40竖索和横索，两边ϕ36竖横索 两端ϕ30竖索。

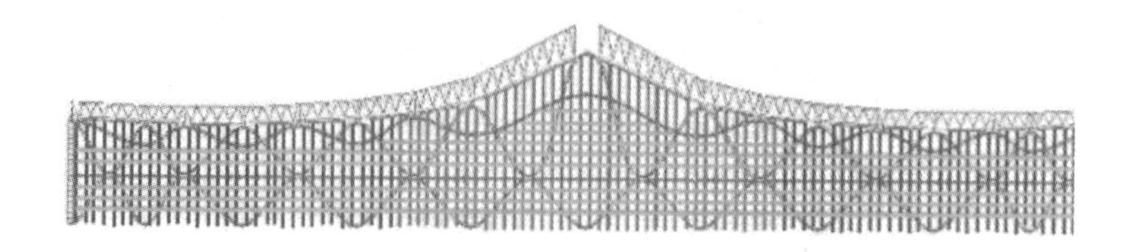

图9

钢彩带为700mm×2500mm×70mm尺寸不等的箱型钢结构，考虑到如果竖索在钢彩带之间分段，竖索张拉时非常繁琐，而且会因为张拉过程对主体钢彩带产生额外的附加荷载，这对主体钢彩带是非常不利的。要实现竖索相对于钢彩带可以上下滑动，只传递水平荷载给钢彩带，为了实现这个功能，深化设计时采用了定滑轮的设计思路，这是定滑轮在国内幕墙拉索体系中的首次应用。

图10中定滑轮固定在钢彩带预留的孔洞中，竖索穿过定滑轮，上下可以自由滑动，水平能传递荷载给钢彩带，定滑轮的摩擦系数非常小，能有效地防治竖索磨损。为了更有效地防治不锈钢竖索磨损，定滑轮的两个滑轮的材质采用的是比不锈钢软的铝，这样，即使有磨损，高预应力的不锈钢丝也能得到保护。为了构造简单及施工方便，横索采用分段设计和施工。

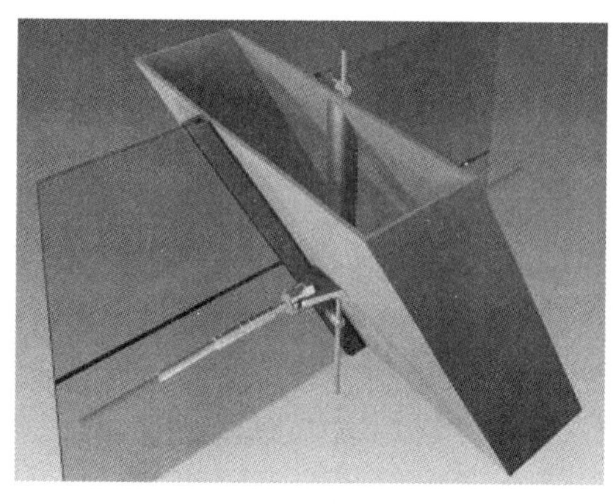

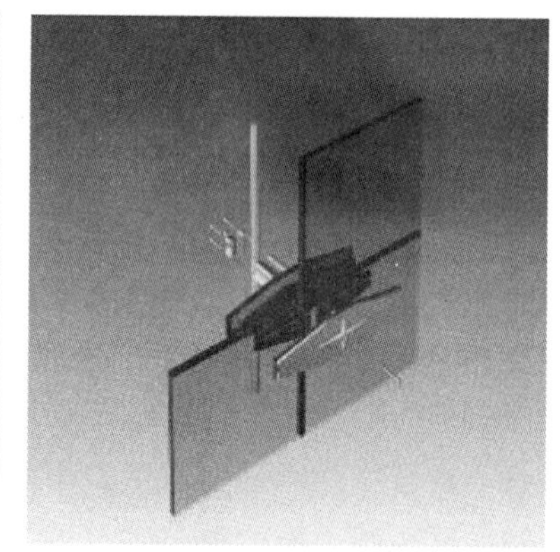

图10

张拉计算结果表明，根据设定的前十二种张拉工况，在每种张拉工况下，主动张拉区对被动影响区影响都较小，对钢结构的位移和应力也都较小，均控制在设计范围内。

(2) 两翼超大旋转幕墙系统

昆明新机场在节能减排已成为国家战略的大背景之下，进行了大胆全面的尝试，阳光穿过四面巨大的玻璃幕墙，通过玻璃幕墙的自然采光，(图11) 航站楼的全年人工照明可节能20%～30%。可以自动开关的航站楼天窗和玻璃幕墙自动窗以及东西两侧的8扇超大自动智能化旋转门，让身处其中的旅客随时能够感受到舒适的自然风。

昆明地理位置属北纬亚热带，然而境内大多数地区夏无酷暑，冬无严寒，具有典型的温带气候特点，素以“春城”而享誉中外；在考虑航站楼的幕墙节能设计时，针对昆明的气候

图 11

特点，在航站楼大厅采用了自然通风的设计理念，在航站楼中心区东、西两面，位于EWS5.2位置，各采用8樘9m×6m（高×宽）两翼旋转玻璃幕墙系统，旋转幕墙三维图、样板照片如图12和图13所示。

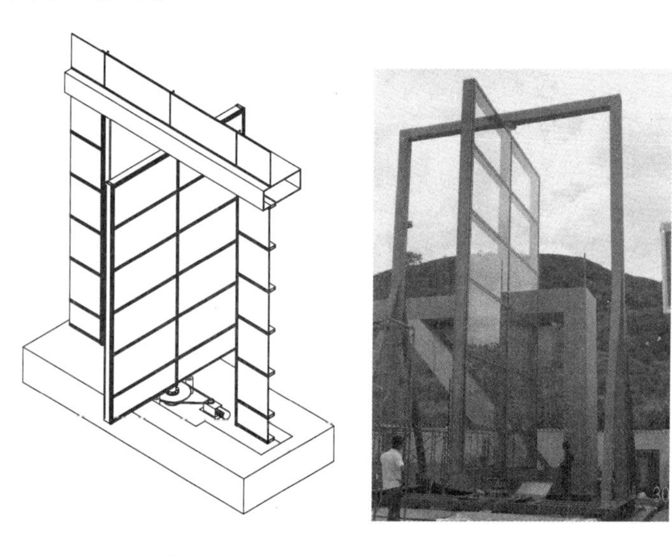

图 12　　图 13

本旋转玻璃幕墙系统位于东西两侧幕墙，非主要人流出入口，主要是自然通风的功能，当处于关闭状态时，和整幅幕墙非常协调统一，本系统实现了四个角度开启、风速、雨水感应、防夹防撞、火灾报警等智能化控制功能。整个航站楼几乎可以不设空调，达到节能环保的目的。

（3）小结

昆明长水国际机场南立面采用单索点支式玻璃和金黄色波浪形钢结构彩带浑然一体巧妙地组合成“金镶玉”幕墙，建筑设计方案造型独特。本工程幕墙采用了多项新技术，其节能环保、绿色建筑理念得到很好实现，获得业主和专家论证好评。该工程已经获得鲁班奖和詹天佑工程大奖。因此一座具有云南民族特色的标志性航站楼宏伟建筑展现在世人面前。建成后北立面照片如图14所示。

图14

5 结束语

大型机场航站楼常常通过玻璃幕墙和屋面采光窗形成开敞通透的“透明建筑”给人以轻盈的感觉，加上曲面起伏的现代建筑的华丽造型使得建筑外观丰富溢彩，这种建筑内外视觉极大地满足了人民群众日益增长的物资文明和精神文明需要。

以上通过大型机场航站楼建筑幕墙设计特点分析，充分展示了大型航站楼建筑的复杂造型以及建筑、结构与幕墙的构造关系，一些最新的科技成果在航站楼幕墙设计和施工中得到了很好的应用。机场航站楼幕墙设计必须根据每个项目的自身特点，实现个性和共性（幕墙与机场建筑效果）最佳完美结合。

金属铜在文化建筑外立面上的应用

陈　峻

华东建筑设计研究总院　上海　200002

提　要　本文通过对金属铜的基本属性，对金属铜、铜合金等金属性能的对比，解释铜合金在文化建筑上应用的原因，介绍金属铜表面处理的基本形式和性能试验策略，铜在耐腐蚀、耐候性方面的服役原理；最后通过铜钣金工艺的介绍，使读者对铜在建筑立面复杂造型上的应用有初步的设计概念。

关键词　黄铜；氟碳涂层；壁板；耐久性；钣金

1　前言

近年来，国内兴起了一股文化建筑建设的高潮，对于宗教建筑外立面来讲，铜在古代就有铜门、铜雕像、铜屋面的案例，在无锡灵山大佛、南京牛首山文化旅游项目、普陀山观音圣坛（图1）等项目中，笔者发现铜是业主在建筑外立面上除石材外最大量使用的装饰材料。相信随着中国的崛起，人民精神层面的需求会越来越大，文化建筑也会在建筑市场上扮演相当重要的角色，从而使得铜在建筑立面上应用提上研究日程。

图1　建设中的普陀山观音菩萨圣坛效果图

而这类建筑往往坐落在山区或海岛，其中，海岛上面要求在酸性海洋性气候下，要达到文化建筑立面历久弥新的要求，为立面选材和设计带来了挑战。

2　建筑用铜的基本介绍

2.1　铜的自然属性

铜是人类最早发现的古老金属之一，早在三千多年前人类就开始使用铜。自然界中的铜分为自然铜、氧化铜矿和硫化铜矿。自然铜及氧化铜的储量少，现在世界上80%以上的铜是从硫化铜矿精炼出来的，这种矿石含铜量极低，一般在2%～3%左右。金属铜，元素符号Cu，原子量63.54，比重8.92，熔点1083℃。纯铜呈浅玫瑰色或淡红色。铜具有优良的物理化学特性，其热导率和电导率都很高，化学稳定性强，抗张强度大，易熔接，具抗蚀性、可塑性、延展性。纯铜可拉成很细的铜丝，制成很薄的铜箔。能与锌、锡、铅、锰、钴、镍、铝、铁等金属形成合金，形成的合金主要分成三类：黄铜是铜锌合金，青铜是铜锡合金，白铜是铜钴镍合金。

铜冶金技术的发展经历了漫长的过程，但至今铜的冶炼仍以火法冶炼为主，其产量约占世界铜总产量的85%，现代湿法冶炼的技术正在逐步推广，预计本世纪末可达总产量的20%，湿法冶炼的推出使铜的冶炼成本大大降低。

2.2 铜的主要用途

铜是与人类关系非常密切的有色金属，被广泛地应用于电气、轻工、机械制造、建筑工业、国防工业等领域，在我国有色金属材料的消费中仅次于铝。表1是各行业铜消费占铜总消费量的比例：

表1 各行业铜消费占铜总消费量的比例

行业	铜消费量占总消费量的比例
电子（包括通讯）	48%
建筑	24%
一般工程	12%
交通	7%
其他	9%

2.3 建筑用铜常用类型

紫铜是以铜为基体加入一种或几种其他元素所构成的合金。纯铜呈紫红色，又称紫铜。纯铜密度为8.96，熔点为1083℃，具有优良的导电性、导热性、延展性和耐蚀性。主要用于制作发电机、母线、电缆、开关装置、变压器等电工器材和热交换器、管道、太阳能加热装置的平板集热器等导热器材。常用的铜合金分为黄铜、青铜、白铜三大类。

黄铜是以锌作主要添加元素的铜合金，具有美观的黄色，统称黄铜。铜锌二元合金称普通黄铜或称简单黄铜。三元以上的黄铜称特殊黄铜或称复杂黄铜。含锌低于36%的黄铜合金由固溶体组成，具有良好的冷加工性能，如含锌30%的黄铜常用来制作弹壳，俗称弹壳黄铜或七三黄铜。含锌在36%～42%之间的黄铜合金由和固溶体组成，其中最常用的是含锌40%的六四黄铜。为了改善普通黄铜的性能，常添加其他元素，如铝、镍、锰、锡、硅、铅等。铝能提高黄铜的强度、硬度和耐蚀性，但使塑性降低，适合作海轮冷凝管及其他耐蚀零件。锡能提高黄铜的强度和对海水的耐腐性，故称海军黄铜，用作船舶热工设备和螺旋桨等。铅能改善黄铜的切削性能；这种易切削黄铜常用作钟表零件。黄铜铸件常用来制作阀门和管道配件等。

青铜原指铜锡合金，除黄铜、白铜以外的铜合金均称青铜，并常在青铜名字前冠以第一主要添加元素的名。锡青铜的铸造性能、减摩性能好和机械性能好，适合于制造轴承、涡轮、齿轮等。铅青铜是现代发动机和磨床广泛使用的轴承材料。铝青铜强度高，耐磨性和耐蚀性好，用于铸造高载荷的齿轮、轴套、船用螺旋桨等。铍青铜和磷青铜的弹性极限高，导电性好，适于制造精密弹簧和电接触元件，铍青铜还用来制造煤矿、油库等使用的无火花工具。

白铜是以镍为主要添加元素的铜合金。铜镍二元合金称普通白铜；加有锰、铁、锌、铝等元素的白铜合金称复杂白铜。工业用白铜分为结构白铜和电工白铜两大类。结构白铜的特点是机械性能和耐蚀性好，色泽美观。这种白铜广泛用于制造精密机械、化工机械和船舶构件。电工白铜一般有良好的热电性能。锰铜、康铜、考铜是含锰量不同的锰白铜，是制造精密电工仪器、变阻器、精密电阻、应变片、热电偶等用的材料。

表 1 常用铜及铜合金性能对比表

	黄铜 (H62)	锡青铜 (QSn6.5～0.1)	紫铜(纯铜) (T2)
成分	铜 60.5%～63.5%, 锌余量	锡 6.0～7.0% 锌+其他杂质 0.1% 铜余量	铜 99.9%+银
密度(g/cm^3)	8.5	8.8	8.9
颜色	偏金黄色	青黄色	紫红色
抗拉强(N/mm^2)	≥290	≥315	≥195
维氏硬度(HV)	≤95	≤120	≤70
伸长率	≥35	≥40	≥30
延展性	良好	优良	优
焊接性能	优良	优	良好
耐腐蚀性	良好	优良	优
切削性能	优良	优	良好
相对造价	便宜	较贵	贵

由表 2 可知,紫铜和白铜一般运用在工业领域,青铜一般运用在建筑雕塑方面,而黄铜具有较高的性价比、各项指标表现均衡以及优良的加工工艺性能,选择黄铜作为建筑表皮用装饰面材,有一定的理论依据。

3 铜防腐原理与表面处理形式

3.1 铜的防腐原理

铜(黄铜,牌号为 H62)在无保护条件下,在乡村大气环境中年腐蚀量为 0.2μm～0.6μm。在海洋污染大气环境中,年腐蚀量为 0.6μm～1.1μm[1]。在城市污染大气环境中,年腐蚀量为 0.9μm～2.2μm。建筑立面一般用 2mm 厚的铜板腐蚀掉 1mm 后,一般仍能保持原有功能。则在最严重的城市污染环境中 1mm 的腐蚀年限为 1000μm÷2.2=454 年。

铜在自然状态下,会因为大气的腐蚀而产生表面氧化层,即铜绿,铜锈主要分为氧化铜和碱式碳酸铜(简称铜绿)。铜绿是大气腐蚀铜表面的结果,同时铜绣也会对铜表面也产生一定的保护。铜绿的年腐蚀量如下,在乡村大气环境中年腐蚀量为 0.5μm。在海洋污染大气环境中,年腐蚀量为 1μm。在城市污染大气环境中,年腐蚀量为 1～2μm[1]。这也就是为什么古代宗教建筑使用铜的主要原因,另外就是不锈钢的制造技术也是在近代才得以发展。图 2 是铜在自然氧化过程中颜色和年份对应关系图。

3.2 常用铜表面处理形式

常见文化建筑的铜表面处理形式有氟碳涂层、铜表面氧化、镀金、贴金箔、铜鎏金等方式。其中,由于氟碳漆原料的革新,加之良好的性价比,目前正广泛被文化建筑项目所接受。

氟碳金属漆是以氟碳树脂为主要原材料的一种高品质溶剂型防腐装饰漆。具有优异的耐

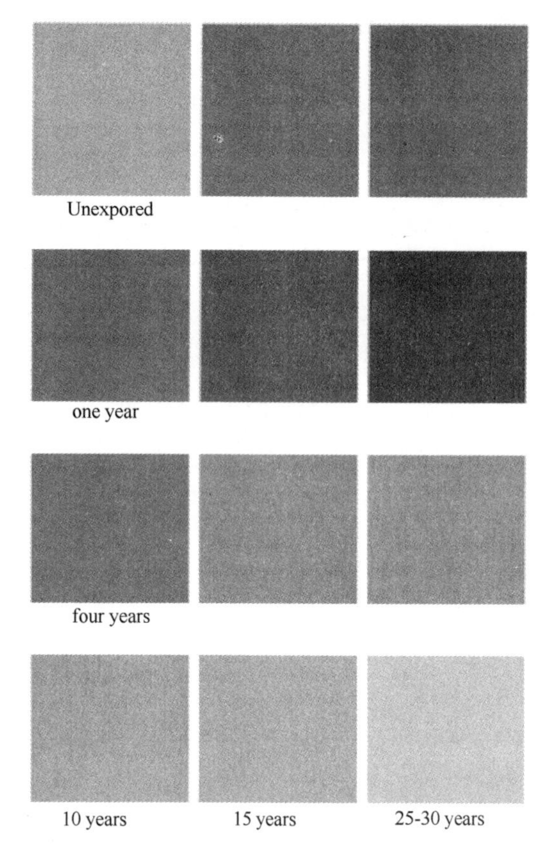

图2　铜在自然氧化过程中颜色和年份对应关系

候性，理论寿命在20年以上。与基材的附着力异常牢固，适用铜、铁、铝等金属材料的基层，具有优异的防锈、防氧化、防腐蚀性能，是当今汽车、航空、航海、核电站的理想用漆。美国研究机构曾对氟碳涂料及超级涂料、一般涂料做过测试比较，分别涂层的样件放在美国佛罗里达州灼热阳光照射，以及在潮湿含盐分空气的恶劣环境下暴露12年，实践证明氟碳涂料的稳定性和耐久性比其他两种涂料高30%和80%，氟碳涂料保证了在室外各种恶劣环境下使用。

铜表面高温热氧化工艺处理[2]，采用高温热氧化着色工艺，即铜化学热着色，不同于物理喷涂着色。着色好后的颜色，看上去就如同从铜内部透出来的一样，丰富、自然、厚重、牢固。目前国际上最前沿技术含量最高的着色技术。由于是在高温下形成的颜色，所以颜色的持久性非常好，形同于室内热着色的工艺品如香炉、果盘等。这种技术在外墙的应用还有待进一步证明。

电镀技术是将零件作为阴极放在含有欲镀金属的盐类电解质溶液中，并使阳极的形状符合零件待镀表面的形状，通过电解作用而在阴极上（即零件）发生电沉积现象形成电镀层。根据电镀质量、镀层厚度等的不同，电镀时所选用的电流密度、电解液的温度、电镀时间等工艺参数不同。电镀金时，阳极用纯金板，与直流电源正极相连，阴极为紫铜基体，经过前处理后，与电源负极相连。将阴阳极放入电镀溶液中，当接通电源时，即可实现对阴极基体表面的电镀。电镀涉及的基本问题和理论解释属于电化学范畴，而沉积层物理性能方面的改变则属于金属学方面的范畴。

金镀层具有高导电性、低接触电阻、良好的焊接性能，它在海洋性大气中及一般酸碱条件下都具有优异的化学稳定性及耐蚀性。通过对镀层的表面质量、显微硬度、结合力等性能进行分析表明电镀处理使这些耐腐蚀性能和机械性能得到明显提高。镀金层电化学惰性决定其耐腐蚀性能极佳，与其他金属镀层相比耐蚀性突出。30年内镀金表面基本无腐蚀。由于电镀槽尺寸的限制，外墙镀金铜板的单块面板面积不宜过大，性价比较低，目前尚不能大面板使用在外墙立面上。

金箔是利用黄金延展性强的特性，用纯金锻打而成的极薄的箔片，其含金量为98%±1%，其厚度为0.12μm，具有金光灿烂、永不变色之特点。将金箔贴于物体表面，不仅能增强其观瞻效果，同时对基层材料起到耐腐蚀，耐氧化的保护作用。金的化学性质稳定，具有很强的抗腐蚀性，在空气中甚至在高温下也不与氧气反应，同时金在高温下都不会和硫反应，化学性质非常稳定，室内可保证100年不变色。由于贴金箔对现场环境要求高、价格昂贵等原因，室外外墙的应用还有待进一步开发。

铜鎏金是自先秦时代即产生的传统金属装饰工艺，是一种传统的做法，至今仍在民间流行，亦称火镀金或汞镀金。铜鎏金是把金和水银合成的金汞剂，涂在铜器表层，加热使水银蒸发，使金牢固地附在铜器表面不脱落的技术。在鎏金过程中有大量汞蒸气远散，不但污染周围环境，而且危害人体健康，特别是操作人员的身体健康。汞，化学符号 Hg，俗称水银，为易流动的银白色液态金属，内聚力很强，熔点－38.87℃，沸点 356.589℃，因汞离子是一种强烈的细胞原浆毒，能使细胞中蛋白质沉淀，故汞蒸气和汞的大多数化合物都有剧毒。在鎏金过程中，特别是在“杀金”“烤黄”工序中，因在火上进行，会产生大量汞蒸气.通过呼吸道、食道、皮肤侵入人体引起汞中毒。因而目前国内外墙上基本没有应用实例。

4 材料试验

4.1 试验方法

金属铜及表面处理的材料试验研究分为耐腐蚀试验和耐候性两个方面。所提供材料涂层的加速环境腐蚀性能，包括模拟海洋环境下的盐雾试验及紫外线抗老化试验等，给出不同涂层腐蚀试验数据，为涂层的选择提供选择依据。

腐蚀数据与耐久年限之间的数据关系，目前，在国内还没有比较成熟的数据模型和资源可寻，国外的长期大气腐蚀耐候试验做的较多，主要以金属或涂层为主，但由于国外是以长期的试验为基础（已经积累了近百年）获得大量的试验数据，因此可以查阅到的主要以钢铁材料、铜合金材料等数据为主，而相关的预测模型主要以实验室的加速试验结合大气腐蚀试验进行预测，因此可考虑结合短期环境曝露试验（可能情况下）和试验数据相结合的方式，如无法实现，将以同等环境下，所提供涂层材料的腐蚀数据进行优劣判断，优选出最佳涂层方案。

4.2 方案策略[3]

依据《金属和合金的腐蚀钢铁户外大气加速腐蚀试验》GB/T 25834—2010 中的相关测试方法，进行所提供涂层的腐蚀性能评估，测试不同时间下的腐蚀速率，给出材料耐腐蚀性能的优劣。

模拟环境试验中的气氛，含盐、含酸、紫外线等条件，在已有设备上进行改造，通过混合喷雾或者双喷雾的方式，以氯化钠和类酸雨成分溶液喷雾模拟海洋环境气氛，同时在盐雾试验箱内加装紫外线老化装置，进行综合评价，采集腐蚀速率，进行材料涂层的优劣判断。

表 3 耐盐雾试验国家标准对比

国名	标准号	适用范围	盐水浓度		试验条件		发生盐雾的方法	样品与垂线之间的角度	试验时间(h)	备注
			浓度	pH	温度	集雾率 ml/80cm²·h				
国际标准化组织	ISO 3768—1976(E)	金属覆盖层	(50±5)g/L	6.5～7.2(25℃)	(35±2)℃	1～2	连续喷雾	15°～30°	2、6、24、48、96、240、480、710	

续表

国名	标准号	适用范围	盐水浓度		试验条件		发生盐雾的方法	样品与垂线之间的角度	试验时间(h)	备注
			浓度	pH	温度	集雾率 ml/80cm²·h				
日本	JIS C5028—75	电子部件、金属材料、无机或有机覆盖层	(1)20%±2%(重量)(2)5%±1%	6.5～7.2(25℃)	(35±2)℃	0.5～3	连续喷雾	15°～30°	16±1、24±2、48±4、96±4	
日本新日铁	新日铁企业标准	钛板	2.5cc/cm²	4	35℃	2.5	连续喷雾	15°～30°	2240	
中国	GB /T 10125—2012	金属覆盖层	(50±5)g/L	3.1～3.3	(35±2)℃	1.5±0.5	连续喷雾	20°±5°	2、4、6、8、24、48、72、96、144、168、240、480、720、1000	
美国材料试验学会	ASTM—B117—73	材料覆盖层	5%±1%	6.5～7.2	35℃(+1.1～−1.7)	1～2	连续喷雾	15°～30°	按系列选择	
英国	BS.2011 Part 2.1 Ka—77	元件抗盐雾损坏能力，保护层的质量和均匀性	5%±0.1%(体积)	6.5～7.2	(35±2)℃	1～2	连续喷雾		按试验样品要求	同IEC68—2—Ka(1964)
法国	NFC20—511(1975)	保护层的质量和均匀性	5%(重量)	6.5～7.2	(35±2)℃	1～3	连续喷雾	15°～30°	24、48、96(12)	同IEC68—2—Ka(1964)

通过光谱学试验给出长效腐蚀前后的表面颜色色差变化。

年限服役及数据判断，通过已获得的数据可以直观的进行材料及涂层的耐腐蚀性能的对比，优选出涂层方案，此外对试验数据进行分析，通过腐蚀速率的评价给出长效服役情况下的涂层厚度等选择依据，以确保百年服役要求（如表3所示）。

盐雾试验：主要依据耐盐雾试验国家标准《人造气氛腐蚀试验盐雾试验》（GB /T 10125—2012）的测试方法进行加速腐蚀试验，在以氯化钠和类酸雨溶液（主要pH值<5.6，含硫酸根离子）下的喷雾长效试验为主，定期检测式样的腐蚀成分、形貌、腐蚀失重

等试验数据；

电化学加速腐蚀试验：在更苛刻条件下对比涂层的电化学腐蚀性能，给出同等条件下不同涂层的腐蚀数据，结合盐雾试验等数据，综合评估涂层的服役性能。

紫外线老化试验：在盐雾腐蚀试验同时，通过改装配置紫外老化装置，进行环境腐蚀试验下的老化加速试验，定期进行表面光谱学检测，给出耐紫外老化试验数据。

对材料涂层表面的腐蚀成分、形貌、失重等，采用扫描电镜、能谱成分分析、精密天平称重等方法获得所需要的试验数据，绘制腐蚀试验及老化试验数据曲线，对比分析不同涂层材料的优劣，同时可以根据可能条件下（户外曝露试验数据）进行对比分析，推断腐蚀速度随时间的变化曲线，同时给出具有参考价值的服役年限对比数据。

5 立面铜钣金工艺系统

5.1 耐久性问题

建筑立面的耐久性设计，所涉及的方面较多，其中包括面板，无论是玻璃、金属、石材、混凝土或 GRFC；骨架，以及将墙板固定于结构并传递水平荷载的埋件；板或单元体之间的接缝。另外墙体与基础，与屋面，与其他相邻部位的连接部分，连同洞口都很重要。不同的系统会带来不同的问题，每个相关设计人员设计职责也不相同。建筑物越高，材料越脆以及越重，所存在的安全隐患就越严重。其中渗漏水问题应该是影响耐久性的关键性因素[4]。

常见的渗漏水原因主要由下面几个方面引起：

（1）建筑师、承包商、分包商、技术顾问没有充分理解防水处理的设计原理；

（2）防水设计没有被施工人员或承包商充分理解，彼此缺乏交流、沟通；

（3）没有通过加工图纸和组装图，检测和施工监督对设计进行核查；

（4）各参与方缺乏协调合作。

正确的系统防水设计概念除了将水隔离在墙体以外，还需要考虑漏气、保温、防结露、适应结构相对位移等方面影响。所以系统耐久性的提高有赖于高品质的设计、构件、装配、安装以及各部分的通力合作。要达到百年的设计寿命，除了材料本事的耐久性、科学合理的设计系统，最为关键的因素是完善的检测体系，包括立面幕墙制作、施工过程中以及幕墙系统服役阶段持续检测，要有可维护设计的概念。

5.2 铜钣金系统[5]

面板没有接缝的系统，是阻止室外水进入幕墙系统最好的设计思路之一，也是避免水腐蚀内部构件最好的策略之一。这就是钣金系统的出发点。在百度上搜索“钣金”，一种加工工艺，钣金至今为止尚未有一个比较完整的定义。根据国外某专业期刊上的一则定义，可以将其定义为：钣金是针对金属薄板（通常在 6mm 以下）一种综合冷加工工艺，包括剪、冲、切、复合、折、铆接、拼接、成型（如汽车车身）等。其显著的特征就是同一零件厚度一致。

宗教文化建筑的金属立面通常采用 2mm 左右铜板或不锈钢板挂接在内部钢架上的结构形式，通过手工锻制、折弯等方式分块制作文化宗教特定的艺术外形，通过焊接方式连成整体，外表面根据颜色要求喷涂金属氟碳漆。

钣金系统的总体结构由内部主结构、副支架和铜壁板（或者不锈钢壁板）组成，如图 3 所示。

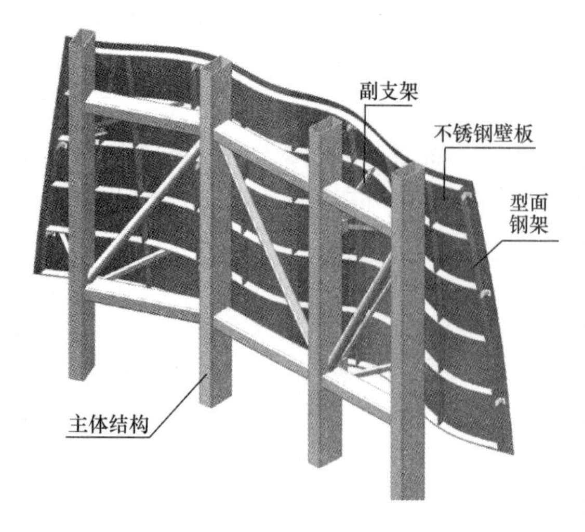

图3 钣金系统主要结构组成

（1）壁板结构

由于2mm左右的铜板（不锈钢板）的刚度较小，在荷载作用下表面形状易于变形，需要在不锈钢内侧增加型面钢架来提高刚度，所以外铜皮和型面钢架共同组成壁板结构，如图4所示。

铜外皮与型面钢架之间采用种钉组件连接，是通过电容式储能螺柱焊机通过瞬间强电流产生高热，将焊接螺柱牢固焊接在不锈钢板上，是一种高效、全断面融合的特种焊接工艺，焊接不会引起不锈钢外表面的焊接变形和焊接痕迹（如图5所示）。

（2）主体钢架结构

主体钢结构用于承载壁板的自重及各种外部载荷，均匀分布到内部主体混凝土结构或钢

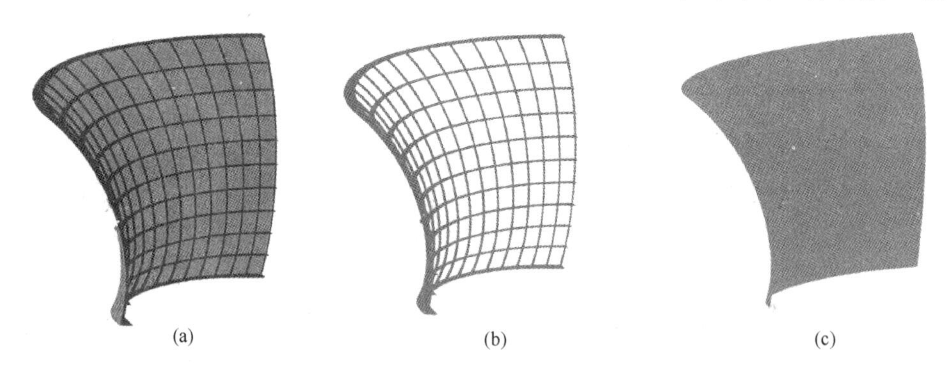

图4 壁板系统组成

（a）壁板；（b）型面钢架；（c）面板（铜或不锈钢）

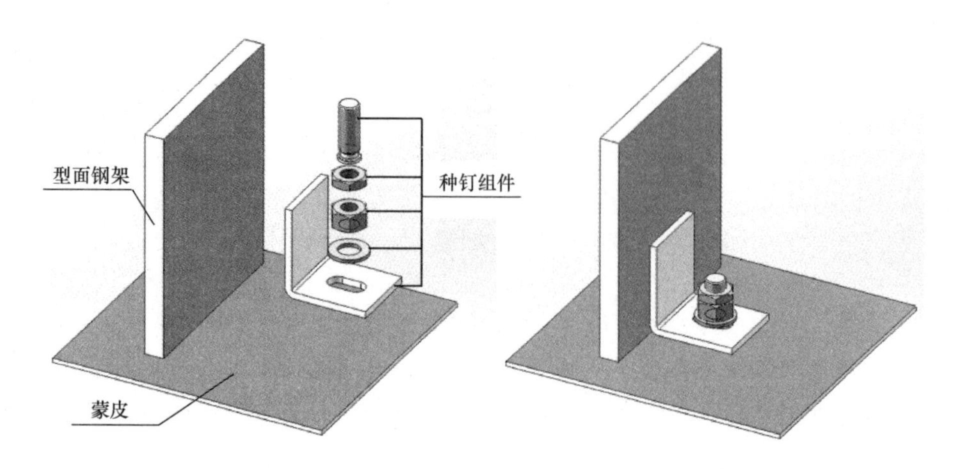

图5 种钉结构

结构上。如果铜表皮与内部混凝土结构之间距离小于 2m，就在混凝土结构中预留钢的预埋件用于壁板连接，不布置主体钢架。

(3) 副支架结构

利用副支架将一块块的壁板连接到副钢架上，实现悬挂承载方式，同时将壁板承受的载荷传递给主体钢架。副支架的一端焊接在壁板的型面钢架上，另一端通过连接板焊接在主钢架上，副支架的布置有水平向和斜向两种形式，每块壁板上水平向和斜向交错布置使得每两根副支架和壁板之间形成三角形的稳定结构。

5.3 项目制作流程

项目的制作、安装主要包括 1：10 模型制作、模型数据采集及处理、主体结构设计制作与现场安装、壁板设计制作和现场安装、副支架现场安装、整体修饰、表面抛光，表面涂装等工艺过程如图 6～图 11 所示。由于篇幅限制，施工安装的流程另文说明。

图 6　工厂预拼装的脸部壁板

图 7　主体钢架安装

图 8　壁板安装

图 9　焊接打磨修饰

图10　表面涂装

图11　峨眉山金顶十方普贤菩萨案例

5.4　维护和维修

项目完成后服役阶段因受各种环境的影响，可能会产生一定的缺陷和故障，为保证神像的长期供奉，需定期对表皮进行检查维护，发现问题及时维修，检查维护的主要内容及主要维修方法如下：

（1）项目表面及内部钢结构的防腐涂层：

如发现起皮、老化或脱落需清洗后重新按原方法原材料涂刷防腐涂料。

（2）项目内部的焊缝：

如发现裂纹则需补焊维修，如裂纹较大或较多则需根据实际情况制定可行的维修方案进行维修。

5.5　小结

铜钣金工艺的特点，可以形成复杂的神像曲面造型；可以通过焊接实现无缝的表面，达到建筑师希望的效果；复杂的几何形状在工厂加工，精度有保证；重量较轻，对主体结构影响小；运输和吊装方便表面涂装工艺成熟，耐候性好；可以通过后期维护保持外观效果。具有相当的应用前景。

6　总结

随着文化建筑的兴起，铜作为一个重要历史和自然元素在建筑的历史舞台上注定要大放异彩，而钣金工艺的系统设计制作日益完善和成熟，铜表面的处理技术也在不断创新，是解决建筑立面耐久和防腐蚀设计的新思路。同样，我们也可以考虑针对薄型铝板和不锈钢板采用钣金工艺设计来突破常规，期待本文能抛砖引玉，带动整个建筑表皮的创新，为行业发展做出贡献。

参考文献

[1]　outokumpu公司技术手册 the copper book for architecture.［M］.2013.

[2]　相关资料由金星铜集团提供，2015.

[3]　部分资料由上海交通大学材料研究所提供，2015.

[4]　(美)达林·布劳克.外墙设计[M].2007.

[5]　由航天晨光集团公司提供部分项目案例.2015.

浅析节能幕墙

杨加喜 计国庆
北京西飞世纪门窗幕墙工程有限责任公司

摘　要　为贯彻国家有关节约能源、保护环境的法律、法规和政策，落实“十二五”时期节能减排的目标，在保证居民生活热环境基本要求的前提下，进一步降低居住建筑能源消耗。使建筑幕墙节能75%，实现可持续发展的战略目标。

关键词　幕墙设计；节能；可持续发展

0　前言

随着国家经济的持续发展，城市化进程的逐步加快，我国部分城市建筑“三步节能”已取得成功，相关技术措施也在全国部分地区全面推进并取得显著成效，我国建筑能耗是相同气候条件发达国家建筑能耗的3—4倍，为贯彻国家有关节约能源、保护环境的法律、法规和政策，落实“十二五”时期节能减排的目标，在保证居民生活热环境基本要求的前提下，进一步降低居住建筑能源消耗，在全面建设小康社会的进展中，节能减排任务十分艰巨，这就需要整个社会对建筑门窗、幕墙的节能有所认识，特别是业主、设计单位、施工单位必须贯彻国家节能减排的政策，认真设计、精心施工、严格管理、把好节能关、实现可持续发展的战略目标。

建筑门窗与幕墙是建筑的重要组成部分，是实现建筑功能及其重要的部件，作为外围护结构，它们的热工性能最为薄弱，是建筑节能的关键环节，各省市陆续发布了最新的居住建筑节能设计标准及公共建筑节能设计标准。为此，我们通过不懈的努力来降低建筑幕墙的传热系数，以达到节能减排的目的。

幕墙的整体传热系数由框传热系数、面板传热系数、边界区线传热系数三部分的加权平均值获得

公式如下：

$$U_{cw}=\frac{\sum A_gU_g+\sum A_fU_f+\sum A_pU_p+\sum l_g\psi g+\sum l_p\psi}{\sum Ag+\sum Ap+\sum At}$$

式中：U_{CW}为单幅幕墙的传热系数，W/（m^2·K）；A_g为玻璃或透明面板面积，m^2；l_g为玻璃或透明面板边缘长度，m；ϕ_g为玻璃或透明面板传热系数，W/（m^2·K）；Ψ_g为玻璃或透明面板边缘长度，m；A_p为非透明面板面积，m^2；l_p为非透明面板边缘长度，m；U_p为非透明面板传热系数，W/（m^2·K）；Ψ_p为非透明面板边缘长度，m；A_f为框面积，m^2；U_f为框传热系数，W/（m^2·K）。

单幅幕墙的传热系数与组成幕墙的各种材料所占的面积及自身的传热系数成正比，所以降低整幅幕墙的传热系数就要降低各组成部分的导热系数。

降低幕墙传热系数主要分为三步：

第一步：降低框的传热系数

框的传热系数主要是通过传导、对流及辐射来传递，降低框的传热系数又分三个步骤："断、堵、封"。

（1）断：框采用断桥铝合金型材，隔热条材质为尼龙 66，尼龙 66 的导热率为 0.3W/(m·K)，铝合金的导热率为 160W/(m·K)，两者材料复合很好的阻断了热量的传导，如图 1 所示；

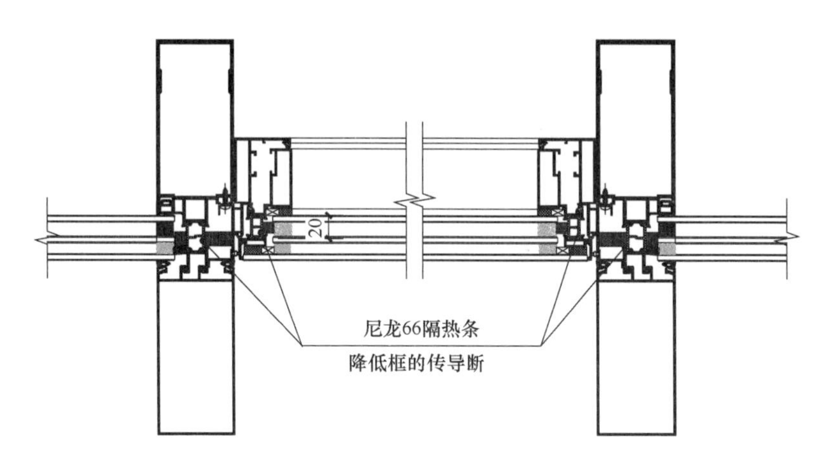

图 1

（2）堵：在玻璃和铝合金龙骨之间采用泡沫棒和密封胶进行封堵，以降低热量的对流效应，如图 2；

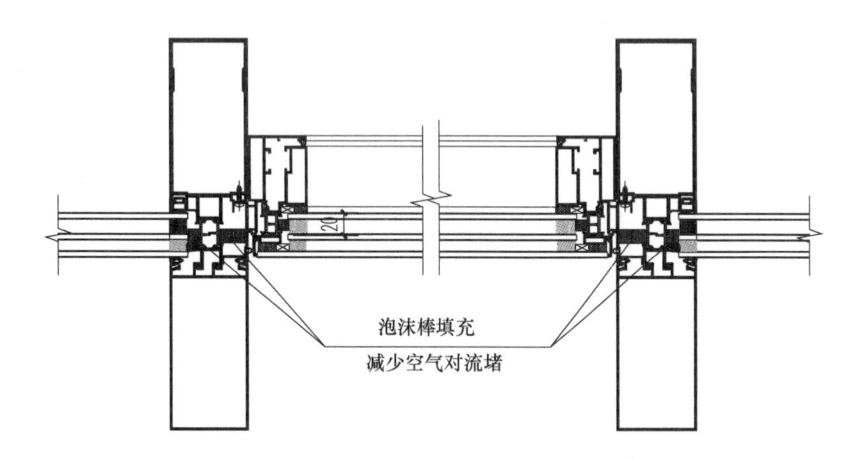

图 2

（3）封：采用多道三元乙丙胶条进行密封，在提高气密性的同时，进一步减少热量的对流。如图 3。

第二步：降低面板的传热系数

（1）采用三玻两腔中空玻璃，用两道空气层阻断热量的传导；

（2）采用双银 Low-E 玻璃，降低太阳光热量的辐射；

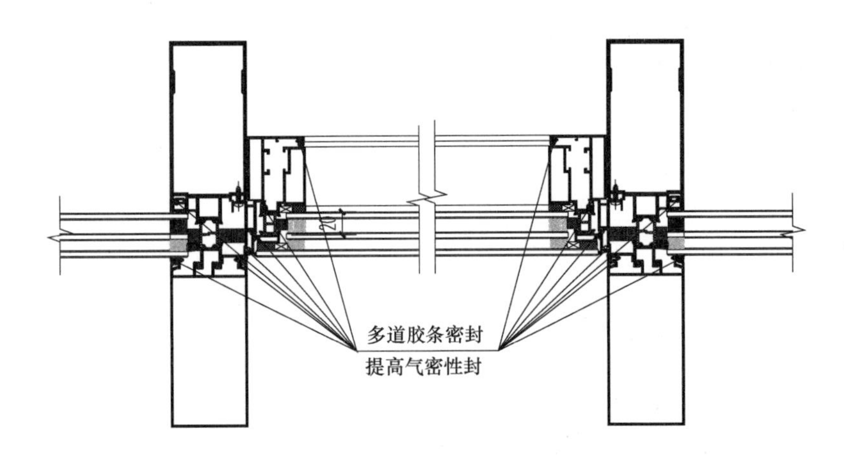

图 3

（3）中空层用惰性气体替代空气，因惰性气体具有比干燥空气更低的导热性能；更稳定的化学结构，所以能够更有效的降低热量的辐射。

第三步：降低边界区的线传热系数

主要采用暖边隔热条，最大限度的隔断热量的传递。

通过以上几个步骤的控制，幕墙的节能参数会有很大幅度的提升。

下面通过实例来具体阐述分析

例如：根据业主要求幕墙的 U 值小于 2.0W/（m^2·K）

1 幕墙标准大样及分格设计

竖明横隐幕墙，见图 4；节点见图 5、图 6。

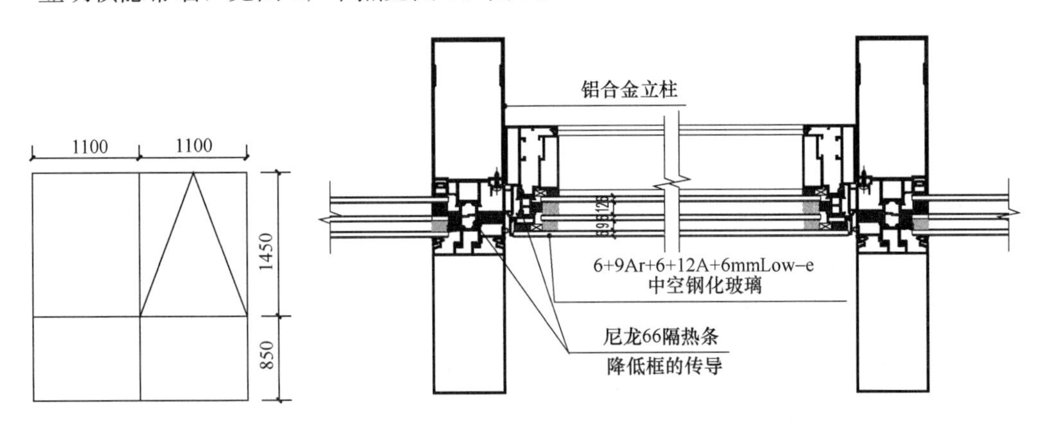

图 4 幕墙大样图

图 5 横剖节点图

（1）型材采用断桥铝合金型材，隔热条采用 T 型隔热条，分格成多个空气腔，减少空气对流，开启扇采用断桥型材，收口材料为 PA66 型材封堵如图 5 所示；

（2）为了满足设计 U 值的要求采用双中空 Low-E 玻璃，这里为解决玻璃自重大的问题，我们把玻璃做成大小片形式，使内片玻璃荷载直接加在附框上，减少和横梁的扭力，由于中空玻璃结构胶是否可以填充氩气没有理论依据，故靠近室外侧中空层填充空气玻璃打结构胶，靠室内侧中空层填充氩气玻璃直接打聚硫胶。如图 5 所示；

（3）开启位置采用四道密封条密封，提高气密性的同时降低 U 值所示；

如图 6 所示。

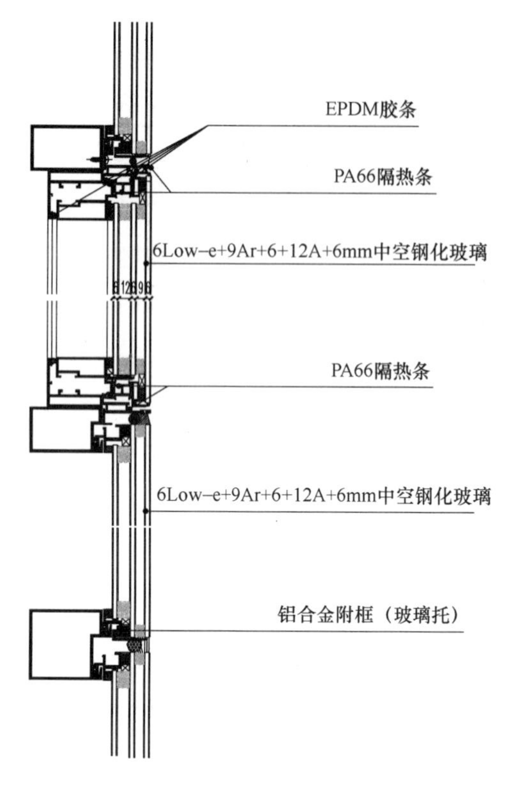

图 6　竖剖节点图

图 7　工程效果图

2　节能幕墙的热工计算

2.1　计算依据

热工计算采用《粤建科®MQMC 建筑幕墙门窗热工性能计算软件》；

相关标准及参考文件《建筑门窗玻璃幕墙热工计算规程》（JGJ/T 151—2008）；

《民用建筑热工设计规范》（GB 50176—1993）；

《公共建筑节能设计标准》（GB 50189—2015）；

《严寒和寒冷地区居住建筑节能设计标准》（JGJ 26—2010）；

《玻璃幕墙光学性能》（GB/T 18091—2000）；

《建筑玻璃可见光、透射比等以及有关窗玻璃参数的测定》（GB/T 2680—1994）。

2.2　计算边界条件

表 1　边界计算条件表

冬季标准计算条件		夏季标准计算条件	
室内空气温度 T_{in}	20.0℃	室内空气温度 T_{in}	25.0℃
室外空气温度 T_{out}	20℃	室外空气温度 T_{out}	30℃

续表

冬季标准计算条件		夏季标准计算条件	
室内对流换热系数 $h_{c,in}$	3.60W/(m²·K)	室内对流换热系数 $h_{c,in}$	2.50W/(m²·K)
室外对流换热系数 $h_{c,out}$	16W/(m²·K)	室外对流换热系数 $h_{c,out}$	16W/(m²·K)
室内平均辐射温度 $T_{rm,in}$	20.0℃	室内平均辐射温度 $T_{rm,in}$	25.0℃
室外平均辐射温度 $T_{rm,out}$	−16.0℃	室外平均辐射温度 $T_{rm,out}$	30℃
太阳辐射照度 I_s	0W/m²	太阳辐射照度 I_s	500W/m²

2.3 幕墙材料物理性能

表 2 选用材料热工物理参数

材料	密度（kg/m³）	导热系数［W/(m·K)］	表面发射率	备注
铝合金	2800	160	0.20～0.80	
铝	2700	237	0.9	涂漆
建筑钢材	7850	58.2	0.2	镀锌
建筑玻璃	2500	1	0.84	玻璃面
PA66GF25	1450	0.3	0.9	
硬 PVC	1390	0.17	0.9	
EPDM	1150	0.25	0.9	

2.4 框传热计算

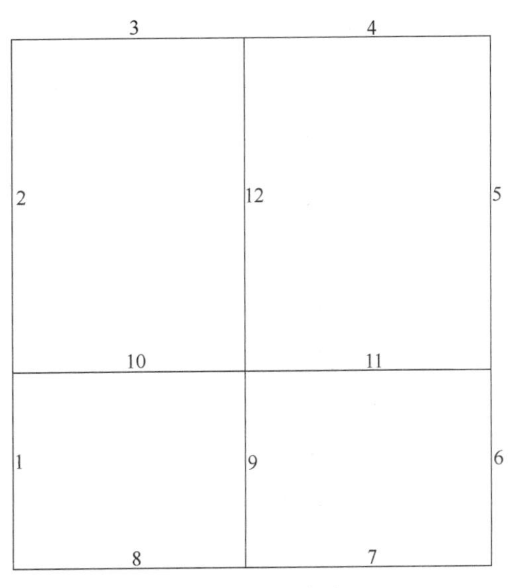

图 8 幕墙幅面框标记

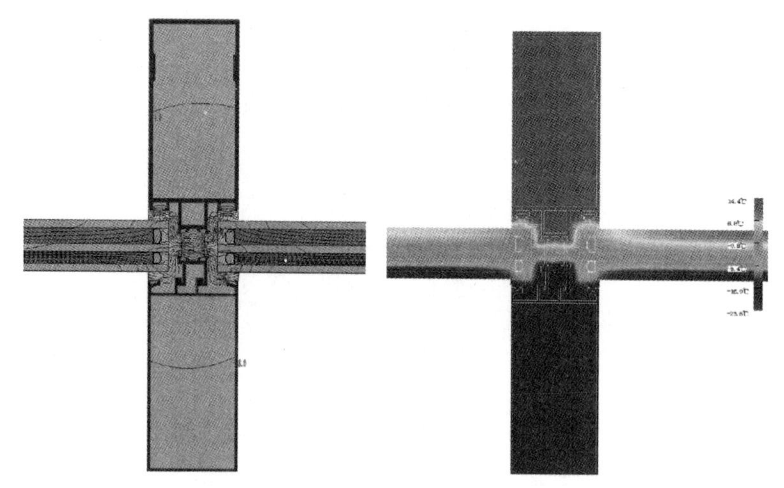

图 9　边框温度线图　　图 10　边框温度场图

表 3　对应的参数值表（一）

传热系数 U W/(m^2·K)	太阳光总透射比 (g)	重力方向	框投影长度 (mm)	线传热系数 W/(m·K)
2.232	0.024	屏幕向里	70.911	0.098

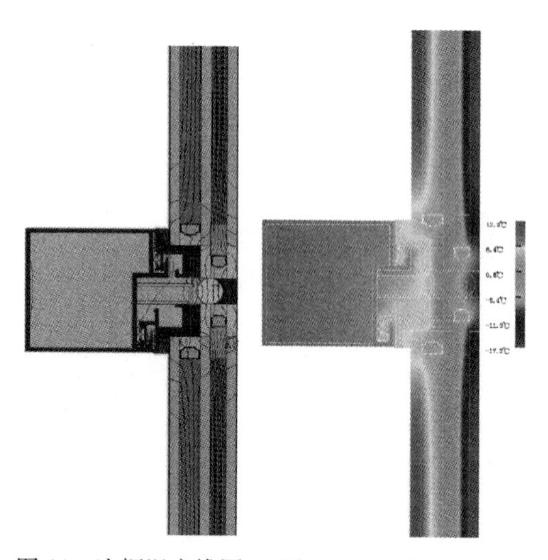

图 11　边框温度线图　图 12　边框温度场图

表 4　对应的参数值表（二）

传热系数 U W/(m^2·K)	太阳光总透射比 g	重力方向	框投影长度 (mm)	线传热系数 W/(m·K)
4.576	0.095	向下	71.000	0.041

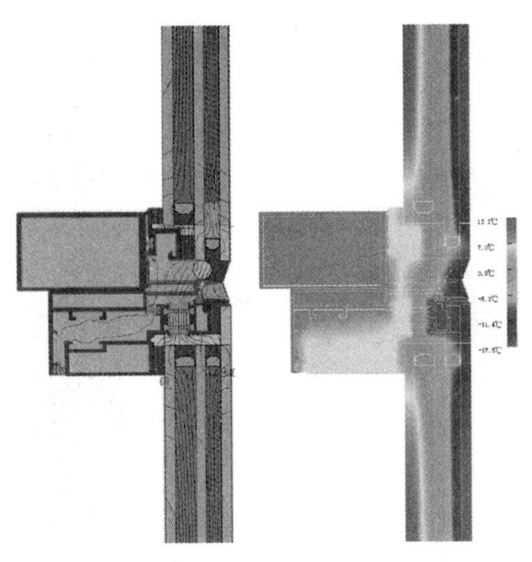

图 13　边框温度线图　图 14　边框温度场图

表 5　对应的参数值表（三）

传热系数 U W/(m² · K)	太阳光总透射比 g	重力方向	框投影长度 (mm)	线传热系数 W/(m · K)
3.407	0.065	向下	96.147	0.074

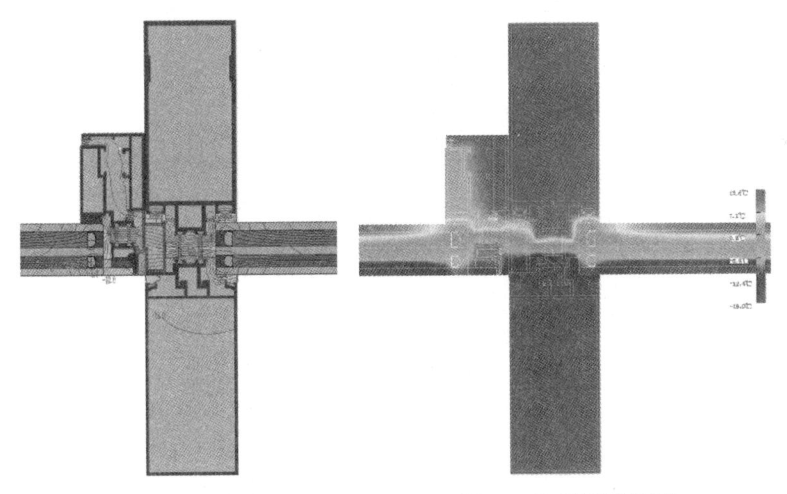

图 15　边框温度线图　　图 16　边框温度场图

表 6　对应的参数值表（四）

传热系数 U W/(m² · K)	太阳光总透射比 g	重力方向	框投影长度 (mm)	线传热系数 W/(m · K)
2.562	0.030	屏幕向里	119.499	0.121

2.5　单元幕墙整体传热系数

$$U_{CW}=\frac{\Sigma U_g A_g+\Sigma U_p A_p+\Sigma U_f A_f+\Sigma \psi_g l_g+\Sigma \psi_p l_p}{\Sigma A_g+\Sigma A_p+\Sigma A_f}$$
$$=(5.08+0.000+3.13+1.15)/(3.824+0.000+1.075)$$
$$=1.9W/(m^2\cdot K)$$

3 更换材料配置幕墙的热工计算

其他基础条件不变，型材稍有变动，隔热条更换为PVC隔热条，玻璃换为中空Low-E玻璃，面板传热系数1.8W/(m²·K)，间隔条更换为铝间隔条，玻璃与铝合金框之间不填充隔热物质，计算方法相同，经计算，如下：

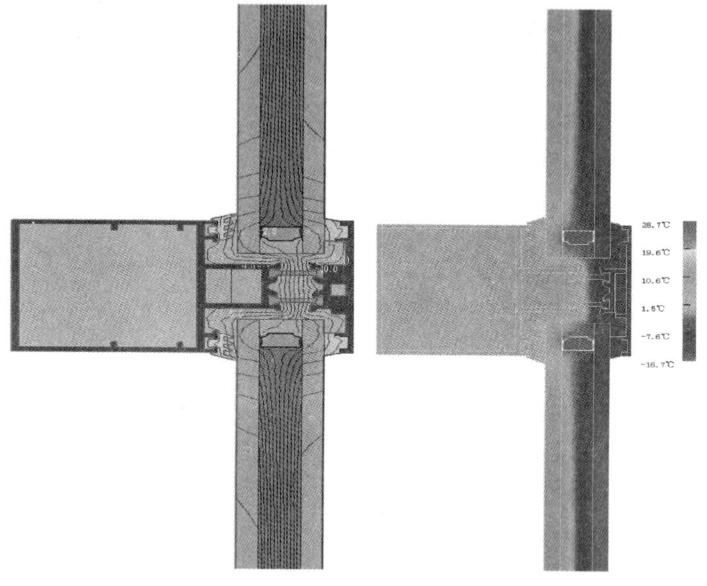

图17 边框温度线图　　　图18 边框温度场图

表7 对应的参数值表（五）

传热系数U W/(m²·K)	太阳光总透射比 g	重力方向	框投影长度 (mm)	线传热系数 W/(m·K)
5.927	0.047	向下	66.960	0.095

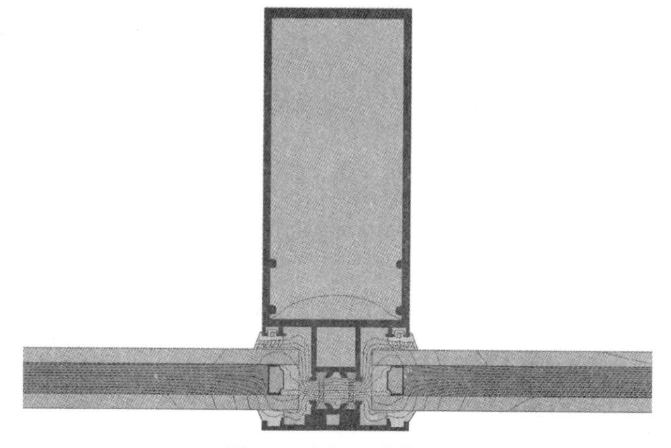

图19 边框温度线图

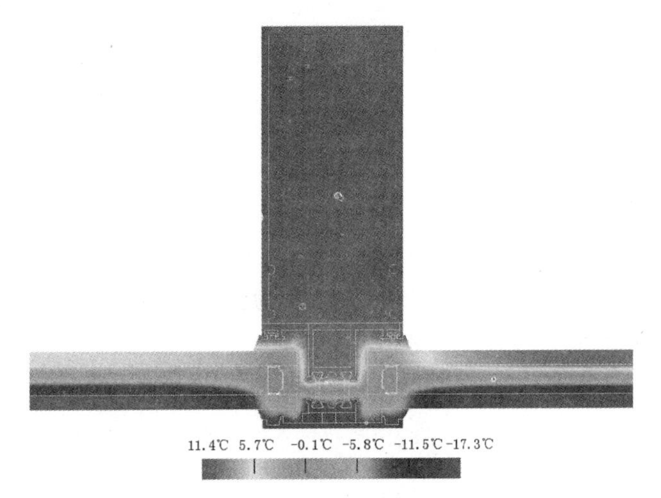

图 20 边框温度场图

表 8 对应的参数值表（六）

传热系数 U W/($m^2 \cdot K$)	太阳光总透射比 g	重力方向	框投影长度 (mm)	线传热系数 W/($m \cdot K$)
6.483	0.054	屏幕向里	66.960	0.081

$$U_{CW}=\frac{\sum U_g A_g+\sum U_p A_p+\sum U_f A_f+\sum \psi_g l_g+\sum \psi_p l_p}{\sum A_g+\sum A_p+\sum A_f}$$
$$=(6.08+0.000+4.13+2.01)/(3.824+0.000+1.075)$$
$$=2.5W/(m^2 \cdot K)$$

4 总结

两种相同分格的幕墙，由两种不同材料及配置组合经过计算可以看出，整窗的 U 值有了很大幅度的提升完全可以满足四步节能对玻璃幕墙的 K 值的要求。

另外，随着我国建筑行业持续稳定的发展，采用节能形式的建筑幕墙已作为战略目标越来也多的在各式建筑中应用着，节能建筑将对促进建筑行业的发展起着无法替代的作用。

单元体幕墙开口立柱稳定性能试验和计算方法研究

王　斌[1]　惠　存[1,2]　王元清[2]　陶　伟[1]

1　江河创建集团股份有限公司　北京　101300

2　清华大学土木系　北京　100084

摘　要　为研究单元体幕墙中开口截面立柱在风压作用下的稳定性能，分别进行了单根立柱、单元体加压腔加压、沙袋加压三种不同形式试验，分别测试了开口截面公、母立柱在平面外和平面内的变形和应变值，所得试验结果相近。分别采用有关铝合金结构计算的中国规范、英国规范、美国规范对开口截面立柱进行稳定和强度计算，并分析比对了计算结果和试验结果。研究表明：试验结果远大于规范计算结果，实际应用中可对现有计算方法进行修正，以达到提高型材截面利用率的目的。

关键词　稳定性；开口截面；铝合金立柱；单元体幕墙；计算方法

Experiment and Calculation Methods Study on Stability Performance of the Open Section Aluminum Alloy Columns in Unit Cell Curtain Wall

Wang Bin[1], Hui Cun[1,2], Wang Yuanqing[2], Tao Wei[1]

1　Jangho Group Company Limited,

2　Department of Civil Engineering, Tsinghua University

Abstract　To study the stability performance of the aluminum alloy columns with open section in unit cell curtain wall under wind pressure, three experiments about one single column, one unit cell curtain wall loaded with pressurized chamber and one unit cell curtain wall loaded with sandbags were carried out. The out-of-plane and in-plane deformation and the strain of the male and female column were measured. The measured results of three experiments are approximately equal to one another. Stability performance and strength were calculated using the Chinese code, British standard and American code. By comparing the results of experiments and calculation, it is shown that experimental results are much greater than the calculation results. In order to improve the coefficient of utilization of the cross section, the calculation method should be modified in the practical application.

Keywords　stability performance; open section; aluminum alloy columns; unit cell curtain wall; calculation method

0 引言

单元体幕墙的开口型材因自身材料利用率较高，加工组装方便等优点逐渐在幕墙工程中得到大量的应用，国内外学者对其进行了大量的研究。石永久、王元清和施刚等不仅进行了铝合金受弯构件整体稳定性的试验研究[1]，分析了铝合金薄腹板梁的抗剪强度[2]，而且对铝合金网壳结构中的节点受力性能进行了试验研究和有限元分析[3]；沈祖炎和郭小农等对铝合金结构构件的设计公式和可靠度进行了研究分析[4]，并分析了对称截面受压杆件的稳定系数[5]和轴压杆件的受力理论[6]；朱继华等研究了受弯铝合金构件的直接强度法[7]，并对圆形空心铝合金柱进行了数值分析和设计[8]；Moen 和 Matteis 等对梯度受弯作用下的铝合金梁的扭转性能进行了数值模拟[9]，并对不同横截面分类的铝合金梁进行了参数研究[10]。但专门针对单元体幕墙开口型材的稳定性计算方法以及试验研究相对欠缺。国标《铝合金结构设计规范》[11]，英国标准《Structural use of aluminium》[12]，美国标准《Aluminum design manual》[13]等规范均是针对一般铝合金结构，给出了一般情况下铝合金结构的设计方法，并没有考虑到幕墙结构开口型材的特殊性。

工字形、槽形等主体结构用的开口截面相对于闭口截面，由于其截面的构造特点，能够很好地发挥截面特性以抵抗外荷载，在主体钢结构设计领域得到了大量的应用。作为围护结构的幕墙，理应可以采用开口截面型材。本文通过对单根开口截面铝合金立柱和单元体开口截面铝合金立柱进行试验研究，并采用中国、英国和美国有关铝合金结构计算的相关规范对其进行计算分析和比对，以期获得准确的计算方法，以使其在保证结构安全可靠的基础上可较好的提高开口型材的强度利用率，更好地发挥其结构性能。

1 幕墙开口型材自身的特点

幕墙用铝合金型材，从其性能、加工和安装等方面的考虑，具有独特的“槽形”截面形状。这样的开口截面型材在使用上具有以下缺点：(1) 绕弱轴抗弯刚度弱；(2) 截面整体抗扭刚度较低；(3) 截面形心和截面剪切中心不重合：横向荷载不通过剪切中心，在横向荷载作用下存在弯曲和扭转变形，存在扭转失稳问题（图 1）。

幕墙单元体的公、母立柱在实际受力过程中也存在对其承载力有利的特点：(1) 公、母立柱翼缘的相互扶持作用（图 2)；(2) 横梁对立柱的约束作用：单元体中的横梁可有效约

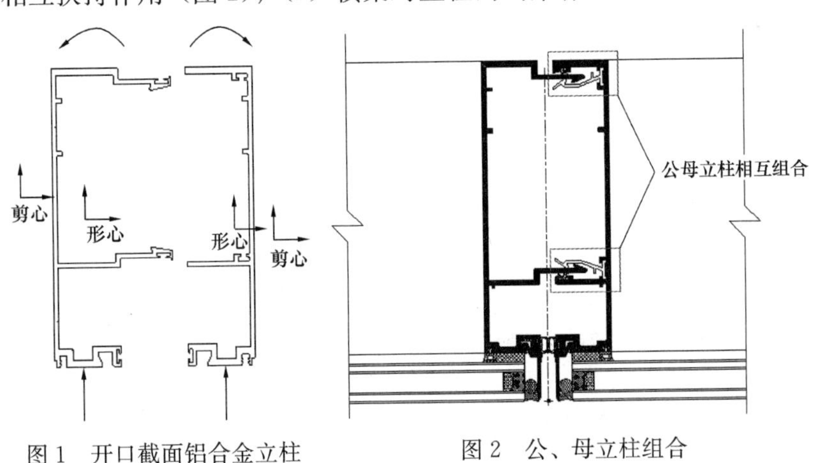

图 1 开口截面铝合金立柱

图 2 公、母立柱组合

束开口型材立柱，防止其侧向扭转，提高其整体稳定性；(3) 由于正风压的方向是朝向剪心，负风压的方向是背离剪心，因此在正风压作用下的屈曲特征值较负风压要小；但有利的是在正风压作用下，由于玻璃是通过结构胶与铝型材固结在一起，可对受压翼缘提供有利的支撑作用；(4) 公、母立柱之间还有挂钩，此挂钩在立柱受正风，发生扭转时会有效地阻止其开口。而在负风作用下，公、母立柱因为其之间有相互作用，可以很好地“贴合”在一起。

2 试验研究

为了对开口截面铝合金立柱的受力特性有深层次的了解，针对开口截面型材在不同支撑条件、不同荷载工况下进行试验研究，并将试验结果和理论值进行对比分析。限于试验室尺寸限制，以及研究开口截面型材立柱“开口”变形主要发生在无支撑的跨中部位，所以选择跨度为2730mm的单根立柱和2730mm×1365mm单元体板块进行了试验研究。

为了准确详实地反映开口型材的受力特点，设计了三种不同的试验装置进行开口截面型材的试验研究。

2.1 单根立柱受力性能试验

铝合金立柱在风压作用下的受力可以简化为梯形荷载，梯形荷载模拟示意图见图3，加载装置见图4。

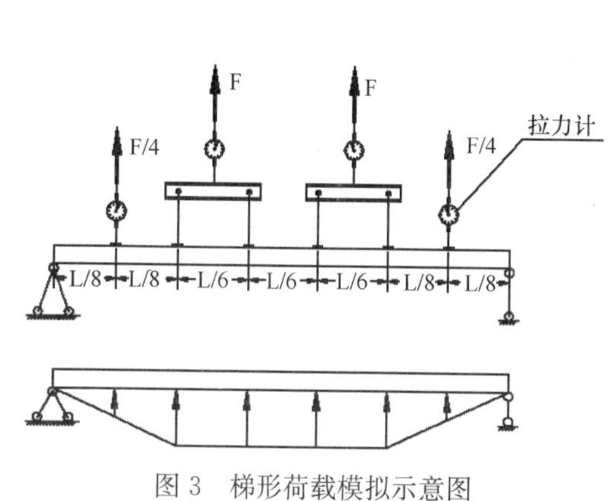

图3 梯形荷载模拟示意图

图4 试验现场照片

在跨中布置两个竖向位移计，分别测量公、母立柱在竖向荷载作用下的平面内挠度变形；在跨中布置两个水平位移计，分别测量公、母立柱在竖向荷载作用下的平面外开口（或闭口）变形。为监测加载过程铝合金型材的应力变化，在公、母立柱跨中受拉侧分别布置一个应变片。

用手动葫芦模拟等效风压2kPa、4kPa、6kPa、8kPa、10kPa。首先进行预加载1kPa，以观测加载系统和各测点工作的可靠性，之后进行单调加载，依次施加2kPa、4kPa、6kPa、8kPa、10kPa对应的荷载，并详细记录相应的位移和应变数据。

为了研究超临界荷载之后的立柱变化情况，特对在跨中带一组挂钩的立柱进行了试验，等效风压依次为2.0kPa、4.0kPa、6.0kPa、8.0kPa、10.0kPa。正风压作用下的变形和应变结果见表 1，负风压作用下的变形和应变结果见表 2。

表 1　正风作用下变形和应变实测值

等效风压（kPa）	平面外变形（mm）			平面内变形（mm）		受拉应变（$\mu\varepsilon$）		受压应变（$\mu\varepsilon$）	
	公立柱	母立柱	计算值	公立柱	母立柱	公立柱	母立柱	公立柱	母立柱
2.0	4.67	4.75	4.8	1.66	−0.96	475	480	−389	−383
4.0	9.36	10.13	9.5	2.87	−2.06	965	935	−842	−827
6.0	14.46	15.36	14.4	3.87	−3.02	1470	1381	−1319	−1266
8.0	19.76	20.76	19.1	4.84	−4.01	2044	1821	−1858	−1712
10.0	25.28	26.45	24.0	5.22	−5.13	2266	2832	−2010	−1895

表 2　负风作用下变形和应变实测值

等效风压（kPa）	平面外变形（mm）			平面内变形（mm）		受拉应变（$\mu\varepsilon$）		受压应变（$\mu\varepsilon$）	
	公立柱	母立柱	计算值	公立柱	母立柱	公立柱	母立柱	公立柱	母立柱
−2.0	5.34	5.41	4.8	−1.79	−1.01	561	556	−454	−536
−4.0	10.45	10.9	9.5	−3.78	−2.31	1103	1099	−900	−1062
−6.0	15.55	16.33	14.4	−5.98	−2.66	1320	1633	−1355	−1612
−8.0	20.34	21.45	19.1	−7.99	−1.37	2110	2122	−1810	−2189
−10.0	25.14	26.5	24.0	−10.72	1.06	2584	2594	−2232	−2776

从表 1 和表 2 可知：

（1）随着风压的增大，平面外变形和应变值基本呈线性增大；相同大小的正风和负风作用下，平面外变形和应变基本相同，而且平面外变形试验值与计算结果较为一致；

（2）正风作用下平面内变形逐步增大，但由于挂钩的拉接作用，使得平面内变形增长较为缓慢；负风作用时，在加载初期，公母立柱平面内变形均逐步加大，但当风压达到 8kPa 时，母立柱平面内的变形逐步减小，说明此时公立柱和母立柱已闭合在一起，公母立柱一起偏向母立柱一侧；

（3）风压达到 10kPa 时，远超过公母立柱的临界荷载，但变形形态仍为弹性，无明显的失稳现象发生。

2.2　利用试验室加压腔体进行试验

在江河创建集团股份有限公司内部三性试验室进行试验研究，试件由两个单元体板块组装而成，组装后的尺寸为 2730mm×2730mm，加载装置见图 5。仅对组装后单元体中部的立柱进行测量，位移计和应变片布置与单根立柱试验相同。

正风压作用下的变形和应变结果见表 3，负风压作用下的变形和应变结果见表 4。

图 5　加载装置

表3 正风作用下变形和应变实测值

等效风压 (kPa)	平面外变形（mm）			平面内变形（mm）		受拉应变（με）	
	公立柱	母立柱	计算值	公立柱	母立柱	公立柱	母立柱
1.0	2.81	3.42	2.4	1.32	0.67	183	296
2.0	4.94	5.94	4.8	1.98	0.17	319	542
3.0	6.83	8.28	7.1	2.53	−0.26	438	769
4.0	9.89	8.65	9.5	2.91	−0.53	580	1034
5.0	10.06	12.19	11.9	3.19	−0.68	739	1293

表4 负风作用下变形和应变实测值

等效风压 (kPa)	平面外变形（mm）			平面内变形（mm）		受拉应变（με）	
	公立柱	母立柱	计算值	公立柱	母立柱	公立柱	母立柱
−1.0	4.46	2.39	2.4	1.32	1.69	−137	−213
−2.0	6.89	5.9	4.8	2.24	1.99	−298	−482
−3.0	8.67	7.93	7.1	3.42	2.69	−467	−729
−4.0	10.39	9.01	9.5	3.79	2.61	−637	−1050
−5.0	13.79	11.73	11.9	4.24	2.42	−791	−1283

由于试验室加载条件限制，最多只能加载到5kPa，从试验结果可以看出：（1）开口铝合金立柱在5kPa的风压作用下，平面外变形和应变值与单根立柱所得结果较为接近，而且平面外变形与计算结果符合较好；（2）正向风压为1kPa时，公母立柱各自变形，当风压增大至2kPa时，开口变形继续增大，挂钩开始发挥作用，将公母立柱拉接在一起，而公立柱的抗弯刚度较大，使得母立柱向公立柱一侧靠拢；（3）负风作用时，挂钩基本不起作用，随着风压的增大公母立柱相互靠拢，风压为4kPa时，母立柱变形逐步减小，说明公母立柱一起朝着母立柱方向偏移。

2.3 沙袋破坏试验

为研究单元体的极限破坏状态，且保证实验过程中的人员设备安全，特对实验方案进行改进，将两个单元体板块拼装后水平放置，利用实验室现有的钢框架模拟其边界条件，并用800mm高的钢架将钢框架支撑起来，采用沙袋进行加载。单元体下部的空间用以安装位移计和设置应变片。加载装置如图6。

图6 加载装置

试验仅模拟正风作用下的受力情况，在单元体上逐层地放置沙袋，对每个托盘和沙袋进行称重，并换算为单元体上的等效均布荷载，在施加过程中记录每层沙袋加载后的立柱变形和应变。为研究其残余变形情况，卸载时逐层移去托盘，并记录各试验数据。变形和应变实测值见表5。

表 5　正风作用下变形和应变实测值

加卸载	等效风压（kPa）	平面外变形（mm）			平面内变形（mm）		受拉应变（$\mu\varepsilon$）	
		公立柱	母立柱	计算值	公立柱	母立柱	公立柱	母立柱
加载	1.97	8.76	9.51	4.73	1.37	−0.46	172	352
	3.71	13.15	14.21	8.90	1.88	−1.01	295	602
	5.44	16.34	17.74	13.06	2.15	−1.3	417	836
	7.16	19.67	21.49	17.18	2.39	−1.6	561	1101
	8.95	23.22	25.48	21.48	2.64	−1.89	772	1481
	10.80	27.57	29.97	25.92	2.88	−2.25	1022	1900
	12.94	31.51	34.51	31.06	3.15	−2.56	1260	2549
卸载	10.80	29.02	32.02	25.92	3.01	−2.35	1051	2334
	8.95	25.6	28.11	21.48	2.68	−2.03	887	1976
	7.16	22.53	24.89	17.18	2.42	−1.74	693	1682
	5.44	19.77	21.5	13.06	2.04	−1.34	551	1400
	3.71	16.74	18.22	8.90	1.54	−0.93	403	1144
	1.97	13.2	14.21	4.73	0.92	−0.31	193	820
	0	6.9	7.62	0	0.41	−0.17	70	499

由表 5 可知：沙袋卸载后，公立柱有 6.9mm 的平面外变形，母立柱有 7.62mm 的平面外变形；平面内变形基本恢复原状；公立柱有 70$\mu\varepsilon$ 的残余应变，母立柱有 499$\mu\varepsilon$ 的残余应变；在超临界荷载的情况下，立柱依然无明显失稳现象。

在获取加载、卸载过程的试验数据后，对上述单元体进行加载直至破坏状态。沙袋达到 11 层，等效风压为 19.46kPa 时，单元体有明显变形，但尚未破坏；继续增加沙袋，等效风压为 20.51kPa 时，单元体破坏。破坏形态见图 7。

(a)

(b)

图 7　破坏形态

（a）单元体尚未坍塌（19.46kPa）；（b）单元体坍塌（20.51kPa）

3　各国规范计算方法对比

针对试验采用的型材进行计算，公母立柱截面尺寸见图 8。单元体宽度 d=1365mm，

长度 $l=2730$mm。立柱截面参数见表6。分别按照中国、英国、美国相关规范中的计算方法进行分析。

表6 公、母立柱截面参数

参数	公立柱	母立柱
面积（mm^2）	$A_m=916$	$A_f=792$
绕强轴惯性矩（mm^4）	$I_m=2756382$	$I_f=2415114$
绕弱轴惯性矩（mm^4）	$I_m=275860$	$I_f=94781$
弹性抵抗矩（mm^3）	$Z_{em}=35429$	$Z_{ef}=29203$
塑性抵抗矩（mm^3）	$S_{em}=46906$	$S_{ef}=39466$
扭转常数（mm^4）	$J_m=2558$	$J_f=2293$

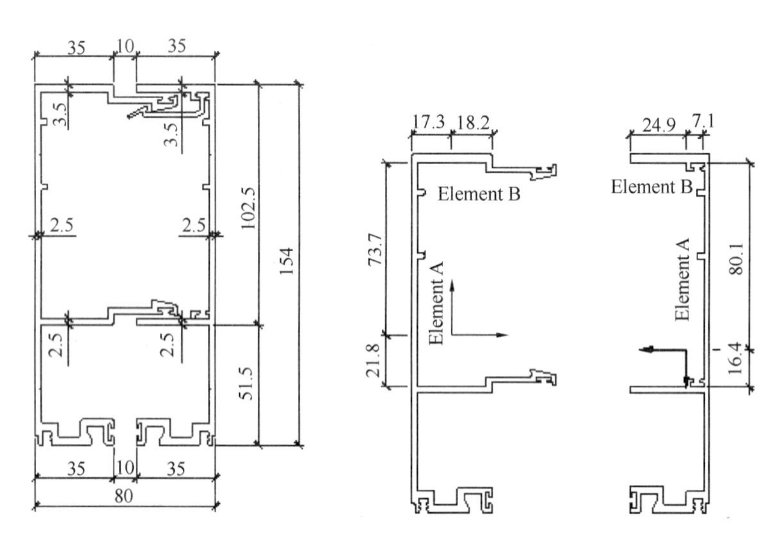

图8 公、母立柱截面尺寸

3.1 中国规范

公、母立柱上施加线荷载为 $q=3.375$kN/m；铝合金型材设计强度为 $f=150$MPa；根据《铝合金结构设计规范》[11]，公立柱考虑折减的截面抵抗矩 $W_{em}=32844\text{mm}^3$，母立柱考虑折减的截面抵抗矩 $W_{ef}=25939\text{mm}^3$。依据《铝合金结构设计规范》附录C计算整体稳定系数，采用有限元软件Workbench分别计算公、母立柱的一阶屈曲因子，并求出各自临界稳定弯矩，其一阶屈曲模态见图9。

由图9可知，公、母立柱的一阶屈曲因子分别为0.393和0.232。

同时考虑局部稳定和整体稳定的计算过程和计算结果见表7。

只考虑局部稳定，不考虑整体稳定，由弹性抵抗矩按照纯强度进行承载力计算，计算过程和计算结果见表8。

整体稳定和局部稳定均不考虑，由弹性抵抗矩按照纯强度进行承载力计算，计算过程和计算结果见表9。

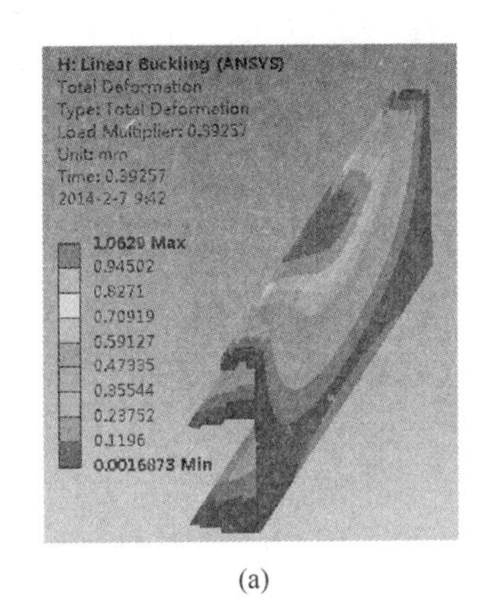

(a)

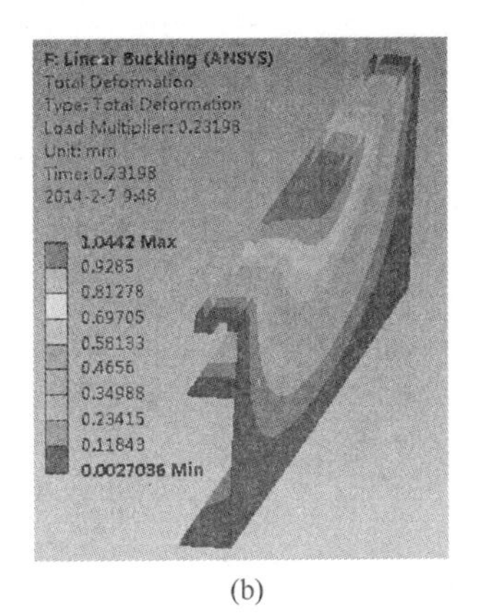

(b)

图 9　一阶屈曲模态

(a) 公立柱；(b) 母立柱

表 7　计算过程和结果

参数	公立柱	母立柱
一阶屈曲因子	$\beta_m = 0.393$	$\beta_f = 0.232$
临界屈曲弯矩	$M_{cr\_m} = \frac{ql^2}{8}\beta_m = 1.21\text{kN}\cdot\text{m}$	$M_{cr\_f} = \frac{ql^2}{8}\beta_f = 0.72\text{kN}\cdot\text{m}$
弯扭稳定相对长细比	$\lambda_m = \sqrt{\frac{W_{em}f}{M_{cr\_m}}} = 2.02$	$\lambda_f = \sqrt{\frac{W_{ef}f}{M_{cr\_f}}} = 2.33$
弯扭稳定相对长细比	$\lambda = 1\Big/\left(\frac{1}{\lambda_m}+\frac{1}{\lambda_f}\right) = 1.08$	
整体稳定系数	$\varphi_b = 0.64$	
整体稳定抗弯承载力	$M_{rx\_m} = \varphi_b W_{em} f = 3.15\text{kN}\cdot\text{m}$	$M_{rx\_f} = \varphi_b W_{ef} f = 2.49\text{kN}\cdot\text{m}$
计算系数	$C_{bm} = \frac{I_m + I_f}{I_m} = 1.88$	$C_{bf} = \frac{I_m + I_f}{I_f} = 2.14$
极限弯矩	$M_a = \min(C_{bm}M_{rx\_m}, C_{bf}M_{rx\_f}) = 5.33\text{kN}\cdot\text{m}$	
材料系数	$\gamma_m = 1.3$	
极限线荷载	$q_a = \frac{8M_a}{l^2} = 5.72\text{kN/m}$	
极限风压	$W_a = \frac{\gamma_m q_a}{d} = 5.45\text{kPa}$	

表 8　计算过程和结果

参数	公立柱	母立柱
强度承载力	$M_{rx\_m} = W_{em} f = 4.92\text{kN}\cdot\text{m}$	$M_{rx\_f} = W_{ef} f = 3.89\text{kN}\cdot\text{m}$
极限弯矩	$M_a = \min(C_{bm}M_{rx\_m}, C_{bf}M_{rx\_f}) = 8.32\text{kN}\cdot\text{m}$	
极限线荷载	$q_a = \frac{8M_a}{l^2} = 9.13\text{kN/m}$	
极限风压	$W_a = \frac{\gamma_m q_a}{d} = 8.7\text{kPa}$	

表9　计算过程和结果

参数	公立柱	母立柱
强度承载力	$M_{rx\_m} = Z_{em}f = 5.31\text{kN}\cdot\text{m}$	$M_{rx\_f} = Z_{ef}f = 4.38\text{kN}\cdot\text{m}$
极限弯矩	$M_a = \min(C_{bm}M_{rx\_m}, C_{bf}M_{rx\_f}) = 9.37\text{kN}\cdot\text{m}$	
极限线荷载	$q_a = \frac{8M_a}{l^2} = 10.06\text{kN/m}$	
极限风压	$W_a = \frac{\gamma_m q_a}{d} = 9.58\text{kPa}$	

3.2　英国规范

参考英国标准《Structural use of aluminium》[12]，铝合金型材设计强度为 $p_0 = 160\text{MPa}$。同时考虑局部稳定和整体稳定的计算过程和计算结果见表10。

只考虑局部稳定，不考虑整体稳定，由弹性抵抗矩按照纯强度进行承载力计算。计算过程和计算结果见表11。

整体稳定和局部稳定均不考虑，由弹性抵抗矩按照纯强度进行承载力计算，计算过程和计算结果见表12。

表10　计算过程和结果

参数	公立柱	母立柱
截面类型	semi—compact（半紧凑型）	slender（细长型）
材料系数	$\gamma_m = 1.2$	
截面折减系数	—	$k_f = 0.97$
强度承载力	$M_{rsx\_m} = p_0 \frac{Z_{em}}{\gamma_m} = 4.72\text{kN}\cdot\text{m}$	$M_{rsx\_f} = p_0 \frac{k_f Z_{ef}}{\gamma_m} = 3.79\text{kN}\cdot\text{m}$
屈曲强度	$p_{1\_m} = \gamma_m \frac{M_{rsx\_m}}{S_{em}} = 120.75\text{MPa}$	$p_{1\_f} = \gamma_m \frac{M_{rsx\_f}}{S_{ef}} = 115.24\text{MPa}$
绕弱轴回转半径	$r_m = 17.34\text{mm}$	$r_f = 10.96\text{mm}$
长细比	$\lambda_m = \lambda_f = l/(r_m + r_f) = 95.41$	
弯扭稳定相对长细比	$\lambda_{m1} = \frac{\lambda_m}{\pi}\left(\frac{p_{1\_m}}{E}\right)\frac{1}{2} = 1.26$	$\lambda_{f1} = \frac{\lambda_f}{\pi}\left(\frac{p_{1\_f}}{E}\right)\frac{1}{2} = 1.23$
整体稳定系数	$\varphi_m = \frac{1}{2}\left(1 + \frac{0.1}{\lambda_{m1}} + \frac{0.1\times0.6}{\lambda_{m1}^2}\right)\frac{1}{2} = 0.83$	$\varphi_f = \frac{1}{2}\left(1 + \frac{0.1}{\lambda_{f1}} + \frac{0.1\times0.6}{\lambda_{f1}^2}\right)\frac{1}{2} = 0.85$
折减系数	$N_m = \varphi_m\left[1 - \left(1 - \frac{1}{\lambda_{m1}^2\varphi_m^2}\right)\frac{1}{2}\right] = 0.57$	$N_f = \varphi_f\left[1 - \left(1 - \frac{1}{\lambda_{f1}^2\varphi_f^2}\right)\frac{1}{2}\right] = 0.6$
整体稳定强度	$p_{s\_m} = N_m p_{1\_m} = 68.83\text{MPa}$	$p_{s\_f} = N_f p_{1\_f} = 69.14\text{MPa}$
整体稳定抗弯承载力	$M_{rx\_m} = p_{s\_m}\frac{S_{em}}{\gamma_m} = 2.69\text{kN}\cdot\text{m}$	$M_{rx\_f} = p_{s\_f}\frac{S_{ef}}{\gamma_m} = 2.27\text{kN}\cdot\text{m}$
计算系数	$C_{bm} = \frac{I_m + I_f}{I_m} = 1.88$	$C_{bf} = \frac{I_m + I_f}{I_f} = 2.14$
极限弯矩	$M_a = \min(C_{bm}M_{rx\_m}, C_{bf}M_{rx\_f}) = 4.86\text{kN}\cdot\text{m}$	
极限线荷载	$q_a = \frac{8M_a}{l^2} = 5.22\text{kN/m}$	
极限风压	$W_a = \frac{\gamma_m q_a}{d} = 4.59\text{kPa}$	

表 11　计算过程和结果

参数	公立柱	母立柱
强度承载力	$M_{rsx\_m}=p_0\dfrac{Z_{em}}{\gamma_m}=4.72\text{kN}\cdot\text{m}$	$M_{rsx\_f}=p_0\dfrac{k_f Z_{ef}}{\gamma_m}=3.79\text{kN}\cdot\text{m}$
极限弯矩	$M_a=\min(C_{bm}M_{rsx\_m},C_{bf}M_{rsx\_f})=8.11\text{kN}\cdot\text{m}$	
极限线荷载	$q_a=\dfrac{8M_a}{l^2}=8.71\text{kN/m}$	
极限风压	$W_a=\dfrac{\gamma_m q_a}{d}=7.66\text{kPa}$	

表 12　计算过程和结果

参数	公立柱	母立柱
强度承载力	$M_{rsx\_m}=p_0 Z_{em}=5.66\text{kN}\cdot\text{m}$	$M_{rsx\_f}=p_0 Z_{ef}=4.67\text{kN}\cdot\text{m}$
极限弯矩	$M_a=\min(C_{bm}M_{rsx\_m},C_{bf}M_{rsx\_f})=9.99\text{kN}\cdot\text{m}$	
极限线荷载	$q_a=\dfrac{8M_a}{l^2}=10.72\text{kN/m}$	
极限风压	$W_a=\dfrac{\gamma_m q_a}{d}=9.42\text{kPa}$	

3.3　美国规范

参考美国标准《Aluminum design manual》[13]，铝合金型材设计强度为 $F_{cy}=170\text{MPa}$。同时考虑局部稳定和整体稳定的计算过程和计算结果见表 13。

只考虑局部稳定，不考虑整体稳定，由弹性抵抗矩按照纯强度进行承载力计算。计算过程和计算结果见表 14。

整体稳定和局部稳定均不考虑，由弹性抵抗矩按照纯强度进行承载力计算，计算过程和计算结果见表 15。

表 13　计算过程和结果

参数	公立柱	母立柱
材料系数	$\gamma_m=1.65$	
非均匀受弯修正因子	$C_b=1.13$	
单元 A 名义抗弯强度	$F_{c\_ma}=214.02\text{MPa}$	$F_{c\_fa}=209.92\text{MPa}$
单元 B 名义抗弯强度	$F_{b\_mb}=146.1\text{MPa}$	$F_{b\_fb}=153.31\text{MPa}$
临界屈曲弯矩	$M_{cr\_m}=\dfrac{\pi}{l}\sqrt{EI'_m GJ_m}=1.32\text{kN}\cdot\text{m}$	$M_{cr\_f}=\dfrac{\pi}{l}\sqrt{EI'_f GJ_f}=0.74\text{kN}\cdot\text{m}$
绕弱轴回转半径	$r_m=\dfrac{l}{1.2\pi}\sqrt{\dfrac{M_{cr\_m}}{EZ_{em}}}=16.71\text{mm}$	$r_f=\dfrac{l}{1.2\pi}\sqrt{\dfrac{M_{cr\_f}}{EZ_{ef}}}=13.78\text{mm}$
等效长细比	$\lambda_m=\lambda_f=\dfrac{l}{(r_m+r_f)\sqrt{C_b}}=84.23$	
整体稳定抗弯强度	$F_{b\_m}=119.48\text{MPa}$	$F_{b\_f}=119.48\text{MPa}$
抗弯强度	$F_{cm}=\min(F_{c\_ma},F_{b\_mb},F_{b\_m})=119.48\text{MPa}$	$F_{cf}=\min(F_{c\_fa},F_{b\_fb},F_{b\_f})=119.48\text{MPa}$
整体稳定抗弯承载力	$M_{rx\_m}=\dfrac{F_{cm}Z_{em}}{\gamma_m}=2.57\text{kN}\cdot\text{m}$	$M_{rx\_f}=\dfrac{F_{cf}Z_{ef}}{\gamma_m}=2.11\text{kN}\cdot\text{m}$

续表

参数	公立柱	母立柱
计算系数	$C_{bm}=\frac{I_m+I_f}{I_m}=1.88$	$C_{bf}=\frac{I_m+I_f}{I_f}=2.14$
极限弯矩	$M_a=\min(C_{bm}M_{rx\_m},C_{bf}M_{rx\_f})=4.51\text{kN}\cdot\text{m}$	
极限线荷载	$q_a=\frac{8M_a}{l^2}=4.84\text{kN/m}$	
极限风压	$W_a=\frac{\gamma_m q_a}{d}=5.85\text{kPa}$	

表14 计算过程和结果

参数	公立柱	母立柱
抗弯强度	$F_{cm}=\min(F_{c\_ma},F_{b\_mb})=146.1\text{MPa}$	$F_{cf}=\min(F_{c\_fa},F_{b\_fb})=153.31\text{MPa}$
强度承载力	$M_{rsx\_m}=\frac{F_{cm}Z_{em}}{\gamma_m}=3.14\text{kN}\cdot\text{m}$	$M_{rsx\_f}=\frac{F_{cf}Z_{ef}}{\gamma_m}=2.71\text{kN}\cdot\text{m}$
极限弯矩	$M_a=\min(C_{bm}M_{rsx\_m},C_{bf}M_{rsx\_f})=5.8\text{kN}\cdot\text{m}$	
极限线荷载	$q_a=\frac{8M_a}{l^2}=6.23\text{kN/m}$	
极限风压	$W_a=\frac{\gamma_m q_a}{d}=7.53\text{kPa}$	

表15 计算过程和结果

参数	公立柱	母立柱
强度承载力	$M_{rsx\_m}=\frac{F_{cy}Z_{em}}{\gamma_m}=3.65\text{kN}\cdot\text{m}$	$M_{rsx\_f}=\frac{F_{cf}Z_{ef}}{\gamma_m}=3.01\text{kN}\cdot\text{m}$
极限弯矩	$M_a=\min(C_{bm}M_{rsx\_m},C_{bf}M_{rsx\_f})=6.44\text{kN}\cdot\text{m}$	
极限线荷载	$q_a=\frac{8M_a}{l^2}=6.91\text{kN/m}$	
极限风压	$W_a=\frac{\gamma_m q_a}{d}=8.35\text{kPa}$	

将以上计算结果进行汇总见表16。对比三种不同试验结果和中国、英国、美国三种规范的计算结果说明，以往采用各国规范计算的开口型材的弹性失稳弯矩承载力过于保守。虽然也通过把公、母立柱的回转半径相加来考虑相互作用的影响，但从试验结果的分析来看，仍远大于计算结果，试验结果远超过计算临界弹性弯矩值。如果不考虑公、母立柱组合作用，即完全按照单根的开口立柱依据规范进行计算，则承载力将和实验数值差距更远。这也表明单纯使用铝合金结构设计规范来计算单元体的开口型材存在很大的浪费，理论和实际相差较远。究其原因，公、母立柱在变形时，两者之间存在不可忽视的"扶持"效应，正是这个效应使其组合在一起时，承载能力远大于分开考虑然后叠加所得结果。

表16 计算结果汇总

承载能力	纯强度（kPa）	局部稳定（kPa）	局部稳定和整体稳定（kPa）
中国规范	5.45	8.7	9.58
英国规范	4.59	7.66	9.42
美国规范	5.85	7.53	8.35

4 结论

通过试验和采用不同规范对开口截面立柱进行计算分析，得出结论如下：

（1）采用三种不同形式的试验，所得试验结果相差不大；采用中国、英国、美国标准所得计算结果亦相近；但试验结果远大于采用规范所得出的计算结果；

（2）在实际稳定计算分析中，考虑到结构安全性，忽略了一些有利因素，稳定计算所得结果偏于保守；

（3）本文通过从计算分析以及具体试验相结合的方法，对开口截面型材的稳定性分析进行了深入的研究，实际应用中可对现有的计算方法进行修正，以达到了较好地提高开口型材截面使用率的目的；

（4）更为精准的修正方法有待进一步的试验研究和理论分析。

基金项目

北京市自然科学基金重点项目（8131002），江河博士后创新研发基金（JH201302）。

参考文献

[1] 石永久，程 明，王元清．铝合金受弯构件整体稳定性的试验研究[J]．土木工程学报，2007，40(7)：37-43.

[2] 石永久，王元清，程 明，等．铝合金薄腹板梁的抗剪强度分析[J]．工程力学，2010，27(9)：69-73.

[3] 施 刚，罗 翠，王元清，等．铝合金网壳结构中新型铸铝节点受力性能试验研究[J]．建筑结构学报，2012，33(3)：70-79.

[4] 沈祖炎，郭小农．铝合金结构构件的设计公式及其可靠度研究[J]．建筑钢结构进展，2007，9(6)：1-11.

[5] 沈祖炎，郭小农．对称截面铝合金挤压型材压杆的稳定系数[J]．建筑结构学报，2001，22(4)：31-36.

[6] 郭小农，沈祖炎，李元齐，等．铝合金轴心受压构件理论和试验研究[J]．建筑结构学报，2007，28(6)：118-128.

[7] Zhu J H，Young B. Design of aluminum alloy flexural members using direct strength method[J]. Journal of Structural Engineering，2009，135(5)：558-566.

[8] Zhu J H，Young B. Numerical investigation and design of aluminum alloy circular hollow section columns[J]. Thin-Walled Structures，2008，46(12)：1437-1449.

[9] Moen L，Matteis G，Hopperstad O，et al. Rotational capacity of aluminum beams under moment gradient. II：Numerical simulations[J]. Journal of Structural Engineering，1999，125(8)：921-929.

[10] Matteis G，Moen L，Langseth M，et al. Cross-sectional classification for aluminum beams-parametric study[J]. Journal of Structural Engineering，2001，127(3)：271-279.

[11] GB 50429—2007 铝合金结构设计规范[S].

[12] BS 8118：part 1：1991 Structural use of aluminium[S].

[13] Aluminum design manual 2010[S].

玻璃幕墙的起源与发展

刘长龙
江苏合发集团有限责任公司

摘　要　本文介绍了玻璃幕墙在世界发展的进程，对玻璃制造技术的发展及建筑上玻璃应用的历史作了阐述，同时对不同类型玻璃幕墙形式在世界上及国内的产生、技术演变与推进的过程也进行了描述。

关键词　玻璃幕墙；幕墙起源；幕墙发展

建筑是文化与实用需求的有效结合，这种需求要求把不同建筑材料以某种形式组合起来。在二十世纪上半叶，玻璃在其发展的最高水平阶段显示出了其存在的重要意义，其大量而且广泛地应用到建筑工程领域，催生了玻璃幕墙的产生。玻璃幕墙的产生与发展，是适应人类实用需求的产物，从而带动了建筑科技与技术的进步，导致了建筑材料的飞跃发展。

在阐述玻璃幕墙的起源与发展前，首先应明确建筑幕墙与玻璃幕墙的概念，依据《建筑幕墙》（GB/T21086－2007）的定义，建筑幕墙是由面板与支承结构体系（支承装置与支承结构）组成的、可相对主体结构有一定位移能力或自身有一定变形能力、不承担主体结构所受作用的建筑外维护墙。玻璃幕墙为面板材料是玻璃的建筑幕墙。由此，必须具备以下特征才能称之为玻璃幕墙：

（1）具有玻璃面板和支承玻璃面板的结构体系（支承装置与支承结构）；

（2）相对于主体结构有一定位移能力或自身有一定变形能力；

（3）不承担主体结构所受作用。

1　玻璃幕墙的起源与发展

玻璃幕墙的发展是随着建筑工程技术的不断发展和进步而产生的，最主要的原因是高层建筑技术的发展和人民对生活的美好追求。玻璃制造技术的不断进步，促进了建筑玻璃向前发展并形成了多个发展的重要时期，这些重要时期以玻璃制造技术的巨大进步和伟大建筑的出现为代表。

玻璃幕墙的发展路径与轨迹为：人类活动早期住宅的窗、哥特式教堂建筑时期及其后继时期、植物花园温室及商业街廊、工业建筑的启蒙式应用、办公及写字楼大面积的普及。

点支式玻璃幕墙的发展是随着玻璃生产与加工工艺不断提高与改善和建筑玻璃与玻璃结构的发展与进步而产生的。它的发展路径与轨迹为：全玻璃橱窗、落地式玻璃肋全玻璃幕墙、点支式玻璃幕墙、索结构幕墙等各种新型点支式玻璃幕墙形式。

玻璃幕墙最早起源于美国，点支式玻璃幕墙最早起源于欧洲。

2　玻璃起源及制造技术发展阶段

在人类懂得建筑之后的几千年里，不得不努力满足互相矛盾的两个建筑需求：一方面为了满足遮风挡雨、免受侵袭、提供私人空间的要求，要建造密封式的建筑；而另一方面，为了照明以及满足视觉上要求，要把光线引入室内。如今人们对建筑的需求及自有的沟通欲望在这里汇合了，玻璃以其独特的方式融入到建筑历史当中并且形成了自己的历史。

2.1　玻璃起源

迄今为止，我们仍然无法确定世界上第一块玻璃发明的具体时间和地点。一般认为，玻璃诞生于大约5000年前的美索不达米亚平原，随后经过阿拉伯传播到了世界各地。

公元前5世纪，在美索不达米亚（Mesopotamia）地区（对幼发拉底河和底格里斯河两河流域的称谓，意为两条河之间的地方，大体位于现今的伊拉克），已经可以找到玻璃存在的证据。公元前4世纪，在埃及法老陵墓打开时发现了公元前3500年前左右的绿莹莹的玻璃念珠，这标志着玻璃制造技术的开端。到公元前1500年，压制和模制的玻璃器皿在埃及已经相当普遍，并且玻璃制造技术已经传播到现代威尼斯和奥地利的霍尔。

2.2　玻璃制造技术发展阶段

2.2.1　早期阶段

叙利亚人对玻璃制造技术发展的影响不能被低估。早在公元前200年左右，西顿（Sidon）的叙利亚工匠们发明了用铁管吹制玻璃的技术，使生产各种不同形状的薄壁容器成为可能，这就是玻璃制造技术早期发展阶段——吹制技术（图1）：玻璃吹制工在长度为1.5m左右的空心铁棒杆子未端蘸取玻璃液，然后把它吹成一个薄壁容器。相较于之前的铸制拉延法，玻璃在厚度、透光上都有显著的进步。

公元8世纪，叙利亚的旋转制盘术被证明对北方玻璃制造业的发展起过极其重要的作用。在公元1000年左右，威尼斯人已经会用旋转法制作厚薄不均的平板玻璃，北欧的制作者们将吹制法和旋转法这两种技术完美的加以统一，建立了相当规模的玻璃工业，这一创造迎来了哥特式建筑时代。

图1　玻璃吹制技术

2.2.2　工业化时期

十九世纪，在工业化时期的欧洲，玻璃生产在所有领域都取得了重要进步：

（1）1839年钱斯（Chance）兄弟成功改进了吹制圆柱玻璃的切割、打磨和抛光，同时改进了表面抛光工艺，降低了玻璃断裂度，提高了生产效率，才能在1850～1851年短短几个月为英国水晶宫（Crystal Palace）的建造提供大量平板玻璃；

（2）1856年弗雷德里克·西门子（Friedrich Siemens）改进了熔炉专利，使操作流程更加合理及燃料减半，玻璃价格大幅下降；

（3）19世纪末20世纪初，美国约翰·H·吕贝尔斯（John·H·Lubbers）研究出一种机械工艺，将吹制和拉延两种方法结合起来，能生产出12m长、直径800mm的玻璃。

2.2.3　二十世纪

1902年埃米尔·弗克（Emile Fourcault）成功发明了将玻璃熔融物直接拉延的工艺（垂直法），出现了机器生产光亮的玻璃板；

1906年利比·欧文斯（Libbey Owens）发明了水平法玻璃生产工艺：缓慢地用一个抛光的镍合金辊轴把玻璃熔液牵引成一个水平的平面，在一个60米长的冷却槽内冷却至手能触及的温度，然后按尺寸切割。这为拉伸法浮法玻璃的生产提供了重要的理论和实践基础。

玻璃在建筑中得到大量的应用，与20世纪中叶两个基本前提有密切关系：

前提一：法国圣戈班（Saint－Gobain）公司利用爱德华·贝内迪克特斯（Edward Benediktys）于1909年获得的专利制造夹胶玻璃；以及从1929年就开始实践的，利用预压玻璃方法形成坚韧的安全玻璃。

前提二：1955年阿拉斯泰尔·皮尔金顿（Alastair Pikington）爵士发明了浮法工艺：利用熔融玻璃液漂浮在锡液表面上形成平整的玻璃板。这种方法对制造优质大规格玻璃是革命性的。

3 玻璃应用建筑的重要发展阶段

考古发现，在罗马时代的庞培（Pompei）和赫库兰尼姆（Herculaneum）两地的别墅和公共浴室，首次将玻璃应用到建筑的围护结构中。这些玻璃面板有些无框，有些放置在钢框或木框里，规格大致为300mm×500mm，厚度在30～60mm之间。这些窗户用玻璃面板采用铸制拉延法生产：将黏稠的玻璃液先泼到装有沙子的框架桌面上，然后用铁钩拉延伸展。

3.1 哥特式建筑时期

北欧哥特式建筑时期是第一个真正意义上的玻璃建筑时代，最明显的建筑风格就是高耸入云的尖顶及窗户上巨大斑斓的玻璃画，基督大教堂是哥特式建筑的代表（图2）。哥特式建筑都具有较为统一的基本特征：石头框架、扶壁、拱顶和彩色玻璃。在哥特式建筑中，石头框架只存在压力，材料受拉情况很少出现；拱顶和扶壁带给人们对于环形空间的全新感受；巨大的玻璃窗子全是装配而成的，小块的玻璃靠金属制成的框格将他们组合在一起，形成一面彩色玻璃墙。阳光透过窗户的彩色玻璃射入屋内，显得神圣而美丽，玻璃窗成为内部与外部、上帝与人的过滤器。花窗玻璃造就了教堂内部神秘灿烂的景象，从而改变了建筑因采光不足而沉闷压抑的感觉，并表达了人们向往天国的内心理想（图3）。

图2　哥特式建筑——米兰大教堂

图3　花窗玻璃

3.2 巴洛克式建筑时期

巴洛克式建筑所关注的是空间的韵律和生动的画面并可将其扩展至无限，光在这方面起了一个十分特殊的作用（图 4）。透过宽敞的窗户和门的开口进入的明亮太阳光取代了哥特式教堂内分散的神秘光源（图 5），光不但产生空间，还成为取消空间界限的手段。空间失去了它的物质特征：取消了空间的限制，用于分隔内部与外部厚重墙壁消失在背景中，墙壁变成了大的连续的金属框架，使建筑物与自然、内部与外部融为一体。这些结果表明巴洛克式建筑将会获得越来越重大的意义，开放式建筑日益增加的趋势会导致对玻璃的巨大需求必然会促进玻璃制造技术的进步。

图 4　巴洛克建筑——圣卡罗大教堂

图 5　宽敞的窗户

值得特别说明的是，在英国都铎建筑时期，建筑师罗伯特·史密斯松设计的哈德维克办公厅（图 6）和沃克索普宅邸建筑（图 7），是首个“玻璃比墙还多的建筑”。建筑立面上布置了比率极高的窗子，主立面大部分都是巨大的玻璃窗组成，巨大的玻璃窗被轻便的石头窗棂分成若干块。玻璃窗外形既有平面的也有曲面的，而且大部分玻璃窗并没有可见的支撑构件。

图 6　哈德维克办公厅

图 7　沃克索普宅邸

3.3 温室建筑时期

温室建筑的发展从16世纪末延续到19世纪中叶，在建筑发展的历史中占据着重要地位，它没有任何希腊式建筑或者哥特式建筑的痕迹。劳顿（Lawton）在1832年出版的《村舍、农庄和别墅建筑百科全书》对温室建筑设计原理的关键内容作了如下描述：温室上除了普通的熟铁窗格条以外，没有任何其他的主、次梁来加固屋顶，在安装玻璃以前，一丝微风都会整个结构从头到脚的晃动起来，一旦装上了玻璃，整个建筑就会变得足够坚固了。由此看出，看似易碎的透明玻璃面板实际上重要的受力原件，它加强了整个结构的刚度和稳定性。

在建筑发展历史中，由约瑟夫·帕克斯顿设计、于1851年建于伦敦海德公园的博览会建筑——英国水晶宫（Cystal Palace）占据了中心地位，显示了建筑形式和风格上的超前思想（图8）。

图8　英国水晶宫

3.4 工（商）业建筑的启蒙式应用

从19世纪中期开始，商业街廊逐渐流行起来：它并不具有玻璃屋顶的建筑内部，实际上是有遮蔽的内部街道，沿着街道两边是真正建筑的商业门面。玻璃和钢铁的绝妙组合而成的玻璃屋顶可以保护人们免受风雨的侵袭。由朱塞佩·门戈尼（Giuseppe Mengoni）于1861年设计、修建于1865～1877年之间的维多利奥·玛努埃莱二世街廊（Vittorio Emanuele Ⅱ）是现代密封玻璃购物中心的先祖（图9），它采用19世纪流行的商场设计，顶部覆盖着拱形的玻璃和铸铁屋顶，两条玻璃拱顶的走廊交汇于中部的八角形空间。

图9　维多利奥·玛努埃莱二世街廊

工业革命期间，钢铁作为建筑材料的出现以及铁框架的发明为建筑物的外观设计开创了一个全新的天地。在这期间，建筑外墙大大降低了其承重功能，框架结构能将楼板承受的荷载直接传递给梁柱，使进一步开放外墙构造成为可能，直至最后仅用玻璃围护结构悬挂在框架结构外面，作为建筑物内部与外部的分界。1848年工程师詹姆斯·博加德斯（James Bogardus）用预制的柱子和铸铁制造的窗格取代了五层楼的工厂的砖石建筑外墙，这种预制的系统为建筑外墙设计开创了一个新的领域。

科学研究发现空气、阳光对身心健康有积极影响，将它应用于工厂建筑，有助于提高生产力，这一理论大大促进了全玻璃建筑物出现在工业建筑的正立面。1903～1911年，在德国Giengen的玛格丽特·斯蒂夫股份有限公司工厂东部的建筑正立面（图10），由延展到有三层楼高的半透明玻璃板构成。

1911年，沃尔特·格罗皮厄斯（Walter Gropius）在德国莱内河畔艾尔弗雷德的一座工业建筑德国法古斯鞋楦厂部采用了一片玻璃墙（图11），它采用了薄而透明的玻璃材料，突出于砖砌的梁柱表面，没有任何承重功能。

图10 斯蒂夫工厂

图11 法古斯鞋楦厂

4 玻璃幕墙的出现与发展

被国际公认的最早应用玻璃幕墙的建筑是由威利斯·杰斐逊·波尔克（Willis Jefferson Polk）设计、于1918年建成的美国旧金山哈里德（Hallidie）大楼（图12），它采用钢筋混凝土结构，玻璃幕墙挂在伸出外墙轴线3英尺的悬臂水泥板上，它具备了现代建筑幕墙的所有特征：具有玻璃面板和支承玻璃面板的结构体系、相对于主体结构有一定变形能力、不承

图12 哈里德（Hallidie）大楼

担主体结构所受作用。

在20世纪50年代，由于高层建筑的发展，玻璃幕墙作为外维护结构在美国得到了长足的发展。由彼德罗·贝鲁奇（Pietro Belluschi）设计、于1947年建成的美国波特兰市的公平储贷大厦（The Equitable Building）是世界上第一个采用玻璃幕墙的高层建筑（图13）。由SOM公司设计、于1952年建成的美国纽约利弗大厦（The Lever Building）是世界第一个最具完整意义采用玻璃幕墙的高层建筑（图14）：（1）玻璃和不锈钢框架安装在建筑物的正立面；（2）与主体结构脱开，悬挂在主体结构上。

图13　公平储贷大厦　　图14　利弗大厦

5　玻璃幕墙发展史上的历史人物

作为二十世纪中期世界上最著名的四位现代建筑大师之一，密斯·凡德罗（Mies van der rohe）和沃尔特·格罗庇乌斯（Walter Gropius）对世界建筑幕墙的发展作出了巨大的贡献。

密斯·凡德罗坚持“少就是多”的建筑设计哲学（图15），它的贡献在于通过对钢框架结构和玻璃在建筑中应用的探索，影响了全世界。其早在1919年就完整的提出玻璃幕墙摩天大楼建筑方案（图16），开创了人类用玻璃作幕墙的先例。全球第一栋高层玻璃帷幕大楼西格兰姆大楼便是出自密斯·凡德罗之手（图17）。

密斯·凡德罗被誉为钢铁和玻璃建筑结构之父和玻璃幕墙的缔造者。

图15　密斯·凡德罗

图16　摩天大楼建筑模型

图17　西格兰姆大楼

沃尔特·格罗庇乌斯崇尚混凝土、钢铁和玻璃简约建筑风格（图 18），是现代主义建筑学派的倡导人之一，他令 20 世纪的建筑设计挣脱了 19 世纪各种主义和流派的束缚，开始遵从科学的进步与民众的要求，并实现了大规模的工业化生产。其于 1911 完成的法古斯鞋楦厂，不但开创了现代主义建筑显赫，同时具有鲜明的现代建筑幕墙特点，被誉为玻璃幕墙的开创者。"萨克森—安哈尔特州德绍包豪斯建筑（图 19）"，它建于 1925～1926 年，主张并倡导"机械化大量生产建筑构件和预制装配"的建筑方法。

图 18　沃尔特·格罗庇乌斯

图 19　包豪斯建筑

6　点支式玻璃幕墙发展简史

6.1　理论初现

20 世纪 50 年代期间，德国著名的科学家奥托·哈恩（Otto Hahn）研究出一种将玻璃悬挂起来的形式，避免玻璃由于自重产生过大的变形，历史上称呼其为"哈恩玻璃悬挂系统"。1956 年他为戴姆勒股份有限公司在维也纳的汽车展览室提出了类似的设计方案，然而由于种种原因没有实现。

1964 年，建筑师亨利·伯纳德（Henri Bemard）设计并建造完成的巴黎广播大楼，约 4 米高的玻璃面板由黏结在后面的玻璃肋支撑，具有较强的抗弯能力。安装在铰接轴承上的夹

图 20　奥托·哈恩

图 21　巴黎广播大楼

具夹住玻璃，确保荷载由独立的悬挂点分担。这是世界上第一个吊挂式玻璃幕墙，也是点支式玻璃幕墙萌芽的开始。

6.2 玻璃与金属连接构造技术进程

点支式玻璃幕墙，最重要的是要解决玻璃与金属连接的构造问题。到今天，玻璃与金属连接构造经历了六种连接形式：

（1）第一种：标准螺栓式（图22）

①玻璃的重量全部由玻璃开孔的周边来承受；②不允许玻璃与主体结构存在任何位移。

（2）第二种：连接夹板式（图23）

①玻璃的重量由玻璃与夹板间的黏结物及其摩擦力承受；②不允许玻璃与主体结构存在任何位移。

（3）第三种：沉头螺栓式（图24）

①玻璃的重量和荷载由沉头孔周围区域承受；②不允许玻璃有位移，对玻璃钻孔精度要求较高。

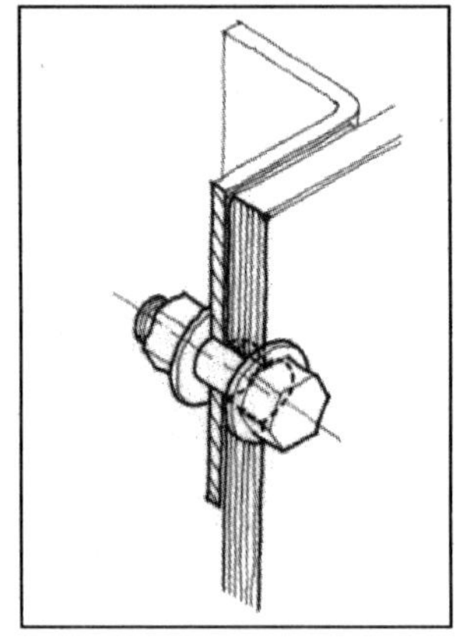

图22 标准螺栓式

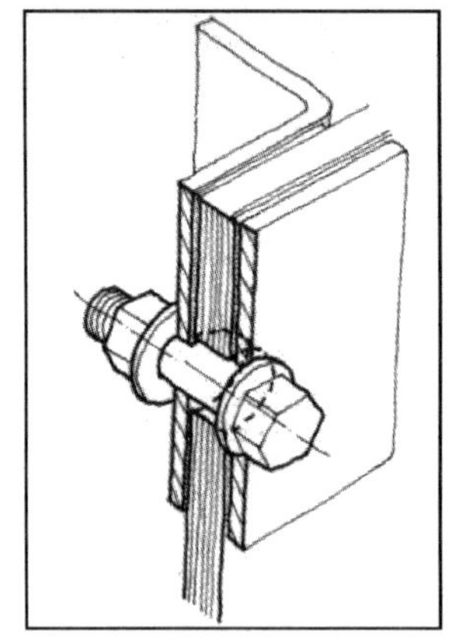

图23 连接夹板式

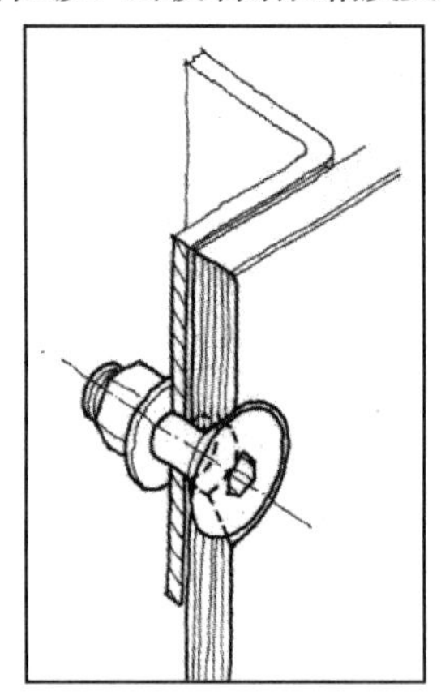

图24 沉头螺栓式

（4）第四种：栓板组合式（图25）

①玻璃的重量由柱栓承受，其他荷载由沉头孔周围承受；②为了获得所需位移，可以将该构件与铰接装置耦合在一起。

（5）第五种：皮尔金顿平式体系（图26）

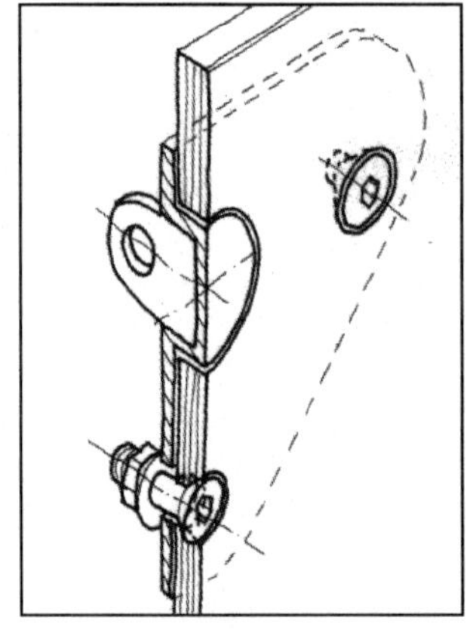

图25 栓板组合式

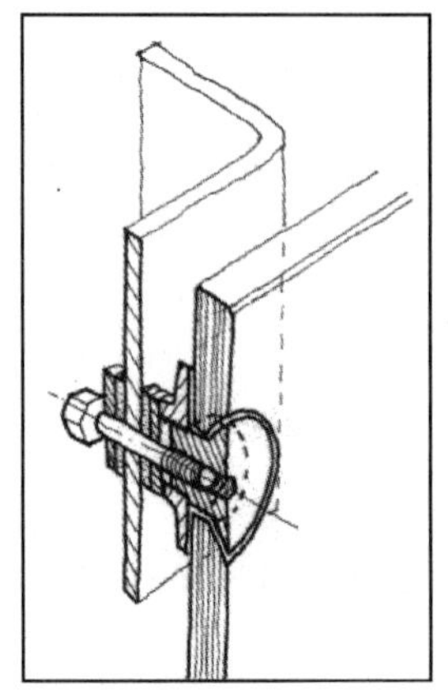

图26 皮尔金顿平式体系

①支撑点连接部位采用柔性垫圈，允许支撑点与结构有一定的相对位移；②使弯曲玻璃和螺栓可以平移。

（6）第六种：铰接螺栓式（图 27）

这是目前点支式玻璃幕墙中广泛采用的球铰连接方式，与前五种连接方式比起来具有革命式的进步，它解决了玻璃不承受弯曲荷载和扭曲荷载的问题。

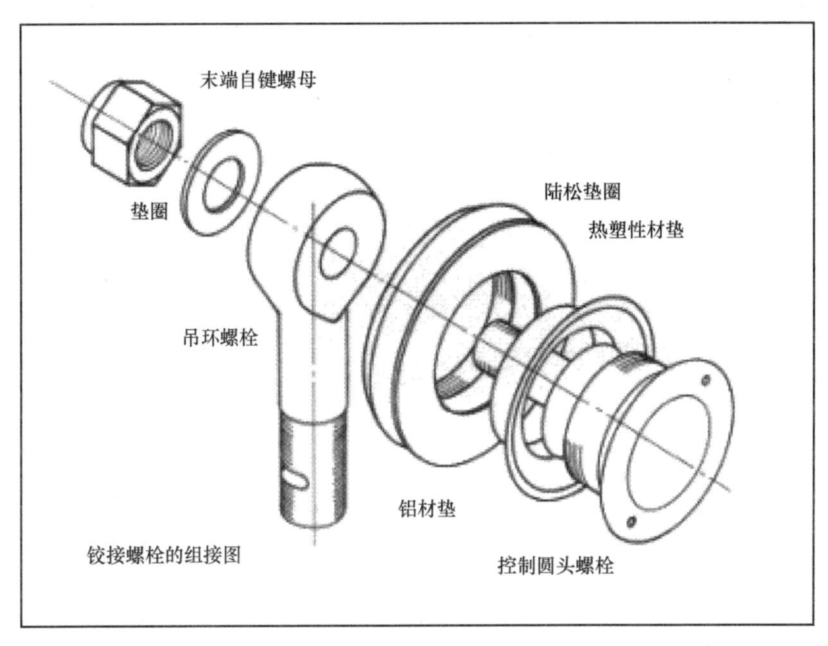

图 27　铰接螺栓式

6.3　理论及支撑体系技术进程

吊挂式玻璃幕墙在 1971～1975 年经历了进一步发展，建筑师诺曼·福斯特（Norman Foster）与玻璃制造商皮尔金顿合作，1975 年在英国伊普斯威奇（Ipswich）建成的威利斯·费伯·杜马斯大楼（Willis Faber & Dumas）如图 28 所示，采用了半肋夹板连接的方式，三层楼高的玻璃面板从屋面顶部一直悬垂下来，玻璃肋悬挂于每层楼板，在每层楼中部连接，支撑玻璃面板，承受风荷载，已经具备了现代点支式玻璃幕墙的雏形。

图 28　威利斯·费伯·杜马斯大楼

半肋夹板连接采用了栓板组合式，对折线组成的连续玻璃表面也进行了特殊的构造处理，这在吊挂式玻璃幕墙玻璃与金属的连接构造上是一个不小的进步（图29）。

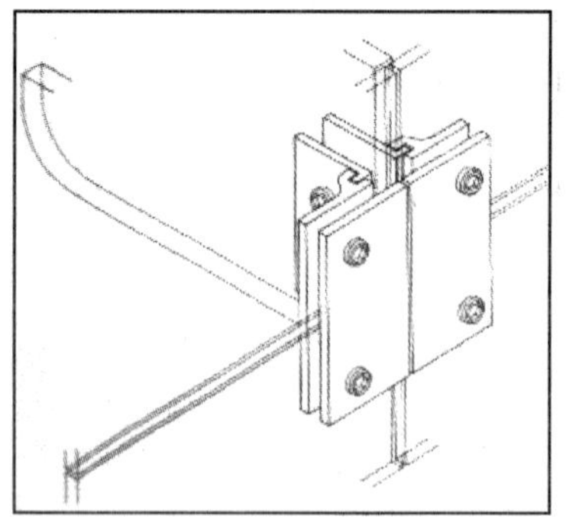
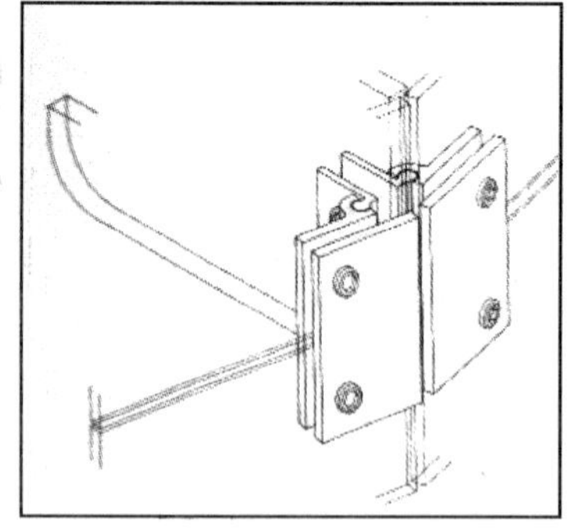

图29 吊挂式构造节点

建筑师诺曼·福斯特（Norman Foster）与玻璃制造商皮尔金顿合作再次合作，于1982年在英国斯温登雷诺中心（Swindon Renault Center）首次将金属件嵌固在玻璃面内——即皮尔金顿平式体系。

图30 诺曼·福斯特

图31 英国斯温登雷诺中心

图32 皮尔金顿平式体系应用

单层玻璃不是悬挂而是通过螺栓连接在支撑的钢梁柱上，连接采用的皮尔金顿平式体系驳接构造，在点支式玻璃幕墙的发展过程中具有里程碑式的重要意义。可以说是世界上第一点支式玻璃幕墙工程，比我国第一个点支式玻璃幕墙提前了13年。

建筑师阿德里安（Adrien Fainsiber）于1980～1986年完成设计，并于1986年在法国拉维莱特建造的城市科学博物馆（图33），是世界上第一个完整意义的点支式幕墙，也是世

图33 法国拉维莱特建造的城市科学博物馆

界上第一个索结构点支式玻璃幕墙。

采用索桁架结构支撑体系，开创了索结构体系应用于玻璃幕墙的先河。玻璃起到了一定的结构作用，因为索结构支撑体系与其连接后，获得了自身的稳定性。

玻璃采用12mm单片玻璃，每块约2平方米左右，悬挂在顶部结构预应力弹簧结构上。在玻璃与连接中首次完整、系统的设计并使用了万向球铰，其构造原理一直沿用到今天。

法国拉维莱特城市科学博物馆比我国第一个索结构支撑体系的玻璃幕墙提前了14年。

7 我国玻璃幕墙的发展

改革开放以后，随着与国外交流的日益频繁，国外一些先进的建筑科技和技术逐渐被引入国内，建筑幕墙技术经过国内的消化、理解和吸收，在我国得到了长足的发展。目前，无论从幕墙规模还是产量，我国正从幕墙大国向幕墙强国迈进。

1981年，广州广交会展馆落成。在广交会展馆正立面出现了国内第一片玻璃幕墙工程，具备了现代玻璃幕墙的特征，可以作为我国玻璃幕墙时代的开始（如图34所示）。

图34 广州广交会展馆

北京长城饭店是我国首家中外合资五星级饭店，由美国培盖特建筑设计事务所设计，北京市第六建筑工程公司施工总承包，于1981年3月10日开工，1984年6月20日建成投入使用。是我国真正具有代表意义的玻璃幕墙工程，单元式明框玻璃幕墙，全部从国外进口（如图35所示）。

北京长城饭店是目前国内行业公认的我国最早的应用玻璃幕墙的建筑，但从时间上来看，它比广州广交会展馆投入使用时间要晚。

图35 北京长城饭店

1995年，由珠海晶艺玻璃工程有限公司设计并施工完成的建成深圳康佳展厅柱驳接点式玻璃幕墙，是我国第一个点支式玻璃幕墙工程（如图36所示）。

1998年建成的、由法国夏邦杰建筑事务所设计的上海大剧院，是我国第一个索结构点支式玻璃幕墙工程，受当时幕墙技术条件限制，其设计和施工均由国外人承担（如图37所示）。

图 36　深圳康佳展厅

图 37　上海大剧院

由哈尔滨工业大学建筑设计研究院 、黑龙江省建筑设计研究院设计的哈尔滨国际体育会展中心于 2000 年建成，是我国第一个单层索网点支式玻璃幕墙工程，幕墙面积约 8000 平方米，深圳三鑫特种玻璃技术股份有限公司承担了索结构部分的设计与施工（如图 38 所示）。

图 38　哈尔滨国际体育会展中心

作为点式玻璃幕墙技术含量较高的单层索网幕墙的出现，迅速得到建筑师的青睐，在北京保利大厦、重庆机场 T2A 航站楼、昆明新机场中得到了广泛的应用。目前，由本文作者主持设计，由江河创建、深圳三鑫施工的，全球最大体量的单层索网幕墙工程（单索幕墙面积约 76000 平方米）——重庆江北国际机场东航站区新建 T3A 航站楼正在紧张的施工当中，预计 2016 年 6 月投入使用。

8　结束语

受学识、阅历及知识水平所限，本文中有些内容可能存在错误或与有些资料存在出入，欢迎业内专家、领导提出修改意见，以便进一步调整与修改。

参考文献

（德）克里斯蒂安·史蒂西. 玻璃结构手册 [M]. 大连：大连理工大学出版社，2004.

（英）米歇尔·维金顿. 建筑玻璃 [M]. 北京：机械工业出版社，2002.

（爱）彼得·赖斯，（英）休·达顿. 索结构玻璃幕墙 [M]. 大连：大连理工大学出版社，2006.

BIM 技术在幕墙工业化中的应用

刘晓烽　闭思廉
深圳中航幕墙工程有限公司　深圳　518109

摘　要　随着建筑工业化进程的推进，幕墙行业的工业化进程也开始加速。本文通过对未来幕墙生产需求方面的分析入手，探讨 BIM 技术在幕墙生产环节的作用和其对幕墙工业化推进的重要意义。

关键词　BIM；幕墙工业化；共线生产；数字仿真

1　引言

长久以来，幕墙行业与工业化之间一直存在不小的距离。即便是在“建筑工业化”口号响起的今天，仍然有人质疑幕墙工业化的道路到底能不能走通。很多人在心底有一个疑问，幕墙产品的生产附加价值很低，工业化生产的价值在哪里?

这个问题还真不好回答。以我们现在的幕墙建造模式来看，工厂化的生产与现场加工相比，无论从生产效率、生产成本上讲都没有明显的优势。这就是残酷的现实。不过，传统的幕墙建造模式就要走到头了。建筑工业化已是大势所趋，上有政府大力引导，下有地产商积极尝试，建筑工业化进程已经进入了快车道。所以幕墙企业首先要面对会不会掉队、能不能生存的问题。至于工业化生产的价值，看看汽车工业就知道了。

2　BIM 技术与幕墙工业化的关系

曾几何时，我们对欧洲的门窗标准化工作赞不绝口，觉得这是工业化的基础和前提条件。也曾为建筑幕墙的个性化太过突出而伤过脑筋，总觉得幕墙的工业化难度太大，遥不可及。但现在，工业 4.0 的概念倒是提供了一个新思路：利用信息技术和智能化生产，就正好能够契合幕墙产品个性化生产的需求。

传统的幕墙生产在面对个性化市场需求的情况下一直是比较被动的。由于建筑设计的个性化需求，几乎每个项目的幕墙都不一样。这就造成一方面企业要以大量的人力资源去应付设计、生产、施工技术问题，另一方面却不能像工业产品那样通过反复试制样机来改进和消除技术缺陷，很难再进一步地提高效率和质量。很早就有人期望通过标准化产品来解决问题，但在个性化市场需求的面前，这些尝试也都没有达到理想的效果。但 BIM 技术出现后，这扇大门就打开了。

“BIM”技术的前身叫“虚拟建筑”，实际上是一个用于建筑三维建模的设计工具。后来以这个数字模型为载体，使其携带更多信息后就成为了“建筑信息模型”。此时的三维模型成为了贯穿项目的设计、建造及运营管理全过程信息流的载体，使得不同专业之间的数据共享变得更加容易和简单。

就幕墙生产环节而言，“BIM”技术搭建起了“个性化”与“标准化”之间沟通的桥梁。利用“参数化设计”的方法，从原理上已经解决了“个性化的建筑外观”与“标准化幕墙构件”之间的矛盾。事实上诸如“上海中心”、“凤凰传媒”、“凌空SOHO”等一系列立面造型异常复杂的项目，无一不是利用BIM技术来解决大量异型零件的生产问题。利用BIM模型和二次开发的专用软件自动生成幕墙生产所需的加工图及相关工艺文件，甚至还可以链接到CAM软件形成自动化设备的加工数据，直接用于生产加工。

当然，这只是生产方面一个最基础的应用。事实上以三维模型为载体的信息流也很适合与工厂生产管理无缝链接在一起，有效地解决了因幕墙施工不确定性因素太多造成生产环节持续性差、生产节奏不稳定的问题；而利用三维模型与相关仿真软件结合，可以很容易地实现“数字化样机”的制作，有效地规避产品设计和制造环节的缺陷。使用于建筑的幕墙产品可以和工业产品一样具备可靠的性能和稳定的质量。

另外，BIM技术也在开始促进幕墙标准化工作的开展和推进。以前，铝合金型材开模的成本很低，所以很多企业开模比较随意，并没有有意识地去做标准化工作，所以就造成了标准化程度低下的行业现状。但在BIM建模过程中，建立标准化的“族库”是其一项必要的基础工作，所以就会促使企业逐步重视标准化“族库”的积累。由于包含“族库”的BIM模型为项目建设的相关方共享，所以“族库”的意义就不只是为了BIM建模方便，同时也对企业建立形成自身技术风格和特点的品牌创造了条件。因此，也促进了企业在产品开发过程中更注重标准化工作的推进和企业级技术平台的建设。而随着BIM技术的广泛应用、数据共享程度越来越高，幕墙专业相关的“模型”及“族库”等具体内容也迫切需要建立统一的标准和规则，这对幕墙行业而言，无疑是使标准化推进工作再上一个台阶的绝好机会。

3 BIM技术在幕墙工业化生产中的应用

工业化生产追求的核心就是效率和质量两大要点。在这个中心思想的指导下，标志化的动作就是自动化和流水线。幕墙产品的生产环节比较特殊，因为其一直不是幕墙施工过程中的短板，所以从来也没有像其他工业生产那样把效率和质量放到至高无上的位置上。因此，我们看到自动化生产在幕墙行业中的应用程度是很低的。流水线倒是在用，但运行效率低下，也没比作坊式的加工强到哪儿去。究其原因，无外乎两点：一是幕墙产品的种类繁多，而每种规格的批量又很小，通常的自动化设备并不适用。另外品种一多，流水线的针对性就差，效率自然就低了；二是幕墙的施工过程影响因素很多，常常是计划没有变化快，生产流水线的生产节奏经常被打断。在这些问题面前，生产效率的问题根本就不算什么。

BIM技术在建筑项目的建设过程中最大的优势是强化了建设相关方的协作，并通过虚拟建造验证的手段消除了很多建造过程的未知风险，使计划贴近实际、实际符合计划。在这种情况下，幕墙行业受益颇多。最起码可以解决工厂生产的均衡性问题，使我们有机会去关注“效率”和“质量”这两个本应该非常重要的问题。

当然，BIM技术如果只有这点作用就不用写这篇文章了。那么，BIM技术在幕墙产品的工业化生产中又能干点什么呢？

3.1 BIM技术对幕墙生产效率的提升

开始接触到幕墙生产线的时候就觉得非常奇怪，明显感觉是形似而实不至。无论是工序设计、工位布置还是工装设备的使用都很随意，与正规机械行业的工厂化生产相差很远！但时间长了就发现幕墙生产有特殊情况。以单元式幕墙板块的生产需求为例，一般一条线的日生产量设定在50块左右。这是因为现场的施工安装速度也大致是这个范围，工厂做的太多了也没用，占用资金还占用地方。

如果仔细计算一下这种生产配置条件下的效益，就会发现其单位生产面积创造的产值实际上是特别的低。想想看，随便一条单元式幕墙板块的生产线至少110m长，20m宽，加上辅助面积总共需要3000m^2以上，但一天的产值只有2万～3万。如果不考虑土地的升值因素，幕墙加工厂根本就没有投资价值。所以要想可持续发展，那就必须大幅度提高幕墙生产效率。

幕墙产品加工生产的自动化程度还很低，因此存在很大的改进空间。但其生产却受到项目施工速度的限制，也必须要保证合拍。考虑到这种行业特点，幕墙的加工生产就必须走柔性生产的路子，简单地说就是不同项目的共线生产。在一条生产线中，按照一定的时间间隔，生产不同项目的单元板块。在满足项目供应的情况下，最大幅度地降低生产资源的投入。

对于幕墙产品来说，不同项目的共线生产难度在于两个方面，一是不同项目材料多不通用，材料组织困难；另外一个是不同项目的板块尺寸、工艺方法可能差异较大，造成工位间距离差异较大，甚至工位的数量都不相同。这对生产线的快速调整带来困难。

BIM技术中对幕墙加工生产最直接的帮助是“信息流”对生产组织的引领。项目部的生产指令相当于订单，在对应的BIM模型中，可以统计出需要生产的板块型号、规格、数量以及供货时间。这些数据导入工艺设计系统中，生成相关的工艺文件。与传统做法不同的是，在工艺设计文件中，核心的内容仍然是载有信息的三维数字模型。这样在接下来的生产过程中，载有信息的数字模型便发挥了“信息流”的作用：

在生产计划和调度方面，可以利用三维数字模型精确统计所需的材料以及材料的供应时间需求，有效减少材料的周转时间，降低单个项目的材料仓储需求；可以通过三维数字模型所携带的加工信息来统计所需的生产设备种类及数量，以便组织和布置均衡的流水生产；此外，还可以通过三维数字模型所携带的位置信息规划高效率的制成品的智能仓储及物流方案，以提高场地利用效率，解决产量提高后辅助区域不足的问题；

在零件方面方面，可以利用三维数字模型所携带的信息解决不同板块分解零件的柔性生产的问题。结合二维码标签，还可以将一个单元板块组装所需的零件分拣到一起，以提高后续组装工作的效率；

在板块组装方面，三维数字模型所携带的信息解决每个工位的工艺文件管理问题。可以由模型信息触发，提示每个工位应选择的工装设备、工作内容、工作标准等，使得产品更换时操作人员可以快速适应，从而实现组装线柔性生产的可能；

除此之外，BIM技术对幕墙加工生产还有一个间接帮助。前面提到，BIM技术有利于幕墙标准化工作的推进。而标准化则是自动化生产的前提。虽然幕墙产品个性化的特点很强，但一些关键的要素是可以标准化的。比如对于加工生产而言，标准化的要素就包括标准的加工方法、工艺及工装要求、检验的标准及检验方法等内容。所以当生产遵循这些要素的幕墙产品时，就可以使用针对性的自动化设备和工艺装备，从而有机会使生产效率大幅提升。

在常规的单元板块生产中，相较于加工，组装工作所花费的时间更多，自动化生产的价值也更大。比较麻烦的是不同产品共线生产时，生产线中的工位及其负责的内容有可能不同。但对整个单元板块组装过程分解后发现，组框和打胶这两个工位相对固定，耗时也较多。所以这两处的自动化改造价值就比较高，可以以传送带和机器人构成无人化的作业站。中间的工位仍可采用以人工为主辅以机器人的方式，设计成带有缓冲作业点的弹性连接段，可以按照具体生产内容的不同进行增减配置。根据这种思路，幕墙单元板块的柔性生产在硬件布置上是完全可能的。当然，要维系这条柔性生产线的持续运行，还要解决众多零件的管理、分拣、配送等问题，又要涉及大量的信息传输和处理。不过BIM技术的核心就是以数字模型为载体携带大量信息，因而最基础的幕墙零件三维模型也具备这一特点，也就极大地方便了后续的信息使用和管理工作。

3.2 BIM技术对幕墙生产质量的提升

有人说建筑是遗憾的艺术，因为不是定型产品，又没办法做样件，会有很多遗憾和不足，发现的时候木已成舟、楼已盖好、为时晚矣。其实，幕墙也差不多，幕墙也很难拿一套定型产品到处使用。虽然有机会做样件，但仍然不能像别的工业产品，可以来回试验、反复推敲，直至最终拿出一个完美的产品。

"数字仿真"是一个解决这类问题的有效手段。BIM技术的基础是三维数字模型，"数字仿真"是其天然优势。事实上，在建筑设计层面和施工层面，利用BIM的"数字仿真"技术已经非常成熟了。而在幕墙领域，这项技术甚至都可以扩展到生产加工层面，为提高幕墙产品的生产质量提供帮助。

在广泛使用数控加工设备后，幕墙产品的加工质量缺陷越来越多地集中在工艺设计缺陷和人为错误上。我们经常会听到发到现场的零件因为连接点没有操作空间而无法安装，只能在临时在现场配钻；又或是某个零件的尺寸与工地实际需求不符，造成大面积的幕墙不能安装。所以很多要求高的项目往往需要在工厂进行预拼装，来提前发现问题。但这样又会严重拖延生产进度，所以也很难推广。

通过BIM模型和"数字仿真"技术可以很好地解决这一问题。如果整个建筑全建设周期都是应用BIM技术的话，BIM模型就是一个可以反应建筑真实情况的动态模型。在幕墙的深化设计过程、现场施工过程，模型都会随需要进行调整。到了生产加工阶段，BIM模型已经是按照现场建筑的实际情况进行修正过的模型，所以也不存在现场测量定尺或是配做的问题，完全是通过修正过的模型传递尺寸。只要是模型没问题，后面的零件加工也都不会有问题。而且三维模型本身就有非常好的直观性，况且还可以利用"碰撞检查"的功能来实现自动检查，所以很容易发现和找出设计上的错误，这就从源头上消除了幕墙加工生产的人为差错。

工艺设计缺陷的问题也可以通过"数字仿真"技术来解决。零件在断面设计的过程中就可以同步进行零件设计，利用"数字仿真"来模拟加工和组装的过程，从而进行加工工艺的优化以及发现工艺设计的缺陷。在必要的时后，还可以利用3d打印来制造拼接样件进行工艺验证，从而修改断面或更改拼接工艺，以达到消除工艺缺陷的目的。

实际上BIM技术还有一个好处是有利于工人的培训和对生产任务的认知。我们曾经有个项目在施工过程中发现个别板块轻微渗漏。经过现场拆解和认真分析后发现是在不该打胶的地方打了胶。由于技术交底没有着重强调，加工图纸上也比较含糊，所以即便是有经验的检验人员也忽视了这个不起眼的细节，结果给后续工作带来被动。三维模型的好处是建模的过程中是不存在模棱两可的东西的，有就是有，没有就没有，所以也就不会出错。而对于操作工人而言，看三维模型更加直观，能够帮助更好的理解生产的内容。

4 展望

这些年，BIM 技术在建筑行业中的推广应用速度很快。从趋势上看，上有政府支持，下有开发商积极尝试，相信用不了多长时间绝大多数建设项目都会采用这项技术。但在最基础的生产和施工层面，却还没有找到与这项技术的契合点，BIM 技术也只是看上去很美。所以这一段时间，BIM 如何“落地”便成了大家关注的重点。

随着建筑工业化的进程快速推进，幕墙行业也迎来的工业化转型的大好时机。而 BIM 技术的特点与幕墙产品柔性生产的需求契合度很高，完全可以在这一领域率先取得突破，从而改变幕墙行业的生产方式，完成工业化的升级改造。相信这一天很快就会到来。

参考文献

[1] 清华大学 BIM 课题组. 中国建筑信息模型标准框架研究 [M]. 北京：中国建筑工业版社，2011.
[2] 刘延林. 柔性制造自动化概论 [M]. 武汉：华中科学大学出版社，2010.

北京嘉德艺术中心网片式玻璃幕墙设计探讨

姜清海
中山盛兴股份有限公司　广东中山　528412

摘　要　本文阐述了北京嘉德艺术中心幕墙的特殊性、设计难点及对应的解决方案，提出了单元式幕墙和构件式幕墙之外的一种新的幕墙结构——网片式结构系统的设计应用，以及小单元玻璃板块的合理应用。

关键词　钢结构锚板；网片式幕墙；小单元板块

“北京市嘉德艺术”位于北京市五四大街与王府井大街大街交口的西南角，该建筑坐落于历史区域内，对中国而言有着特殊的意义。建筑处于两条街道的交叉口，更是处于两个世界的交叉口：北京最著名的王府井商业街和五四大街交叉口，这里是清朝结束后新文化运动的起源地。在这里的建筑除了要尊重周边的环境，还要能体现拍卖中心文化与商业共存的特性。

该项目由“北京皇都房地产开发有限公司”开发，“泰康之家（北京）投资有限公司”投资兴建，著名德国建筑师奥雷·舍人与北京市建筑设计研究院合作设计。该项目位于北京市区的繁华区段，建筑高度有限高要求，同时考虑到该项目的实际使用功能，无论其建筑设计、结构设计，还是幕墙系统设计以及工程施工，都将面临诸多困难和高难度的挑战。

这座坐落于北京故宫附近的“嘉德艺术中心”将成为中国最早艺术品拍卖行的新总部。该综合体将多个机构混合在一起，其功能包括博物馆、活动空间和文化生活中心。该建筑嵌进北京中心的历史文脉中，其下部像素化的体量，从纹理、颜色和繁杂的规模与建筑周边的城市胡同肌理相融合，建筑上部则通过大尺度玻璃砖与北京现代城市相呼应。悬浮的“环”形体量在建筑中创造了一个内部庭院，与北京四合院的特殊建筑形式产生共鸣。

建筑上半部分采用隐框玻璃幕墙，与周边的城市规模相呼应，在

建筑内部，博物馆陈列展示的区域被合并在一起，丰富的展品和多样化的拍卖空间可为各类活动提供场地。建筑的中心还设有一个1700平方米的无柱展厅，最大限度保证其活动空间的灵活性。建筑上部环状的酒店由透明的大尺寸玻璃砖构成，其建筑肌理与邻近的胡同与四合院产生共鸣。与皇家的紫禁城相比，砖显得更具普适性，更能代表民间社会与其价值观念，一种中国文化中谦卑的、非精英主义观念。建筑下部的外立面由像灰色石头一样的像素化图案组成，建筑师通过成千上万的穿孔将中国历史上最重要的山水画“富春山居图”投映在立面上。

这栋楼的一切都很有意思，尤其是它所处的环境，它位于北京的城市中心处，对面是美术馆，旁边是一块历史胡同区。从故宫后边的景山上就可以看出这栋建筑是如何一点一点地融入到城市天际线当中的，它前面正对着的就是扎哈·哈迪德设计的银河SOHO和OMA事务所设计的CCTV央视大楼总部。

按照建筑师对外墙的设计理念，外墙采用“青砖”样式的砖石“像素”放置在建筑底部，以元代画家黄公望的著名山水画《富春山居图》为模板，通过精炼提取的数千个圆孔像素嵌入墙体之中，创造出抽象的山水轮廓。建筑上方四方体酒店采用漂浮的、大尺度的玻璃砖，呼应附近的胡同和四合院的纹理。

要实现上述建筑师的设计理念，外墙幕墙的设计与施工将面临巨大的挑战，这座体量并不大的建筑，其幕墙的设计和施工都将颠覆传统的幕墙设计和施工理念。本文仅介绍上部玻璃幕墙的设计施工难点。

玻璃幕墙位于建筑的上部5层～8层，共4层，内庭部分局部为9层。表面看来，该建筑玻璃幕墙为中规中矩的矩形，外表面平平整整，既没有大的立面凹凸，也没有异形的空间曲面，所有人都以为这种项目是既容易设计又容易施工的；然而只要了解到这座玻璃幕墙既不是双层幕墙，又不是光电幕墙，也不是单元式幕墙，而其综合单件确须高达2600元/m^{2}才能完成，就可以想象其玻璃幕墙的特殊性了。下面分别就其玻璃幕墙的结构形式、幕墙与主体钢结构的锚固设计、玻璃板块的构造系统设计、层间防火设计等四个方面分析其特殊性。

1　玻璃幕墙的特殊结构形式

该玻璃幕墙的结构形式与传统各种幕墙形式均不相同，既不是单元式，也不是普通的构件式，也不能采用点支式，这些多种结构系统经过多次论证后均被否定，最终选用了一种独特的幕墙结构系统，即“网片式结构小单元板块的幕墙系统”。如图1所示。

玻璃立面玻璃分割仿造古代建筑青砖墙体的“磨砖对缝”构造工艺，建筑师要求立面采用大块玻璃砖代替青砖实现砖墙墙体的外观效果，而室内功能为酒店客房，必须要视线通透、视野开阔，因此幕墙龙骨必须与玻璃分割形式统一。传统的单元式幕墙、构件式幕墙都需要贯通的立柱悬挂在主体结构上才能支撑起幕墙的骨架，但贯通的立柱则无法实现立面错

图1 玻璃幕墙建筑

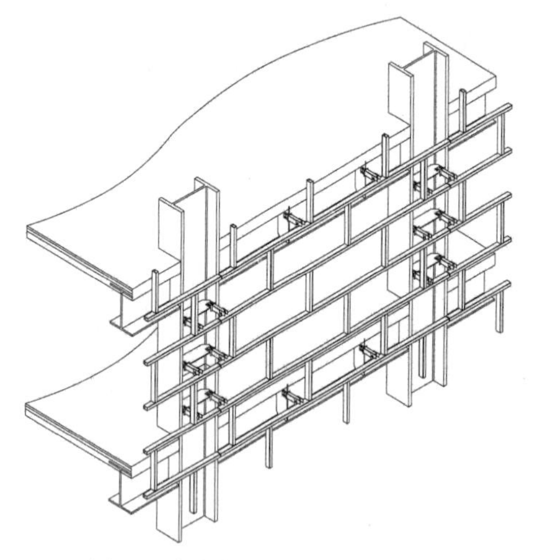

图2 玻璃幕墙结构骨架示意图

缝的玻璃砖效果。经反复比较论证，最终确定以室内每个开间（柱网宽度5200mm，层高3350mm）为一个节间，每节间设计成整体龙骨骨架结构，该骨架结构四周与主体结构柱及结构梁进行锚固，实现玻璃幕墙的结构骨架，因此将此骨架定义为"网片式"结构。如图2所示。

选定玻璃幕墙的主受力骨架形式后，接下来就是完善细节设计，包括网片结构材质、连接形式、与主体结构连接锚固方式、相邻节间的伸缩位移设计、与玻璃板块的连接方式等等。

考虑到网片的整体稳定性，最终选择采用60×90×4的Q235B矩形钢管焊接钢网片方式，钢网片则按3D3S整体建模进行结构计算，满足设计要求。如图3所示。

2 幕墙与主体钢结构的锚固设计

该项目整体结构为钢结构，梯间核心筒为钢柱混凝土筒体结构，混凝土楼板为"几"形瓦楞板上浇捣混凝土，由于混凝土楼板厚度不够预埋件的锚固厚度要求，故不能采用在混凝土楼板内预埋铁件的方式提供幕墙的锚固点，因此5层～8层玻璃幕墙连接的锚固支座只能设置在主体钢结构的H形钢梁及H形钢柱上。

大多数工程在主体钢结构施工时，幕墙结构形式尚未最终确定，导致钢结构加工时无法提前将幕墙用的锚固钢板预先焊接在钢结构构件上。或者由于商务方面的问题，即使幕墙锚固方案已确定，也会导致在总包施工时无法完成幕墙锚固铁件施工。本项目也不例外，由于幕墙设计方案滞后，导致钢结构施工时无法提前完成幕墙用锚固钢板施工。而现场混凝土楼板也不能满足预埋的要求，故幕墙用锚固件只能在现场进行后施工。经与设计院结构工程师、监理公司、总包方反复研究讨论，并在现场钢结构焊接进行测试试验，选择对主体钢结构影响最小的施工方法实现后锚固钢板的焊接施工连接，最终确定后锚固钢板施工须达到如

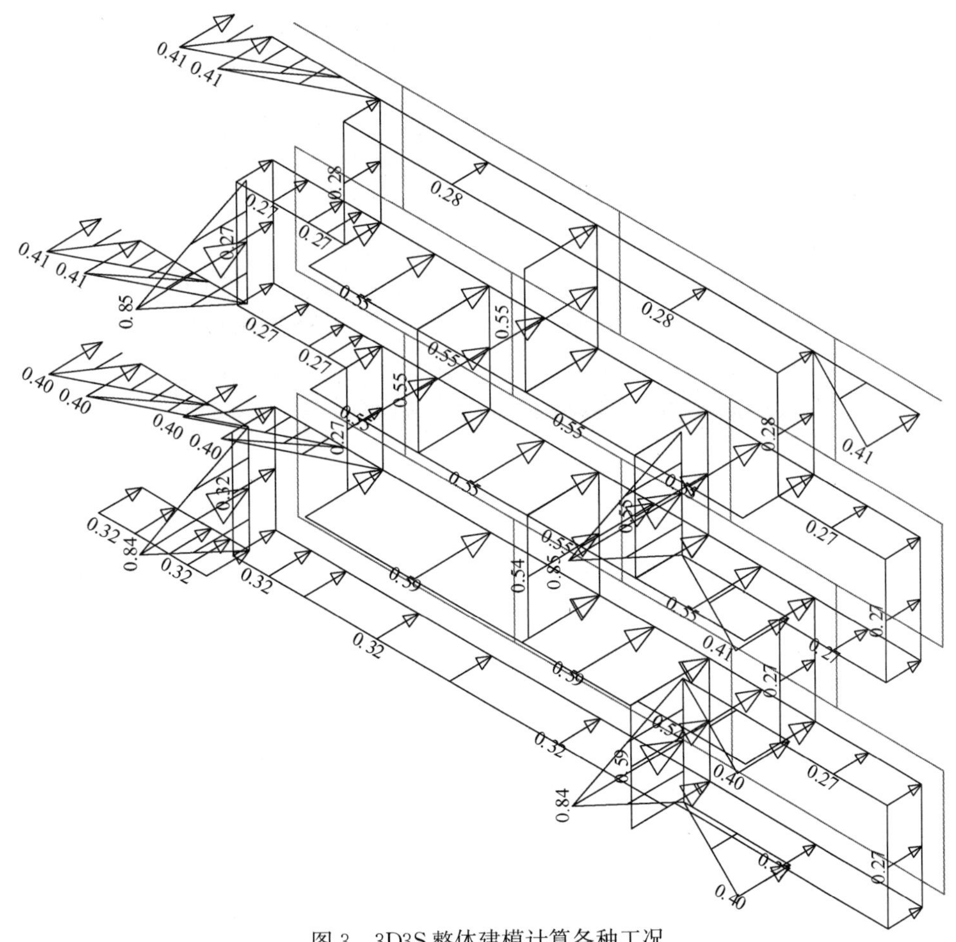

图 3　3D3S 整体建模计算各种工况

下要求：(1) 后锚固钢板选用 12 厚钢板肋板焊接在主体钢结构的 H 形钢柱及钢梁的翼缘之间的腹板上，不得单独焊接在翼缘板边。(2) 焊缝高度为 4～6mm，焊缝必须分段焊接，连续施焊的长度不得超过 100mm。(3) 施工顺序为沿钢构件中心线对称焊接，焊接部位按钢结构的防腐要求补刷防腐漆及防火涂料。(4) 幕墙与主体钢结构之间的连接必须为螺栓铰接，不得为全焊接刚接连接，即幕墙与主体钢结构之间的连接件必须一端是焊接另一端为螺栓连接。

上述方案确定后，现场即可按实测钢梁钢柱的尺寸下料加工锚固钢板，再按上述要求进行焊接，解决了与总包及钢结构之间的工艺交叉施工问题。实际施工如图 4 所示：

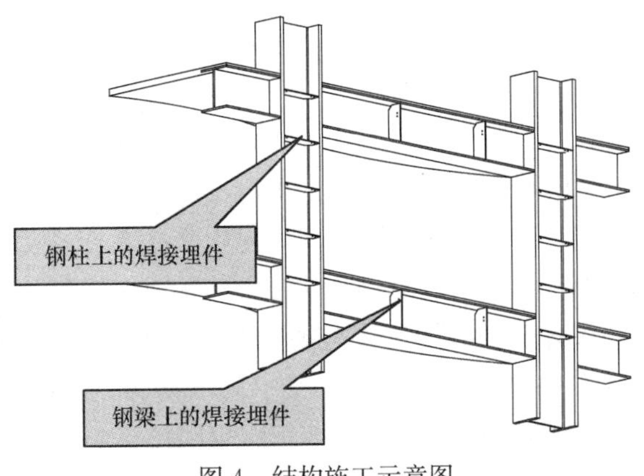

图 4　结构施工示意图

在 H 形钢梁的上下翼缘板之间焊接竖向钢板肋板，幕墙连接件支座与此钢肋板采用不锈钢螺栓连接，与幕墙钢网片进行焊接连接，如图 5 所示。

在 H 形钢柱的左右翼缘板之间焊接

横向钢板肋板，幕墙连接件支座与此钢肋板采用不锈钢螺栓连接，与幕墙钢网片进行焊接连接，如图6所示。

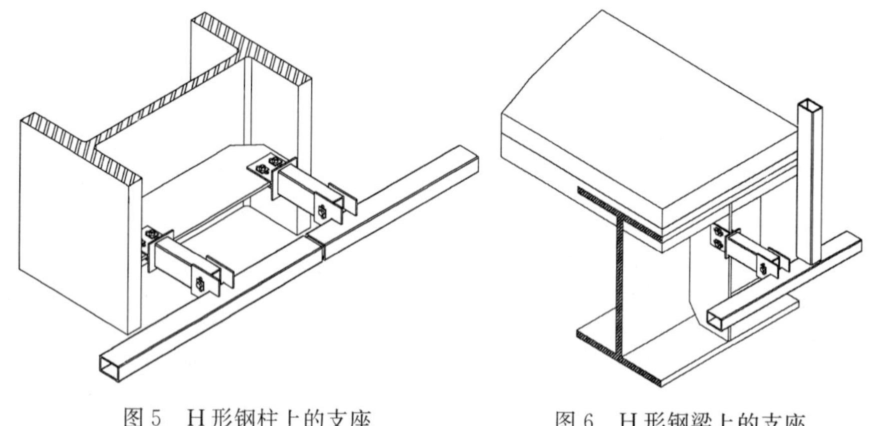

图5　H形钢柱上的支座　　图6　H形钢梁上的支座

由于钢支座悬挑尺寸较大，为防止钢网片在自重作用下下垂，钢柱上的支座另设置了斜向拉杆，以确保钢网片的稳定性，如图7所示。

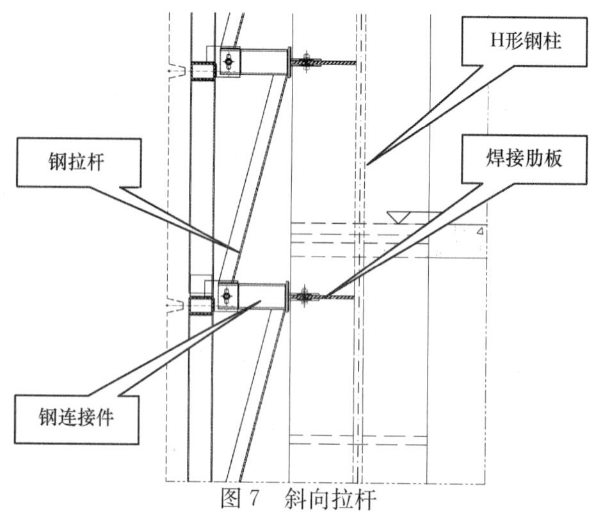

图7　斜向拉杆

3　玻璃板块的构造系统设计

按照建筑师仿古青砖墙“磨砖对缝”的设计理念，玻璃幕墙的结构支撑系统采用焊接钢网片已解决了主次龙骨与主体钢结构的特殊支撑问题，接下来就须解决玻璃面板的连接固定问题。“玻璃砖”需要达到“漂浮”在主体结构外表面的效果，就必须在每件“玻璃砖”的四周均设计为凹槽，因此传统的压条式明框幕墙和压块式隐框幕墙的构造均不能实现这种效果。

经反复论证并在现场安装多种形式的实物样板，最终采用了“小单元”玻璃板块解决了这一难题，完美实现了建筑师的设计理念。如图8～图10所示。

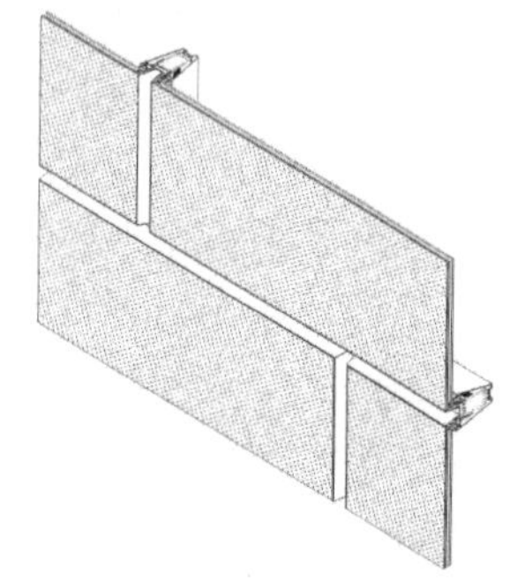

图8　小单元玻璃板块

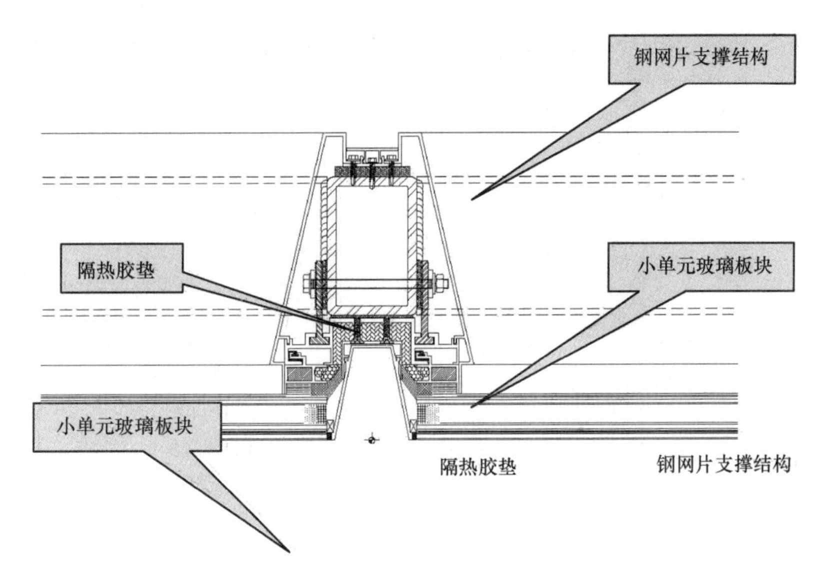

图 9　小单元玻璃板块横截面节点

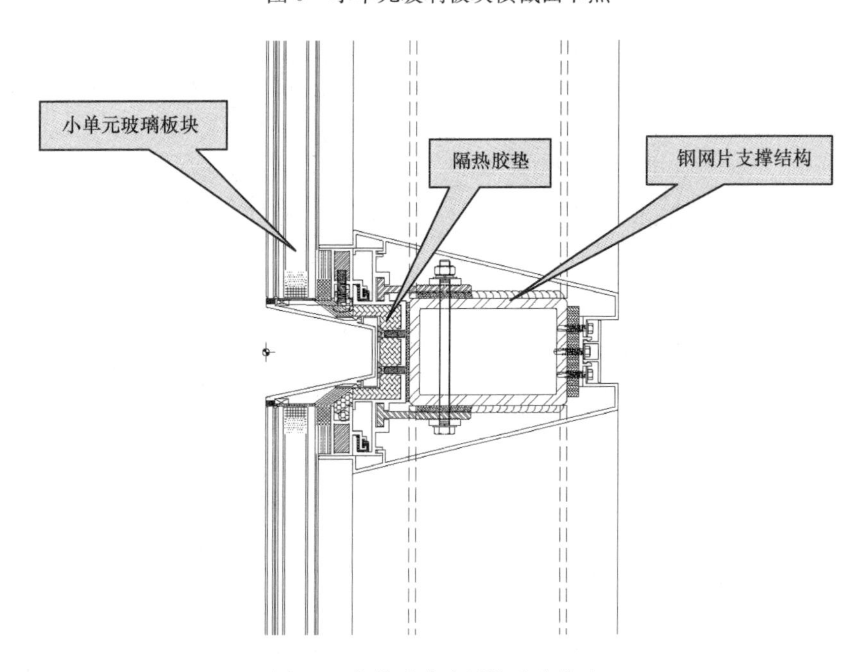

图 10　小单元玻璃板块垂直节点

4　层间防火设计

由于“玻璃砖”的模数为 1733×837.5（按柱跨 5200 三等分，层高 3350 四等分），导致室内酒店客房的隔墙与幕墙竖向龙骨总有 50%的龙骨不能对齐，且水平方向的横龙骨与楼板地面完成面也不能对齐，给楼层间的防火及房间之间的隔声封堵带来很大的困难。如图 11 所示。

如图 12 所示，在满足室内采光、透视等各种测试要求后，确定了玻璃砖的高度分布方式，而按此分布方式，结构楼板则位于玻璃板块的中央位置，主体结构梁底及楼板面均与幕

图11　室内幕墙视图

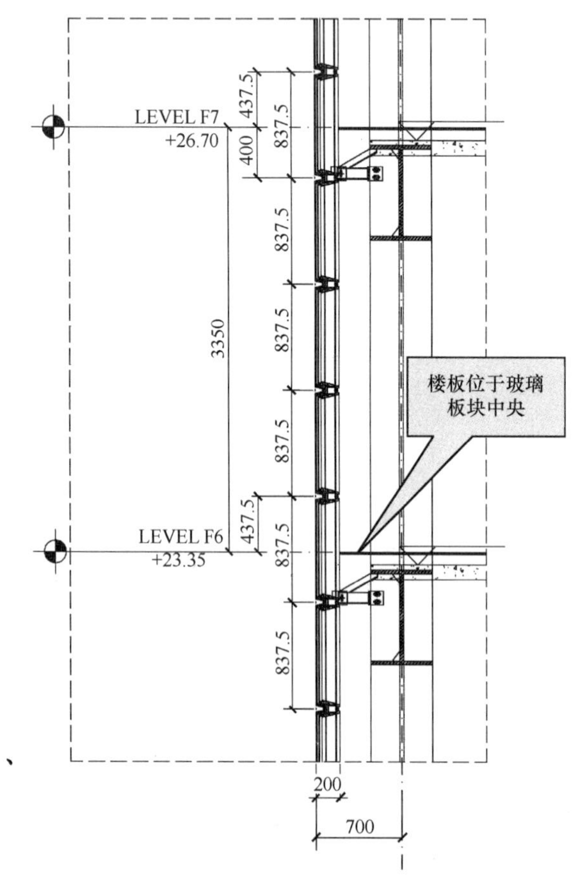

图12　结构楼板位于玻璃板块中央示意图

墙的横向龙骨不能对齐，且相距尺寸较大。这不仅给室内装修设计带来了困难，也给外幕墙的层间防火设计及施工带来了很大困难。

如何在满足建筑师的要求下，又能满足《建筑设计防火规范》的要求？按照规范要求，“无窗间墙和窗槛墙的幕墙，应在每层楼板外沿设置耐火极限不低于1.00h、高度不低于0.8m的不燃烧实体裙墙”，且“幕墙与每层楼板、隔墙处的缝隙应采用防火封堵材料封堵”。本项目幕墙距离主体结构楼板边的空间较大，达到450mm，因此必须在幕墙边沿设置800高的防火层，且应与主体结构楼板进行封堵。经多方案反复比选，最终采用了实体防火层与铯钾防火玻璃相结合的方式解决了这一难题。

具体方法是：沿幕墙水平横龙骨与主体钢梁之间设置1.5mm厚的镀锌钢板，上铺设100厚的防火岩棉，先解决幕墙与结构楼板之间的缝隙封堵问题。在层间防火高度方向，原本设计将分格高度837.5范围内沿上下分格的横向钢管之间布置1.5mm厚的镀锌钢板，外侧安装2mm厚的氟碳喷涂铝板，在铝板与镀锌钢板之间填塞100mm厚的防火岩棉，与上下两层的钢龙骨共同形成高度不低于800mm的防火层；但建筑师坚持要求楼板以上为采光透视区域，不同意采用钢板和防火棉封堵。最终采用了防火隔断与透明铯钾防火玻璃共同形成800mm高的防火层，既满足了建筑师室内透视的要求，也满足了防火规范的要求。如图13所示。

本文仅就上述四个方面分析了本项目幕墙的特殊性，而本项目的复杂之处还远不止上述

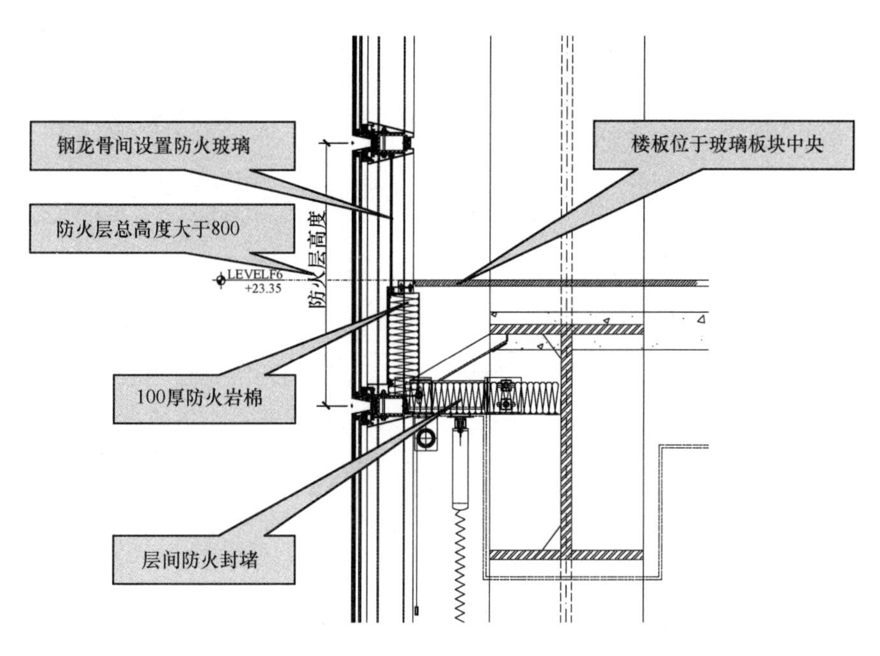

图 13　层间防火节点设计

几个方面，这也只是其中的一种形式的幕墙，除此之外还有其他五种类型的幕墙系统，而每种类型的幕墙均有其特殊性，另外在通风设计、节能设计、室外吊顶设计等各个方面还有诸多可圈可点之处。

海外幕墙工程项目管理风险及对策探析

万树春

深圳金粤幕墙装饰工程有限公司　深圳　518029

摘　要　国内幕墙企业近年参与国际幕墙工程项目施工承包的企业越来越多，但大部分是亏本而归，主要原因是对海外项目运作的风险了解不够透彻，稍有不慎就可能遭遇许多不良的后果。本文就是通过作者本人在海外工程项目管理中的实践，对各类风险进行分析，然后有针对性地提出对策，目的是给在海外或将要进入海外幕墙工程市场的国内企业提供一些有益的参考。

关键词　海外；幕墙项目；风险；对策

建筑幕墙是一件舶来品，是在20世纪80年代初伴随着改革开放的步伐进入中国建筑市场的。早期的国内幕墙市场主要由外国公司承包，但随着中国的改革开放，经济的快速发展，建筑市场的爆炸性扩展，国内的建筑幕墙企业也从无到有，在幕墙设计、施工技术、产品质量、新产品、新技术等方面获得了空前的发展。从90年代开始，国内幕墙企业就有了走出国门，参与国际竞争的实力。笔者所在的企业，1992年起就开始在新加坡、朝鲜、美国、新西兰以及中东和非洲的一些国家承接幕墙和铝合金门窗工程。随着世界经济的逐步复苏和国家“一路一带”政策的影响，现在走出去的企业越来越多。但由于国与国之间的政治、经济、文化、宗教民俗、法律政策均存在相当大的差异，加上政局、汇率变动以及劳工政策、海外施工成本和海外签证等不可预测的因素，施工承包企业会面临和承受很大的风险。如果事前预计不足、防控不当，不仅可能得不到预期的经济收益，严重的则可能巨亏。为此，笔者根据管理海外工程的实践和思考，对海外幕墙工程项目管理存在的主要风险进行一些分析，并提出一些建议对策，以供在海外承接施工幕墙项目的企业参考。

1　海外幕墙工程管理风险类别

1. 政治风险

政治风险主要是指项目所在国的政局动荡、社会治安、恐怖活动、宗教冲突以及我国与项目所在国的外交变故而使项目施工受影响。这种风险是海外工程项目管理面临的最大风险，往往是突发的，不可预见的，而一旦发生其危害也是最大的，且一般归类为不可抗力风险，索赔无门，所以需要高度重视。一般经济越不发达的地区，这种风险相应就越大。在这些地方承接项目虽然简单容易，合同利润也不错，工程项目要求也比较低，但政治风险是要重点考虑的问题。

2. 法律风险

法律风险是指因不了解工程所在国的法律法规以及产品标准或因法律法规修改变更而带来的项目施工管理的风险，主要表现在材料进口关税、税收政策、劳工政策、签证政策、安全施工管理法规等方面的影响，如美国、加拿大对中国生产的幕墙、铝合金门窗的材料和制品实行反倾销政策，课以33%～104%的重税。在海外承接幕墙工程，一般运作模式都是在国内设计、采购材料、加工成成品后运往工程所在国，在国外进行安装。工程所在国的进口关税高低，将直接影响工程的成本，也影响企业在当地的竞争力。幕墙安装是一个劳动力密集型的行业，现在许多国家都是不允许安装劳工输入的，或须经过政府特批才可以。海外工程在投标时，劳工是否可以输入等问题都还无法得到一个很明确的回复。有些国家输入劳工之后，由于受到工会及本国劳工示威的压力而改变政策，我们在新西兰就遇到过此类事情。用国内劳工和当地劳工，成本不一样，管理难度不一样，工作配合及操作熟练程度不一样，这里面的风险必须考虑，国内就有企业在这方面吃过亏。另一方面，项目所在国对输入劳工的管理费也在涨，如新加坡，10年前经过技能考试合格的外劳政府每月收的管理费是75新加坡币，而现在涨了十倍，每月要750新加坡币。另外，许多国家都有劳工最低工资标准，这在报价时都需考虑。

3. 经济的风险

受欧美发达国家经济危机及债务风险的影响，世界经济目前仍很脆弱。幕墙工程属于分包工程，如发展商或总包一旦出现经济问题，则带来的风险也是巨大的。在海外，每年都有总包企业破产，并波及或连带分包及材料商破产。我们在新西兰、新加坡均遇到过总包破产，但由于提前察觉，防范、控制比较及时，虽然遭受了一些损失，但不足以致命。

4. 合同风险

海外工程施工合同内容面面俱到，一般有几百页，相关的技术要求、材料品质、品牌要求、施工工期、质量要求、程序要求、违约责任等都约定得非常清楚。由于语言不同，理解上的差异，加上时间关系，要把合同内容全部理解透困难还是比较大的。合同风险可分为报价风险和合同管理风险。准确的报价是项目赢利和减少风险的基础，但由于对运作项目成本了解不全面，对当地的规定要求理解不透彻，特别是首次走出海外的企业，往往对目标工程的造价把握不准确，只是听总包方的介绍，再以国内类似的工程造价作参考，这样作出的报价往往存在风险隐患。在海外，合同价格是不允许修改的，除非建筑师有变更设计，国内低价进，通过变更、高价结算的思维在海外是行不通的。国外项目在合同管理上具有以下几个特点：第一，国外项目严格按条款履约。与国内项目不同，海外项目履约更严，主要表现为程序严格。在幕墙工程中，深化设计、材料样品、观察样板、测试样板在没有获得审批前，是不可以进行任何材料的采购和进场施工的。因此，前期的准备工作需要花费许多时间，如不抓紧，将会挤占施工时间，造成工期延误。许多国家因劳工政策或扰民问题，是不允许在晚上、周末和节假日加班的，所以延误的工期很难找回。第二，国外项目都聘有非常专业的管理团队和顾问进行管理，所有问题都是书面联系，即使当面谈清了，事后也会补一份书面的东西，这是以后有问题走法律程序的依据，但国内施工企业缺少这方面的意识，往往吃亏较多。第三，国外项目管理奉行“谁过错，谁负责”的原则。若幕墙分包有过错而影响了总包或其他分包，则他们的损失都要由过错方负责，且这种损失赔偿是巨大的，有时可能超过分包合同额，甚至可直接造成分包商破产。新加坡一个有名的玻璃供货商就是在新加坡机场第三航站楼幕墙工程的玻璃供货中，因没能按合同约定时间交货被罚巨款而被迫破产。在海外，如果是供货商的产品质量有问题或供货延误，而非施工企业的责任，造成的工程质量问题或工期延误，则可把全部损失转嫁给供货商。这在国内采购是没法做到的，国内供货商最多是给你换一个合格材料，其他成本是不会帮你负担的，因此参与海外竞争的企业，一定要找好对自己负责任的合作伙伴。

5. 汇率风险

幕墙分包合同大部分都是以项目所在国货币或美元结算，但不管用哪一种货币结算都会遭遇汇率波动的风险，特别是一些小币种，波动更大。幕墙分包企业的成本一般在两地发生，主要包括国内的货品成本和项目当地的人工成本及项目现场管理成本。由于项目施工周期长，回款慢，所以汇率风险始终存在。

6. 产品质量风险

幕墙分包工程在设计、材料采购、产品加工、施工安装过程中稍有疏忽即可产生质量方面的问题。这些问题如能在国内发现并及时解决，则损失可能相对较小；一旦发货到现场或者安装完毕才发现问题，损失会远远超出预期。重新采购、加工并发空运，加上当地的误工及劳工成本，仅此几项直接费用就可能超出合同报价的数倍。

以上谈到的六类风险都是在海外承包幕墙工程时经常遇到的，但海外工程项目管理存在的风险并非仅此六类，而是五花八门，多种多样，这些风险既有外部因素，也有施工企业自身的问题。

2 海外幕墙工程风险管控对策

1. 深入调查，综合评估

当我们要进入新的市场时，应做好相关的各方面调查，调查是必做的功课和避免风险的重要环节。当我们拟承接海外工程项目时，应对项目所在国的政治局势、自然条件、货物运输条件及成本、法律法规、宗教情况、劳工政策、生活成本、税收、货币情况、工程资源等做全面了解，做到心中有数，只有这样我们才能在谈判及以后的施工管理中处于主动。调查的方式可以通过网络、使馆和当地华人商会进行，最好是派出专业人员进行实地调查，切身感受，掌握第一手资料。信息采集完成后，进行综合评估，对项目条件及自身履约能力进行分析，制订出投标方案和应对策略。

2. 组织和配备专业的管理团队

做好项目，管理团队很重要。幕墙工程施工环节多、战线长（国内、国外两个战场），既要管理好现场施工，又要协调好国内的设计、材料采购和成品加工及运输。同时，与总包及当地的有关方面进行沟通，语言也是必备的技能之一。事事通过翻译总是不太得心应手，有条件，最好能在当地聘请一些有经验懂当地法规的人员加入到团队，这对加强沟通，防范风险是很有好处的。

3. 加强合同管理，利用合同和法律保障自身的权益

合同是交易的契约，对合同双方来说，都有权利和义务的承诺。签约后，应有专人对合同进行解读，做全面了解，使参与履约的人对合同都有深入了解，特别对合同条款中存在风险的部分，应事先有预案。合同执行人员应熟悉国际工程合约的模式、特点以及项目所在国的法律法规，收集好项目运作过程中的所有资料和文件，这样才能在项目运作中游刃有余，应对有度，严格按合同条款履约。

4. 加强对合作方的评估，尽量避免经济风险

在承接项目时，应对发展商及总包方的经济实力及市场口碑作全面了解，要预防项目做

不下去或总包破产的风险，特别是初次合作，一定要做到心中有底。有些总包不是没实力，而是喜欢设陷阱，找借口让分包商利益受损。如与国内出去的总包企业合作，风险会小一些，但收益相对也会小一些。如有可能，最好把供货和安装合约分开签订，货物要求用信用证支付，这样可以大大减少资金压力和资金风险。

5. 锁定汇率，减少汇率风险

幕墙分包工程的工程款至少有 50%～60%要回到国内，主要成本也在国内发生。人民币升值的趋势比较明显，现在，国内很多银行都开办了外汇锁定汇率的业务，特别是外资银行都在推进这项工作。在签订合约后，估算一下要回到国内的款项，一次性卖汇给银行，就可以起到锁定汇率预防贬值的风险。

6. 合理编排施工计划，减少工期延误的风险

一般海外项目都会有一个合理的工期，安排合理，一般不会出现赶工的现象。合理编排施工计划，是按期保质完成施工任务的保障。在编排施工计划时，要综合考虑施工周期和企业可用于该项目的资源，包括管理人员、设计人员、资金、设备及安装劳务，并要有各种风险的应急预案，积极应对可能出现的各种复杂问题，变被动为主动，以减少各种风险带来的损失。

3 结语

海外幕墙工程的项目管理虽然风险很多，但熟能生巧，只要我们善于总结，善于学习和思考，不被一时的困难和失败吓倒，对风险有分析、有预估、有预案、有对策，我们就一定能够走出去，而且会越走越稳，越走越顺利。

幕墙可调通用钢支座

孙绍军[1] 牛 晓[2]
1 深圳市新山幕墙技术咨询有限公司 深圳 518000
2 上海星鲨实业有限公司 上海 200240

摘 要 幕墙钢支座除应满足受力传递作用外，从材料组织及成本角度考虑，还应具备通用性乃至可标准化的可能。新型幕墙通用钢支座除具备上述功能外，同时也具备“粗调”及“精确”调整功能。

关键词 幕墙钢支座；通用性；经济性；三维六自由度；调整

1 引言

1.1 概述

幕墙支座是幕墙立柱与建筑主体结构的基本连接构件。通过支座，将幕墙立柱及其幕墙系统“悬挂”在主体结构上，并将幕墙系统自重及所受到的荷载（主要为风荷载，如水平或斜向布置将承担雪荷载及上人荷载）传递至主体结构。因此在钢支使用是必要的和普遍的。

幕墙钢支座在构件式幕墙、单元式幕墙、金属幕墙、石材幕墙、陶土板幕墙、点支幕墙及采光顶系统等都使用非常广泛，但形式各不相同，几乎都不具备通用性，更何谈标准化。

1.2 理想的钢支座

（1）适应大部分超过预埋件规范标准要求的误差范围。

（2）具备广泛的通用性，可以应用于各种构件式幕墙、单元式幕墙、金属幕墙、石材幕墙、陶土板幕墙、点支幕墙及采光顶系统等。

（3）构造形式及尺寸可以标准化。

（4）空间位置调整。

（5）提高工效。

（6）节约成本。

1.3 现有幕墙支座存在的主要问题

1. 构件式幕墙（包括玻璃幕墙、金属板幕墙及石材幕墙等）钢支座。

（1）表面质量——由于定位需要反复调整钢件的位置，经常重复“点焊”定位，导致支座外观质量粗糙。

（2）操作负荷大——幕墙立柱安装至少两人一组，一人稳定立柱，一人调整定位，均在负重状态下进行调整偏差的工作，其准确性易受影响。

（3）工效低——用工较多。人员需要配置完整，包括安装工、焊工、看火工。

（4）须安全平台——安装过程中须全程占用安全平台作业（注：安全平台指脚手架、吊篮）。

(5) 安装全过程需避免交叉作业——主要是由于“负重”作业，单根立柱安装工时较长，需要特别安排工作时段与工作面。

(6) 工序不可分解——要保证材料齐全，其中铝型材龙骨与钢件要同时到场，同时施工，如遇材料不齐则需要停工待料。

(7) 由于龙骨安装时需要电焊固定，所以安装全程需要注意防火。

综述：上述钢支座均采用人工现场调整，完全依赖现场工人的操作熟练程度。若要达到规范竖向直线度≤2.5mm的要求，采用上述钢支座施工难度较大。

2. 单元式幕墙支座。

(1) 支座通常为定制，材料包括钢材、铝型材、不锈钢等。加工要求高，成本高。

(2) 调整精度因产品差异略有不同，仅垂直方向调整精度高，但水平方向和旋转自由度的调整精度与构件式幕墙钢支座相同。

(3) 调整操作需兼顾两个板块的安装，如只针对单一板块则调整困难。

(4) 工效低——用工较多。人员需要配置完整，包括安装工、焊工、看火工。

(5) 由于安装时需要电焊固定，所以安装全程需要注意防火。

3. 共性问题

(1) 均为针对单一幕墙工程，使用范围窄，不具备通用性，更不可能进行标准化生产与应用。

(2) 不能解决全部六个自由度（六自由度系指三维空间三个轴线方向及绕三个轴线的旋转）的精确调整，难以达到设计精度要求。

(3) 对预埋件（或后置埋件）埋设精度要求高，适应现场预埋件位置“超标”的能力差。

2 新幕墙支座特点

2.1 降低对预埋件（或后置埋件）位置精度的依赖程度

传统支座对预埋件（后置埋件）的要求是根据《玻璃幕墙工程质量检验标准》JGJ/T 139—2001第6.2条的要求，预埋件标准为标高差±10mm；与设计位置偏差为±20mm而设计的。而工程实际中满足标准的并不是绝大多数，新支座将按可适应标高差±20mm；与设计位置偏差为±40mm的情况，这样，即可以适应95%以上的预埋件（后置埋件）。

2.2 降低制作成本及便利性

新幕墙支座材料应构成简单，加工便利。同时根据工程的普遍特点形成标准件，以便降低加工成本及便于调配。

2.3 使用范围（通用性）分析

(1) 新幕墙支座不但适用于构件式幕墙，亦可适用于单元式幕墙、铝板幕墙、石材幕墙及采光顶系统等，使其通用性扩大。

(2) 标准化：幕墙支座的构造形式及尺寸可进行分级（类）标准化生产。

2.4 允许三维六个自由度方向的“粗调”和“精调”

(1) 对于构件式幕墙支座，保留“粗调”功能，增加“精调”功能，并对工人的熟练程度要求不高。

(2) 对于单元式幕墙支座，保留“粗调”功能，将原来的仅单维度（垂直方向）“精调”

功能，扩展为全部三维、六个自由度的精确调整。

3 新幕墙支座设计原理解析

本幕墙支座可在以下两种基本原理方式上根据现场情况使用。其中方案一为在预埋件符合预埋件埋设偏差情况下使用状态；方案二为预埋件埋设位置超差的情况下的使用状态。该幕墙支座的结构主要由以下部分构成（图1、图2）：

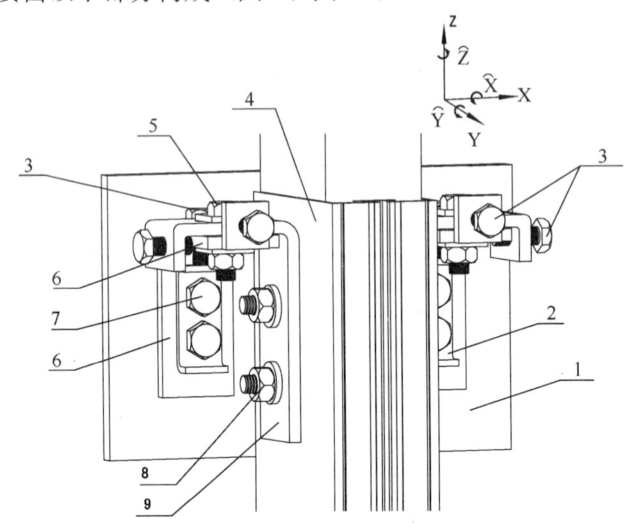

图1 该钢支座方案一的一种安装后透视图

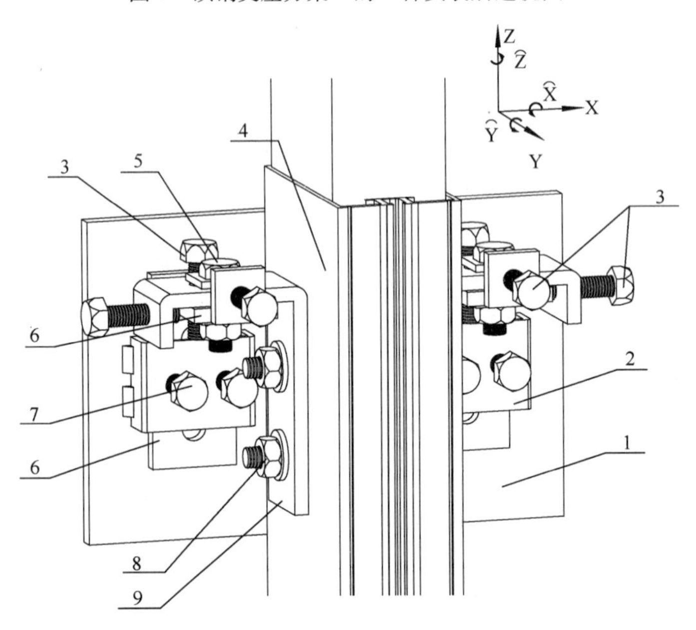

图2 该钢支座方案二的一种安装透视图

各构件序号与名称如下：

（1）预埋钢板（或后置埋件）；（2）U型垫片（图1）或U型扣盖（图2）；（3）调整螺丝（定位后可拆除）；（4）立柱；（5）角钢件连接螺栓；（6）双长孔角钢件；（7）与埋件固

定螺栓（图 1）或顶紧螺丝（图 2）；（8）与立柱固定螺栓；（9）单长孔角钢件。

图 3 为装配过程图之一，件 4、件 8 及件 9 装配成组件后挂接在件 6 之上。

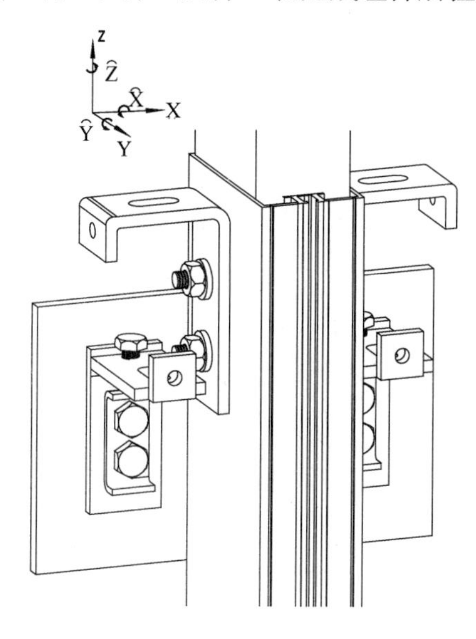

图 3　装配过程图之一

4　新幕墙支座的装配特点

对于预埋件（或后置埋件）尺寸偏差的适应性，位置误差超出规范要求则选择方案二，否则按方案一施工（图 4、图 5）。

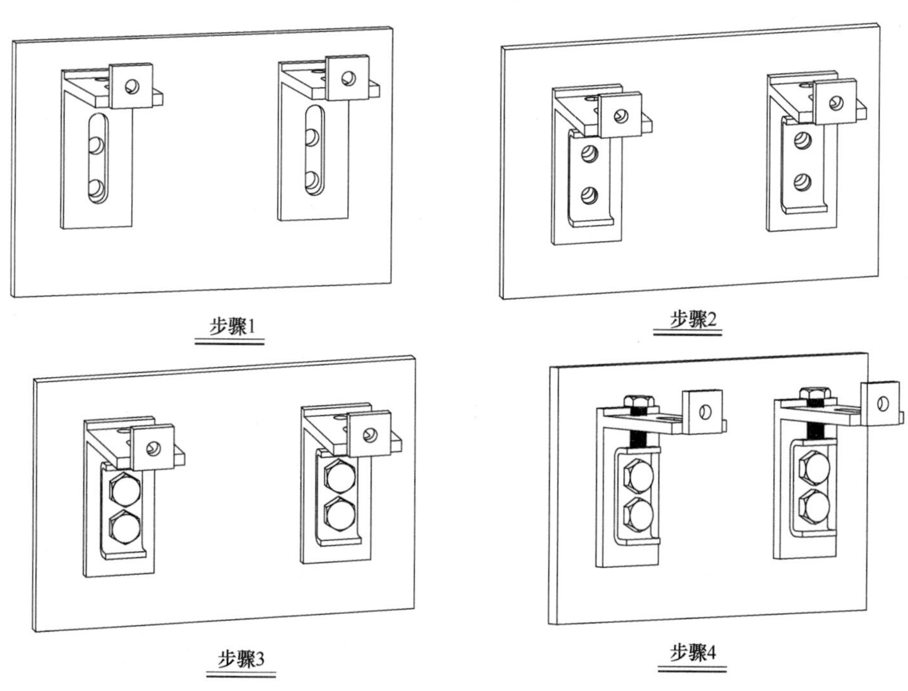

图 4　方案一位置调整施工顺序图

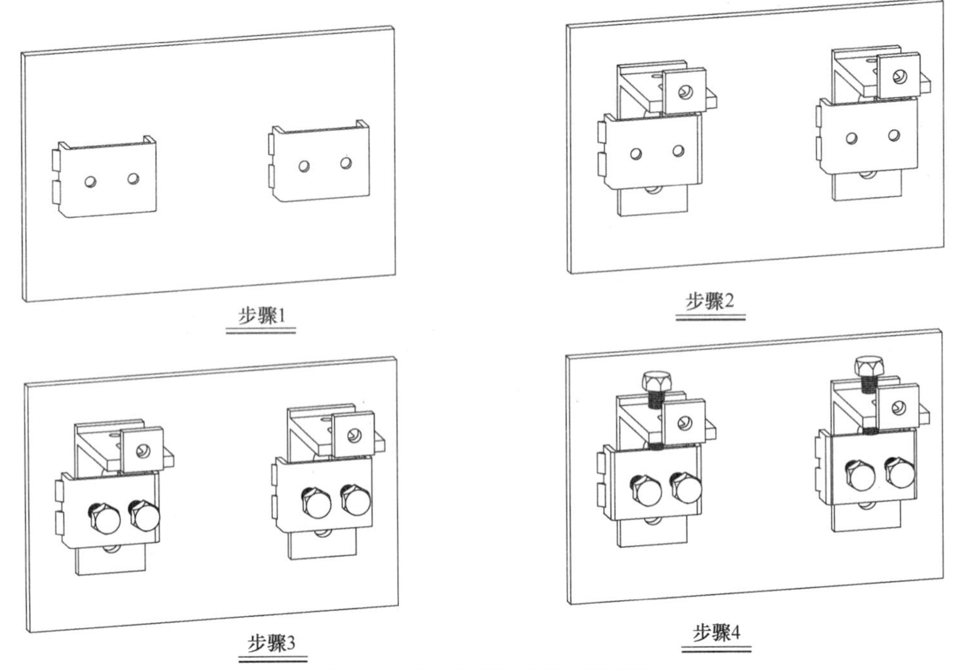

图5　方案二位置调整施工顺序图

5　新幕墙在不同预埋方式时的应用

工地现场与幕墙方式多种多样，现列出在几种常见的不同预埋方式时的安装方案。其精确调整原理是相同的，安装方法也是近似的。

5.1　平板埋件水平放置，立柱在埋件之上（图6）

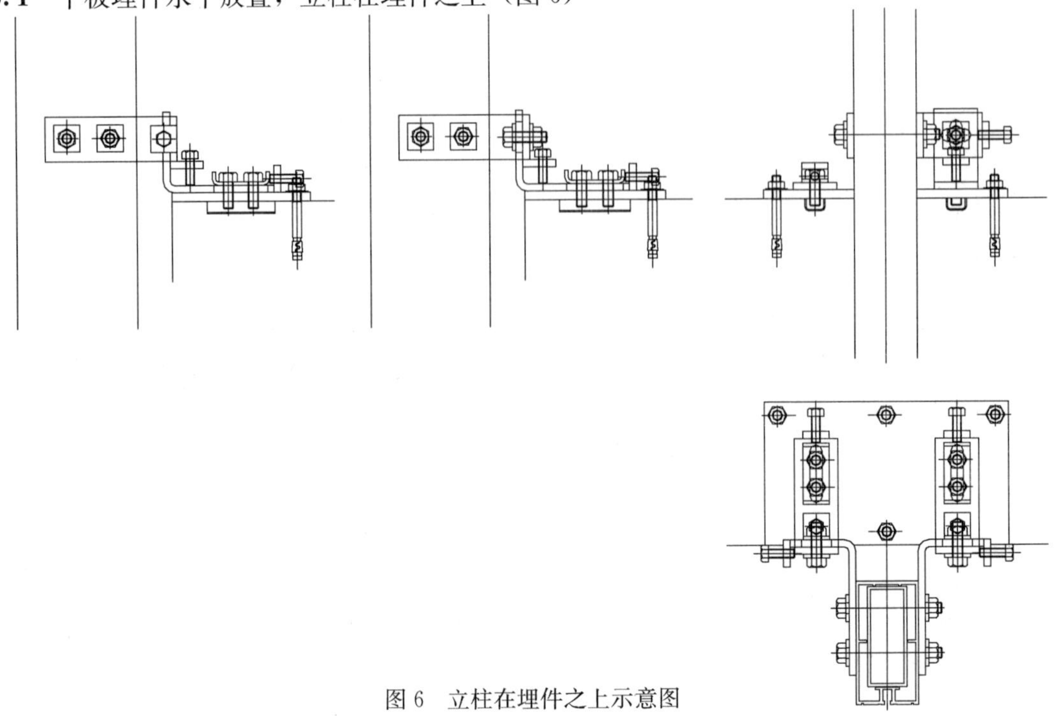

图6　立柱在埋件之上示意图

5.2 埋件水平放置，立柱在埋件之下（图 7）

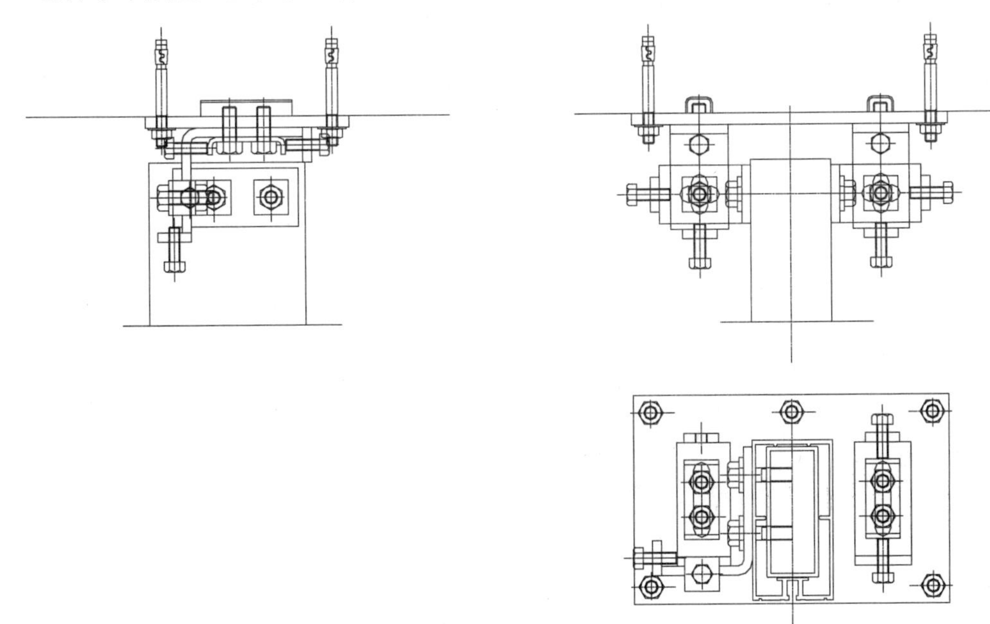

图 7　立柱埋件之下示意图

5.3 埋件采用垂直“哈芬”槽式（图 8）

5.4 埋件采用水平“哈芬”槽式，立柱在埋件之上（图 9）

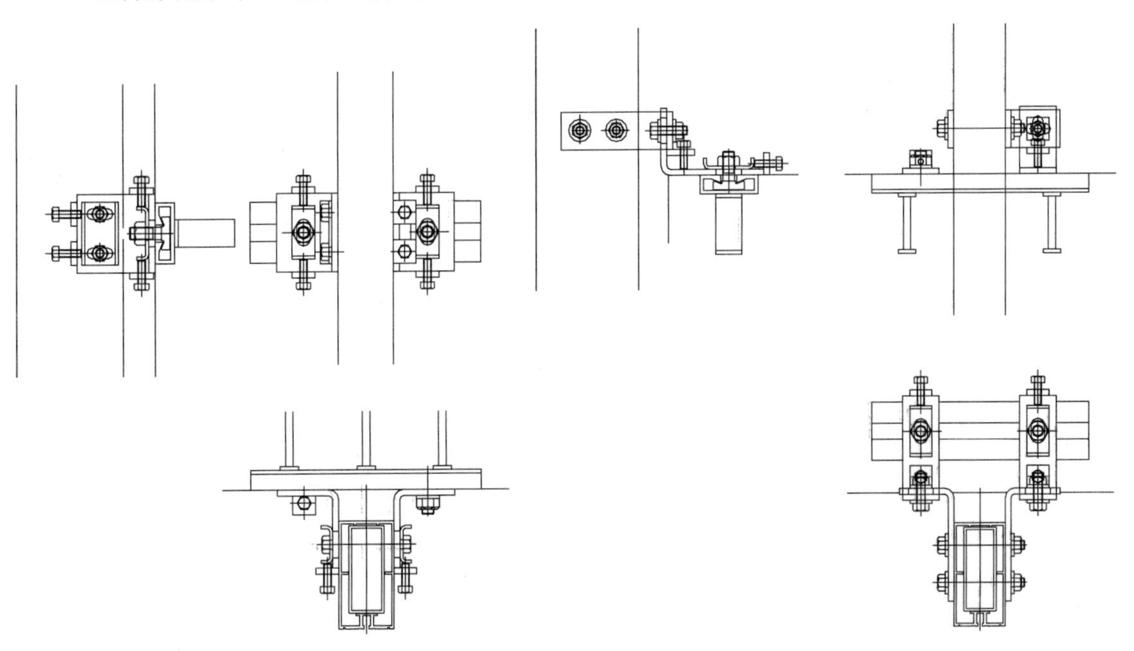

图 8　埋件采用垂直“哈芬”槽式示意图

图 9　埋件采用水平“哈芬”槽式示意图

6 新幕墙在不同幕墙场合的应用

6.1 应用于单元幕墙（图10）

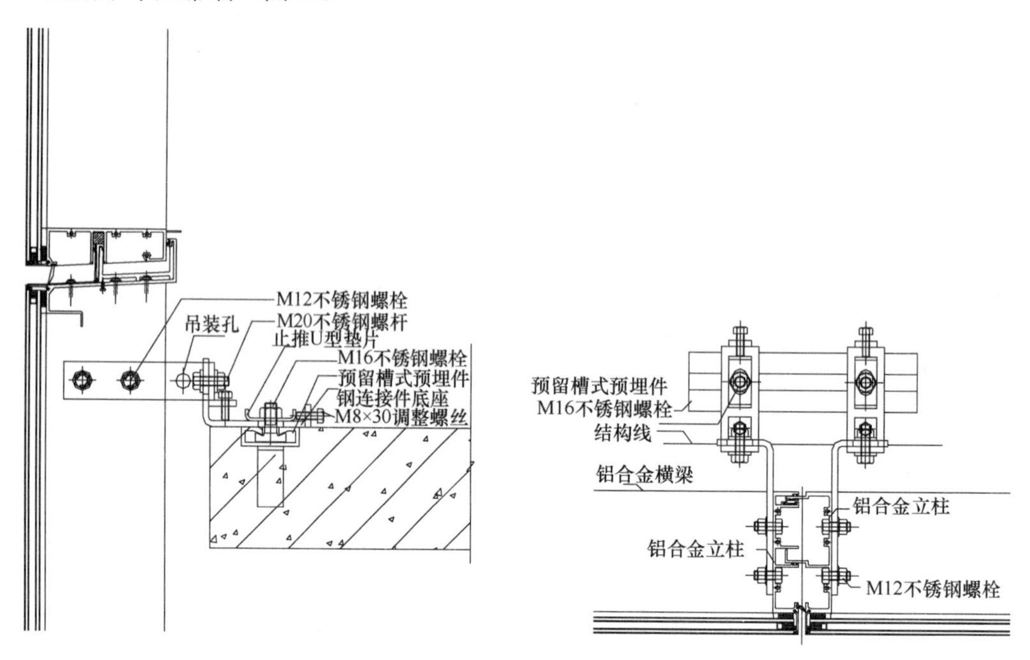

图10 应用于单元幕墙

6.2 应用于铝板幕墙（图11）

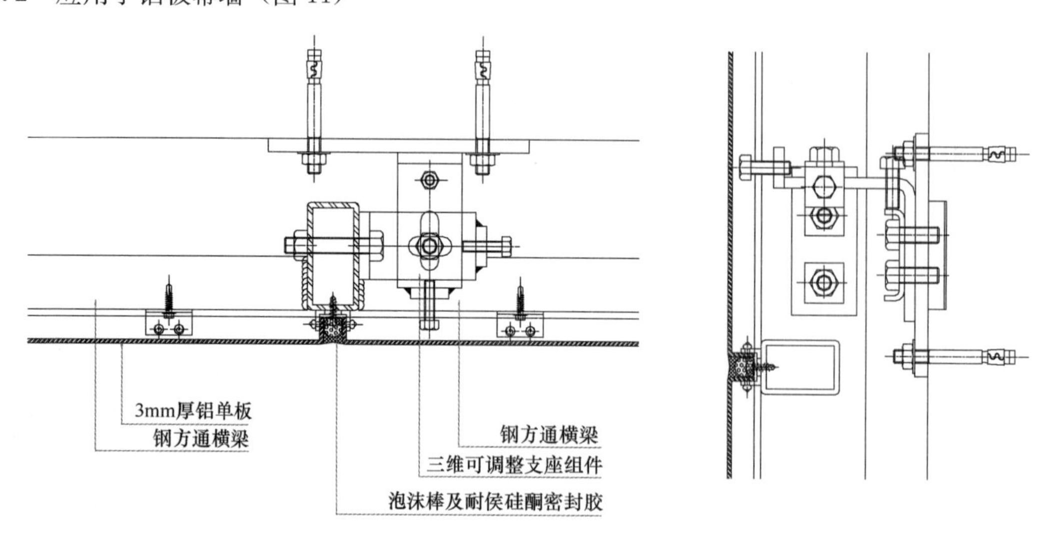

图11 应用于铝板幕墙

6.3 应用于石材幕墙（图12）

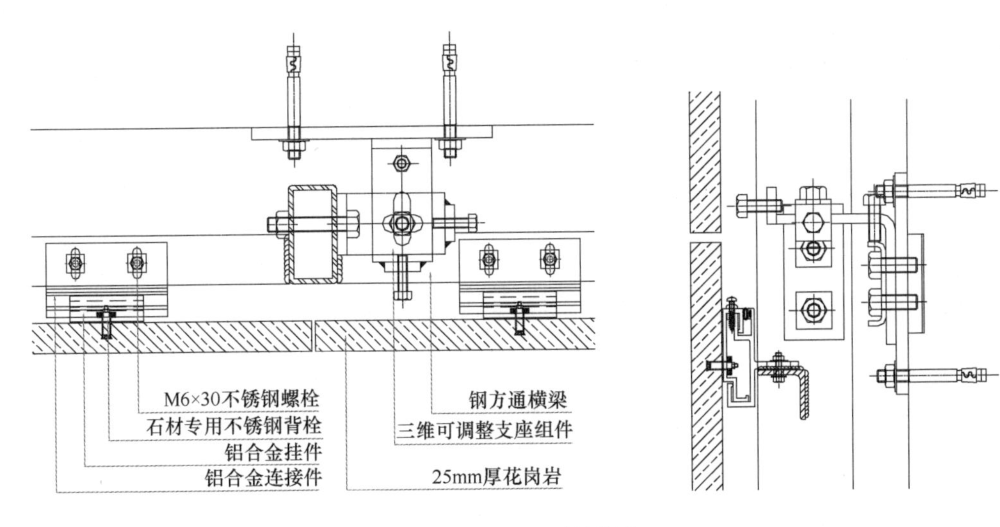

图 12　应用于石材幕墙

7　总结

上述图示仅仅罗列了一些常见的做法，如有特殊需要可利用本文所述之原理无限拓展。

8　声明

本设计已获得国家实用新型专利批准（授权公告号 CN 2037 16364U），务请尊重本设计之知识产权。

参考文献

① 闻邦椿．机械设计手册第 2 卷[M]．5 版．北京：机械工业出版社，2010.

幕墙与外窗的区别

谭国湘[1]　石民祥[2]
1　广州铝质装饰工程有限公司　广州　510000
2　广东省建筑科学研究院集团股份有限公司　广州　510000

摘　要　本文分析了建筑玻璃幕墙与外窗的异同点，从技术和经济的角度探讨了建筑幕墙与门窗的区别

关键词　幕墙；层间幕墙；外窗；区别

1　引言

什么是幕墙？什么是外窗？这个问题似乎是不言而喻的。但是在建筑幕墙门窗的工程实际中，确实发生了不少纠纷，由于有关各方对“幕墙”与“外窗”理解不同，在工程造价和质量验收上各执己见、纠缠不清。某项工程签订的是幕墙工程合同，但在验收结算时，建设单位认为该工程不是幕墙而是窗，要按窗的造价验收；另一项工程申报幕墙评优，但现场实地考查却是“外观似幕墙而非幕墙”，实际是铝合金窗。

我国建筑幕墙是 20 世纪 80 年代改革开放后从国外引进，由透光的铝合金玻璃幕墙发展到非透光的金属、石材和人造板材等幕墙。在铝合金门窗基础上发展起来的铝合金玻璃幕墙，应用最为成熟和普遍，占建筑幕墙的 3/4 左右。本文所述幕墙与门窗的“窗、墙不分”，主要是铝合金玻璃幕墙与铝合金外窗的混淆不清问题。

经过 30 多年的快速发展，我国已经成为全球最大的铝合金门窗和建筑幕墙生产使用的国家。从技术和经济的角度正确认识幕墙和窗的区别，对于解决多年来在幕墙门窗工程中，由于材料、构造和造价等问题纠缠在一起，造成“窗、墙不分”，影响幕墙的验收结算和工程质量安全的问题，确有必要性和实际意义。

2　我国建筑“窗、墙不分”的人文历史原因

现代建筑的围护立面由承重墙上的门窗，演变到非承重的幕墙，我国出现“窗、墙不分”的纠纷问题，而西方发达国家却鲜见，首先是有其深厚的人文历史原因。

图 1　单扇窗洞口建筑

古代中国建筑讲究天人合一、顺其自然，以木结构框架建筑为主，墙体均不承重，在门窗上大做文章，木质隔扇装修，精雕细刻不厌其烦。中国古代门窗既达到与木结构建筑外观协调统一，又达到建筑围护功能性和室内外装饰性的和谐相辅[1]。结果是中国古代建筑的门窗全世界尺寸最大、立面最复杂。以至于影响到现在，依然追求大面积的门窗、通透的外墙。

古代欧洲建筑崇尚制服自然的精神，以精心打造叠砌的石材建筑结构为主，其门窗陷于厚重的石墙之中，无法大面积使用门窗，但在窗洞口石材上大作文章，精雕细刻，形成丰富的建筑立面。古欧洲的建筑门窗尺寸大小、立面复杂程度远不如古代中国建筑门窗。虽然采光受到限制，但人们习惯于使用一个窗洞口就是一个单扇的窗。这种建筑至今仍可看到（图1）。

3 我国建筑“窗、墙不分”的经济发展原因

20世纪80年代初开始引进我国的铝合金门窗，当时是应用在公共建筑上价格昂贵的高档门窗产品。1989年《国务院关于当前产业政策要点的决定》中明确规定，对建筑用铝门窗及铝装修品的生产和建设要严格加以限制。20世纪80年代中期随着我国高层建筑兴起而开始使用的铝合金玻璃幕墙，是比铝门窗更加昂贵的高档外墙结构。尽管如此，轻质高强和性能优异的铝合金型材和浮法玻璃，建造的大立面分格及大幅面的铝门窗和玻璃幕墙，具有极佳的装饰效果，深得国人喜爱，在我国得到迅速的发展，成为现代建筑的重要标志。随着20世纪90年代国家取消限制，铝门窗开始进入寻常百姓家，铝合金建筑幕墙也得到广泛的应用。

但是，我国毕竟是经济水平不高的发展中国家，为降低造价，薄壁型材的铝合金门窗和玻璃幕墙成为许多国人的选择。为保证铝门窗和幕墙的质量安全，并考虑到国情，我国铝合金门窗、玻璃幕墙的产品标准和工程技术规范都规定了铝合金型材最小壁厚的要求和强制性条文。

因此，迄今为止屡见不鲜的铝合金玻璃幕墙和外窗“窗、墙不分”的问题，其中很重要的原因是经济上的，本来我国的幕墙铝型材厚度已经比国外的要求低，但许多人用厚度更薄的铝门窗型材和节点构造做成玻璃幕墙的外观，以门窗的成本造价博取幕墙的利润。也有的公共建筑超大型外窗，用幕墙型材做成的“幕墙料窗”，也不符合幕墙的构造要求。

4 玻璃幕墙与外窗“窗、墙不分”的实体原因

与老式的钢门窗采用油漆涂饰框架、油灰镶嵌密封小而薄的普通平板玻璃相比，质轻高强的铝合金窗和玻璃幕墙具有更大的窗墙面积比、更好的采光通风和密封防水功能，给人以崭新的视觉效果。

铝合金窗与玻璃幕墙在外观上却很容易混淆不清，是因为这二者具有以下共同点：

（1）都是框支承玻璃面板的透光构造；

（2）框架铝合金型材和面板玻璃的材质和表面处理一样，具有相同的质感色彩外观；

（3）面板玻璃都采用高性能硅酮密封胶进行镶嵌密封；

（4）立面都是大分格，分格形式可以相同（特别是大幅面铝合金固定窗）。

5 玻璃幕墙与外窗混淆不清的主要形式

玻璃幕墙与外窗在外观上容易混淆不清的形式主要有以下两种：

（1）层间框支承玻璃幕墙（即楼层间的横向宽幅幕墙）与横向带形窗或落地窗的混淆；

（2）跨层框支承玻璃幕墙（即竖向窄幅幕墙）与竖向条形窗的混淆。

实际上发生“窗、墙不分”情况最多的是第（1）种，即层间玻璃幕墙与带形窗的混淆。建筑幕墙按其立面在楼层间的连续程度可划分为跨层幕墙和层间幕墙：

跨层幕墙——在建筑结构两个及以上的楼层形成连续构造立面的幕墙，即通常所见的跨

楼层幅面的建筑幕墙；

层间幕墙——安装在楼板之间或楼板和屋顶之间分层锚固支承的建筑幕墙，上海市地方标准《建筑幕墙工程技术规范》(DGJ 08—56—2012) 称之为“分层支承的幕墙体系”。

层间幕墙中最常用的形式是层间框支承玻璃幕墙，美国《Curtain Wall Design Guide Manual》[AAMA CW—DG—1—96 (2005)] 定义为窗墙 window wall——一种安装在楼板之间或在楼板和屋顶之间的金属幕墙。其典型的构成包括：水平和垂直框架构件、可开启的窗扇或通风器，固定亮窗或不透光的嵌板或它们的组合体。

图2　广州联通大厦东、北立面

图3　广州联通大厦层间玻璃幕墙及屋顶造型

我国正在编制的国家标准《建筑幕墙术语》，将这种窗墙 window wall 定义为窗式幕墙 window type glass curtain wall——安装在楼板之间或楼板和屋顶之间的金属框架支承玻璃幕墙，是层间玻璃幕墙的常用形式。图2、图3所示的广州联通大厦层间隐框玻璃幕墙，就是这种窗式幕墙。

带形窗和条形窗则分别是多樘单体窗在水平方向和垂直方向连续拼接装配的组合窗。

窗式幕墙与带形窗或落地窗的区别在于：窗式幕墙是自身构造具有横向连续性的框支承玻璃幕墙；带形窗是自身构造不具有横向连续性的单体窗，通过拼樘构件连接而成的横向组合窗。

6　建筑幕墙与外窗的区别

建筑幕墙是由面板与支承结构体系组成，具有规定的承载能力、变形能力和适应主体结构位移能力，不分担主体结构所受作用的建筑外围护墙体结构。

窗是围蔽墙体洞口，可起采光、通风或观察等作用的建筑部件的总称。通常包括窗框和一个或多个窗扇以及五金配件，有时还带有亮窗和换气装置[2]。

根据上述建筑幕墙和窗的定义，不管幕墙与外窗有何种形式的混淆不清，从技术的角度分析，建筑幕墙与窗有着以下根本区别：

(1) 与主体结构传递荷载的方式不同：幕墙通过锚固支座以点传递的方式将自重和所受荷载与作用传给主体结构；窗是通过四周的框架与洞口连接以线传递的方式将自重和所受荷载与作用传给主体结构；

（2）由主体结构支承的方式不同：幕墙通常悬挂在主体结构上，其竖向主要受力构件是拉弯构件（特定情况下也采用座装式压弯构件）；窗是座装在主体结构窗洞口底面上，其竖向主要受力框架构件是压弯构件；

（3）吸收变形能力不同：幕墙一般采用可伸缩的连接构造设计以适应温差变形和主体结构层间变形；窗一般没有专门的构造设计以适应温差变形和主体结构的变形；

（4）与主体结构的相对位置不同：幕墙一般突出于主体结构外轮廓线，形成整体性的立面；窗通常位于主体结构外轮廓线以内的镶嵌洞口内，形成局部性的立面；

（5）立面及构件型材截面的大小不同：幕墙是采用较大截面的型材构件，通过接缝设计而形成的大面积、连续性墙体围护结构；窗是采用较小截面的型材构件形成的墙面开口部位小面积、局部性围护部件。

幕墙是大支承跨度的框架结构，除了立柱本身之间的插芯连接、横梁与立柱之间的活动接缝以及玻璃与框架之间的弹性镶嵌接缝，幕墙与建筑的周边收口还采用弹性密封胶密封。

跨度较小的窗框架构件之间没有专门的活动接缝设计，靠框架构件之间的组装接缝间隙吸收一定的窗体自身变形，窗外框与主体结构之间经常采用湿法的水泥砂浆填塞安装间隙，固化后不能适应窗体与洞口墙体之间的相对位移。

7 玻璃幕墙与外窗在材料和造价上的区别

一般而言，玻璃幕墙与铝合金窗在主要材料和工程造价上有如下区别（表 1）：

表 1 铝合金窗、玻璃幕墙的用料与造价区别

	外窗	玻璃幕墙
铝合金型材最小壁厚（mm）	1.4	横梁 2.0、2.5；立柱 2.5、3.0
单位面积型材耗量（kg/m²）	7～10	10～13（构件式）；15～20（单元式）
玻璃单片厚度（mm）	5；6	6；8；10
开启窗锁闭五金配件	七字执手；两点锁	两点锁，多点锁（带转角器）
单位面积工程造价（元/m²）	500～700	800～1000（构件式） 1200～1500（单元式）

建筑幕墙与外窗是建筑外围护墙体的薄壁结构与部件，都要按照国家标准《建筑结构荷载规范》（GB 50009）的规定，保证承受 50 年重现期风荷载的抗风压安全性。为防止人为减薄型材以降低造价，国家标准《铝合金门窗》（GB/T 8478）规定铝门、窗型材的最小壁厚分别为 2.0mm 和 1.4mm，行业标准《铝合金门窗工程技术规范》（JGJ 214—2012）则将该壁厚规定作为强制性条文。行业标准《玻璃幕墙工程技术规范》（JGJ 102）强制性条文规定，横梁型材最小壁厚为 2.0mm（跨度不大于 1.2m）和 2.5mm（跨度大于 1.2m）；立柱的铝型材最小壁厚为 2.5mm（闭口部位）和 3.0mm（开口部位）。而西方发达国家的铝门窗型材壁厚为 2～3mm，幕墙型材壁厚为 3～4mm，都高于我国门窗幕墙标准的要求，其单位面积门窗幕墙的铝合金型材耗量也远高于国内。

我国建筑幕墙和门窗质量虽经改革开放 30 多年来的发展，有了很大的提高，但目前仍属于发展中国家，工程造价总体水平仍不高，由于激烈的市场竞争环境，再加之人为追求利润的原因，目前仍有不少工程采用薄壁的铝门窗型材内套钢衬做大分格的幕墙，或采用普通铝合金窗用的结构简单造价低的七字执手而不用高质量和承载能力的多点锁闭器，给幕墙工程留下质量问题和安全隐患。

8 结语

什么是幕墙、什么是外窗，是从技术的角度确定的，不是仅从外观确定的。采用幕墙型材和窗型材做的围护结构，只要不符合幕墙的构造要求，就不是幕墙，前者是“幕墙料窗”，而后者是“窗料假幕墙”。

从工程造价上讲，一般而言，幕墙的造价要高于窗的造价，当然，有的高性能的优质门窗系统造价要比一般的幕墙造价高，而采用幕墙料做的大型门窗，其造价也不能等同于普通铝合金门窗的造价。

建筑幕墙与外窗是关系到人的使用和社会公众安全的重要建筑部件，其工程建设的相关各方，都应从技术和经济的角度正确认识幕墙与门窗的区别，保证其合理的工程造价，正确的选材、设计制作和安装施工，才能确保建筑幕墙工程的质量、性能和安全。

参考文献

[1] 马未都. 中国古代门窗[M]. 北京：中国建筑工业出版社，2006.

浅谈 BIM 在幕墙上的应用

杨向良　王　晴
深圳市方大建科集团有限公司上海分公司　上海　200052

摘　要　随着时代的进步，计算机技术的飞速发展，BIM 引发了幕墙行业的第二次革命，从二维图纸到三维设计和建造的革命。对于幕墙单位而言，复杂异形的幕墙工程要使用 BIM，简单传统的幕墙工程更要采用 BIM。
关键词　BIM；异形幕墙；传统幕墙

引言

BIM，即建筑信息模型（Building Information Modeling），是以建筑工程项目的各项相关信息数据作为模型的基础，进行建筑模型的建立，通过数字信息仿真模拟建筑物所具有的真实信息。它具有可视化，协调性，模拟性，优化性和可出图性五大特点。

BIM 技术的核心是信息的存储，共享及应用。BIM 能够在综合数字环境中保持信息不断更新并可提供访问，使建筑师、工程师、各专业分包以及业主可以清楚全面地了解项目。BIM 使建筑、结构、给排水、空调、电气、景观、室内装修、幕墙等多个专业基于同一模型进行工作，从而使实现真正意义上的三维集成设计，完善了整个建筑行业从上游到下游的各个企业间的沟通和交流环节，优化了建筑设计，节约了时间和成本，实现了项目全生命周期的信息化管理。

对于幕墙行业而言，BIM 的应用将带来巨大的意义，使得设计乃至整个工程的质量和效率显著提高。BIM 将直接促使幕墙行业各领域的变革和发展，它将使幕墙行业的思维模式及习惯方法产生深刻变化，使幕墙设计、建造和运营的过程产生新的组织方式和新的行业规则。

1　BIM 平台选择

BIM 的软件很多，一般情况下可进行如下的选择：民用建筑选用 Autodesk 公司的 Revit 系列；工厂设计和基础设施选用 Bentley 公司的 Bentley Architecture 系列；单专业建筑事务所选择 Graphisoft 公司的 ArchiCAD、Revit、Bentley；项目完全异形、预算比较充裕的可以选择 Gehry Technologies 公司的 Digital Project 或 CATIA。

然而 BIM 并不是某一款软件，而是一种工作方式，一种思维方式。在具体项目中，在不同阶段要采用不同的 BIM 软件，从而有助于优化设计与施工。

2　BIM 在异形幕墙上的成熟应用

2.1　异形幕墙

异形幕墙顾名思义即特殊形状的幕墙，主要是建筑表面整体的形态呈曲面而在空间显示为特殊的立面效果。近年来，随着技术的发展，异形幕墙日益增加。异形幕墙以其极强的艺术表现力，使得建筑风格发生了颠覆性的变化。令人炫目惊叹之余，异形幕墙也给幕墙设计施工带来了一系列问题，传统的二维图纸已经没有办法清晰表述设计意图，这正促使幕墙单位采取更加有效的手段进行设计，施工与管控，由此，BIM应运而生。BIM为幕墙行业领域带来了第二次革命，从二维图纸到三维设计和建造的革命。同时，对于整个幕墙行业来说，BIM也是一次真正的信息革命。

2.2 BIM在异形幕墙上应用的案例

最初，BIM只是应用于一些大规模标志性的异形幕墙项目当中，除了堪称BIM经典之作的上海中心大厦项目外，上海世博会的一些场馆也应用了BIM。之后，银河SOHO、武汉汉街万达广场、成都大魔方售楼处……这一系列项目中BIM的成功实践应用，无一不表示着BIM在异形幕墙上的应用已经成熟。

以下展示了某商业项目中，对于屋面椭圆采光顶（图1），利用犀牛，借助插件Grasshopper，在不影响外饰效果的情况下，进行参数化设计，优化表皮，将曲面的玻璃拟合成为平面玻璃，优化前玻璃规格214种，优化后94种，大大减少了不同规格玻璃数量，给设计施工带来了极大便利。

图1 BIM在屋面椭圆采光顶的应用

3 BIM在传统幕墙上的应用

实践证明，BIM在异形幕墙中取得了辉煌的成果。那么，对于幕墙设计施工而言，在传统幕墙中，应用BIM是否能够提高设计效率，提高工程质量？为此，我司在2014年上海外滩某项目上应用了BIM技术，进行了传统幕墙应用初步探索。并在此经验的基础上，在2015年的另一商业办公项目中更加深入探索BIM的实践应用。

3.1 2014年上海外滩某项目的BIM实践

该项目主要包括单元式玻璃幕墙系统、单元式石材幕墙系统、框架式玻璃幕墙系统、框架式石材幕墙系统、其余为防火幕墙、玻璃栏杆、铝合金百叶、玻璃百叶、铝合金门、铝单板等。为办公综合楼，分多个建筑单体组成。

根据对比几种BIM软件的优劣点，并结合项目的特点，设计人员决定采用Revit进行三维建模。Revit功能强大，界面直观，协同设计，对于幕墙设计而言，多人同时进行建模，极大的提高建模速度。

3.1.1 三维可视化

在BIM建筑信息模型中，由于整个模型是三维可视化的，所以，可视化的结果不仅可以用于效果图的展示（图2），更重要的是，项目设计、建造、运营过程中的沟通、讨论、决策都在可视化的状态下进行，极大地方便了业主建筑师建筑效果的选择，极大地减少设计变更，减少时间与人力的浪费。

图2 效果图展示

3.1.2 协调性

建筑信息模型是BIM应用的基础，有效的模型共享与交换能够实现BIM应用价值的最大化。对于建筑而言，幕墙只是其中一部分，幕墙设计施工不免会和其他专业有工作交界口。由于Revit的本身协同设计，可以让幕墙和其他专业进行同时设计，设计阶段就能发现交接碰撞问题，生成碰撞报告（图3），而且还可以将Revit导入到Navisworks，进行碰撞

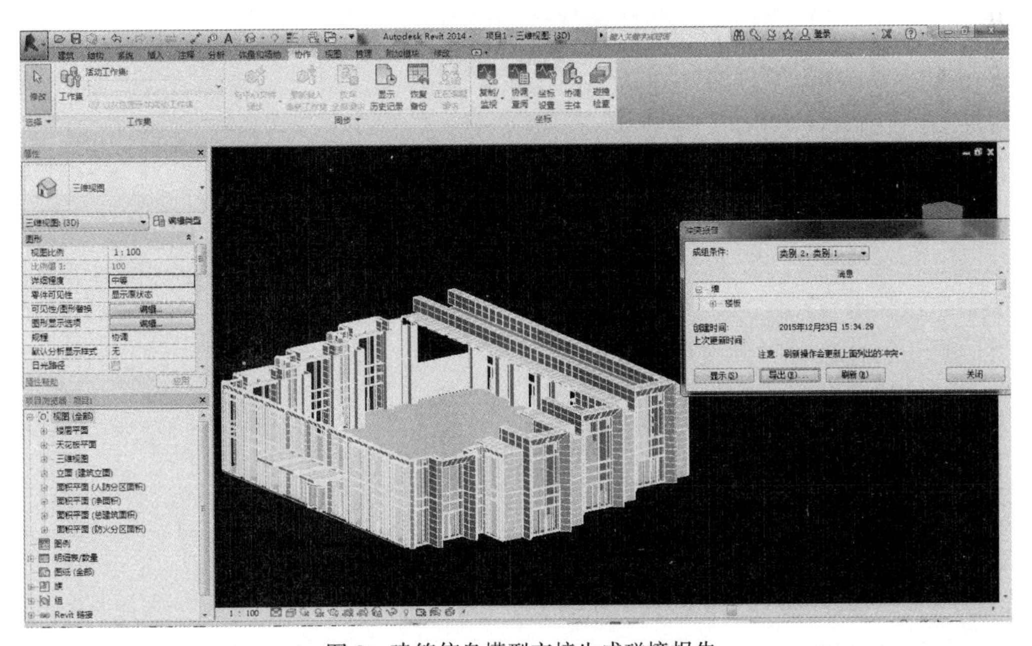

图3 建筑信息模型交接生成碰撞报告

校审。不仅支持硬碰撞（物理意义上的碰撞）还可以做软碰撞校审（时间上的碰撞校审、间隙碰撞校审、空间碰撞校审等），也可以定义复杂的碰撞规则，提高碰撞校审的准确性，这样既避免了施工阶段的资源的浪费，同时提高了设计质量和施工速度。由此可见，BIM的提前预警和协同共享的是其价值所在。

3.1.3 工程量的准确统计

工程量统计，由于统计方法，对图纸理解程度，设计变更、施工变更等各方面的原因，一直都是老大难的问题。在Revit模型中，所有的图纸、平面视图、三维视图和明细表都是建立在同一个建筑信息模型的数据库中，它可以收集到建立在建筑信息模型中的所有数据。因为它的绘图方式是基于BIM技术的三维模型，模型和明细表之间有着紧密的关联性，所以一方修改，另一方会自动修改，节省了大量的人力和时间，并且保证了明细表中工程量统计的准确性。如图4中的明细表，当模型中信息改变，明细表中统计数据也会改变。

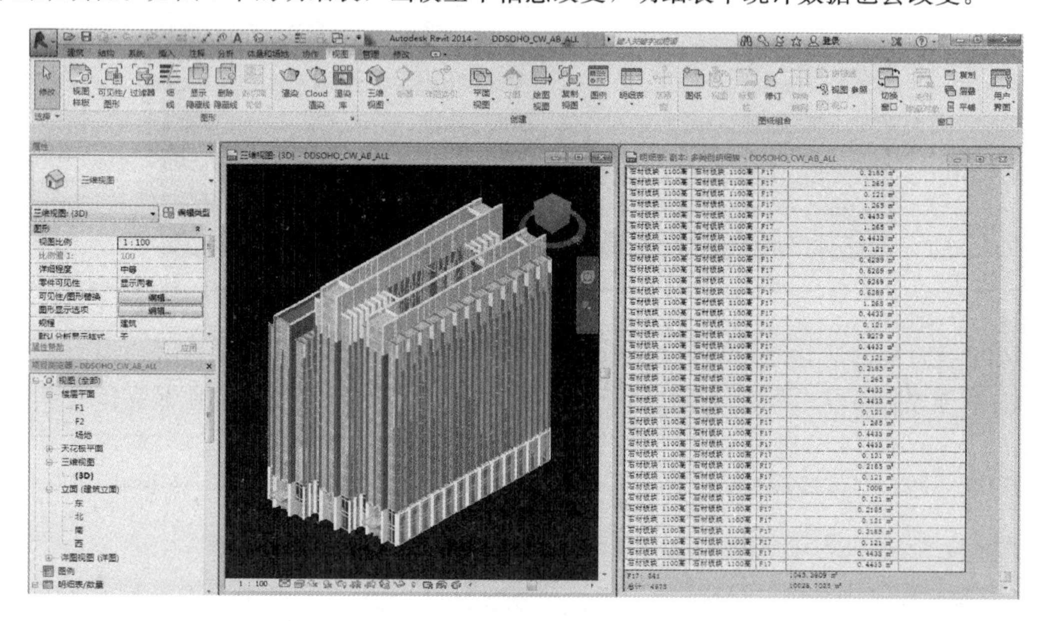

图4 工程量统计明细表

3.1.4 精确的成本控制

利用BIM进行成本管控，具有极大的意义。BIM技术将成本与设计完美耦合进行成本精确测算，提供了目标成本确定时的限额设计和方案比选优化，并在建造过程中实现动态成本的监控，方便了项目的成本控制和合理材料采购，避免了资源的浪费。

3.1.5 施工阶段的下料

在施工下料阶段，利用Revit的明细表，可以方便快速的生成的石材、玻璃、铝型材钢材下料单，如图5的石材下料，极大地提高了下料的准确性，提高了工作效率，实现了的人力、时间和资源的合理配置。

3.1.6 与等其他软件协作

Revit可以导入3DMAX，在方案设计阶段得到更高品质的渲染效果图；Revit可以导入Navisworks，与此同时，Navisworks还可以导入目前项目上应用的进度软件（p3、Project等）的进度计划，和模型直接关联，通过3D模型和动画能力直观演示出幕墙施工的步骤。

序号	代号	名称	材料			尺寸(mm)			表面处理	所改安装部位及数量		本表合计数量	面积m²	工艺图代号	备注
			代号	名称	规格	W	H	L1		安装部位	数量				
1	AB-KJSC01	葡萄牙砂岩				见工艺图			光面（已业主确认的样品为准）	AB#楼3~8层西立面石材（整体吊装部位）	16		131.93	Zsh.1301.JG.02.86001	
2	AB-KJSC02	葡萄牙砂岩				见工艺图					4		32.98	Zsh.1301.JG.02.86002	
3	AB-KJSC03	葡萄牙砂岩				见工艺图					4		32.98	Zsh.1301.JG.02.86003	
4	AB-KJSC04	葡萄牙砂岩				见工艺图					12		65.71	Zsh.1301.JG.02.86004	
5	AB-KJSC05	葡萄牙砂岩				见工艺图					3		16.43	Zsh.1301.JG.02.86005	
6	AB-KJSC06	葡萄牙砂岩				见工艺图					3		16.43	Zsh.1301.JG.02.86006	
7	AB-KJSC10	葡萄牙砂岩				见工艺图					20		110.57	Zsh.1301.JG.02.86010	
8	AB-KJSC11	葡萄牙砂岩				见工艺图					5		27.64	Zsh.1301.JG.02.86011	
9	AB-KJSC12	葡萄牙砂岩				见工艺图					5		27.64	Zsh.1301.JG.02.86012	
10	AB-KJSC13	葡萄牙砂岩				见工艺图					8		22.13	Zsh.1301.JG.02.86013	
11	AB-KJSC14	葡萄牙砂岩				见工艺图					2		5.53	Zsh.1301.JG.02.86014	
12	AB-KJSC15	葡萄牙砂岩				见工艺图					2		5.53	Zsh.1301.JG.02.86015	
13	AB-KJSC20	葡萄牙砂岩				见工艺图					12		65.71	Zsh.1301.JG.02.89001	
14	AB-KJSC21	葡萄牙砂岩				见工艺图					3		16.43	Zsh.1301.JG.02.89002	
15	AB-KJSC22	葡萄牙砂岩				见工艺图					3		16.43	Zsh.1301.JG.02.89003	
16															
17															
18															
19															本页数量合计:
23															594m³
					编制:										
					校对:										
					审核:										
标记	处数	更改文件号	签名	日期		签名			日期						

图 5　施工阶段的石材下料

3.2　2015 年另一商业办公项目的 BIM 实践

该项目主要是单元幕墙，分多个单体建筑，造型相对简单。两名设计人员利用 Revit 的幕墙嵌板，建立单元组，3 天的时间建立了样板模型，如图 6 所示。

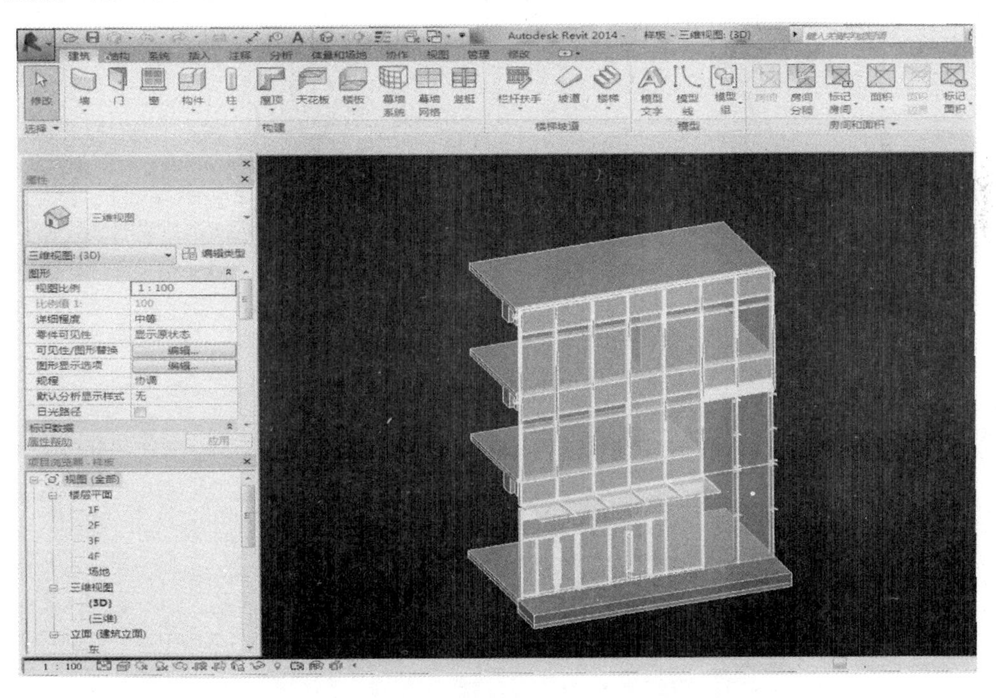

图 6　单元幕墙样板模型

3.2.1　设计阶段二维设计出图

由于传统的工作模式还没有完全改变，很多时候还是需要二维图纸的表达。同时，在设计阶段，由于业主想法不定，进行了多次变更，Revit 以其强大的联动功能，平、立、剖面、明细表双向关联，一处修改，处处更新，自动避免低级错误；Revit 设计会节省成本，节省设计变更，加快工程周期。

由于我司与相关 BIM 研发机构进行合作，在 Revit 中开发了属于我司的制图标准，极大地方便了我司的二维设计图纸的设计。利用样板的模型，并结合 Revit 中的注释功能，可以生成样板的平面图、立面图、大样图，同时，利用剖面图，还可以生成深化节点图（图 7）。

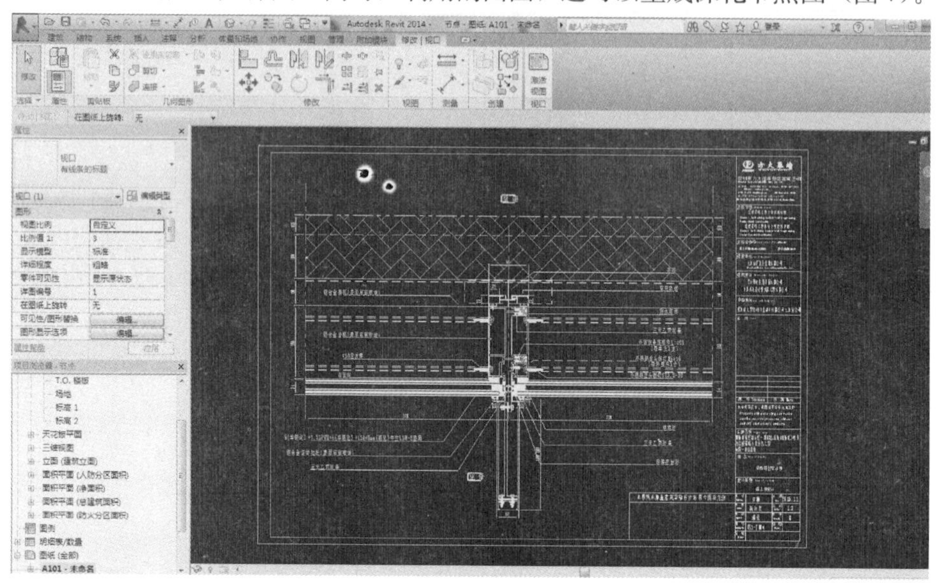

图 7　生成深化节点图

3.2.2　施工阶段的深入应用

到了施工下料阶段，利用模型，可以生成单元组装图（图 8）。由于模型建立的比较精确，在误差合理范围内，可以生成型材加工图，同时利用 Revit 自身的明细表，可以生成下

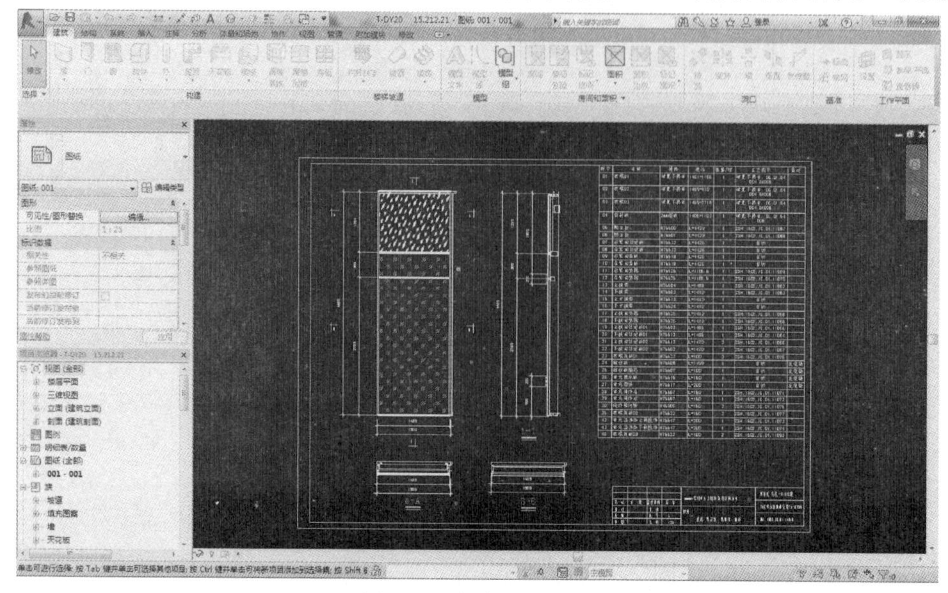

图 8　生成单元组装图

料单，极大地减轻了设计人员在下料阶段的工作量。而且，由于样板的三维建模，对工厂加工，现场施工管理也带来了极大的便利。

结语

由于硬件等的限制，BIM 工具针对于幕墙领域的专业设计功能还不够完善、本地化程度不够，以及 BIM 技术服务商的技术支持能力参差不齐等多方面的原因限制了 BIM 的广泛应用，但是随着技术的发展，应用的实践推动，BIM 技术将在幕墙方案投标、施工设计、成本管理、材料采购、施工管理等方面得以进一步推广。

BIM 不仅是一类软件，更是一种新的思维方式。幕墙行业的发展趋势是信息化程度更高、更加透明化，未来的设计趋势将由二维走向三维，达到一个新的阶段。相信随着我国幕墙行业的日趋成熟以及人们对建筑美学的更高追求，BIM 软件在异形幕墙上的应用更加广泛，在传统幕墙上的应用将更加成熟，而 BIM 在幕墙行业将成为主流，前途不可限量。

参考文献

[1] 任璆，戈宏飞．三维建模 Rhinoceros 软件在幕墙设计中的应用[J]．机电工程技术，2010.(07).
[2] 陈继良，张东升．BIM 相关技术在上海中心大厦的应用[J]．建筑结构，2012(03).
[3] 梁家烨．BIM 技术在复杂幕墙工程施工阶段的应用[J]．建筑科技，2013(15).
[4] 王斌．复杂幕墙系统的 BIM 实践[J]．建筑技艺，2014(05).

上海世博园西班牙国家馆外装饰工程设计

刘长龙　周　东　李亚明
江苏合发集团有限责任公司

摘　要　本文从2010年上海世博会西班牙馆的外装饰设计入手，对异形玻璃幕墙、装饰藤条板的结构设计、构造技术及材料加工等工程难点进行了讨论研究，对于玻璃连接节点构造适应于异形板块安装调节需要的重点节点处理方案做了详细的分析，并对特殊装饰面板藤条板的加工、制作、安装等做了相关介绍。
关键词　世博会；异型玻璃；藤条板；万向球铰

1　引言

中国2010年上海世界博览会（Expo 2010），是第41届世界博览会，于2010年5月1日至10月31日期间，在中国上海市举行。此次世博会也是由中国举办的首届世界博览会。上海世博会以“城市，让生活更美好”（Better City，Better Life）为主题，总投资达450亿人民币，创造了世界博览会史上最大规模纪录，同时超越7000万的参观人数也创下了历届世博之最。

图1　世博会西班牙馆

世博会西班牙馆展馆（图1）是一座复古而创新的“藤条篮子”建筑，外墙由藤条装饰，通过钢结构支架来支撑，呈现波浪起伏的流线型。

8524个藤条板不同质地颜色各异，面积将达到12000m^2，每块藤板颜色不一，它们会略带抽象地拼搭出“日”、“月”、“友”等汉字，表达设计师对中国文化的理解（图2）。

图 2　西班牙馆外墙拼搭出“日”、“月”、“友”等汉字

西班牙馆外墙由藤条板、支撑钢结构及玻璃面板组成，阳光可透过藤条缝隙，洒落在展馆内部（图 3）。

图 3　西班牙馆内景照片

由于西班牙馆外墙采用了独特的建筑造型设计及新颖的外墙材料，针对其异形曲面的拟合、龙骨与钢结构及玻璃连接节点的设计、藤条板的加工制作及安装等设计施工中的重点及难点，方案设计采用的“万向球铰圆盘”构造节点及碳钢棒夹具方案，考虑到了施工及加工工序中会出现的各类误差、安装调节需求及外墙曲面拟合的效果，工序简洁可行，经过了实际工程的检验，达到了建筑师预期的立面效果。

2　工程概况

西班牙西邻葡萄牙，南隔直布罗陀海峡与非洲的摩洛哥相望，东北与法国、安道尔接壤，国土面积 50.6 万平方公里，人口 4520 万。其国家以独特的西班牙斗牛文化及弗拉明戈现代激情舞闻名于世界。

西班牙国家馆位于上海世博园 C 片区，为上海世博会面积最大的自建馆之一，参展规模之大也创下西班牙参加世博会的新纪录，展馆由西班牙著名女建筑师贝娜蒂塔·塔格利亚布设计（图 4），其展馆主题：我们世代相传的城市。

图 4　建筑师

整个展馆外墙建筑设计采用在中国和西班牙普遍应用于工程建设和生活当中的植物——藤条作为沟通两国文化的桥梁和纽带。而建筑外观的设计灵感则来自于西班牙弗拉明戈现代激情舞，灵动的藤条板立面如同舞者飞扬的裙摆，亦如同地中海翻卷的浪花（图5）。

图5 西班牙弗拉明戈现代激情舞与西班牙馆外墙对比

西班牙馆建筑面积7624m²，地上三层，建筑高度20m，建筑耐火等级为二级，按7度抗震设防裂度进行设防。建筑设计使用年限为1年（临时性建筑）。西班牙馆建筑幕墙共有玻璃幕墙、铝板幕墙、藤板幕墙、钛锰合金板等形式，幕墙面积约为25000m²。幕墙的重点为异型玻璃幕墙和藤板幕墙。

3 异型玻璃幕墙的设计及安装

由于建筑设计来源弗朗门戈激情舞蹈裙摆的造型，导致外玻璃幕墙的造型异常复杂，对玻璃连接的节点构造和玻璃面板的规格提出了较高要求，并且由于建筑功能和建筑设计的要求，幕墙玻璃安装必须在主体支撑钢结构的室内侧，如此工程特点决定了玻璃板块玻璃形状的选择、幕墙玻璃与主体钢结构连接的节点设计、玻璃板块间的节点设计必须满足异型曲面的拟合及安装调节的需求，而由于幕墙玻璃安装在主体支撑钢结构的室内侧，幕墙玻璃与主体支撑钢结构间的连接装置必须可以调整，以为保证此连接装置不但可以适应主体钢结构的变形，也可以保证幕墙玻璃安装曲面的规则统一。

3.1 玻璃分格及龙骨布置设计

在进行玻璃幕墙分格设计时，我们考虑采用以下措施以满足工程特点的要求：

（1）玻璃板块分格设计根据三点共面的原则，采用三角形平板玻璃拟合整个曲面，在满足曲面效果的基础上，有效地降低了曲面玻璃的加工难度及工程造价，极大地缩短了工期。每个节点集中处采用六块三角形玻璃拼接的形式（图6）。

（2）幕墙支撑钢龙骨布置的形态采用螺旋式布置的原则，来适应建筑造型的形态，玻璃斜向龙骨按统一方向布置。为保证建筑幕墙的整齐划一，螺旋式布置的钢龙骨为平行四边形形式，竖龙骨与主体钢结构竖向钢架对齐。平行四边形内采用两块三角形玻璃（图7）。

3.2 玻璃幕墙防水及构造连接设计

由于建筑功能和建筑设计的要求，幕墙玻璃位于主体支撑钢结构的室内侧，为保证玻璃幕墙的排水，玻璃的平行四边形龙骨仍置于玻璃室内侧，室外除了预留与主体钢结构连接处的构件，其余为完整的玻璃面，玻璃与玻璃间、玻璃与主体连接件间采用耐候密封胶密封，形成完整而平滑的防水面（图8）。

图 6　三角形玻璃板块

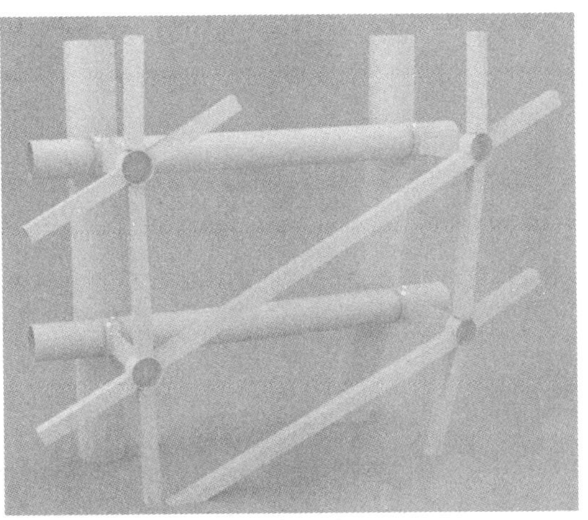

图 7　玻璃龙骨布置规则

图 8　玻璃面与主体结构关系

整个玻璃幕墙结构受力体系：三角形玻璃与玻璃内侧的钢龙骨通过压块固定，玻璃受力模型为两边简支，一边自由；玻璃内侧钢龙骨通过球铰组件与钢制万向圆盘连接，玻璃龙骨未简支梁受力模型；钢制万向圆盘通过可调钢套管与外侧的主体钢结构焊接固定。

三角形玻璃采用 6＋1.14PVB＋6＋12A＋8Low-E 中空夹胶玻璃配置，在进行结构分析时，我们选取了最不利受力单元板块进行分析，结果如图 9、图 10 所示。

与主体结构连接钢套管应力分析结果如图 11 所示。

3.3　万向球铰圆盘的设计

为满足不同角度组合的玻璃龙骨的连接、为吸收不同三角玻璃平面的各类夹角、为调节各类构件的施工及加工误差，本工程设计采用了万向球铰圆盘的构件节点系统，此连接系统主要包含以下各构件（图 12）：1—连接件，2—圆形装饰盖板，3—法兰盘，4—球铰组件。

万向球铰圆盘的工作原理及调节机构如下（图 14）：

（1）其中不锈钢铰接球采用 M10 的不锈钢对穿螺杆与钢块拴接，通过螺纹可以实现连

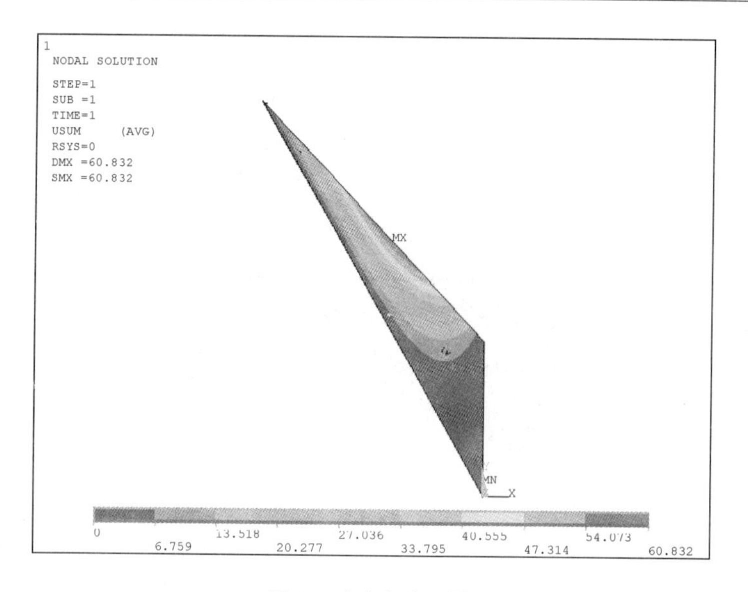

图9　玻璃应变云图

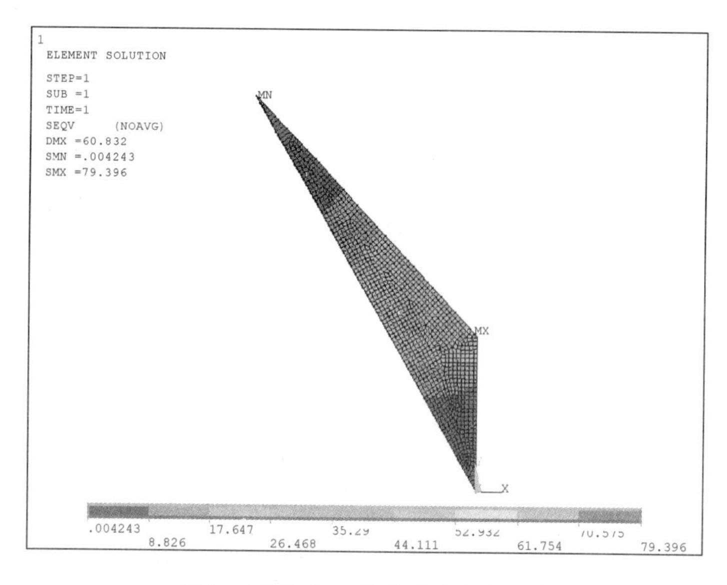

图10　外片8mm钢化玻璃应力云图

接钢块的进深向尺寸调节，从而实现对幕墙钢龙骨径向加工及施工安装误差的吸收，连接钢块与幕墙钢龙骨采用不锈钢沉头螺钉固定。

（2）不锈钢球铰可在法兰盘钢槽内实现万向角度的滑动及转动，可以满足不同玻璃板块龙骨夹角组合及玻璃平面不同夹角组合的各类需求，此设计是本系统的精髓所在，完美地解决了三角形玻璃板块曲面拟合的施工及安装难点。

（3）钢制法兰盘与主体钢结构连接套管采用两段不同直径的钢管套接，可以实现垂直于幕墙面进出向的调节，保证了施工安装的精度，使得幕墙曲面拟合更为顺滑。

万向球铰接圆盘系统的优点在于：①由于龙骨连接点处不一定为平面，采用了万向球铰接法很好地解决此问题；②外观美，连接不受角度的影响，连接角度在140°～180°之间任意

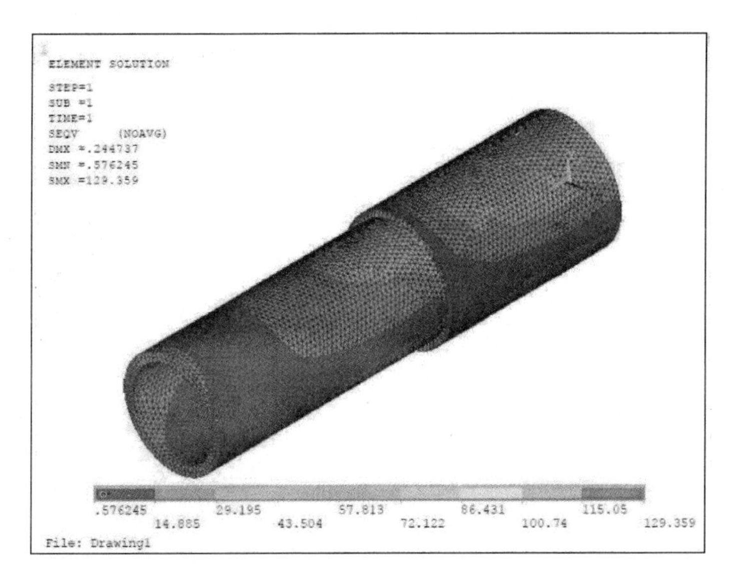

图 11　钢连接件应力云图

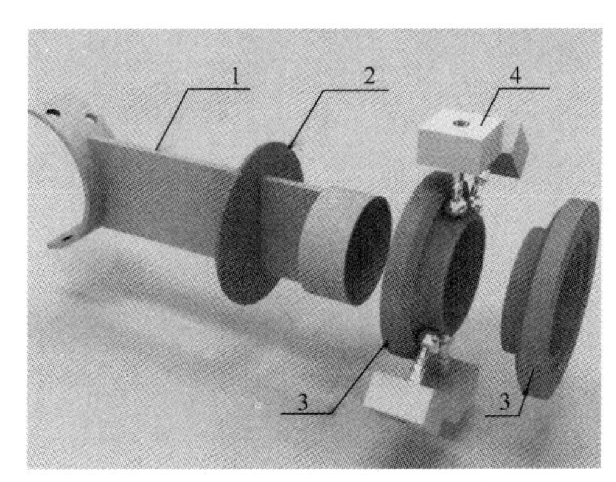

图 12　万向球铰圆盘节点构造图

变化；③零配件在公司内批量加工，精度高，质量好，现场安装方便，缩短施工周期。

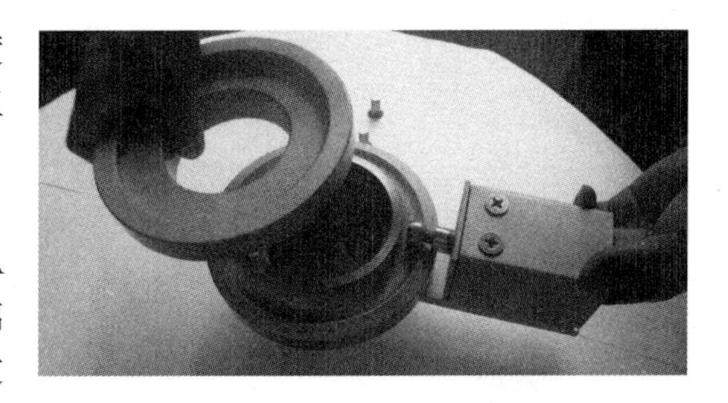

图 13　万向球铰圆盘样品图

3.4　玻璃的安装连接（图 15）

三角形玻璃采用 6＋1.14PVB＋6＋12A＋8Low-E 中空夹胶玻璃配置，在安装玻璃前，先将铝合金支撑板（穿橡皮条）通过 M5×30 奥氏体不锈钢螺栓与 60×60×4 钢方管连接，螺栓间距不大于 350mm；然后通过铝合金压块将玻璃板块固定于组合龙骨上，玻璃采用特殊中空隔条处理，减少了常规玻璃铝合金付框的配置；玻璃安装完成后，再安装圆形装饰盖板，既起到装饰作用，也可以防止处于反挂部位玻璃下坠。在玻璃与其他硬质构件间均设置柔性垫块，防止玻璃受力不均或破损。在没有龙骨连接的玻璃边位置，采用耐候密封胶进行两板块间的密封处理。

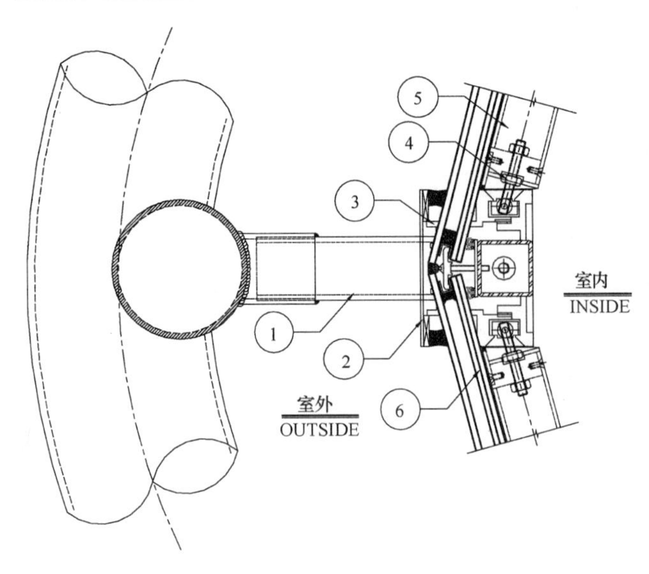

图 14　万向球铰圆盘连接节点图

1—连接套管；②—圆形装饰盖板；③—钢制法兰盘；
④—球铰组件；⑤—幕墙钢龙骨；⑥—中空夹胶玻璃

图 15　玻璃安装图

4　藤条板的设计、加工及安装

藤条板的使用赋予了西班牙馆外立面独特的建筑肌理，板型的选择和排布既适应了建筑的裙摆造型，也突出了建筑古朴、自然的风格，代表了中国和西班牙两国共通的古老民间工艺，丰富了世博会展馆的城市交流的内涵。

西班牙馆外墙采用了三种不用颜色和编制方式的藤条板分别组合，翘曲的板型组成波浪起伏的立面，如同舞者飞扬的裙边（图 16）。深浅各异的藤板是在山东宾州纯手工编制制作完成的，不经过任何染色，藤条用开水煮 5h 可变成棕色，煮 9h 接近黑色，这就是这些藤板色彩不一的秘诀。

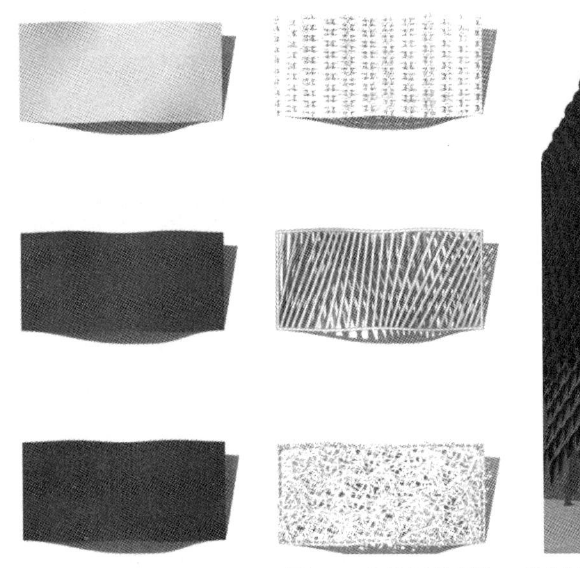

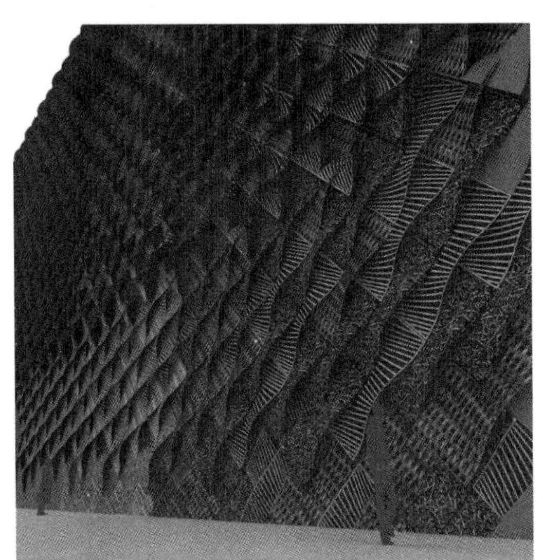

图 16　藤条板的颜色、编制方式及立面排布效果

图 17　藤条板的安装

藤条板的安装及连接方式如下（图 17）：

（1）可调节长度的组合钢套管按照藤板排布规律焊接在异型玻璃幕墙的龙骨、球铰圆盘或主体钢结构上。由于藤板鱼鳞异型排布，钢管的长度也有所区别，组合套管的形式可以方便施工过程的微调；

（2）表面经过氟碳喷涂的碳钢棒采用夹具夹紧在钢撑管的前端头，钢棒的布置通过计算机三维辅助进行定位及排布；

（3）碳钢棒与藤板采用碳钢夹具夹紧；

（4）每块藤板在立面上的排布均按照建筑设计进行了严格的编号。颜色若出现较大差异和变化均需进行更换和替换。

5　结语

万向球铰圆盘节点系统是本工程的重点工艺，其很好地解决了曲面拟合及异形板块施工安装的难题，而新型编制藤条板的使用更是让西班牙馆具有了独特的人文和历史情怀。玻璃幕墙及藤条板的连接系统均采用螺栓、夹具、套管等机械化工艺，所有构件工厂加工、现场组装，既提高了构件质量，也简化了现场工艺，缩短了施工工期。球铰圆盘及钢棒夹具等结构构件均为可拆卸设计，便于世博会结束后场馆的拆除或异地重建，也便于藤条板及玻璃板块的维护更换，提高了建筑材料的重复利用率，体现出西班牙馆绿色、环保的精品建筑理念。

附录：世博会西班牙馆获得相关奖项——

2010 年英国皇家建筑师学会国际建筑大奖

2010 年江苏省建筑装饰优质工程

2010 年上海建筑装饰优质工程

2010 年全国建筑装饰工程装饰奖

预制构件式幕墙的设计及应用

毛伙南

中山盛兴股份有限公司

摘　要　本文提供了一种构件式框支承幕墙的组装及安装工艺。介绍了预制构件式幕墙的技术背景，设计原理，隐框、明框等结构形式，并介绍了工程的应用情况。

关键词　幕墙；构件式；预制；设计；应用

1　技术背景

幕墙形式按支承框架的组装工艺分为构件式幕墙和单元式幕墙。构件式幕墙是在现场依次安装立柱、横梁和面板的框支承建筑幕墙；单元式幕墙是由面板与支承框架在工厂制成的不小于一个楼层高度的幕墙结构基本单位，直接安装在主体结构上组合而成的框支承建筑幕墙。构件式幕墙构造简单，成本较低，对加工设备要求低，工厂加工费用较低，现场安装灵活，适应性好，但现场安装工序多，安装精度低，现场安装费用高；单元幕墙在工厂组装单元板块，现场按单元有序吊装，工序少，施工周期短，现场安装费用低，但由于构造复杂，所用材料比构件式幕墙多，故造价比构件式要高。随着人工费的上涨，构件式幕墙由于现场安装工序多，施工周期长，人工费的上涨对其成本影响较大。为降低成本，可以将部分工序在工厂完成，减少现场作业，由此设计预制构件式幕墙。

2　设计原理

预制构件式幕墙由面板和预制框架组成。预制框架由立柱和横梁组成，在工厂采用自攻螺丝连接组装（图 1)。立柱设计成槽型截面，左右框架之间通过立柱的对插，形成封闭截面的立柱，立柱接触处采用胶条隔开以避免摩擦噪音（图 2)。上下框架对接位置避开横梁，采用插芯上下插接（图 3)。如果横梁距离立柱对接位置较大，也可以把上下框架之间的横梁设计成槽型，分别与上下框架组成框架，上下框架对插后连接处横梁形成封闭截面的横梁（图 4)。框架与主体结构的连接与构件式幕墙相同，即框架左右立柱分别采用钢角码与埋件连接，可以实现三维调节（图 5)。上下框架之间通过插芯连接，插芯同时也是施工时的吊装件。横梁、立柱在工厂制成一个楼层高度的支承框架，框架运输到现场后，按构造单元按顺序进行吊装。面板在现场安

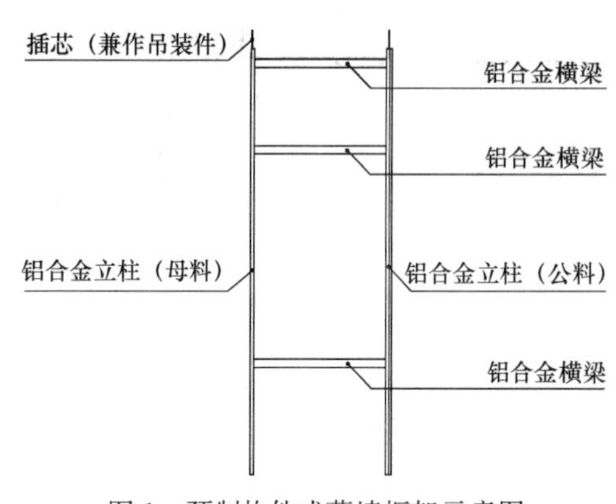

图 1　预制构件式幕墙框架示意图

装，面板与框架的连接构造可以采用小单元挂接，也可以采用压块等连接方式。面板安装后在板缝中注胶密封，即完成安装。

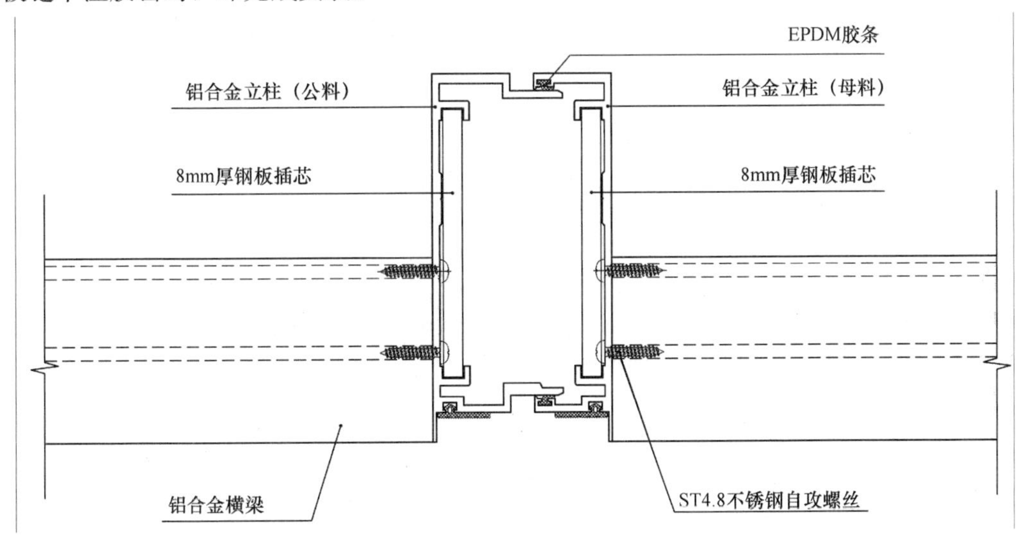

图 2　立柱对插示意图

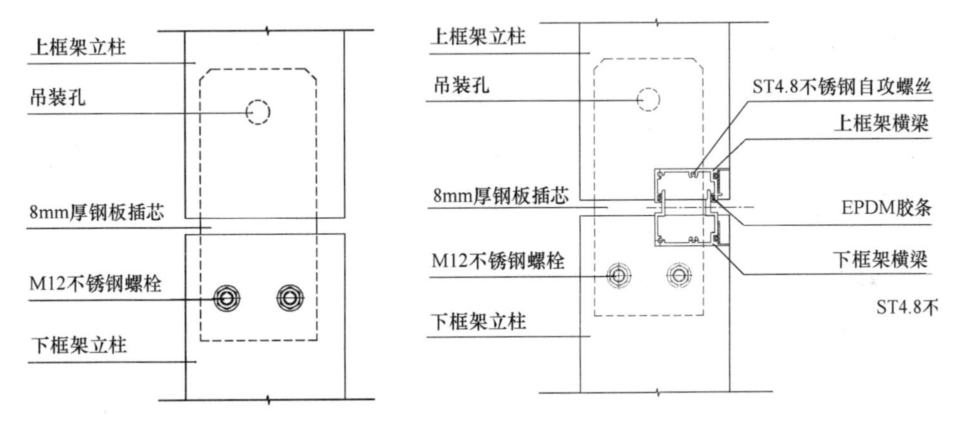

图 3　上下框架连接示意图　　　　图 4　横梁对插示意图

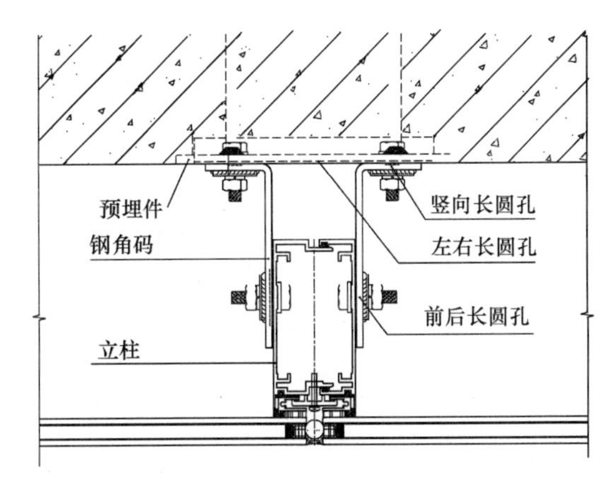

图 5　支座连接示意图

3 幕墙形式

预制构件式幕墙在立面形式上可以是明框幕墙，也可以是隐框或半隐框幕墙。面板可以是玻璃、金属板、石材或人造板材。预制构件式幕墙不仅适用于平面幕墙，也可以在框架、面板安装过程中通过以旋转中心为轴调整角度而成为一种带折线角幕墙，通用性强。幕墙立柱、横梁形式不变，只是前端附框和扣线做少许变化即可满足不同的建筑设计要求。每块面板均可从室外单独拆装，便于板块维修更换，重新安装新板块后幕墙性能不受任何影响。通过附框和装配胶条的变化可任意调整面板材料的种类和厚度。采用明框形式时采用隔热胶垫进行断热设计，构造简单，灵活有效，突破断热夹条铝材设计的瓶颈，保证断绝热传导的同时又不影响构造的稳定和水密、气密性能。预制构件式开启窗构造同普通构件式幕墙，在此不再赘述。以下以玻璃面板为例介绍几种主要形式。

（1）明框玻璃幕墙，如图 6、图 7 所示。

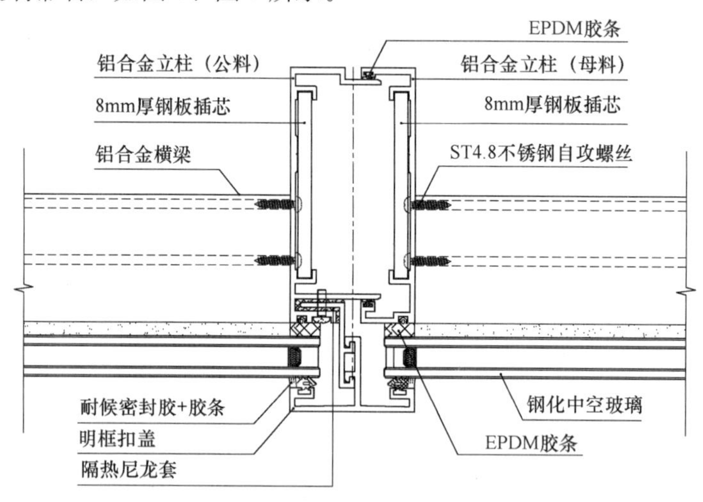

图 6　明框幕墙横剖节点

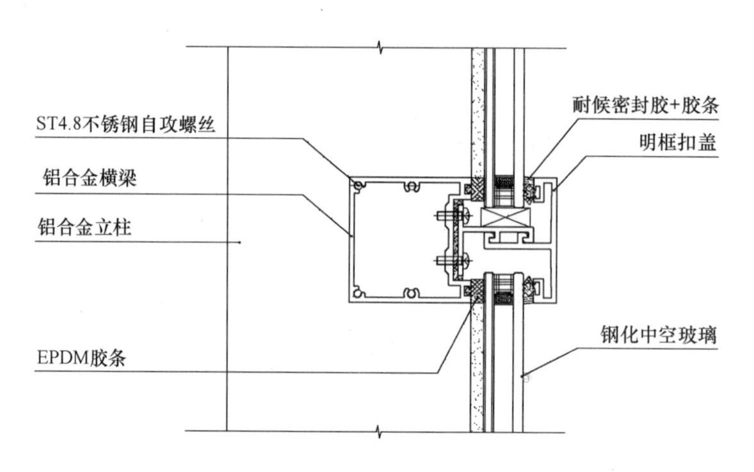

图 7　明框幕墙竖剖节点

（2）隐框玻璃幕墙，如图 8、图 9 所示。

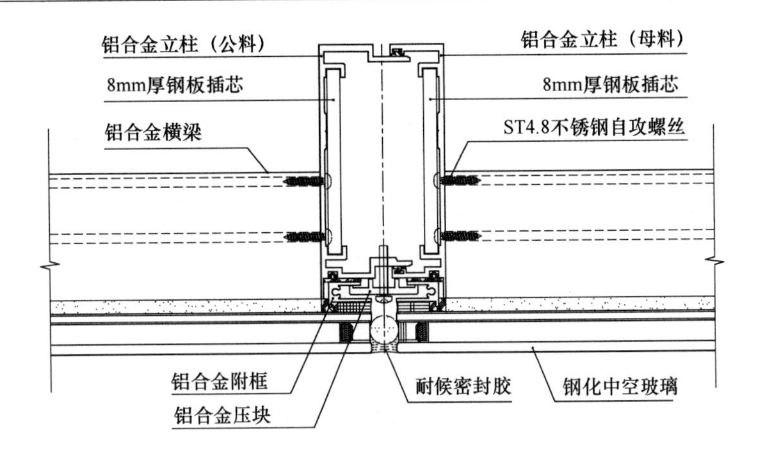

图 8　隐框幕墙横剖节点

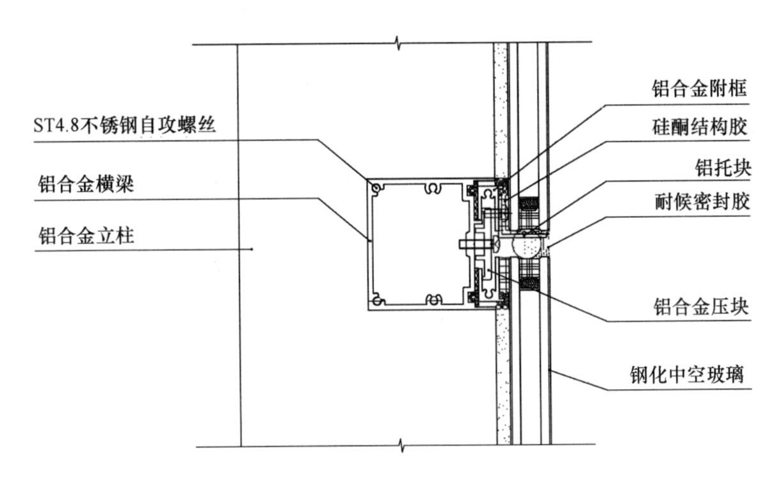

图 9　隐框幕墙竖剖节点

（3）折线玻璃幕墙，如图 10 所示。

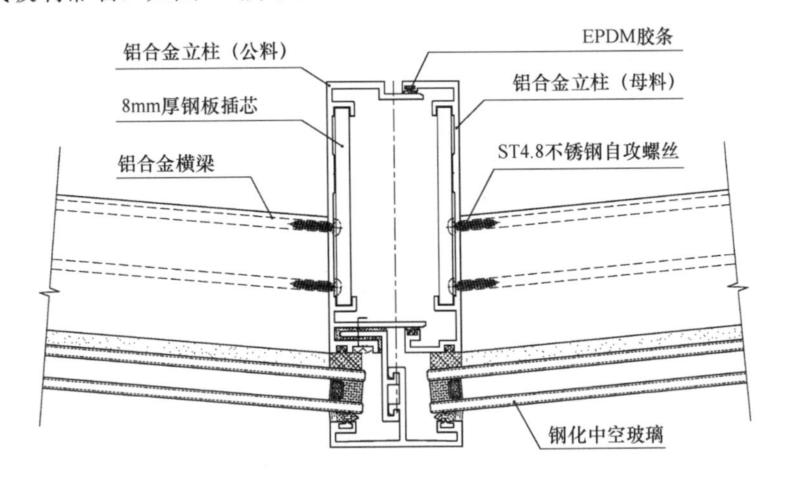

图 10　折线幕墙横剖节点

4 工程应用

预制构件式幕墙先安装框架，再安装面板。框架的安装类似于单元式幕墙安装，由低层向高层分层安装。同一楼层内可以按顺时针或逆时针方向安装，面板板块比框架推迟2～3层安装，并随框架同步距向上安装（图11）。

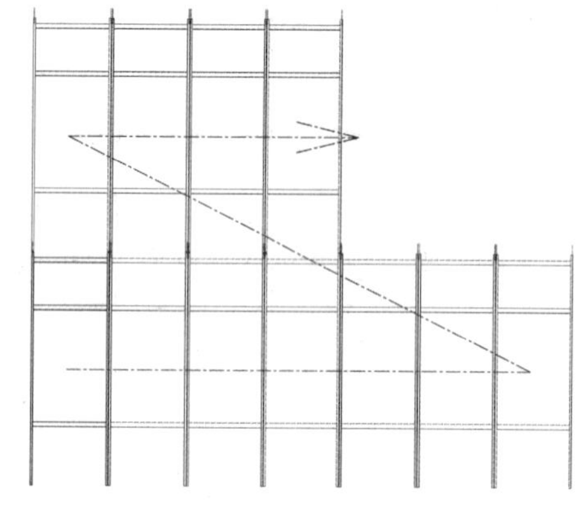

图11 框架安装示意图

框架采用单元式框架，框架的立柱和横梁在工厂组装完成，施工现场只需将框架挂接到建筑主体结构上，再将面板安装到框架上即完成了大部分的工作量。标准化生产程度高，通用性强，可应用于明框、隐框、明隐框结合等各种立面形式。横梁与立柱采用螺丝连接，没有缝隙，外观美观。立柱是由两部分插接组成的，具有水平伸缩功能，上下立柱之间通过插芯连接，具有优异的平面内变形性能，抗震性能好。可见，预制构件式幕墙是一种具备优越性能、性价比高的产品，在人工费日益见涨的形势下，值得推广使用。我司已成功把此项技术应用在上海中欧大厦、山东汇金大厦、佛山智慧新城等项目上，实践证明，预制构件式幕墙安装速度快，安装精度也得到提高，综合造价比普通构件式幕墙节约6%～10%，经济效益明显。

参考文献

[1] 姜清海等．预制型小单元幕墙：中国，200920263975.8[P].2009-12-02.

遮阳一体化窗结构分析及前景应用

刘洪昌　陈　刚

山东华建铝业集团

摘　要　本文就现阶段国家和各地区节能指标及活动外遮阳（专指遮阳百叶帘）使用现状为切入点，针对现阶段建筑外遮阳在工程应用上的一些弊端，阐述建筑外遮阳应用前景及遮阳一体化窗的结构设计要点。

关键词　遮阳一体化；保温节能；一体化安装；检修与维护

Abstract　This article is written to elaborate building exterior shading prospects and the key points of the window shade integration structural design, started from the national and regional energy-saving targets and activities shading (specifically refers to the sun blinds) using status, in connection with some shortcomings in the application of exterior shading using in building at this stage.

Keywords　shade integration; energy-saving insulation; integrated installation; repair and maintenance.

0　引言

建筑外遮阳作为一个朝阳产业，它是一种有效的建筑节能措施，并能够改善室内光热环境，降低建筑运行能耗，并能与建筑巧妙结合，使建筑的外表现力更加丰富。但在现阶段而言，普通外遮阳窗在安装及调试受其结构构造限制，在应用推广方面仍阻碍重重。在这个前提下，遮阳一体化窗可极大的缓解方案与实施之间的矛盾。对各地区大力推广外遮阳系统将是一个很好的助力。

1　建筑遮阳一体化实施意义

遮阳一体化窗是与建筑物设计紧密连接到一起的。建筑遮阳工程应当与建筑物达到“四同步”，即同步设计、同步施工、同步验收和同步投入使用。这样既有利于外遮阳装置与建筑物的良好结合，保证工程质量，并在新建建筑投入使用时即可发挥作用。这势必会对遮阳一体化窗有更高的要求。“四同步”同样要求建筑遮阳工程的设计、施工与质量管理都要与建筑物紧密结合，以满足其功能、性能要求，同样满足人感性上——也就是外观观感的要求。这些都是普通遮阳窗所不能完成的任务。

1.1　两种常见遮阳一体化窗

本述遮阳一体化窗由铝合金窗、活动百叶帘片、驱动电机及相关组件构成。市场上成熟遮阳一体化窗分为两类：一种是将外遮阳装置安装在铝合金边框外（图 1）；另一种是将外遮阳装置安装在铝合金边框内（图 2）。下文将对这两种遮阳一体化窗的结构进行分析。

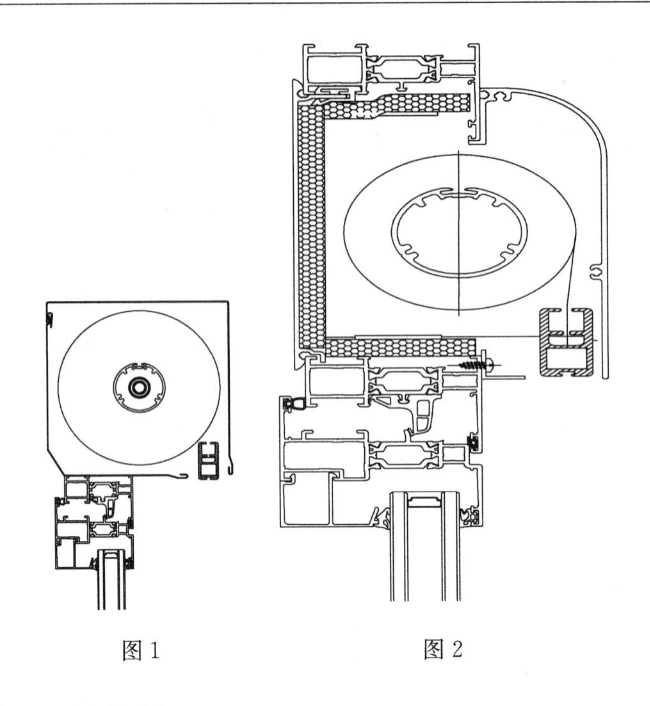

图1　　　　图2

1.2　两种遮阳一体化窗结构分析

1.2.1　结构一遮阳一体化窗结构分析

第一种结构安装一般分为四种（图3），分别为外装、内装、暗装及中装。其中，外装是安装在洞口的外部，对室内采光无影响，无需对新建建筑或既有建筑改造的洞口进行改造，适用于已有或新建洞口的加装；内装是安装在洞口内部，对室内采光无影响，适用于新建洞口的加装，但土建施工时有构造和精度的要求；暗装是安装在墙体洞口内部，对室内采光无影响，外立面外观整齐统一，但需与在建洞口进行规划设计，施工复杂，精度要求高；中装是安装在室外洞口内部，对采光有细微影响，无需对新建或既有建筑改造的洞口进行改造，适用于已建或新建洞口的加装。

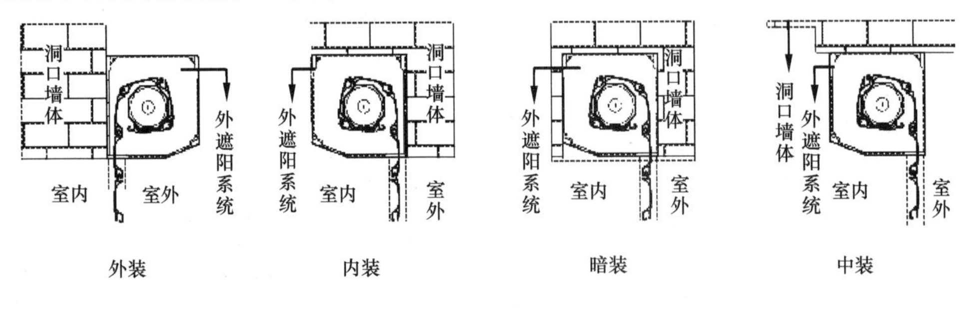

图3

在进行建筑遮阳设计、选用遮阳技术时，应对外门窗、遮阳设施等综合考虑，进行一体化设计，在技术、构造接口、安装洞口上事先做好预留。以上构造形式最大的问题是现场作业、安装成本高，调试、保养、维护以及更换易损件的危险性高，成本高，甚至无法施工作业。

由于现阶段外遮阳控制一般采用电动控制（遥控器）或是智能控制（app软件），若采用上述安装方式，无论是外装、内装、暗装还是中装，本结构的检修口均无完善的解决方案。其中，外装形式，检修口在室外；内装、暗装与中装无检修口。现阶段外遮阳一体化窗中外遮阳系统的电机与帘片为易损件，一般的外遮阳一体化系统在使用前期比较好，但几年之后，客户投诉率逐年增加。所以好的遮阳系统在者虑满足上述条件的前提下，尽可能提高使用寿命，降低使用成本。若该技术没要系统的考虑后期的调试、检修，以及维护和更换易损件的便利性，那么势必会大大限制外遮阳一体化窗的应用与推广。

此外，该结构还存在一个大的弊端：门窗与遮阳缺乏安装节点上的配套上的设计，主要为洞口与外遮阳一体化窗的矛盾。在中国这方面的问题之所以突出原因在于门窗大多数都现场安装，可以实现系统化，但没有办法实现模块化或型号化。节点上面考虑不周全往往导致后续的现场产生矛盾，例如工期的延迟、衍生更多成本或者外观效果不理想等问题。在此过程中，不可避免的出现设计、产品、施工各方向的协调配合。该结构四种安装方式中，除外装，其余均需要对洞口进行预先处理。但是现阶段中国建筑施工上的粗放监管，再加上门窗制作和外遮阳制作错在一定的误差，这样大大增加了最后进场的外遮阳安装的难度。国内现在实行现场安装也是无奈之举，因为施工现场有太多的误差，包括幕墙和门窗，都受制于建筑结构本身，而建筑本身又存在大的误差，包括沉降、错位和尺寸的偏差，都会导致现场安装的错位，这些关键点都是导致问题产生的因素。

此外，上述结构的外遮阳系统，罩壳部分由金属构成，并为一个整体，结构中对金属罩壳内普遍为填充发泡材料（如 PE 发泡，EPDM 发泡等）处理，并将该处理方式作为外遮阳罩壳的保温处理。但实际上各种处理方式对薄弱的金属罩壳却无保温措施，这必将会在金属罩壳处形成热桥，使得该处热流密度较大，造成能量损失（主要针对暗装与中装）（图 4）。

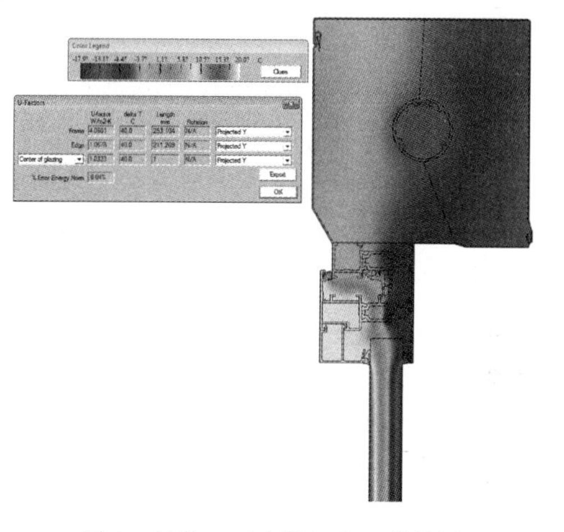

图 4　结构一（中装）热工模拟图

1.2.2　结构二遮阳一体化窗结构分析

第二种结构是将外遮阳系统整合到窗框内部，将外遮阳系统作为门窗的一个板块进行考虑整合。此方式对采光有微弱影响，无需对新建或既有建筑改造的洞口进行改造，适用于所有洞口的加装。对该结构遮阳一体化窗而言，首先是基于节能的考虑，再有一体化安装的考量，这代表一种可行的方向。我们都知道中国很多门窗幕墙企业都发展成了大型、超大型企业，所接触的也往往都是一些超大规模的项目，这些项目实际上比较少的能运用外遮阳，因为它的安装、维修和维护都是一个无法避免的问题。

该结构将外遮阳作为门窗的部件进行模块化设计处理，有效地避免了门窗洞口与门窗外遮阳加工误差所造成的矛盾。由于是工厂内加工安装，保证了门窗整体（包括外遮阳装饰）的质量，可控性高，并且减少了外遮阳模块的现场二次安装，节约了建筑造价，提高了整窗质量，减少了交叉施工带来的一系列质量问题，最重要的是后期的调试、保养、维护以及更换易损件都可以在室内进行操作，高效、快捷、方便、成本低、无高空作业带来的高成本、高风险。“标准化洞口”作为门窗安装洞口的一个努力方向，影响着我国门窗行业的发展进度。那么我们采用该方式的外遮阳一体化窗，由于对其洞口的通用性，实际上便于推广外遮阳的大型项目实施。

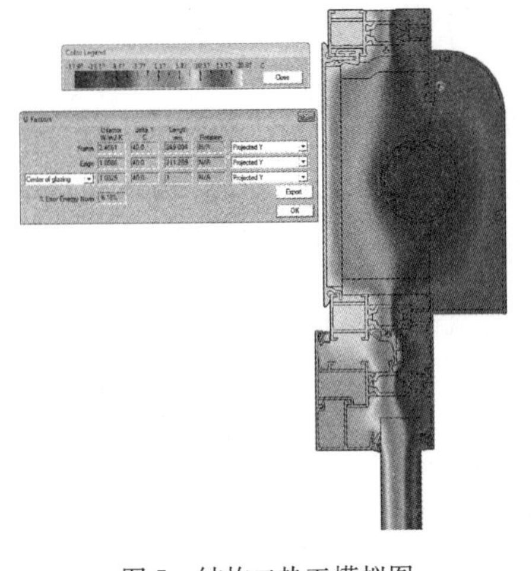

图5 结构二热工模拟图

在后期的检修与维护方面，该结构将检修口从室外转移到室内，使得后期的检修与维护相当便利，也避免后期人员操作的危险性。

在保温节能方面，将罩壳分为两个部分。室外侧起固定安装作用，室内侧罩壳部分留作检修口，并在室内侧部分填充绝热的发泡材料，起到与室外隔热的作用。内外两部分罩壳未直接连接，杜绝了热桥的产生，对整个遮阳一体化的保温节能是一个提升。此外，上述结构将外遮阳作为外窗的配套板块处理，也考虑了整套系统的气密性，从而使该结构较第一种方式也有了比较大的优势（图5）。

1.3 两种结构分析

综上，总体结构分析如下：

（1）材料用量：我们拟定两种结构的外遮阳部分、玻璃部分、五金部分价格相同或近似。以700mm（宽）×1200mm（高）窗型为例。结构一型材用量约为kg，结构二型材用量约为kg，附加填充发泡材料用量约为kg。可以看到结构一在成本方面要低于结构二。

（2）应用范围：由于结构一分为四种安装方式，基本涵盖现阶段所有遮阳一体化窗的所有安装方式。结构二安装方式基本等同于结构一的中装。故在应用范围更加灵活，范围更加广泛。

（3）应用难度：结构一方式中外装为游离在门窗之外，故适合既有门窗的外遮阳加装，需要高空的室外作业；其余安装方式均需要对既有洞口进行改造。而结构二为车间加工制作，无需对洞口重新改造，它可以满足既有洞口的加装和新换窗型的加装。所以在安装方面较结构二方便安全。

（4）采光节能：结构一除中装外，对采光均无影响；中装与结构二对采光均有细微影响。在节能方面，结构二考虑的更加完善，无论是在密封性能上，还是在断热处理上，都是结构一无法比拟的。

（5）检修与维护：结构一在该方面是硬伤；结构二将检修口从室外转移到室内，极大提高了检修与维护的便利与安全。

2 前景应用

门窗遮阳一体化是一种趋势，但目前现阶段这个概念的提出更多是“市场炒作”需要。如若仅仅想要迅速达到规模效应，就推出遮阳一体化这样一个大的概念的话，又由于现阶段中国遮阳市场的总量摆在那里，遮阳产业的投入仍然严重不足，更关键是有没有做好技术、产品匹配的准备。值得欣慰的是，从2013年1月我国《绿色建筑行动方案》出台以来，各省市都相继发布了地方的绿色建筑行动方案，对建筑节能做了明确的要求。有专家指出，在很多地区要达到居住建筑节能75%的标准，采用建筑外遮阳，将是性价比非常高的一种方案。越来越多的地区在外遮阳有了实质性的推进，但应该说受制于当前理念的局限及客观的市场环境，很多机会来临之后，真正要做投资、做预算的时候，往往又开始做减法，遮阳往往又成了可有可无的选项，所以如果要大力推广遮阳一体化窗，重点还是后期执行和行业自身的健全。但遮阳一体化窗作为一个朝阳行业，伴随着建筑节能、绿色低碳的理念逐渐深入人心，也让更多公众和消费者意识到外遮阳的重要性，这是一个很好的进步。

国家同样制定了一系列的规范与鼓励政策来推广遮阳一体化窗的应用，如：《民用建筑节能条例》（第530号国务院令）、《JGJ 274—2010 建筑遮阳通用要求》《JGJ 237—2011 建筑遮阳工程技术规范》等。

我国各地区也相继完成了许多遮阳一体化窗，比如扬州帝景蓝湾外遮阳卷帘工程、广州国际金融中心、山东省建筑科学研究院住宅楼外遮阳工程等。都对我们推广和应用遮阳一体化窗是一个非常好的借鉴。

3 结束语

技术集成与示范作为科技成果推广的有效方法之一，对推动遮阳一体化窗行业技术进步具有重要意义。遮阳一体化窗作为新型技术创新，可以不断完善产品功能、减少资源和能量的消耗、降低生产成本、提高企业核心竞争力。遮阳一体化窗作为建筑外遮阳的领头军既有压力也有责任，我们呼吁遮阳企业有更多的研发投入，让行业可持续的健康发展。每一种遮阳一体化窗都应该都承担责任与压力。另一方面，只有尽快建立可执行的行业规范标准及认证体系，从源头健全行业自身，确保规范制度的有效执行，才能从真正意义上影响行业的发展。

参考文献

①徐悦．寒冷地区可调节式外遮阳与建筑的一体化设计[D]天津：天津大学建筑技术科学，2007.
②王怡．寒冷地区居住建筑夏季室内热环境研究[D]．西安：西安建筑科技大学，2003.

三、方法与标准

幕墙规范的新解读——幕墙设计的一般规定

赵西安
中国建筑科学研究院

1 正确理解和执行规范

1.1 规范没有涉及的问题怎么办

工程技术规范是已有成熟经验的总结，而不是对未来技术发展的展望。规范制定的原则是列入成熟的技术，成熟一条写一条。尚在发展中的新技术、试用中的新技术暂不列入。待应用较广泛、积累较可靠的经验、确有依据之后，再行列入。因此，规范并不限制新技术的应用，规范未列入的内容，只要是规范未禁止采用的，一般可以在工程中应用，在应用中总结经验，使它成熟起来。认为凡是规范未列入的技术不应采用的看法是不妥当的。当然，采用规范没有列入的新技术，应有充分依据，稳妥可靠，并且幕墙公司应承担相应的技术责任。

JGJ 133 的新版本与 2001 版本相比较，增加了非花岗岩石材幕墙的规定。19 年前编制 2001 版本时，内地还没有采用非花岗岩石材做幕墙，没有这方面的经验，也就没有做出相应的规定。但这并没有妨碍它在工程中的应用（图 1）。正是由于在应用中积累了丰富的经验，技术已经成熟，这次修订时就有条件加以补充。

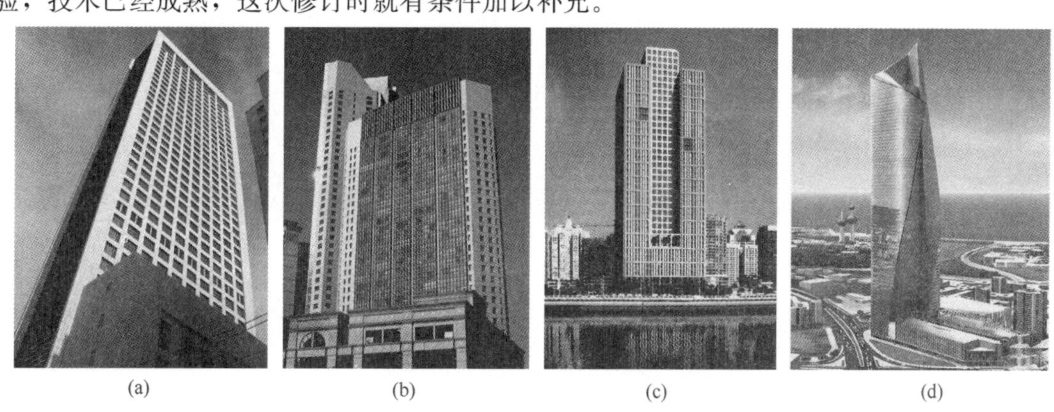

(a) (b) (c) (d)

图 1 非花岗岩石材幕墙

（a）天津地铁大厦，黄洞石 175m；（b）青岛颐中中心，石灰岩 150m；（c）广东发展大厦，青砂岩 150m；（d）科威特 AL HAMBRO 大厦，石灰岩，412m，武汉凌云施工

同样，JGJ 102 的新版本与 JGJ 102—2003 相比，增加了索网玻璃幕墙的内容。2000 年以后，索网在幕墙工程中已大量使用，建成了如新保利大厦、中关村文化商厦这样的超大尺寸的索网；如昆明机场、深圳北站、成都东站这样的超大面积索网；如同上海中国航海博物馆、北京长安中心这样的双曲面索网（图 2），并总结了成套的设计施工技术，所以 JGJ 102 规范新版本列入相应的条文。

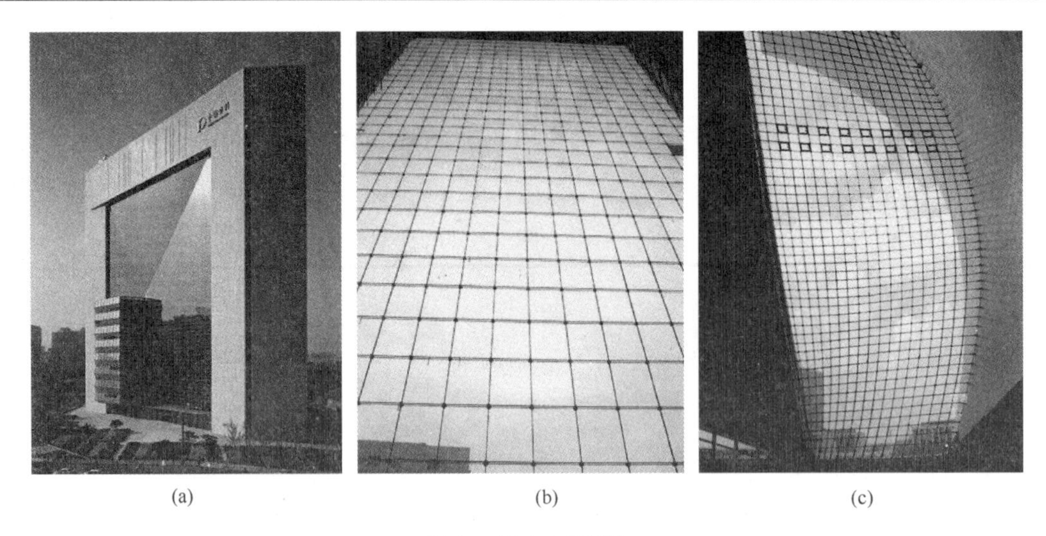

(a) (b) (c)

图2　索网玻璃幕墙

(a) 北京新保利，索网90m×70m；(b) 中关村文化商厦，索网70m×29m；(c) 中国航海博物馆，54m高双曲索网

即使经过增补的幕墙规范新版本，也还是不可能全部包含目前广泛采用的新材料、新做法幕墙的相关规定。例如，目前已经广泛采用的玻璃纤维加强水泥板（GRC板）幕墙（图

(a) (b)

(c) (d)

图3　采用玻璃丝加强水泥板（GRC板）的工程

(a) 南京，青奥运动会国际会议中心；(b) 鄂尔多斯大剧院；(c) 海口，海南国际会展中心；(d) 银川美术馆

3）和 ETFE 薄膜气枕幕墙（图 4），尚没有规范标准予以规定，但不妨碍它们在工程中的应用。

图 4　采用 ETFE 气枕的工程

（a）北京奥运会国家游泳馆；（b）大连全运会体育场；（c）天津于家堡城铁车站

相反，虽然双层通风幕墙已在工程中应用，但是对其技术了解还不充分，使用效果还不肯定，设计技术还有许多不明确之处，因此本次修订没有列入。

1.2　并不是所有规范标准和规范条文都要无条件执行

1.2.1　强制性标准和推荐性标准是不同的

不能简单笼统地说："规范就是法律。"因为我国现行标准区分为强制性标准和推荐性标准两大类。强制性标准是无特殊理由时都应该执行的标准，没有商量的空间；而推荐性标准没有强制力，只是倾向于按此执行，使用该标准时，可以根据实际情况自行决定是否执行其规定。推荐性标准编号带有"/T"的标志。

例如，国家标准 GB 是强制性标准，正常情况下都应该遵照执行。而国家标准 GB/T 则是推荐性标准，它的规定没有强制性，可以根据具体情况适当调整。质检和监理部门不能要求幕墙厂家无条件、百分之百地执行编号带有"/T"标志推荐性标准的规定。

在推荐性国家标准《建筑幕墙》GB/T 21086—2007 表 11 中，有横梁立柱挠度不大于 30mm 的规定。这次修订规范 JGJ 102 和 JGJ 133 时，未予采用。结构构件的跨度可小至不到 1m，也可能大于 100m，结构设计采用绝对挠度值控制并不恰当。例如，高铁武汉车站玻璃幕墙的高度达 36m，支承钢立柱的挠度达到 110mm，远远大于 30mm 的限制，可是其相对挠度只有 1/327，完全可以满足使用要求。首都机场 T3 航站楼玻璃幕墙支承桁架的跨度更达到 40m，显然 30mm 的限值完全不可行（图 5）。JGJ 102 和 JGJ 133 是强制性标准，新版本正式颁布后，按这两本规范的规定执行。

(a)

(b)

图 5　幕墙支承结构跨度可以非常大

（a）高铁武汉站，玻璃幕墙支承立柱高达 36m；（b）首都机场 T3 航站楼，玻璃幕墙支承桁架高达 40m

1.2.2 注意条文的松严程度，按条文的规范用语执行

规范条文规定的严格性是不同的，应分别掌握，不能一律从严。规范的条文分为强制性条文和一般性条文。强制性条文用黑体字印刷，行文采用“必须”、“应”、“不得”、“严禁”等文字进行最严格的限制，强制性条文必须执行，所作规定必须遵守。一般性条文用宋体字印刷，其严格程度稍作放松。一般性条文用词为“应”、“宜”、“可”（相应反面词为“不应”、“不宜”、“可不”）三个等级，要区别对待。采用“应（不应）”等级的规定，正常情况下要执行；采用“宜（不宜）”的规定，优先采用；采用“可（可不）”等级的规定，可以灵活掌握，选择采用。认为只要规范条文涉及的事项都一律按“必须”执行，不得偏离的看法是不妥当的。

1.3 要以最新规定为准

由于各技术规范均在不断修改、更新，而各本规范不可能同时修订、同时颁布，总是轮流先后更替，因此，在规范应用中，采用“以最新版本为准”的原则。在技术规范条文中，凡是引用相应规范时，如果只标明所引用相关标准的编号而无发布年份的，则以最新颁布的版本为准，随相关标准新版本的发表而变更，无须特别说明。

目前使用的《建筑装饰装修工程施工验收规范》(GB 50210—2001) 是十多年前的版本，对玻璃幕墙的规定是引自（JGJ 102—96），而 JGJ 102—96 早已被 JGJ 102—2003 所取代，因而 GB 50210 关于玻璃幕墙的许多规定已经失效，相关规定应当按照 JGJ 102—2003 规范执行。

1.4 超出规范适用范围的幕墙怎么办

规范的适用范围不等于该项技术的适用范围。由于规范是成熟技术的总结，只能是归纳总结量大面广、使用较多、技术成熟的经验，所以规范总则中有“本规范适用于……”的适用范围的规定。在规范适用范围内的工程，可以采用规范的相应规定进行设计、施工而无需其他额外、专门的措施。反之，超出了适用范围时，除应遵守规范中的有关规定外，尚应采取其他更有效的技术措施，保证幕墙的结构安全和建筑功能满足要求。必要时可以进行技术论证。

2 规范的适用范围

2.1 规范的适用范围并不等同于该项技术的适用范围

规范是成熟技术经验的总结，所以只涵盖一定的范围。一项技术可以应用很大的范围，但是只有某一个较小的范围应用广泛，经验丰富，技术成熟。规范就是依照这个成熟范围的技术编制，因而规范的规定也就适用于这一个预定范围，这就是规范的适用范围，并不等于这种技术只能在这范围内使用。当然，超出规范适用范围，仅仅按规范规定进行设计和施工，可能就不能满足要求，往往还需要更多的技术措施，必要时还要进行实验，进行技术论证。

因此不能将规范的适用范围理解为该项技术的使用范围，认为超出规范适用范围就不得采用该项技术，这样一来就会产生许多矛盾，也限制了技术的向前发展。

2.2 JGJ 133 规范新版本的适用范围

JGJ 133－2001 版本编制于 1996～1998 年间，是上一个世纪的产物，距今已经 19 年。当时在我国内地幕墙刚刚在发展，高度超过 150m 的铝板幕墙不多，高度超过 100m 的花岗

石幕墙只有笔者参与的深圳新时代广场工程（175m，1997）。所以原规范总则第 1.0.2 条规定规范的适用范围是：

1　建筑高度不大于 150m 的民用建筑金属幕墙工程；

2　建筑高度不大于 100m 的、设防烈度不大于 8 度的民用建筑幕墙工程。

近十多年来内地超过 150m 的铝板幕墙工程大量建成（图 6），所以新版规范将金属幕墙的适用范围扩展到全部高度。

(a)

(b)

(c)

(d)

图 6　部分高度 150m 以上的铝板幕墙工程

（a）广东国际大厦 208m；（b）深圳赛格大厦 358m；（c）上海东方明珠 450m；（d）广州塔 600m

早在 9 年前 JGJ 133 规范开始编制时，笔者参与的深圳新时代广场花岗石幕墙高度已经达到 175m；16 年前的 2000 年，JGJ 133 规范即将颁布，本文作者参与的广州环市中心大厦花岗岩幕墙的高度更达到 190m（图 7）。2001 年 JGJ 133 规范颁布，规范的适用范围是 100m 以下的石材幕墙，但规范的适用范围并不是指石材幕墙这项技术本身的适用高度，因此并不妨碍此后高度 100m 以上的石材幕墙大量兴建。目前最高的广州广晟大厦为 280m，

(a)

(b)

图 7　JGJ 133 规范编制期间建造的超高花岗岩幕墙

（a）深圳新时代广场，幕墙高度 175m，1997 年；（b）广州环市中心，幕墙高度 190m，2000 年

广州银行大厦为 260m（图 8），我国幕墙公司承建的科威特 AL HAMBRO 大厦石材幕墙高度更达到 412m（图 1d）。现在 100m 以上的石材幕墙已经积累了丰富的工程经验，不存在不可克服的技术难点，所以将新规范对花岗岩石材幕墙的适用范围扩展到全部高度。由于非花岗岩石材的材性较差，安全方面的问题要有更多的考虑，所以新的 JGJ 133 规范同时也规定了高度大于 100m 的石材幕墙应采用花岗石面板。

图 8　部分高度超过 100m 的石材幕墙工程

(a) 广州广晟大厦 280m；(b) 广州银行大厦 260m；(c) 北京银泰中心 250m；(d) 天津渤海银行 270m

至于抗震设防的石材幕墙的适用范围，新 JGJ 133 规范仍维持 6、7、8 度。振动台试验和 2008 年汶川地震表明，石材幕墙是可以抵抗 9 度地震的（图 9）。但是我国内地 9 度设防的地区很少，9 度地区采用石材幕墙的经验也很少，所以这次修订没有扩大适用范围到 9 度。

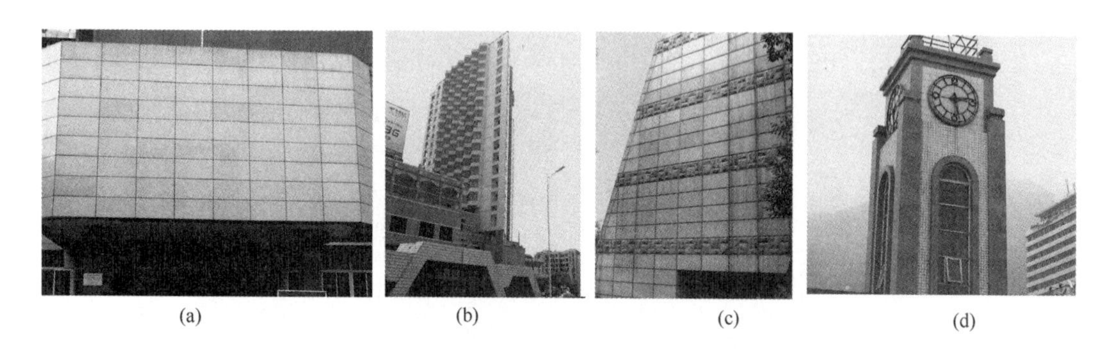

图 9　2008 年 5 月 12 日汶川地震，9 度和 10 度区石材幕墙完好

(a) 都江堰防火研究所，9 度；(b) 绵阳办公楼，9 度；

(c) 青城山豪生酒店，9 度；(d) 汉旺钟塔 14 时 28 分，10 度

因此 9 度设防的石材幕墙是可以建造的，但是已经超出了 JGJ 133 规范的适用范围，必须进行技术论证，采取必要的加强措施。2004 年，9 度设防的四川省凉山州第一人民医院门急诊大楼石材幕墙工程开建，为此笔者专门进行了研究，在提出的技术咨询报告中建议：采用花岗岩面板并加背贴玻璃纤维布，背栓连接，采用高强度结构胶 SS921、SS922 和高延伸性密封胶 SS911（图 10 和图 11）。

四川省凉山州第一人民医院门急诊大楼幕墙工程技术咨询报告

凉山州第一人民医院位于四川省昌都市。昌都市抗震设防烈度不低于9度，设计基本加速度为不小于0.4g，玻璃幕墙超出了《玻璃幕墙工程技术规范》JGJ102-2003的适用范围；石材幕墙超出了《金属与石材工程技术规范》JGJ133-2001的规范适用范围；铝板幕墙则在规范适用范围内。本咨询报告对本本工程采用建筑幕墙的可行性进行分析，并提出加强抗震措施的一些建议。

图10　凉山州第一人民医院　　　　图11　9度设防石材幕墙和玻璃幕墙的技术咨询报告

2.3　JGJ 102新版本的适用范围

JGJ 102—2003第1.0.2条规定了其适用范围是非抗震设计和抗震设防烈度为6、7、8度抗震设计的民用建筑玻璃幕墙。涵盖了全部高度，涵盖了全国绝大部分地区，适用范围已经非常广泛。在此之前，四川省凉山州第一人民医院的9度设防玻璃幕墙是通过技术论证解决的，论证报告中对此作出了说明（图12）。

规范有一定的适用范围，但规范的适用范围并不等同于该项技术的可用范围。在《玻璃幕墙工程技术规范》JGJ1002-2003中，第1.0.2条的说明中指出："本规范未将9度抗震设计列入适用范围。对因特殊需要，不得不在9度抗震设防区使用玻璃幕墙工程，应专门研究，并采取更有效的抗震措施。"因此，本工程采用建筑幕墙，在设计中除按9度设防进行抗震计算外，更重要的是加强各环节的抗震措施，以满足在9度抗震设防要求下的安全性要求。

图12　四川凉山州第一人民医院9度设防玻璃幕墙的论证说明

汶川地震表明：9度区和10度区的玻璃幕墙震害极为轻微，基本上完好无损（图13）。因此，本次修订将适用范围扩大到9度设防的玻璃幕墙。

近年来，我国内地超高层建筑玻璃幕墙工程大量兴建，建成、在建和设计中500m以上的工程达26座，其中苏州中南中心的高度达到729m，全部采用玻璃幕墙（图14）。

迪拜哈里法塔是目前已经建成的最高建筑，由中国承建，玻璃幕墙高度达828m；目前正在结构施工的沙特王国塔高度达1007m，其玻璃幕墙目前正由中国幕墙公司进行设计。所以当今全世界最高的三座玻璃幕墙：王国塔、哈里法塔和中南中心，都是中国制造（图15）。

所以，JGJ 102新版本的适用范围已经扩展到全部玻璃幕墙。

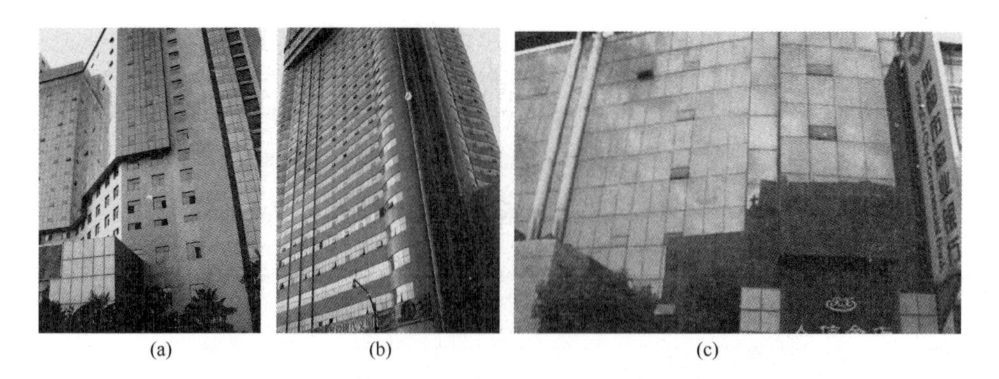

(a) (b) (c)

图 13 汶川地震 9 度区绵阳和都江堰，玻璃幕墙完好无损

(a) (b) (c)

(d) (e) (f)

图 14 部分高度大于 500m 的玻璃幕墙

（a）深圳平安金融 600m，建成；（b）武汉国际金融中心 606m，在建；（c）天津 117 大厦 600m，在建；（e）上海中心 632m ，建成；（e）广州东塔 539m ，建成；（f）北京中国尊 529m，在建

(a)

(b)

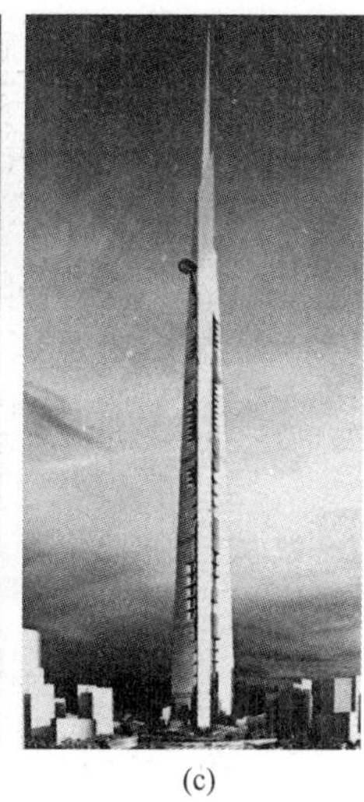
(c)

图 15　都是中国制造的世界幕墙前三高

(a) 苏州中南中心，729m，施工；(b) 哈里法塔，828m，建成；(c) 王国塔，1007m，施工

3　结构设计使用年限

目前，只有结构设计对使用年限有明确的规定。

主体结构的设计使用年限一般工程为 50 年，特殊工程为 100 年。幕墙是维护结构，是可以拆换的结构，所以其结构设计使用年限不低于 25 年。就是说，在 25 年内，面板、支承结构、连接部件都不应产生安全问题。

作为结构构件的面板材料（玻璃、石材、金属板）、直接支承面板结构的铝型材和钢型材、钢连接件的有效寿命至少超过 25 年，可以满足设计使用年限要求。硅酮结构密封胶的实际寿命也不止 25 年，过去厂家出具结构胶 10 年保证书只是例行的商业操作。目前国内主要硅酮胶厂家已可以出具 25 年保证书。因此，幕墙结构设计使用年限为不小于 25 年是适当的，国内外幕墙工程的经验证明也是可以办得到的。

预埋件属于不容易更换的部件，其设计使用年限应按 50 年考虑。

大跨度支承钢结构的工作特点和结构构造和主体结构基本相同，其设计使用年限宜按主体结构考虑。

在一些公共建筑的幕墙系统中，构成比较复杂，既有面板和直接支承面板的一级结构，又有支承一级结构的二级结构（图 16 和图 17）。原则上面板和直接支承面板的一级结构，

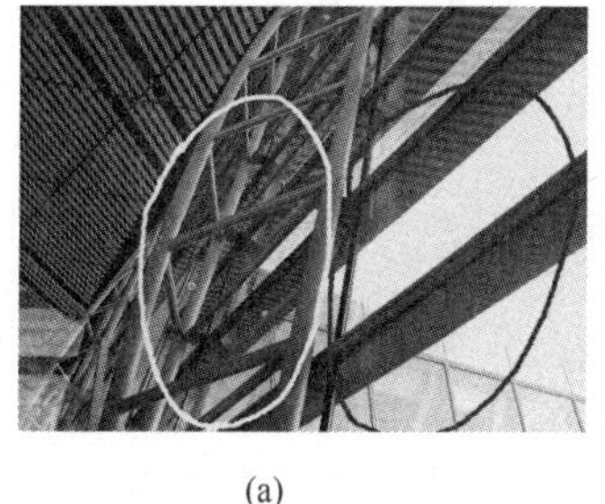
(a)

(b)

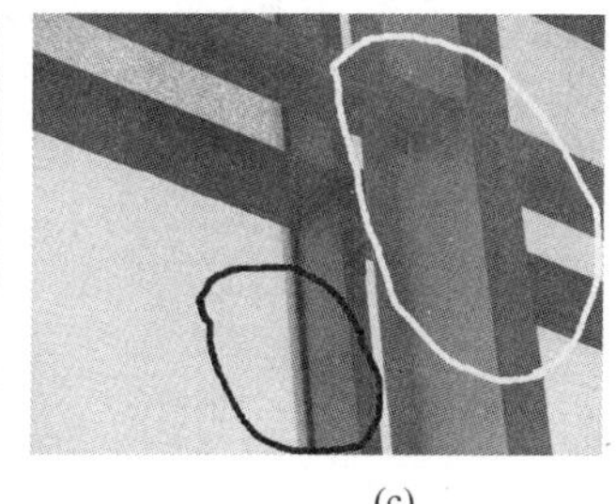
(c)

图 16　一级结构（面板和横梁、立柱，白色）和二级结构（钢框架和钢桁架，深色）

设计使用年限应不小于25年；支承一级结构的较大的二级结构设计使用年限应与主体结构相同。

(a) (b) (c)

图17 一级结构（外侧的玻璃面板、拉索、铝型材梁柱）和二级结构（支承一级结构的钢结构）

结构设计使用年限只是设计幕墙的时候，决定各种设计参数取值和构造措施选择的标准，并不是幕墙结构的实际使用年限。从一般情况来看，实际使用年限会高于设计使用年限。

至于建筑功能和幕墙外观的使用年限，目前尚没有一致的说法。

某些业主要求幕墙保用50年甚至更长，目前尚无确切依据。尤其是建筑外观和水密、气密功能，能否维持50年以上，没有太多的工程实践。

大家最关心的结构使用年限是硅酮结构胶的使用寿命问题，现在采用的加速老化试验到底能说明多少问题，大家心里都不大有数。500小时或者3000小时加速老化试验能代表结构密封胶在真实条件下工作多少年，没有对比依据。为此，广州白云公司的硅酮结构密封胶的50年极限老化试验已经在2012年开始。试验分别在广州试验场（高温、高湿、强紫外线）和新疆吐鲁番试验场（冬季严寒，夏季高热，极端干燥，强紫外线）进行，50年试验期间分时段采样检验，与加速老化试验进行对照（图18和图19）。

图18 新疆吐鲁番试验场

图19 广州试验场

4 幕墙抗震设计的标准

4.1 三阶段设计

非抗震设计的幕墙，在正常工作条件下应保持良好的性能。

抗震设计的幕墙，应按三个阶段的不同标准进行设计：

（1）在小于设防烈度1.5度的小震作用下，结构处于弹性状态，幕墙各种功能保持完好，能正常使用。在这个阶段进行内力和变形计算。

（2）在设防烈度的中震作用下，结构处于弹塑性状态，幕墙平面内侧移达到弹性位移的 3 倍，幕墙可能有局部损坏，但经过修理可以继续使用。

（3）在高于设防烈度 1.0 度的大震作用下，幕墙面板有可能破损，幕墙可能不能继续使用。但是幕墙的骨架不应坠落。

2008 年 5 月 12 日四川汶川地震和 2010 年月日青海玉树地震表明：按 7 度设防的幕墙经受住了 9 度地震的冲击。震害调查表明：我国的幕墙规范经受了地震的考验，按照规范进行设计施工的幕墙工程，达到了设防烈度下保持完好或基本完好的要求，甚至在超烈度的强震下，也还能保持完整（图 20～图 22）。

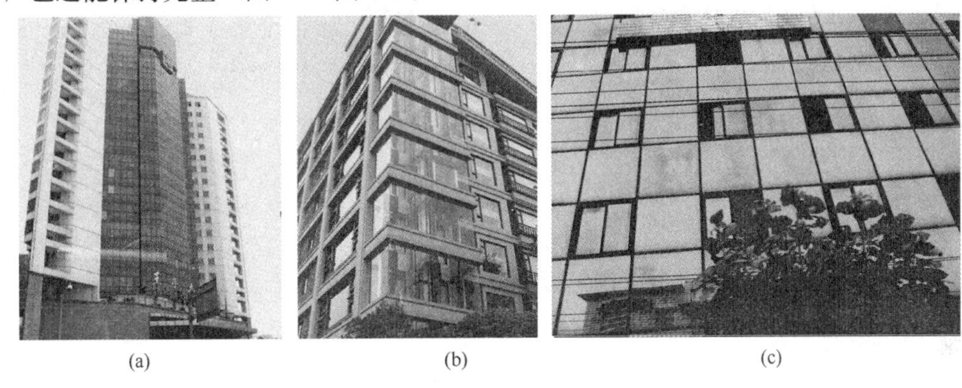

(a) (b) (c)

图 20　汶川地震高烈度区的建筑幕墙

（a）绵阳（9 度）；（b）青城山（9 度）；（c）安县（10 度）

图 21　玉树机场玻璃幕墙震后完好无损，保证了救灾

图 22　玉树隐框幕墙完整

4.2　平面内变形试验

进行幕墙的四性试验时，平面内变形试验就应按上述原则进行。

到设计弹性变形值时，幕墙试件应保持完好，气密、水密性能满足设计要求，幕墙试件正常工作。幕墙设计达到小震完好的目标。

到设计弹性变形值的 3 倍时，幕墙试件基本完好，面板和连接没有明显破损，密封性能可能有局部失效，经修理后还可以继续进行试验。幕墙设计达到中震可修的目标。

有些业主和监理要求到设计弹性变形的 3 倍时，还要保持气密和水密性能完好无损，这就超出了抗震设计3阶段中关于第2阶段中震可修的规定，属于超规范的过高要求。

4.3 结构密封胶的计算

根据结构设计的统一标准，结构的内力位移计算是对小震、对弹性状态进行的。这一规定，同样适用于结构密封胶的设计计算。

结构密封胶的宽度计算是对风力、小震地震力和面板自重进行的。地震力按规范给出的小震地震力取用。

结构密封胶的厚度是针对风力下的变形、小震下的弹性变形和温度变形进行计算的。风力作用下和地震作用下的变形应取弹性变形的设计值，最多取用到规范规定的弹性变形限值。按照中震可修的标准，允许密封胶有局部破损，并不要求结构密封胶在中震时完好无损，所以要求按弹性变形的3倍来设计结构密封胶的厚度是不合理的。

5 尺寸

5.1 尺寸的含义

在幕墙相关的条文中常常用到的尺寸的数值，如板厚、截面尺寸等，计算公式中更少不了尺寸的符号，这些尺寸在规范中除特别标明者外，均指的是公称尺寸，也就是设计的、标准的尺寸。规定有允许偏差的尺寸，其实际尺寸应在规定的最大极限尺寸和最小极限尺寸的范围内。如复合铝板面板厚度规定为0.5mm，而国家标准规定铝板厚度允许偏差为正负0.02mm，则意味着厚度在0.48～0.52mm范围内的产品均属合格品。允许有正负偏差出现的尺寸，实际量测时，正常状态下会是正偏差和负偏差均有机会出现，不会全部是负偏差的尺寸。

当然，在某些特殊生产工艺要求情况下，可能在某些批次产品上出现负偏差较多的情况。例如铝型材生产过程中，模具因磨耗而开口部分越来越宽，使得铝型材壁厚越来越厚，所以制作挤压模具时开口尺寸有意偏小一点，使用过程中开口会逐渐扩大。所以初期批次的铝型材壁厚负偏差较多，以后批次则逐渐趋于正常分布。

一般情况下，规定有正负偏差时，不应故意生产和使用全部为负偏差尺寸的产品。有些工程的铝板板厚现场检验，大部分或者全部测量值均为负偏差，但在允许偏差范围内。这些铝板虽然仍可认为是合格产品，但是属于“打擦边球”，不宜提倡。

5.2 尺寸和实测尺寸

如上所述，幕墙规范中的尺寸，除明确规定为实测尺寸者以外，均指的是标准的、公称的、设计的尺寸。实测尺寸是现场量测的尺寸，必定与理论的尺寸有差别，差别在允许偏差范围内就是合格产品，应予验收。

北京电视中心大楼和北京数码出版大厦幕墙工程在工程验收时都遇到过麻烦。JGJ 102和JGJ 133规范都明确规定立柱铝型材截面壁厚不应小于2.5mm，而以此规定为依据的验收规范GB 50210在编制时，将对应条文中的“壁厚”改为“实测壁厚”。“壁厚”是指公称尺寸，按国家标准是允许有0.15mm的公差的，壁厚为2.35～2.65mm的铝型材都是合格品，应予验收；改为“实测壁厚”后，2.35～2.49mm壁厚的铝型材就变为不合格品，不能验收。为此只能召开专家论证会，确认JGJ 102和JGJ 133规范原条文的含义，否决了“实测壁厚”的不合理规定，两个幕墙工程才得以顺利通过验收。

JGJ 102和JGJ 133规范新版本保持了结构设计规范的行业习惯和原版本的规定，明确规定尺寸就是设计的标准尺寸，并在编制说明中加以说明。

既有玻璃幕墙硅酮结构胶粘结可靠性检测方法介绍——推杆法

张仁瑜[1] 赵守义[2] 刘 盈[1]
1 中国建筑科学研究院
2 安徽省水利科学研究院

摘 要 本文介绍了既有玻璃幕墙硅酮结构胶粘结可靠性检测方法中推杆法的检测思路、等效原理、技术要点以及评价方法。

关键词 推杆法；玻璃幕墙；硅酮结构胶

0 引言

我国早在20世纪80年代开始推广使用玻璃幕墙，如今各个城市玻璃幕墙随处可见。玻璃幕墙中的硅酮结构胶是重要建筑材料，它粘结玻璃与副框，承载着风压等荷载影响，硅酮结构胶的粘结可靠性，影响着整个幕墙的安全性能。然而，硅酮结构胶质保年限一般为10年，超质保期的玻璃幕墙粘结可靠与否关系着人民生命财产的安全。

近年来，由于硅酮结构胶的粘结失效，导致玻璃脱落伤人事件时有发生。如何有效检测、评估既有玻璃幕墙硅酮结构胶的粘结可靠性是近年来研究人员致力解决的问题。《建筑用硅酮结构密封胶》（GB 16776—2005）虽然对硅酮结构胶力学性能及相关试验方法有了一定的规定，但该规范评价的对象仅为胶产品本身，检测方法也只针对试验室内。既有幕墙硅酮结构粘结可靠性现场检测、评估方法尚处研发、制订中。笔者长期从事幕墙现场检测，有针对性提出推杆法幕墙检测新技术，可以现场快速、无损地检测玻璃幕墙硅酮结构胶粘结性能。

1 推杆法检测思路

如何评价硅酮结构胶、玻璃、副框之间的连接可靠性状态，最直接的方法就是在一定荷载作用下，观察三者之间连接有无异常现象或失效特征。根据该思路，最为可靠、准确的一种检测方法是静压箱法，该方法把被检测幕墙单元进行全部封闭，然后进行风压试验。所谓的可靠与准确，就是胶在试验荷载作用下受力状态与实际幕墙所受风荷载受力状态基本相同。不过该方法检测成本较高，在既有玻璃幕墙现场实际运用有很大的局限性。推杆法检测就是根据以上检测思路，并与静压箱法能建立起等效的一种高效快捷检测新技术。

推杆法检测是利用幕墙立柱或横梁为背面支撑结构，采用机械固定装置锁紧仪器与支撑结构。然后根据被测板块尺寸的大小，把刚性杆件组合成一定尺寸，在特定的加载位置内，对板块进行试验力加载，检验硅酮结构胶粘结可靠性。该方法根据测试板块尺寸不同，杆件可以自由组合来满足尺寸要求。检测操作简单、设备便携程度高，该方法与相关检测设备已获得中国国家发明专利（图1）。

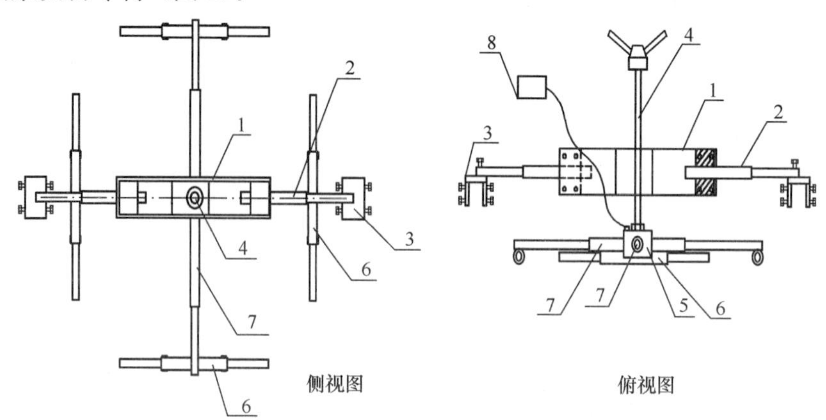

图1　推杆法检测设备装置示意图

3　推杆法检测等效作用原理

3.1　风压作用下玻璃板块硅酮结构胶的受力特性分析

玻璃幕墙最常见荷载为风荷载，在水平风载作用下，玻璃会产生一定的弯曲变形，玻璃的弯曲变形，硅酮结构胶所受的拉力会减少，并产生一部分剪切分力。由于玻璃刚度较硅酮结构胶刚度大，根据《玻璃幕墙工程技术规范》（JGJ 102—2003）设计规范，玻璃变形挠度限值应小于短边长度的1/60，在此玻璃的变形弯曲限值作用下，其胶受拉力因变形减少为：$30/(30\times30+1)^{0.5}=99\%$，增加的剪切力为$1/(30\times30+1)^{0.5}=3\%$，两种内力比$1/30=3.3\%$。综合以上，因玻璃弯曲变形导致对支承硅酮结构胶内力的影响程度不会超过10%。所以《玻璃幕墙工程技术规范》（JGJ 102—2003）第5.6.3条款硅酮结构胶设计规定，在风荷载作用下，板块受力状态相当于均匀荷载双向板，支承边缘最大线均布拉力为$aw/2$，该拉力由胶的粘结力承受，即：

$$f_1 c_s = aw/2 \tag{1}$$

式中：f_1为硅酮结构胶在风荷载作用下的强度设计取值；c_s为硅酮结构胶宽度；a为玻璃板块短边尺寸；w为风荷载设计取值。

3.2　推杆法加载原理与等效作用

推杆法检测思路是通过图1中的4加载手柄产生集中试验力，该集中试验力通过推杆6分散成沿玻璃4条边长方向均匀的线荷载，然后通过近处玻璃传递给周边硅酮结构胶，考察硅酮结构胶、玻璃及副框之间的连接可靠性能。当杆件刚度符合一定技术要求时，加载位置一定时，根据试验验证，硅酮结构胶的受力状态可以近似等效为均匀荷载沿双向板传递，推杆法检测结果与静压箱法测试胶的变形量基本相同。

4 推杆法检测技术要求

4.1 推杆刚度技术要求

由于推杆法手柄所产生的试验力为集中力，此集中力依靠四边推杆进行分解成线荷载，如果杆件的刚度较小，在图1中的手柄4产生的集中力作用下，推杆着力部位会发生较大的弯曲变形，导致试验力无法分解成均匀的线荷载。通过试验验证，加载所用各伸缩推杆刚度应满足加载刚度要求，即在3倍设计载荷作用下，长边推杆远端与近端压应变或拉应变差值不应大于5%，这样推杆传递的荷载可以认为是集中力作用下沿杆件边长分成的等效线荷载。

4.2 推杆加载位置

由于推杆法检测硅酮结构胶，推杆刚度增加了玻璃板块的刚度，在风荷作用下，玻璃板块刚度的增加，玻璃的变形将会大大减少，由于变形减少，胶的受力角度将变小，值远低于1/30，胶的侧向剪切力更小，根据试验研究结果，胶的变形值较静压箱偏小。为了与静压箱法建立等效受力效果，笔者通过调节推杆离边缘胶缝的距离，降低整个试验板块的相对刚度，以达到胶受力状态与风压作用基本等效。

以常见6mm钢化玻璃为例，制作长短比为1、1.5、2.0等不同比例试验板块，同一比例又制作了几组不同尺寸，每种规格又分别制作了成单玻与中空玻璃，然后进行静压箱法试验、推杆法比对试验，测量不同载荷作用下胶的变形量，建立等效作用机理。试验结果表明，推杆的等效作用位置为：单玻类型板块，距玻璃板边1/8边长处位置布置推杆，每侧推杆长度为0.75倍板块边长；中空玻璃，距玻璃板边1/6边长处布置杆件，每侧推杆长度为2/3倍板块边长。推杆布置如图2所示。

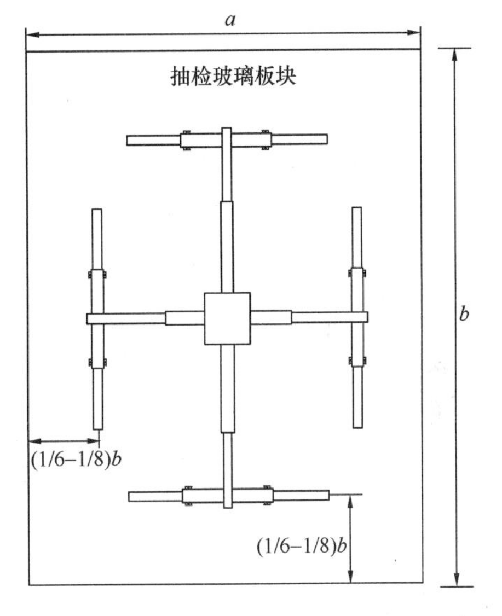

图2 推杆法检测推杆位置布置示意图

4.3 仪表安装与固定

推杆法现场检测硅酮结构胶粘结可靠性，以胶的变形为主要监测对象，试验过程中采用分级加载，由于每级加载胶的变形增量较小，一般采用千分表监测胶的变形。由于硅酮结构胶粘结玻璃而隐藏在玻璃内表面板边处，千分表应在玻璃外侧固定，仪表指针应沿表面胶缝宽度方向垂直居中放置，只有此处测量的变形值才是胶的变形量，远离胶缝所测的结果是玻璃与胶的综合变形值，其量值上远大于胶自身变形量。

4.4 试验力加载与读数

试验力加载采用分级加载，每级加载等效风压一般为250Pa；手动加载过程中应尽量保持匀速加载，加载速度及其均匀性直接影响着硅酮胶的变形量，每级加载时间一般以3～5min为宜；分级加载时，每一级应稳载一定时间，观察胶缝有无撕裂、脱胶等异常现象发生，并记录力值下降情况及胶的变形量。根据试验验证，胶的变形受稳载时间影响很大，5min稳载胶的变形量与1h稳载变形量差值可达10%～30%，试验结果表明，硅酮结构胶在分级试验力作用下稳载 10～15min，胶的变形趋势趋于缓和与稳定，所以检测时应稳载15min，然后记录相关试验数据作为评价该级荷载作用下胶的连接可靠性依据。

5 推杆法检测胶连接可靠性的评估方法

经试验验证，推杆法检测既有幕墙硅酮结构胶粘结可靠性，结构胶的粘结失效、破坏的特征为：在荷载作用下，硅酮结构胶、玻璃及副框界面出现撕裂、脱胶等宏观异常现象发生；在加载稳载期间，荷载下降值超过 10%。

根据以上特征可以得知：既有幕墙硅酮结构胶连接可靠应符合以下技术规定：在设计荷载作用下，硅酮结构胶连接界面不应出现宏观异常现象；在分级加载稳载过程中，仪器仪表力的下降值不应超过 10%。否则，既有幕墙硅酮结构胶的粘结可靠性能视为不可靠，存在安全隐患。

6 结语

推杆法是一种近似等效静压箱法用于现场无损检测既有幕墙硅酮结构胶粘结可靠性的方法之一，鉴于研究深度及笔者专业水平限制，不妥之处请同行指正，同时也希望国内既有幕墙结构胶粘结可靠性行业标准能尽早出台，以规范既有幕墙检测工作行为。

参考文献

1. 全国轻质与装饰装修材料标准化技术委员会 . GB 16776—2005 建筑用硅酮结构密封胶[S]. 中国标准出版社，2005.

2. 中国建筑科学研究院 . JGJ 102—2003 玻璃幕墙工程技术规范[S]. 中国建筑工业出版社，2004.

美国建筑标准实施监督体制对我国工程标准化工作的启示

顾泰昌
中国建筑标准设计研究院

摘　要　美国是市场化水平最高的国家。技术驱动是美国标准化管理体制的基本特征，法律衔接是其标准化管理体制的根本保障，共同治理则是标准化管理体制的核心理念。本文对美国建筑领域的技术法规、技术标准、实施监督体系进行了全面介绍，通过研究美国的实施监督体制对我国提供相关经验和启示。

关键词　美国；建筑法规；标准；实施监督；检查机制

1　美国建筑领域的法律法规

美国实行“三权分立”的政治体制，政府部门仅行使行政权力，并接受司法部门的监督。作为市场化程度最高的国家，美国专门针对某一行业和某一市场领域的法规很少。就建筑业而言，与之相关的法规体系有劳动法、就业职业法、公司法、环境法、建筑技术法规等。

作为联邦制国家，美国的立法机构分为联邦体系和州政府体系，他们各自独立。当联邦和州立法权力发生冲突时，联邦宪法规定联邦法律效力最高，州的一切法律不能违背联邦法律。从广义上来说，联邦法律包括四部分的内容，即经由总统签署的法律、各联邦机构的法规、总统行政命令、最高法院和联邦法院的判决。

建设领域的法律政策主要体现各联邦机构的法规。涉及建筑工程领域的联邦部门主要有：白宫科技政策办公室（OSTP）、国家科学基金会（NSF）、农业部（USDA）、商务部（DOC）、卫生部（HHS）、能源部（DOE）、环保局（EPA）、预算管理局（OMB）、国防部（DOD）等。各联邦机构的法规和总统令编入《联邦法规全编》（Code of Federal Regulations，简称 CFR）。

美国各级地方政府都有立法委员会来制定相关法规。地方法规的主要作用是在不违反联邦法律规定的原则下，根据当地的实际情况，对涉及公共安全、环境保护、住房保障、许可证审批等事项进行规定。图 1 是美国法律体系框架。

2　美国的技术法规

2.1　美国的技术法规体系

国家认可的专门机构负责组织制订公布和管理建筑技术模式规范（Model Code）。《美国法典》（United States Code）和《美国联邦法规汇编》（Code of Federal Regulations）中

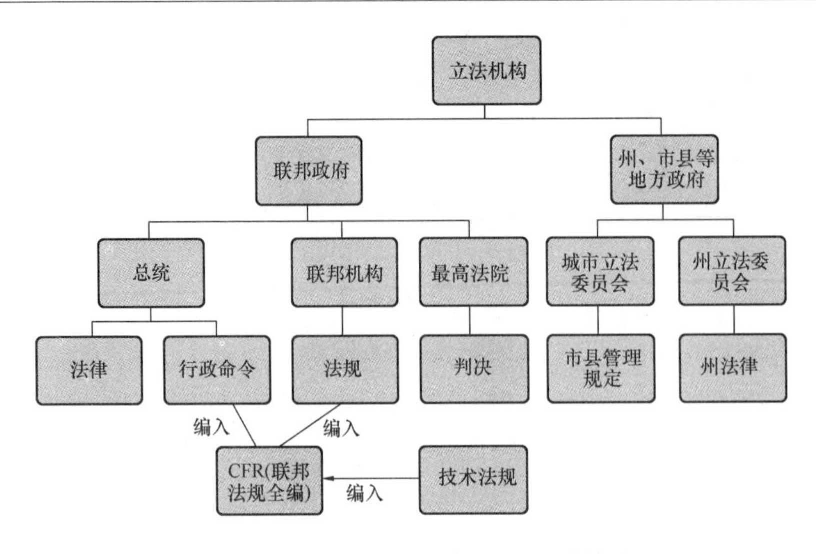

图1　美国联邦和地方的建筑领域法律体系

也收入了部分的模式规范。当这些模式规范被《美国法典》《美国联邦法规汇编》或各州政府采用后，即成为技术法规，具有法律效力。各州对模式规范的采用一般由郡、市议会讨论决定是否采纳或采纳多少条款。如加州对建筑物抗震防震要求较高，马里兰州对防洪排涝提出要求，墨西哥湾地区对台风（飓风）要求高，设置许多防台风要求的条款。

2.2　主要的模式规范及委员会

1994年，国际建筑官员与法规管理员联合会（简称BOCA）、美国南方国际建筑法规委员会（简称SBCCI）和国际建筑官员大会（简称ICBO）联合组成了美国国际法规理事会（简称ICC），制订了现在被采用最广泛的模式规范I-Code系列。此外，美国国家消防协会——NFPA也制定模式规范，NFPA 5000是上述四个样板法规之外发展的另一个建筑样板法规。NFPA 5000在2002年正式出版，并通过了ANSI的验证，成为美国国家标准。但是由于NFPA 5000的发行时间较短，所以影响力与I-Code法规相比暂时还很有限。

3　美国的标准规范体系

美国的标准规范主要分为联邦机构制订的标准和协会标准。（图2）

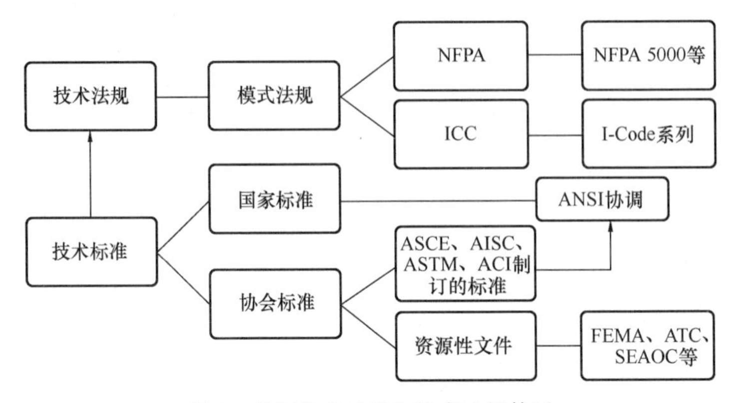

图2　美国技术法规和技术法规体系

3.1 国家标准体系

自愿性和分散性是美国标准规范体系的两大特点，美国国家标准学会（ANSI）充当国家标准体系的协调者。经ANSI发布的标准纳入美国国家标准体系，其重点在于服务公众并保障公众利益，为美国监管机构和采购官员们提供工作依据。同时作为各专业学会、协会团体制订某些产品标准的依据。此外，ANSI也代表美国参与ISO等国际性和区域性组织的标准化活动。

3.2 联邦政府机构的标准体系

美国各级政府部门如国防部、农业部、环保署、食品与药物管理局、消费品安全委员会等也制定其各自领域的标准，在有些时候，根据特定的法规，遵守这些标准可能是强制性命令。美国标准技术研究院（NIST）是美国标准化领域唯一的官方机构，联邦机构制订的标准、法规等由NIST协调管理。

3.3 非政府机构（民间团体）的标准体系

美国长期以来推行的是民间标准优先的标准化政策，鼓励政府部门参与民间团体的标准化活动，从而调动了各方面的积极因素，形成了相互竞争的多元化标准体系。这些标准规范和技术文件作为美国政府制订技术法规的主要依据，发挥着重要的作用。

4 美国法规和标准的实施监督

4.1 美国主要的监督检查机制

美国标准及技术法规的实施监督体制简单来说分为三个方面：质量监管体系、质量保证体系和质量评价体系。质量监管体系主要由各级政府通过制定法规和对相关机构进行监管的方式，为保障安全、环保和防灾方面进行工程设计、施工和产品的最低要求。质量保证体系则是由政府和市场通过保险制度、担保制度、咨询制度、合同制度等方式保证工程质量和风险得到有效监管。质量评价体系更多的指自愿性评价体系，属于企业对产品进行自我声明，从而更好地融入市场的有效手段。

4.1.1 质量监督体系

美国各州制定的建筑法规对于设计质量的关注领域基本都涉及建筑结构安全和使用者的人身安全，但是不同州在具体要求上有不同，例如根据本州自然环境特点和灾害特点，加州对于抗震要求尤为重视、南部对飓风和洪水引起的灾害比较关注，纽约州等北部地区关注冰雪灾害等。

质量监管体系中政府起主导作用，技术法规对设计质量和施工过程中质量的监督主要通过施工许可证、使用许可证的颁发和对施工过程中连续的检查监督三个方面进行。

美国政府对建设工程质量的监督与控制实行全过程管理。政府对工程质量监督的目的是保证公民的生命、健康及财产安全，确保设计施工质量满足正常使用的最低要求。各级政府的主要职责在于规范市场行为，制定法律并实施和监督。联邦政府通过财政、商务、劳工安全、环境卫生等部门进行宏观管理。行业管理分散在各州和地方管理机构。州、市、县对建筑企业的管理比联邦政府更直接、权限更大。

美国各县（市）对工程建设的监督管理更为具体，以纽约州的Tonawanda县为例，该县专门设建筑部，其管理内容主要有：

（1）对新建房屋、新建房屋附属部分，包括车库、储藏间、游泳池、庭院篱笆等设施的

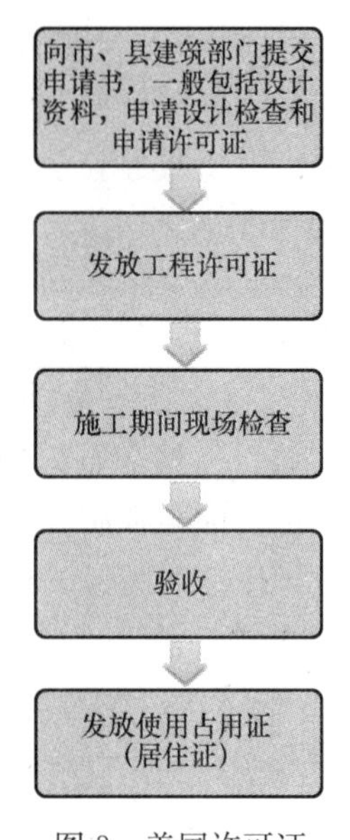

图3 美国许可证制度的一般流程

规划进行审查，发放许可证；

（2）对现有土地的重新开发的可行性报告进行审查，协调与其他县接壤部分的审查流程；

（3）新商业建筑或既有结构的翻新的建筑规划进行审查；

（4）对电气、管道和排污工程的规划进行审查和发放许可证；

（5）对临时建筑、标志、通信塔、地上和地下水池的安装和移除、进行许可证的发放和维护；对圣诞树的销售和户外餐饮许可证的发放；

（6）发放承包商执照和电工、管道工主管执照；

（7）消防安全检查。

4.1.2 质量保证体系

美国的质量保证体系中，政府对其认可的机构进行监督，实行间接管理，各行业协会、民间组织在法规允许的框架通告采取一些保证体系，对工程质量、风险和从业人员进行直接管理。

以人员认证制度为例，美国联邦和各州对进行项目审查、工程质量检查的建筑官员的任职资格都做了详细的要求。例如在美国的建筑模式规范中规定了负责建筑安全的部门应指定相应的工作人员来完成政府的监督审查职责，具有司法管辖权机构指定的主管负责人任命这些工作人员即建筑官员。建筑官员有权任命其代表人和相关的技术官员、检查员、规划审查员和其他工作人员，这些工作人员行使建筑官用的职责。对于技术人员资格的认定，美国的专业执照制度一般按照各专业进行考试。由州专业执照管理局监管，美国工程与测量考试委员会 NCEES（the National Council of Examinations for Engineering and Surveying）作为组织机构进行考试资格审查、考试安排等具体工作，NCEES 是民间组织。以工程师为例，美国的注册工程师称为 PE（Registered Professional Engineering），也被称为专业工程师，取得资格的人员须经过对教育经历、工作经历和考试成绩三方面的考核，各州对这些要求并不相同。美国 PE 考试的主要内容是技术法规，因此，州政府通过对注册执业考试的管理，进一步促进了技术法规的推广实施。

此外，美国对工程风险、灾害控制等方面通告工程保险和担保制度进行质量保证。以保险制度为例，美国联邦和各州对工程风险都有法律规定，联邦法律规定了保险遵循的标准例如美国职业安全及卫生管理局规定了建筑安全及工伤伤残的标准。各州的法律则提出了更具体的要求，如工程的材料、设计必须满足工程的需要；设备的规格、设计标准以及制造厂家的保证；工地的安全和控制损失的程序，对第三方提供保护的责任等。在美国众多保险公司中，FM 作为行业最具影响的公司之一，不仅为众多企业提供保险服务，还制定了大量的保险业使用的相关标准。FM Approvals 同时也是 ANSI 授权的标准发展组织 SDOs。FM 认证的产品类型包括消防设备、电气设备、探测和信号设备、建筑材料、洁净室器材等，FM 认证旨在房屋受到火灾、地震等灾害时，其所使用的建筑产品应具备抵御灾害的能力。其产品检测结果作为 FM 保险评估的重要参考。通过 FM 认证的产品更容易进入全球市场。

4.1.3 质量评价体系

质量评价体系的主体是市场本身，美国的“自愿性”认证很多时候作为进入市场的“通行证”。例如在对政府采购或者政府提供资金担保的产品提出通过某些自愿性认证的要求，此时的自愿性认证，从实际意义上讲就变成了强制性认证。美国特别会利用市场手段进行质量控制，从官方到民间都非常采信认证结果。例如 UL 认证，当产品发生安全事故时，美国消费品安全管理局（CPSC）也会以 UL 标准为判断依据，通过认证的产品的供应商的法律责任会降低很多。因此，美国的销售商都会自觉拒绝销售没有 UL 标志的产品，而产品生产商也都不得不去为产品申请认证。

此外，工程项目业主作为项目的发起人、组织者、决策者、使用者和受益者，对建设项目全过程负有监督管理的职责。业主一般通过聘请工程咨询公司，对项目进行全过程的监管。工程咨询公司对方案的可行性、设计和施工是否符合相关要求进行技术审查，确保工程项目按照相关法规和标准进行。

5 对我国的启示

5.1 稳定的金字塔形标准化机构

长期以来，美国推行的是民间标准优先的标准化政策。美国政府、民间组织和企业都参与标准规范的制定。标准再经引用，成为技术法规的一部分被监督执行。形成如图 4 的金子塔结构。

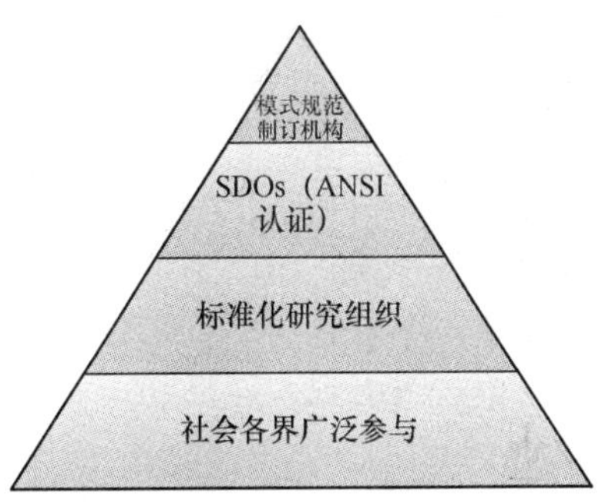

图 4 美国标准化机构的金字塔结构

5.2 充分发挥市场作用

在美国的建筑市场经济模式下，参与工程建设的各方包括政府部门、业主、设计公司、承包商、咨询公司，保险公司等。通过保险制度、咨询制度、担保制度、产品认证制度等一系列手段，以市场的方式找到产品在安全和经济两方面的平衡点。各种民间组织、行业协会在标准的实施监督方面也起了非常重要的作用，同时促进新产品、新技术的推广和应用。

6 小结

总的来说，美国标准及技术法规的实施监督体制简单来说有两大主体——政府和市场。政府通过对工程项目的质量、过程、从业人员和产品进行监管，从而实现对技术法规执行的实施监督。市场主体中，业主通过工程咨询公司、保险公司等第三方对工程项目的质量、风险等状况进行控制，通过自愿性产品认证保障产品质量，而这些第三方在履行业主赋予的职责时，主要通过对标准规范、技术法规、行政命令和合同等文件的执行进行监督检查。

美国实施的监督制度对我国有深刻的借鉴作用。现阶段，我国的实施监督体制以政府主导为主，市场监管职能不足。工程咨询制度、保险制度、担保制度还尚未成熟。因此，建筑领域的市场化改革还有很长的路要走。了解和研究国外的实施监督体制有重要意义。

参考文献

[1] 朱宏亮，孟宪海，王珩，张伟. 各国(地区)的建设法规及建设管理体制 . 2004.

[2] 井润霞，毛龙泉. 美国建筑工程设计和施工图审查质量的法律责任探析[J]. 工程质量，2010，09.

[3] 毛龙泉 . 美国建筑工程质量法律制度的探析和启示. 2008，06.

[4] 2012 International Building Code. ICC.

[5] 丁士昭 . 美国和德国的建筑产品质量保证体制. 2001，07.

S60 框架幕墙系统自攻螺钉抗拉拔性能试验研究与计算方法分析

曾 滨[1] 惠 存[1,2] 韩维池[1] 王元清[2] 王 斌[1] 陶 伟[1]

1 江河创建集团股份有限公司

2 清华大学土木工程系

摘 要 为研究自攻螺钉抗拉拔性能和承载力计算方法，分析了美国幕墙紧固件规范和美国铝合金设计手册中关于自攻螺钉抗拉拔承载力的计算方法，并进行了自攻螺钉入槽深度分别为 11mm、12mm、13mm 和 14mm 的抗拉拔试验研究，同时解决了在实际工程应用过程中有关隔热条和槽口侧向刚度的问题。研究结果表明：试验结果与按照规范计算方法所得结果较为相近；随着自攻螺钉入槽深度的增加，抗拉拔承载力逐渐增大。基于试验和分析结果，给出了抗拉拔承载力建议公式。

关键词 S60 框架幕墙系统；自攻螺钉；抗拉拔性能；承载力；试验研究；计算方法

Experimental Study and Calculation Method Analysis on Pull-out Resistance Performance of Self-tapping Screws in S60 Frame Curtain Wall System

Zeng Bin[1], Hui Cun[1,2], Han Weichi[1], Wang Yuanqing[2], Wang Bin[1], Tao Wei[1]

1 Jangho Group Company Limited, Beijing 101300, China

2 Department of Civil Engineering, Tsinghua University, Beijing 100084, China

Abstract To study the pull-out resistance performance and calculation method of load-bearing capacity of self-tapping screws, the calculation methods of load-bearing capacity of self-tapping screws in American metal curtain wall fasteners and aluminum design manual were analyzed. The experiments about pull-out resistance performance of self-tapping screws whose depth into the groove were 11mm, 12mm, 13mm and 14mm respectively were carried out. The problem about thermal barrier strip and lateral stiffness of notches in practical engineering were solved. The results show that: the results of experiments and calculation match to each other. As the increase of the depth into the groove of the self-tapping screws, the load-bearing capacity of pull-out resistance increases. The suggested calculation formula of the load-bearing capacity about pull-out resistance of self-tapping screws is given.

Keywords S60 frame curtain wall system; self-tapping screw; pull-out resistance performance; load-bearing capacity; experimental study; calculation method

0 引言

S60 框架幕墙系统是江河创建集团股份有限公司研发的标准化框架幕墙（图 1），已在相关工程中得到了应用和验证，获得了良好的经济效益和用户评价。在 S60 框架幕墙系统中，无论是明框玻璃幕墙还是隐框玻璃幕墙，其玻璃均通过自攻螺钉攻进横梁、立柱的钉槽内来固定（图 2）。

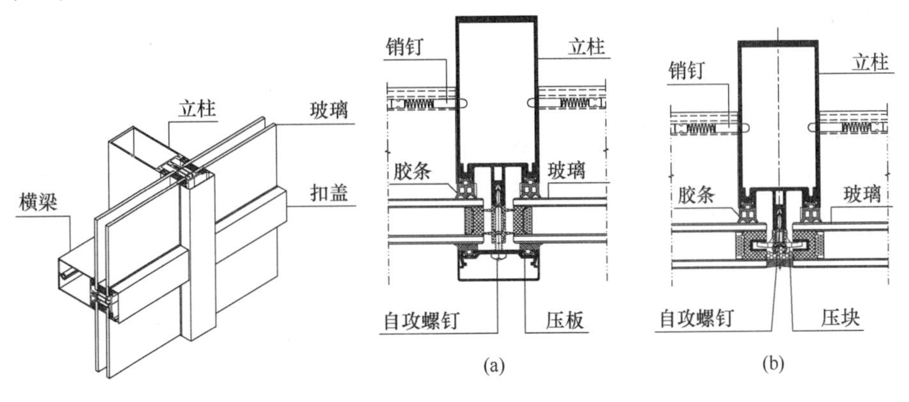

图 1　S60 框架幕墙系统示意图

图 2　自攻螺钉连接示意图

（a）明框玻璃幕墙；（b）隐框玻璃幕墙

在实际应用中，在负风压的作用下，风荷载通过玻璃传递给铝合金压块（或压板），压块（或压板）将力传递到自攻螺钉上，此时自攻螺钉承受拉拔力，如果在实际使用过程中自攻螺钉受力较大被拔出，玻璃会直接掉下，幕墙系统会严重破坏，危及公共安全，其危害性极大。自攻螺钉连接性能的好坏直接影响幕墙系统的安全性能，对连接部位自攻螺钉抗拉拔承载力的试验研究和理论分析是至关重要的。

有关学者对自攻螺钉和自攻螺钉群的抗剪承载力、计算方法和设计方法等进行了一定的试验研究、理论分析和有限元数值模拟研究[1-7]，李元齐等[8]对自攻螺钉连接承载力的研究现状进行了剖析，但亦是对其抗剪连接性能的分析。国内尚缺少对于自攻螺钉抗拉拔承载力的研究文献和参考规范。

本文立足于美国幕墙紧固件规范[9]和美国铝合金设计手册[10]等相关设计规范，参考规范中两种不同的计算方法得出对应的计算结果；并根据实际情况进行了自攻螺钉抗拉拔试验研究，将试验数据和由规范计算所得结果进行对比分析，得出一种合理的抗拉拔承载力计算方法，用于指导工程设计。

1 美国规范计算方法概述

1.1 美国幕墙紧固件规范

根据美国幕墙紧固件规范[9]的相关规定，影响自攻螺钉的抗拉拔承载力的主要因素有：型材合金的材质、型材的抗剪强度、紧固件的规格及螺距、螺纹剥离面积、紧固件螺纹的有效受力参与长度等。此规范同时给出了满足自攻螺钉承载力许用值的最小型材厚度的计算公式，见式（1）：

$$t=\frac{F_{u}}{F_{v}\times A\times N}+\frac{1}{N} \tag{1}$$

式中：t为满足自攻螺钉承载力的最小型材厚度；F_u为自攻螺钉抗拉承载力破坏值；F_v为与自攻螺钉相连的型材极限抗剪强度；N为每英寸螺纹个数；A为每圈完整螺纹的剥离面积（内螺纹）。

若型材厚度不满足式（1）计算所得最小厚度，自攻螺钉的抗拉拔承载力许用值需折减。由式（1）可得出自攻螺钉的抗拉拔承载力容许值的计算公式，见式（2）：

$$F_{ta}=\left(L_{e}-\frac{1}{N}\right)\times F_{v}\times A\times N \tag{2}$$

式中：L_e为自攻螺钉受力计算长度；F_{ta}为自攻螺钉抗拉拔承载力破坏值。

1.2 美国铝合金设计手册

根据美国铝合金设计手册[10]相关规定，自攻螺钉攻入型材底孔的抗拉拔承载力的主要因素有：型材合金的材质、型材的拉伸屈服承载力、型材的极限抗拉承载力、自攻螺钉的外螺纹大径、自攻螺钉与型材咬合的完整螺纹长度。此规范给出的计算公式见式（3）：

$$R_{n}=\begin{cases}K_{s}DL_{e}F_{ty2} & 1\leqslant L_{e}\leqslant\frac{2}{n}\\ 1.2DF_{ty2}\left(\frac{2}{n}-L_{e}\right)+3.26DF_{tu2}\left(L_{e}-\frac{4}{n}\right) & \frac{2}{n}<L_{e}<\frac{4}{n}\\ 1.63DL_{e}F_{tu2} & \frac{4}{n}\leqslant L_{e}\leqslant 8\end{cases} \tag{3}$$

式中：R_n为自攻螺钉抗拉拔破坏承载力（圆孔）；K_s为计算系数；L_e为不锈钢螺钉入槽有效深度（mm）；D为螺钉公称直径；F_{ty2}为型材拉伸屈服强度；F_{tu2}为型材拉伸极限强度；n为每英寸螺纹个数。

1.3 自攻螺钉有效参与螺纹面积计算

参考美国幕墙紧固件规范[9]，对于S60系统的钉槽槽口，由于槽口非闭合，自攻螺钉攻入后，仅与型材的两侧咬合，应对螺纹的剥离进行折减。螺纹参与受力的面积与螺纹总面积的比值R_e计算公式见式（4）：

$$R_{e}=R^{2}\times\frac{\frac{2\pi\cos^{-1}(r/R)}{180}-\sin\left[2\cos^{-1}\left(\frac{r}{R}\right)\right]}{\pi\times(R^{2}-r^{2})} \tag{4}$$

式中：R为自攻螺钉的螺纹大径，自攻螺钉ST5.5取5.486mm；r为自攻螺钉的螺纹小径，自攻螺钉ST5.5取4.188mm。

综上所述，针对S60框架幕墙系统，除了自攻螺钉的入槽深度，其他影响因素相对较为固定，因此本文仅考虑自攻螺钉的入槽深度这一影响因素进行计算分析和试验研究。需要说明的是，美国标准关于有效入槽深度的规定是从完整螺纹开始计算。因此对于S60系统的钉槽槽口，ST5.5的自攻螺钉有效入槽深度等于入槽深度减去5mm（5mm为第一扣完整螺纹到自攻螺钉底部的距离）[11]，自攻螺钉入槽有效深度示意图如图3所示。

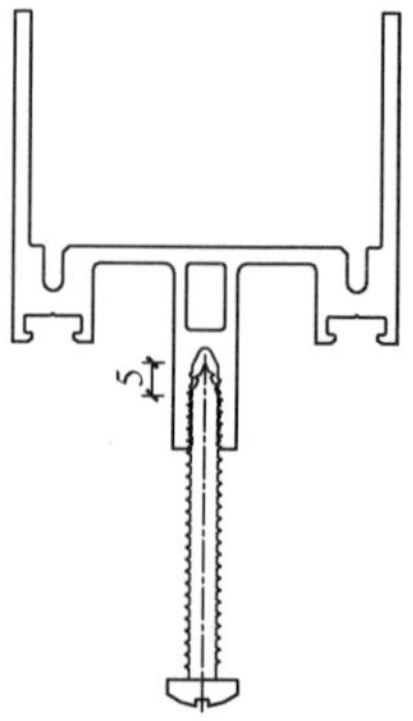

5

图3 自攻螺钉入槽有效深度示意图

2 S60系统自攻螺钉抗拉拔承载力计算

2.1 计算方法一

参考美国幕墙紧固件规范[9]计算公式，利用式（2）及式（4）计算自攻螺钉抗拉拔承载力容许值，总安全系数为2.5，并考虑了型材的补偿厚度。因此其抗拉拔承载力许用值见式（5）：

$$Ft = 0.4R_e\left(L_e - \frac{1}{N}\right) \times Fv \times A \times N \tag{5}$$

式中：F_t为自攻螺钉抗拉拔承载力许用值；R_e为由式（3）计算所得面积比，自攻螺钉ST5.5取0.319；L_e考虑安装误差取实际入槽深度减5mm；铝合金型材为6063－T6时取F_v为130MPa；牙型为宽螺距螺纹（Spaced thread）时N取14；A为每个螺纹的剥离面积（内螺纹），取12.258mm^2。

2.2 计算方法二

参考美国铝合计设计手册[10]计算公式，利用式（3）及式（4）计算自攻螺钉抗拉拔承载力容许值，总安全系数为3.0，未考虑型材的补偿厚度。因此其抗拉拔承载力许用值见式（6）：

$$R_t = \begin{cases} \frac{1}{3}K_s DL_e F_{ty2} & 1 \leqslant L_e \leqslant \frac{2}{n} \\ \frac{1}{3} \times 1.2DF_{ty2}\left(\frac{2}{n} - L_e\right) + 3.26DF_{tu2}\left(L_e - \frac{4}{n}\right) & \frac{2}{n} < L_e < \frac{4}{n} \\ \frac{1}{3} \times 1.63DL_e F_{tu2} & \frac{4}{n} \leqslant L_e \leqslant 8 \end{cases} \tag{6}$$

式中：R_t为自攻螺钉抗拉拔承载力许用值；K_s为取值见式7；D为螺钉公称直径，ST5.5取5.486mm；铝合金型材为6063－T6时取F_{ty2}为170MPa，取F_{tu2}为205MPa。

$$K_s = \begin{cases} 1.01 & 1 \leqslant L_e < 2 \\ 1.2 & 2 \leqslant L_e < 2/n \end{cases} \tag{7}$$

2.3 计算结果对比

采用ST5.5自攻螺钉和6063-T6铝合金型材，分别对螺钉名义入槽深度为11mm、12mm、13mm、14mm采用上述两种计算方法进行计算，其抗拉拔承载力计算结果见表1。

表1 自攻螺钉抗拉拔承载力许用值计算结果

螺钉名义入槽深度/mm	螺钉有效入槽深度/mm	计算方法一（N）	计算方法二（N）
11	6	957	1085
12	7	1151	1358
13	8	1344	1564
14	9	1538	1564

由表1可知：计算方法一所得计算结果明显小于计算方法二的结果，较为保守。

3 试验研究

3.1 试验概况

为验证自攻螺钉抗拉拔承载力，特选取ST5.5自攻螺钉和6063－T6铝合金型材，名义入槽深度为11mm、12mm、13mm、14mm的试验样本各10个，试验加载示意图如图4所示，试验现场如图5所示。

利用江河创建集团股份有限公司检测中心的电子万能实验机采用规范标准试验方法对试验样本进行拉拔，记录螺钉从槽口拔出的试验验值。

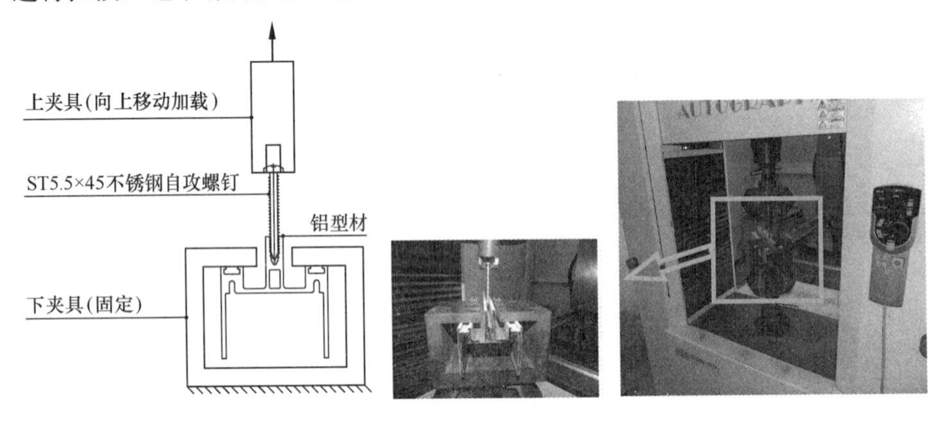

图4 加载示意图　　图5 试验现场

3.2 试验结果

所有试验样本均为螺钉从型材钉槽槽口拔出，型材上的内螺纹剪切破坏。试验数据分析见下表2。

表2 试验数据数理统计结果

螺钉入槽深度/mm	样本数量	均值（N）	标准差（N）	样本破坏承载力（95%的置信区间）（N）	槽口抗拉拔承载力区间值（3倍安全系数）（N）
11	10	2871	224	2732～3009	911～1003
12	10	3547	165	3444～3649	1148～1216
13	10	4199	83	4201～4304	1400～1435
14	10	4683	46	4646～4720	1549～1573

理论计算结果与试验结果对比分析分别见表3及图6。

表3 试验结果与理论计算结果对比

螺钉入槽深度/mm	槽口抗拉拔承载力区间值（N）	计算方法一（N）	计算方法二（N）
11	911～1003	957	1085
12	1148～1216	1151	1358
13	1400～1435	1344	1564
14	1549～1573	1538	1564

由表2、3和图6可知：(1) 随着自攻螺钉入槽深度的增加，其抗拉拔承载力亦有序增大；(2) 对应95%的置信区间的样本破坏承载力较为稳定；(3) 试验结果与计算结果相差较小；(4) 自攻螺钉槽口抗拉拔承载力试验结果大于计算方法一所得结果，小于计算方法二所得结果。

该计算结果与试验结果符合较好，可用于实际工程中自攻螺钉抗拔承载力的计算。

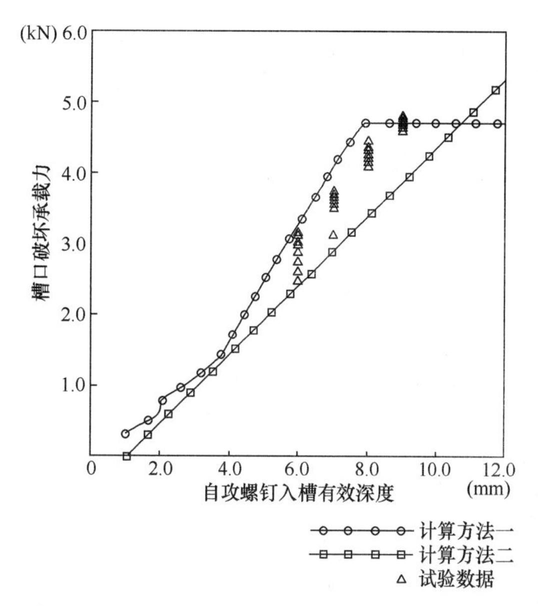

图 6　理论计算与试验结果曲线对比

4　其他相关问题

4.1　隔热条

在 S60 框架幕墙系统推广应用过程中，顾问曾提出槽口内放置隔热条会降低槽口的抗拉承载力的问题。我司特委托中国建筑科学研究院进行相关测试，测试示意图如图 7 所示。发现放置隔热条后槽口的承载力不仅不会降低，反而会有所提高，但提高有限。经分析，应是由于放置隔热条使摩擦力增大所致。

在实际施工过程中，通过对实际工程送样的抽查检测发现个别工程此处自攻螺钉连接的承载力较低，经分析是由于自攻螺钉安装不对中，螺钉攻入后偏向一侧太大，使得另一侧螺纹咬合壁厚太薄。因此，实际工程中，自攻螺钉的安装务必保证对中，发现攻钉困难应及时换位重新攻钉，以使自攻螺钉和两侧型材咬合相对均匀。

4.2　槽口侧向刚度

在实际工程应用中，顾问曾提出槽口侧向刚度的问题，认为螺钉受拉时会由于槽口侧向刚度不足而变形，导致实际的螺纹参与面积无法达到计算值，从而降低螺钉的抗拉拔承载力。

笔者通过 Ansys 数值模拟方法进行简化分析。假设幕墙分格为 2m，承受 5.0kPa 风压，螺钉间距为 300mm，将力完全加载到第一扣螺纹上，计算出来槽口侧向位移为 0.014mm（见图 8），由于螺纹小径到型材槽口内侧距离为 0.094mm，此时螺纹参与面积仍是完整的，可以认为槽口的侧向刚度能够满足使用需要。

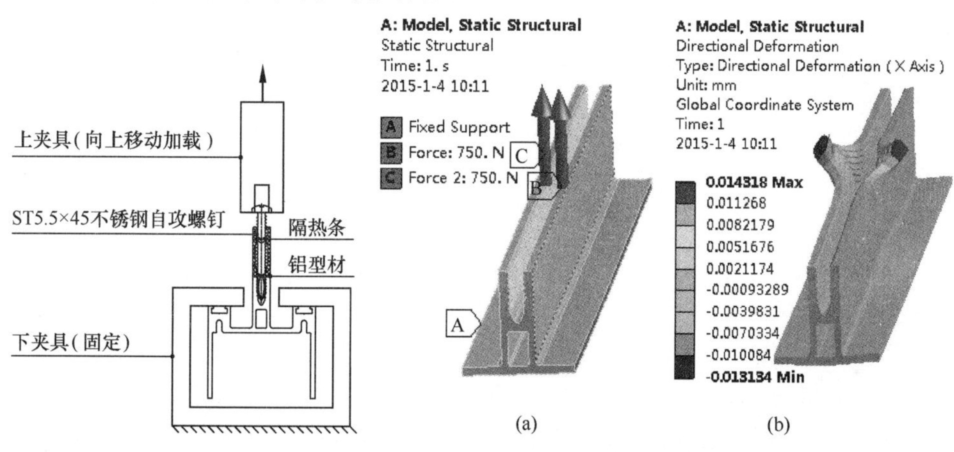

图 7　带隔热条试件测试示意图

图 8　ANSYS 数值模拟
(a) 有限元模型；(b) 分析结果

5 结论

通过上述试验研究和理论分析，可以得出如下结论：

（1）自攻螺钉槽口抗拉拔承载力试验结果大于计算方法一所得结果，小于计算方法二所得结果，但均相差不大。鉴于安全需要，建议采用计算方法一的计算公式，即公式（5）。

（2）美国铝合金设计手册规定当螺纹有效长度超过8mm以后，随着螺纹入槽长度的增加，自攻螺钉抗拉拔承载力许用值增加不明显，这与试验过程中遇到的情况是一致的；而且自攻螺钉第一扣螺纹受到的力最大，往后依次递减，因此，在实际工程设计中，不应为了满足结构计算而盲目加大型材厚度，造成不必要的浪费。

（3）本文的研究成果安全可靠，可指导实际工程设计。

（4）S60框架幕墙系统中自攻螺钉受力较为复杂，仍有问题尚未解决，如自攻螺钉槽口疲劳破坏、螺钉两边玻璃幕墙分格不一致导致槽口受扭等问题，尚需加大研究力度。

基金项目

江河博士后创新研发基金（JH201302）。

参考文献

[1] 徐海平，刘楠. 自攻螺钉连接在建筑上的应用[J]. 工业建筑，1999，29(9)：50-52.

[2] 林醒山，乐延方，柏树新等. 自攻螺钉，拉铆钉连接的受力蒙皮抗剪性能试验研究[J]. 工业建筑，1993，23(6)：14-20.

[3] 王身伟，石宇. 冷弯薄壁型钢自攻螺钉群连接抗剪承载力计算方法研究[J]. 建筑结构，2013，43(S1)：443-447.

[4] 潘景龙. 自攻螺钉连接的抗剪性能研究[J]. 哈尔滨建筑大学学报，1995，28(6)：4147.

[5] 张雪丽，张耀春. 自攻螺钉波峰连接的抗剪性能试验研究[J]. 土木工程学报，2008，41(6)：33-39.

[6] 王小平，房玉松. 自攻螺钉连接抗剪承载力的有限元建模方法[J]. 武汉大学学报(工学版)，2012，45(1)：75-79.

[7] 卢林枫，张亚平，方文琦等. 冷弯薄壁型钢自攻螺钉连接抗剪性能试验研究 [J]. 中南大学学报(自然科学版)，2013，44(7)：2997-3004.

[8] 李元齐，潘斯勇. 自攻螺钉连接承载力研究现状[J]. 结构工程师，2008，24(6)：154-158.

[9] AAMA TIR A9-91 Metal Curtain Wall Fasteners[S].

[10] Aluminum design manual 2010[S].

[11] ISO 7049-2011 Crossed recessed pan head tapping screws[S].

建筑门窗玻璃幕墙传热系数现场测试分析

万成龙　王洪涛　单　波　王昭君　鲁冬瑞　阎　强
中国建筑科学研究院　北京 100013

摘　要　建筑门窗玻璃幕墙是建筑围护结构节能最薄弱环节，目前只能在实验室通过热箱法测定，研究在现场快捷、准确地测试评估建筑门窗玻璃幕墙的传热系数具有重要意义。本文在结合传热学原理，提出了建筑门窗玻璃幕墙传热系数现场测试方法，并进行了现场测试试验，对我国建筑门窗玻璃幕墙传热系数现场测试方法的深入研究具有重要意义。

关键词　建筑门窗；玻璃幕墙；传热系数；现场测试

1　研究背景

建筑门窗和玻璃幕墙是建筑围护结构节能最薄弱环节，是建筑节能的关键构件。据测算通过门窗的热损失占到围护结构的40%～50%，约占建筑能耗的1/4。因此，外窗的热工性能是围护结构节能的重点。

目前，《建筑外门窗保温性能分级及检测方法》（GB/T 8484—2008）指出我国建筑门窗保温性能只能在实验室通过基于稳定传热原理的标定热箱法测定[1]。热箱模拟采暖建筑冬季室内气候条件，冷箱模拟冬季室外气候条件，测量热箱中电暖气的发热量，减去通过热箱外壁、试件窗框和填充板的热损失，除以试件面积与两侧空气温差的乘积，得到外窗件的传热系数 K 值。相关的 ISO 12567-1 标准也是采用热箱法，日本标准 JIS A 4710：2004 采用标定热箱法或防护热箱法，一般要求采用标定热箱法[3]。热箱法受设备限制难以在现场测试中大量推广使用。

我国标准尚无针对建筑门窗玻璃幕墙传热系数的现场测试方法。国内围护结构传热系数测试主要集中在围护结构主体部位，即墙体。《公共建筑节能检测标准》中对透光围护结构传热系数的检测也仅提到了“当透明幕墙和采光顶的构造外表面无金属构件暴露时，其传热系数可采用现场热流计法进行检测。”，对应的条文说明中，是参考外墙和屋面的检测方法《居住建筑节能检测标准》（JGJ 132—2009）。建筑幕墙工程检测方法标准中也仅是提出按现行标准《公共建筑节能检测标准》（JGJ 177—2009）规定的热流计法执行。可以看出，国内目前的主要标准中均未对建筑门窗玻璃幕墙传热系数的现场测试提出具体的方法。

现场准确而又便捷地测得建筑门窗玻璃幕墙的传热系数对我国新建建筑门窗玻璃幕墙保温性能的检测鉴定以及既有建筑门窗玻璃幕墙节能诊断评估具有重要价值，对于我国建筑节能工作的深入开展具有重要意义。本文在外窗传热系数计算公式的基础上，结合传热学原理，提出了建筑门窗保温性能现场测试方法，并进行了现场的测试验证分析。

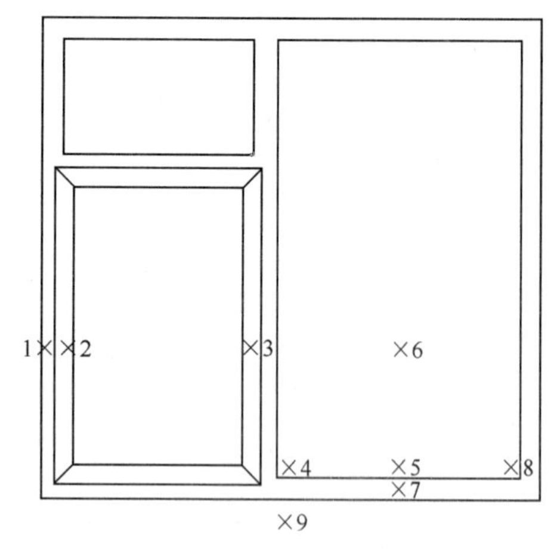

图 1　内表面温度测点布置
（测点 9 为室内空气温度测点）

2　测试基本原理

由于门窗为轻质薄壁构件，热惰性很小，因而可认为任一时间点均为“准稳态”。连续监测结果也表明，室内侧空气温度、玻璃内表面温度和窗框内表面温度曲线的峰值出现时间点几乎与室外空气温度曲线峰值出现时间点一致，如图 1 和图 2 所示。

详细数据分析表明，室内侧空气温度、玻璃内表面温度和窗框内表面温度曲线的峰值出现时间点略延迟，且室外空气温度曲线受不稳定气流影响而更曲折。因此，实际测试时可通过选取更多数据或选取曲线峰值处相对稳定的数据尽量避免相关因素干扰。

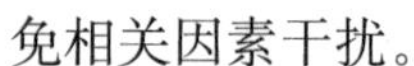

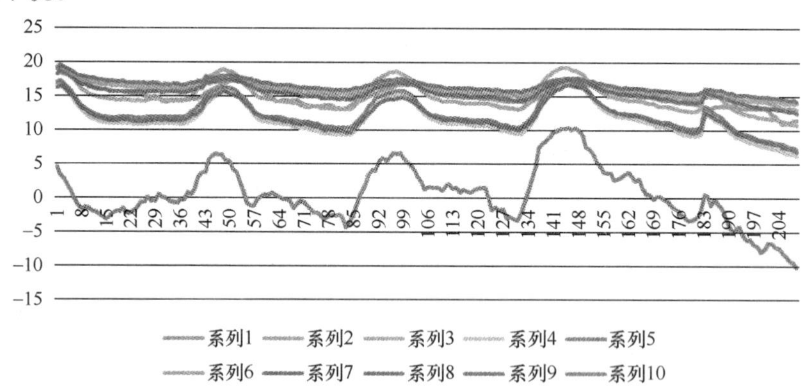

图 2　室内外空气温度、内表面温度变化监测曲线（测点 10 为室外空气温度测点）

3　测试方法研究

外窗的保温性能由传热系数 K 值来表征，外窗的传热系数可由下式得到[6]：

$$k_t = \frac{\sum A_g \cdot K_g + \sum A_f \cdot K_f + \sum l_\psi \cdot \psi}{A_t} \tag{1}$$

式中：K_t为整窗传热系数，W/(m^2·K)；A_t为整窗面积，m^2；K_g为窗玻璃的传热系数，W/(m^2·K)；A_g为窗玻璃面积，m^2；K_f为窗框的传热系数，W/(m^2·K)；A_f为窗框面积，m^2；Ψ 为窗框和玻璃之间的线传热系数，W/(m·K)；l_Ψ为玻璃边缘长度，m。

由公式（1）可知，要得到外窗传热系数则需要确定以下参数：1）整窗面积 A_t、玻璃面积 A_g、窗框面积 A_g、玻璃边缘长度 l_Ψ；2）玻璃传热系数 K_g值、窗框的传热系数 K_f值和线传热系数 Ψ。整窗面积 A_t、玻璃面积 A_g、窗框面积 A_f、玻璃边缘长度 l_Ψ可通过测量有关几何尺寸确定。

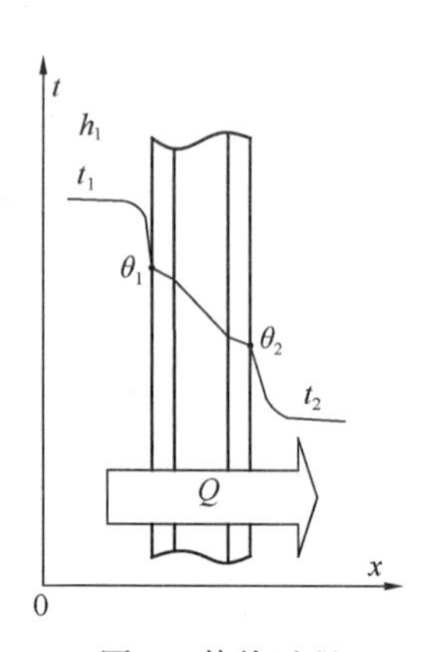

图 3　传热过程

将中空玻璃作为整体考虑，其典型传热过程如图3[7,8]所示。室内空气温度为t_1，玻璃内表面温度θ_{g1}，内表面换热系数h_1，玻璃外表面温度θ_{g2}，外表面换热系数h_2，室外空气温度为t_2。

则玻璃的传热系数可由下列三种方式得到：

（1）通过测试玻璃内外表面温度θ_{g1}、θ_{g2}和热流密度q按公式（2）计算玻璃热阻R_g，再由传热系数计算式（3）计算得到，可称为“热阻法”，即：

$$R_g = \frac{\theta_{g1} - \theta_{g2}}{q} \tag{2}$$

则，玻璃的传热系数K_g为：

$$K_g = \frac{1}{\frac{1}{h_1} + R_g + \frac{1}{h_2}} \tag{3}$$

按此方法测试时，内外表面换热系数可取为理论值，玻璃的内表面换热系数h_1可取为8W/(m^2·K)，外表面换热系数h_2可取为16W/(m^2·K)[6]。

（2）通过测试室内外空气温度t_1、t_2和玻璃内表面温度θ_{g1}，先按公式（4）测算得到热流密度q，再由传热系数定义式（5）计算得到玻璃的传热系数K_g。

$$q = h_1(t_1 - \theta_{g1}) \tag{4}$$

$$k_g = \frac{q}{t_1 - t_2} = \frac{h_1(t_1 - \theta_{g1})}{t_1 - t_2} \tag{5}$$

该方法热流密度由测得的室内空气温度、玻璃内表面温度和内表面换热系数测算得到。内表面换热系数可取理论值，也可通过大量试验进一步确定。由于该方法除测试室内外空气温度外，还需测试试件内表面温度，故可称为“内表面温度法”。

（3）通过测试室内外空气温度t_1、t_2和热流密度q由传热系数K_g的定义式（6）得到，可称为“传热系数法”，即：

$$K_g = \frac{q}{t_1 - t_2} \tag{6}$$

该方法由于室内外气流状况在不断变化，因而室内外空气温度t_1、t_2受到一定程度的影响，因而需要测试足够长的时间才能得到较为准确的结果。

同理，窗框的传热系数K_f也可按上述三种方法测算得到。需要指出的是，框的内表面换热系数h_1取理论值时，应按表1选取。

表1　几类常见窗框的内表面换热系数h_1取值

	铝合金		PVC	硬木	玻璃钢（UP树脂）
	涂漆	阳极氧化			
内表面换热系数 h_1[W/(m^2·K)]	8.33	4.65～7.81	8.33	8.33	8.33

注：内表面换热系数为对流换热系数和辐射换热系数之和，辐射换热系数又取决于材料表面辐射率。

窗框和玻璃之间的线传热系数Ψ值目前无法在现场测得，可由符合国内建筑门窗玻璃幕墙热工计算标准《建筑门窗玻璃幕墙热工计算规程》（JGJ/T 151—2008）的软件模拟得到。一般来说，中空玻璃采用暖边间隔条时线传热系数可取0.05 W/(m·K)，采用普通铝间隔条时线传热系数可取0.07 W/(m·K)。

整窗的传热系数K_t可由公式（1）计算得到。三种方法中，“热阻法”由于采用了理论的内外表面换热系数，且计算热阻时内外表面温差相对较大，其结果更准确、更稳定；“内表面温度法”测试时，热流采用室内空气温度、内表面温度和内表面换热系数测算得到，由于内表面换热系数取理论值，与实际会有一定差异，结果会存在一定误差；“传热系数法”由于室内外空气温度受到不断变化的气流的影响，结果虽然更符合实际，但波动相对较大。

在进行现场测试时，“热阻法”需要在室外试件表面布置较多的传感器，中高层有一定的操作难度，适用于底层便于室外操作的部位；“内表面温度法”仅需测试室内外空气温度和内表面温度，“传热系数法”需测试热流和室内外空气温度，这两种方法在室外仅需测量空气温度，可通过试件本身或附近的开启部位简单操作实现，适用于中高层不便于室外操作的部位；“内表面温度法”无需测试热流，故也可适用于非专业性的测试评估。

4 现场测试实例及分析

研究共对三个工程的外窗进行了现场测试，其基本信息为：（1）某工程用78系列内平开铝木复合（铝包木）窗，玻璃为三玻双Low－E暖边充氩气中空玻璃（配置为5＋12Ar＋5Low－E＋12Ar＋5Low－E），采用“热阻法”测试；（2）某被动式超低能耗建筑用90系列内平开塑料窗，玻璃为真空中空复合玻璃（配置为5＋12A＋5Low－E＋0.15V ＋5），采用“内表面温度法”测试；（3）某工程铝合金中空玻璃幕墙，玻璃为Low－E中空玻璃（配置为6Low－E＋12A ＋6），采用“传热系数法”测试。

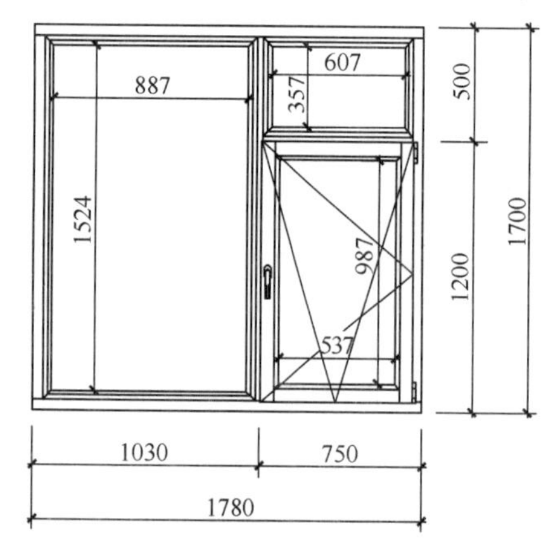

图4 某工程用78系列内平开铝木复合（铝包木）窗分格尺寸

4.1 “热阻法”测试实例分析

某工程用78系列内平开铝木复合（铝包木）窗位于建筑物底层，室外操作方便，采用“热阻法”测试。该窗分格尺寸如图4所示，整窗面积为3.03m²，玻璃面积为2.10m²，框面积为0.93m²，玻璃边缘长度约为9.8m，传热系数K值经实验室检测为1.4W/(m²·K)。

取某天凌晨0：00～5：30时间段，间隔30min取一组数据，共取12组数据。现场测试数据及结果见表2。

表2 某工程用78系列内平开铝木复合（铝包木）窗传热系数现场测试结果

序号	时刻	温度平均值(℃)				热流(W/m²)		热阻(m²·K/W)		传热系数[W/(m²·K)]			
		框内	玻内	框外	玻外	框	玻璃	R_g	R_f	K_g	K_f	K_t	差比
1	00：00：37	13.8	13.5	1.1	0.5	19.3	20.3	0.64	0.66	1.21	1.18	1.36	－2.0%
2	00：30：36	13.7	13.4	0.8	0.2	19.6	20.7	0.64	0.66	1.21	1.18	1.36	－1.8%
3	01：00：36	13.6	13.3	0.8	0.1	20.4	21.0	0.63	0.63	1.23	1.23	1.39	－0.2%
4	01：30：37	13.5	13.2	0.5	0.0	20.2	20.2	0.65	0.64	1.19	1.20	1.36	－2.5%
5	02：00：36	13.5	13.1	0.1	－0.3	21.0	21.6	0.62	0.64	1.24	1.21	1.39	0.1%
6	02：30：37	13.4	13.1	0.0	－0.5	21.0	21.3	0.64	0.64	1.21	1.21	1.37	－1.3%
7	03：00：36	13.3	13.0	0.0	－0.5	21.7	22.2	0.61	0.61	1.26	1.25	1.42	1.9%
8	03：30：36	13.2	13.0	－0.1	－0.6	21.7	22.0	0.62	0.61	1.24	1.25	1.41	1.1%

续表

序号	时刻	温度平均值(℃)				热流(W/m^2)		热阻($m^2\cdot K/W$)		传热系数[$W/(m^2\cdot K)$]			
		框内	玻内	框外	玻外	框	玻璃	R_g	R_f	K_g	K_f	K_t	差比
9	04:00:37	13.1	12.9	−0.4	−0.9	21.7	21.6	0.64	0.62	1.21	1.24	1.38	−0.8%
10	04:30:36	13.1	12.8	−0.6	−1.1	21.5	21.0	0.66	0.64	1.18	1.21	1.35	−2.9%
11	05:00:36	13.0	12.7	−0.6	−1.1	22.5	22.3	0.62	0.60	1.24	1.26	1.41	1.4%
12	05:30:36	13.0	12.7	−0.6	−1.1	22.7	23.0	0.60	0.60	1.27	1.27	1.43	3.0%
平均值										1.22	1.22	1.39	

注：差比=（传热系数 K_t−传热系数平均值）/传热系数平均值×100%。

由表 2 可以看出，该外窗传热系数测试结果平均值为 1.39 $W/(m^2\cdot K)$，与实验室测试结果基本一致，证明了该测试方法的准确性；且不同时刻测试结果与平均值的差比在 3%以内，也说明了该方法测试结果的稳定性。

4.2 “内表面温度法”测试实例分析

某被动式超低能耗建筑用 90 系列内平开塑料窗位于中高层，室外操作不便，采用“内表面温度法”进行测试。该窗分格尺寸如图 5 所示，整窗面积为 3.34m^2，玻璃面积为 2.58m^2，框面积为 0.76 m^2，玻璃边缘长度约为 11.7m，传热系数 K 值经实验室检测为 0.8W/（$m^2\cdot K$）。

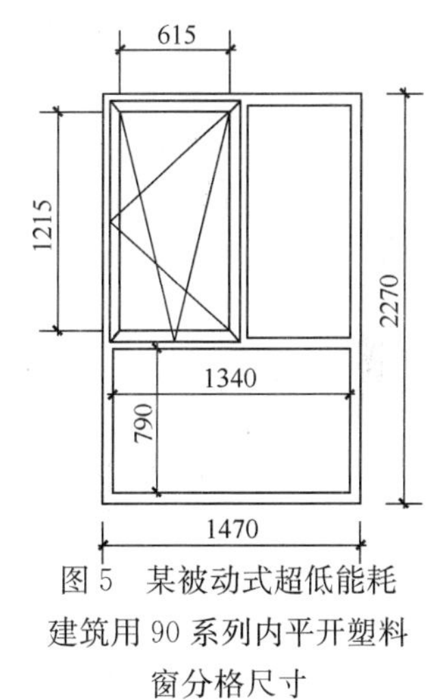

图 5 某被动式超低能耗建筑用 90 系列内平开塑料窗分格尺寸

取某天 22：00 至次日 4：00 时间段，间隔 30min 取一组数据，共取 12 组数据。现场测试数据及结果见表 3。

表 3 某被动式超低能耗建筑用 90 系列内平开塑料窗传热系数现场测试结果

	温度平均值（℃）						传热系数［W/（$m^2\cdot K$)］			
	内空	外空	玻内	玻外	框内	框外	K_g	K_f	K_t	差比
22:00	20.1	−6.0	18.3	−6.0	17.1	−5.1	0.55	0.91	0.81	−2.6%
22:30	20.1	−5.7	18.3	−6.1	17.0	−5.3	0.56	0.95	0.82	−0.8%
23:00	20.1	−6.2	18.2	−6.3	17.0	−5.6	0.58	0.96	0.84	1.2%
23:30	20.0	−6.4	18.2	−6.6	16.9	−5.9	0.55	0.94	0.81	−2.4%
0:00	20.0	−6.5	18.2	−6.8	16.9	−6.0	0.54	0.94	0.81	−2.5%
0:30	20.0	−6.5	18.1	−6.8	16.9	−6.1	0.57	0.95	0.83	0.6%
1:00	20.0	−6.8	18.1	−7.1	16.8	−6.4	0.57	0.96	0.83	0.3%
1:30	19.9	−6.8	18.0	−7.1	16.7	−6.5	0.57	0.95	0.83	0.2%
2:00	19.9	−6.6	18.0	−7.1	16.7	−6.6	0.57	0.97	0.84	1.0%
2:30	19.9	−7.4	17.9	−7.4	16.6	−6.7	0.59	0.98	0.85	2.6%
3:00	19.9	−7.5	17.9	−7.5	16.6	−6.8	0.58	0.98	0.85	2.3%
3:30	19.8	−7.3	17.9	−7.4	16.5	−6.9	0.56	0.97	0.83	0.0%
4:00	19.8	−7.6	17.9	−7.4	16.5	−7.1	0.55	0.96	0.82	−0.9%
平均值							0.57	0.96	0.83	

注：差比=（传热系数 K_t−传热系数平均值）/传热系数平均值×100%。

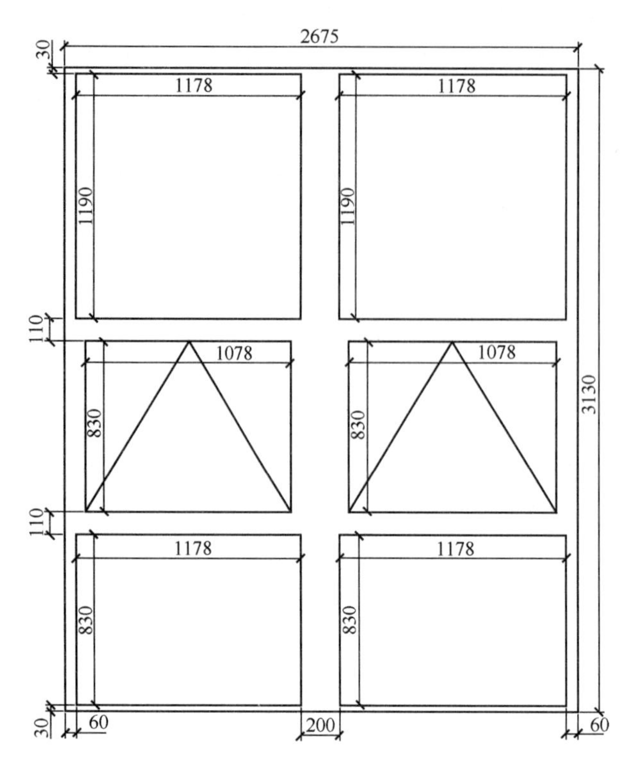

图 6　某铝合金中空玻璃幕墙分格尺寸

由表 3 可以看出，该外窗传热系数测试结果平均值为 0.83W/(m^2·K)，与实验室测试结果 0.8W/(m^2·K)基本一致，证明了该测试方法的可行性；由于该方法采用理论的室内表面换热系数计算热流 8.0W/(m^2·K)，测试发现实际室内侧表面换热系数有一定差异，导致测试结果会有一定偏差；不同时刻测试结果与平均值的差比在 3%以内，说明了该方法测试结果的稳定性。

4.3　"传热系数法"测试实例分析

某工程铝合金中空玻璃幕墙位于中高层，室外操作不便，采用"传热系数法"进行测试。该幕墙分格尺寸如图 6 所示，整幅幕墙面积为 8.37m^2，玻璃面积为 6.55m^2，竖框面积为 1.00m^2，横框面积为 0.82m^2，玻璃边缘长度约为 25.14m，整幅幕墙传热系数 K 值经实验室检测为 2.2W/(m^2·K)。

取某两天 20:00 至次日 6:00 时间段，间隔 2h 取一组数据，共取 12 组数据。现场测试数据及结果见表 4。

表 4　某铝合金中空玻璃幕墙传热系数现场测试结果

采样时刻	温度平均值（℃）		热流（W/m^2）			传热系数[W/(m^2·K)]				
	室内	室外	玻璃	竖框	横框	K_g	K_{fv}	K_{fh}	K_t	差比
20:01	15.3	4.3	21.4	27.6	19.9	1.94	2.51	1.81	2.17	−1.6%
22:01	15.3	3.3	22.2	28.3	19.1	1.85	2.37	1.60	2.07	−6.4%
0:01	15.2	3.6	23.5	29.8	20.6	2.01	2.56	1.76	2.24	1.1%
2:01	15.1	2.7	24.9	32.7	23.7	2.00	2.64	1.91	2.25	1.9%
4:01	15.1	2.8	25.5	33.1	24.3	2.07	2.69	1.98	2.32	4.9%
6:01	15.1	2.5	26.3	34.3	24.8	2.09	2.73	1.97	2.34	5.8%
20:01	16.0	2.2	26.7	33.9	23.3	1.94	2.46	1.69	2.15	−2.6%
22:01	15.9	1.6	27.5	35.6	24.5	1.92	2.49	1.71	2.15	−2.8%
0:01	15.8	1.8	27.9	36.7	26.0	2.00	2.62	1.86	2.24	1.4%
2:01	15.7	1.1	29.0	38.1	29.3	1.99	2.62	2.01	2.25	1.7%
4:01	15.7	1.3	27.8	36.0	26.5	1.94	2.51	1.85	2.18	−1.4%
6:01	15.7	1.2	27.5	36.1	25.6	1.90	2.49	1.77	2.14	−3.3%
平均值						1.97	2.56	1.83	2.21	

注：差比=(传热系数 K_t−传热系数平均值)/传热系数平均值×100%。

由表 4 可以看出，该外窗传热系数测试结果平均值为 2.21W/(m^2·K)，与实验室测试结果基本一致，证明了该测试方法的可行性；但由于该测试方法直接测试玻璃和框的实际传热系数，该传热系数值包含了实际的室内外表面换热系数，而实际的室内外表面换热系数会受到室内外气流的影响，尤其是室外侧气流波动较大，从而导致结果波动较大，与平均值的差比最大在 6.5%左右。因此，该方法需要足够的测试时间和数据才能得到较准确的结果，所以该试验间隔 2h 取一组数据，连取两天共 12 组数据。

5 结论

综上所述，通过建筑门窗玻璃幕墙传热系数现场测试的基本原理及方法，并进行了现场测试实验研究，得出如下结论：

（1）建筑门窗玻璃幕墙的传热系数目前只有实验室测试方法，现场测试研究欠缺；

（2）建筑门窗玻璃幕墙为轻质薄壁构件，热惰性很小，其室内空气温度、玻璃和窗框内表面温度曲线的峰值出现时间点几乎与室外空气温度曲线基本一致，因而，可认为任一时间点均为“准稳态”；

（3）论文提出了建筑门窗玻璃幕墙传热系数现场测试的几种方法，“热阻法”“内表面温度法”和“传热系数法”，给出了相应的计算公式，并分析了其优缺点及适用范围；“热阻法”适用于底层便于室外操作的部位，“内表面温度法”和“传热系数法”适用于中高层不便于室外操作的部位；

（4）论文对提出的“热阻法”“内表面温度法”和“传热系数法”进行了实际测试，结果表明，测试结果与实验室测试结果具有较高一致性，且对三种方法测试结果的稳定性进行了分析。

综上所述，理论研究和现场测试数据均表明建筑门窗玻璃幕墙的传热系数可基于“准稳态”原理在现场测试得到，对建筑门窗和玻璃幕墙传热系数现场测试方法的研究具有重要意义。

参考文献

[1] 章熙民，任泽霈．传热学(第四版)[M]. 北京：中国建筑工业出版社，2004.

[2] 万成龙．不同气候条件下建筑外窗性能变化检测技术研究．北京工业大学硕士论文．2009，55～57.

我国被动式超低能耗建筑用外窗热工性能指标研究及实测分析

万成龙　王洪涛　单　波　阎　强

中国建筑科学研究院　北京　100013

摘　要　被动式超低能耗建筑是我国节能建筑发展的重要趋势，适用的外窗传热系数指标是被动式超低能耗建筑用外窗设计的基础，但目前国内尚缺少相关研究；国内虽然建成了多个示范工程，但却缺乏真实外窗性能数据为其他工程提供参考。本文在参考国外被动式建筑用外窗设计准则的基础上，重点探讨了国内被动式超低能耗建筑用外窗传热系数的确定方法及典型气候区传热系数和内表面最低温度指标值，并在对国内某几个典型的被动式超低能耗建筑用外窗节能性能测试评估的基础上给出了目前被动式超低能耗建筑外窗存在的典型问题和相应分析，对于国内被动式超低能耗建筑用外窗产品的设计具有一定的参考价值。

关键词　被动式超低能耗建筑用外窗；性能指标；测试分析

1　研究背景

被动式超低能耗建筑是我国节能建筑发展的重要趋势，国内已完成了多项示范工程，并在陆续制订相应技术导则或标准。典型的被动式超低能耗示范建筑主要有秦皇岛某示范工程、哈尔滨某示范工程、新疆某示范工程等，还有一些工程在陆续建设中；标准编制方面，中国建筑科学研究院受住建部委托起草了被动式超低能耗绿色建筑技术导则[1]，河北省起草了我国第一个被动式超低能耗建筑节能设计的地方标准《被动式低能耗居住建筑节能设计标准》[DB 13(J)/T 177——2015]。

作为被动式超低能耗建筑薄弱环节的外窗，其性能指标目前均简单参考德国“被动房”相关指标确定，难以实现被动式超低能耗建筑对建筑节能和热舒适度的更高要求。“被动房之父”菲斯特教授指出“整窗传热系数小于 0.85W/(m^2·K)，是基于内表面平均温度在设计条件下要高于 17℃”[2]。也就是说，外窗传热系数是根据内表面温度来确定的，即在不采暖的情况下，窗内表面温度要高于 17℃，才能保证外窗内表面的热舒适度，称之为“热舒适度准则”。此准则明确指出，外窗的传热系数是由室内表面温度来确定的。研究表明，在室内空气温度为 20℃，围护结构内表面温度高于 17℃时，人体才不会感受到明显的来自围护结构的冷辐射。也就是说，外窗的传热系数指标要能保证在所处的环境下外窗内表面平均温度不低于 17℃，才能达到被动式超低能耗建筑的热舒适度要求。我国与德国气候差异极大，适用于德国被动式超低能耗建筑用外窗的性能指标是否适用于我国，我国被动式超低能耗建筑的外窗指标应该如何确定，成为亟需研究解决的课题。另外，国内被动式超低能耗示范建筑评价是基于德国的方法进行，外窗的热工性能仅通过对节点的热工模拟结果确定，缺乏实测数据为其他工程提供参考。

本文基于被动式超低能耗建筑用外窗的“热舒适度准则”和传热学基本原理，推导出了适用于我国的被动式超低能耗建筑用外窗传热系数计算方法和内表面最低温度，给出了我国不同气候地区典型城市被动式超低能耗建筑用外窗传热系数限值。在对国内几个典型被动式超低能耗建筑用外窗性能测试基础上，论文给出了目前被动式超低能耗建筑用外窗存在的问题和分析，对国内被动式超低能耗建筑用外窗的设计和安装具有重要参考价值。

2　外窗热工性能指标研究

2.1　传热系数指标确定方法研究

根据被动式超低能耗建筑用外窗的“热舒适度准则”和传热学原理，外窗传热系数计算公式可推导如下：

假定外窗为单一均质材料，其典型的传热过程如图 1[3,4]所示，室内空气温度 t_1 为 20℃，外窗内表面温度 θ_1 为 17℃，外窗内表面换热系数 h_1 为 8W/(m^2·K)[5]，室外空气温度为 t_2。

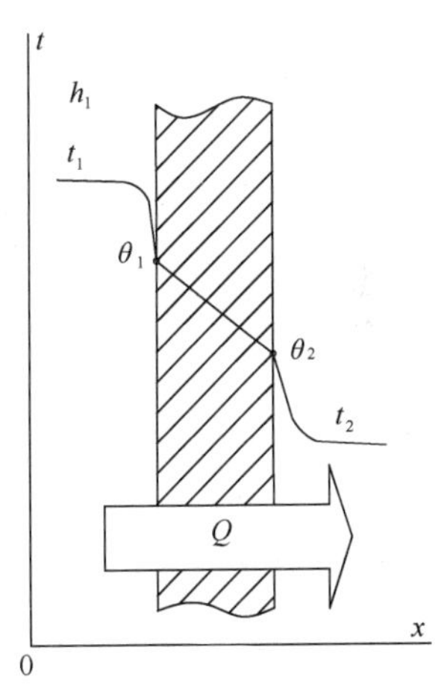

图 1　传热过程

热量通过表面换热传递给左壁，热流密度为由公式（1）确定：

$$q = h_1(t_1 - \theta_1) = 8 \times (20 - 17) = 24\ \mathrm{W/(m^2 \cdot K)} \quad (1)$$

传热系数 K 值可由其定义式——公式（2）确定：

$$K = \frac{q}{t_1 - t_2} = \frac{24}{20 - t_2} \quad (2)$$

同理，给出外窗的传热系数 K 值，可通过公式（3）得到适用的室外空气温度 t_2：

$$t_2 = 20 - \frac{24}{K} \quad (3)$$

2.2　德国外窗传热系数适用气候条件计算

根据外窗传热系数计算方法推导公式，并根据菲斯特教授指出的“整窗传热系数小于 0.85W/(m^2·K)”[2]，可知：

$$t_2 = 20 - \frac{24}{K} = 20 - \frac{24}{0.85} = -8.2\ ℃$$

由于计算采用的内外表面换热系数是参考国内相关标准，与德国标准规定会有所不同，因此该适用的气候条件与德国“被动房”实际室外空气温度会有所差异。换言之，在我国，整窗传热系数小于 0.85W/(m^2·K)仅适用于室外空气温度高于−8.2℃的地区。

2.3　我国被动式超低能耗建筑用外窗传热系数研究

我国不同气候地区外窗传热系数应根据各地的冬季室外计算温度来确定，冬季室外计算温度可参考《民用建筑热工设计规范》（GB 50176—93）的“附录三 室外计算参数”中的Ⅳ型数据确定。外窗传热系数指标按本论文计算确定。

不同气候地区典型城市冬季室外计算温度和外窗传热系数限值见表 1。

表1 我国不同气候地区典型城市冬季室外计算温度和外窗传热系数限值

气候地区	典型城市	冬季室外计算温度（℃）	外窗传热系数限值 W/(m² · K)
严寒地区	哈尔滨	−33	≤0.45
寒冷地区	北京	−16	≤0.67
夏热冬冷地区	上海	−7	≤0.89
夏热冬暖地区	广州	3	≤1.41
温和地区	昆明	9	≤2.18

国内已陆续建成了多个被动式超低能耗示范建筑，因暂时国内没有发布统一的标准要求，因此已建和在建示范建筑的外窗传热系数均参考了德国有关指标，如秦皇岛某工程、哈尔滨某工程和新疆乌鲁木齐某工程等，均参考德国“被动房”的要求将外窗传热系数 K 值限值设定为0.8W/(m² · K)。而秦皇岛、哈尔滨和乌鲁木齐的冬季室外计算温度差异较大，依据《民用建筑热工设计规范》，三地的冬季室外计算温度分别为−17℃、−33℃和−33℃，则按照本论文的方法，满足热舒适度准则的外窗传热系数应分别为≤0.65W/(m² · K)、≤0.45W/(m² · K)和≤0.45W/(m² · K)。工程采用的0.8W/(m² · K)设计指标距本论文给出的限值有较大差异，难以满足被动式超低能耗建筑用外窗“热舒适度准则”的要求。

目前国内尚未出台各不同气候地区被动式超低能耗建筑用外窗相关性能的设计标准，制定该类标准对被动式超低能耗建筑在我国不同气候区的推广有非常重要的意义，本论文提出的方法对于我国制订不同气候区域被动式超低能耗建筑用外窗传热系数指标具有重要参考价值。

2.4 外窗内表面最低温度研究

由于外窗不是单一材质的均匀构件，因此在控制外窗传热系数指标时，还应对内表面最低温度进行控制。“被动房之父”菲斯特教授指出“为了防止霉菌生长，在通常室内空气湿度下，窗户内表面的任何位置包括玻璃边缘温度至少应在13℃以上”[2]。可见，外窗内表面最低温度确定的原则是外窗室内侧在正常的湿度条件下不结露，即外窗内表面最低温度应高于露点温度。

露点温度可按《建筑门窗玻璃幕墙热工计算规程》（JGJ/T 151—2008）给出的公式计算得到。公式计算结果表明，相对湿度30%、50%、60%和65%时，露点温度分别为1.90℃、6.00℃、9.26℃、11.99℃和13.2℃。室内体感舒适的湿度一般控制在30%～65%之间，因此，外窗应在相对湿度65%时不结露，即外窗内表面温度不应低于13.2℃，一般控制在13℃。

3 我国被动式超低能耗建筑用外窗性能测试分析

3.1 测试方法

外窗传热系数评估以按《建筑外门窗保温性能分级及检测方法》（GB/T 8484—2008）在实验室测试的报告数据为主，没有测试报告的采用符合相应标准的外窗传热系数模拟计算数据[5]。

外窗空气渗漏普测采用红外热像仪定性测试。测试是在冬季室外温度较低的情况下进行的，外窗存在渗漏时，室内侧的红外热像图将有明显的低温区域，可简便、迅速地评估外窗的空气渗漏。气密性能现场测试是对外窗气密性能的定量评估手段，依据《建筑外窗气密、水密、抗风压性能现场检测方法》（JG/T 211—2007）和《建筑外门窗气密、水密、抗风压性能分级及检测方法》（GB/T 7106—2008）进行现场测试和等级评定。

外窗内表面温度监测是对外窗内表面各点在连续时间段内温度变化进行监测，是测试外窗热工薄弱环节的一种手段。监测的主要方法是在外窗的内外表面典型点粘贴温度传感器，并连续采集温度数据。外窗内表面结露检查通过目测和拍照进行。

3.2 外窗传热系数测试评估结果及分析

几个典型工程的外窗做法及传热系数 K 值评估结果见表 2。

表 2 典型工程外窗传热系数测试评估结果

项目名称	外窗做法	K 值 W/(m² · K)
新疆某工程	90 系列内平开塑料窗；玻璃：三玻双 Low-E 中空玻璃； 型材：某 90 系列六腔塑料型材	0.8
哈尔滨某工程	120 系列内平开铝木复合窗；玻璃：三玻双 Low-E 中空玻璃； 型材：某 120 系列铝包木复合型材	0.8
秦皇岛某工程	82 系列内平开塑料窗；玻璃：三玻双 Low-E 中空玻璃； 型材：某 82 系列内平开塑料型材	0.8

由表 2 可知，几个典型被动式低能耗示范工程的外窗传热系数均小于 1.0W/(m^2 · K)。由于目前国内尚无被动式超低能耗建筑用窗的设计标准，相关参数均是参考德国被动式超低能耗建筑用窗的参数，一般认为传热系数 K 值低于 0.8W/(m^2 · K)或 1.0W/(m^2 · K)即可。由本文可知，被动式超低能耗建筑用外窗传热系数还需根据我国不同气候地区确定。

3.3 外窗空气渗漏普测结果及分析

以某被动式超低能耗建筑为例，共选取 6 个房间对外窗进行普测，选取外窗的房间为：（1）房间 1：某栋-1 单元-102 房间；（2）房间 2：某栋-1 单元-1102 房间；（3）房间 3：某栋-3 单元-102 房间；（4）房间 4：某栋-3 单元-301 房间；（5）房间 5：某栋-3 单元-302 房间；（6）房间 6：某栋-3 单元-1101 房间。

六个房间普测结果见表 3。其中有三个房间的外窗存在严重渗漏现象，另三个房间的外窗无明显漏气现象。

表 3 六个房间外窗空气渗漏普测结果

序号	房间	结果	序号	房间	结果
1	某栋-1 单元-102 房间	无明显漏气现象	4	某栋-3 单元-301 房间	有明显漏气现象
2	某栋-1 单元-1102 房间	无明显漏气现象	5	某栋-3 单元-302 房间	有明显漏气现象
3	某栋-3 单元-102 房间	有明显漏气现象	6	某栋-3 单元-1101 房间	无明显漏气现象

外窗空气严重渗漏分两种情况：（1）外窗窗扇处空气渗漏，如图 2 所示，应为外窗型材翘曲变形所致；该工程铝包木型材在加工和使用过程中可能存在存放或处理不当导致的变形。（2）外窗与墙体接缝处空气渗漏，如图 3 所示，应为安装密封缺陷所致。

3.4 外窗气密性测试结果及分析

气密性测试首先将试件外表面缝隙用胶带全部密封，测出系统附加空气渗透量；再将试件室外侧胶带去除，测出总空气渗透量；计算得到单位缝长空气渗透量和单位面积空气渗透量，测试结果见表 4。

图2　外窗开启扇空气渗漏

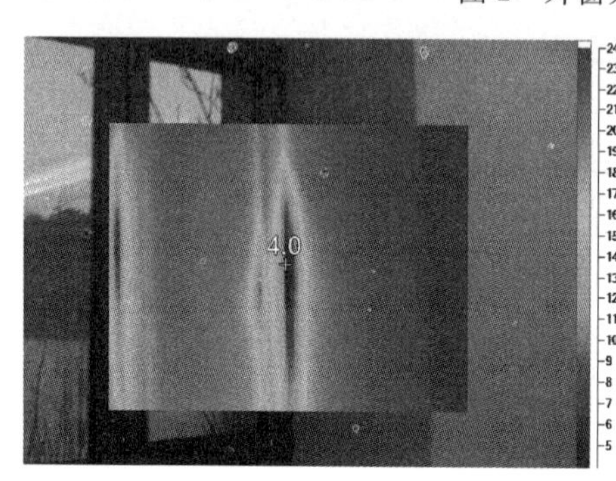

图3　外窗与墙体接缝处空气渗漏

表4　几个典型工程外窗气密性能测试结果

项目	外窗	气密性
新疆某工程	90系列内平开塑料窗	7级
哈尔滨某工程	120系列内平开铝木复合窗	8级
秦皇岛某工程	82系列内平开塑料窗	7级

结果表明，两个工程采用塑料窗，气密性能为7级；一个工程为铝木复合窗，气密性能为8级。被动式超低能耗建筑要求外窗极低的传热系数，塑料窗、木窗和铝木复合（铝包木）窗是目前国内被动式超低能耗建筑用的性价比较优的几类产品。塑料型材本身强度较低，导致整窗气密性能略低，个别被动式超低能耗建筑用窗取消了增强型钢，气密性能更低。

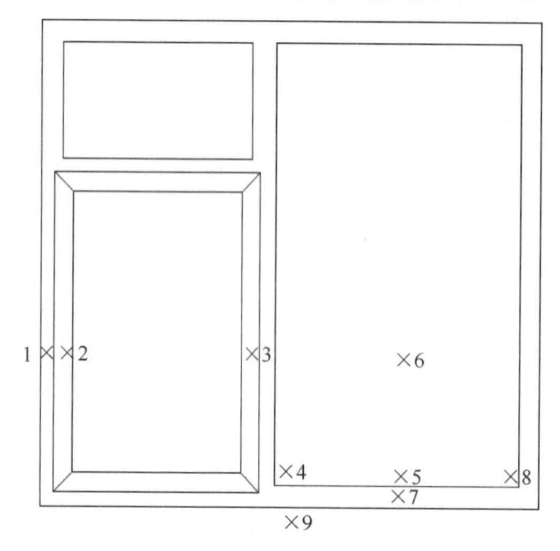

图4　内表面温度测点布置（测点9为空气测点）

3.5　外窗内表面温度监测结果及分析

以某工程用外窗为例，测试时间为冬季连续5天。选取某一典型外窗试件进行内外表面温度现场监测研究，温度测点布置如图4所示。

试验从2月4日18：00开始到2月8日

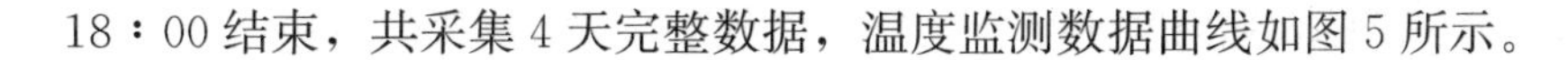

18：00结束，共采集4天完整数据，温度监测数据曲线如图5所示。

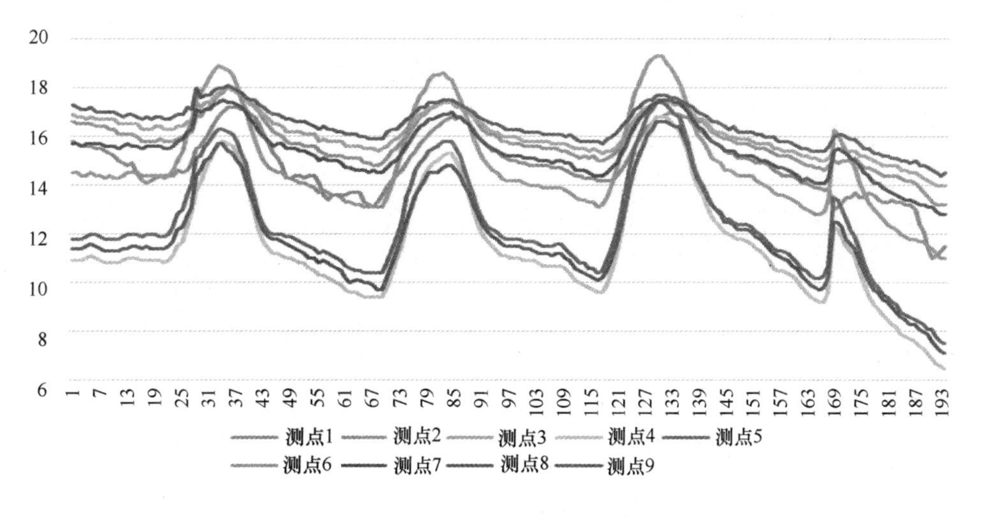

图5　外窗内外表面温度监测数据

结果表明，玻璃边缘温度测点（测点4、测点5和测点8）温度明显偏低且波动幅度偏大，说明玻璃边缘处为热工薄弱环节；玻璃中心测点（测点6）温度波动幅度大，且晚上低于外窗除玻璃边缘测点（测点4、测点5和测点8）外的其他测点，中午高于外窗除玻璃边缘测点（测点4、测点5和测点8）外的其他测点，表明玻璃中心保温效果较型材略差；中午温度高于其他点表明玻璃中心在温差传热外，吸收了周围辐射和对流传热的热量。

某天空气温度较高时刻10：00外窗内表面温度分布如图6所示；某天空气温度较低时刻3：00外窗内表面温度分布如图7所示。

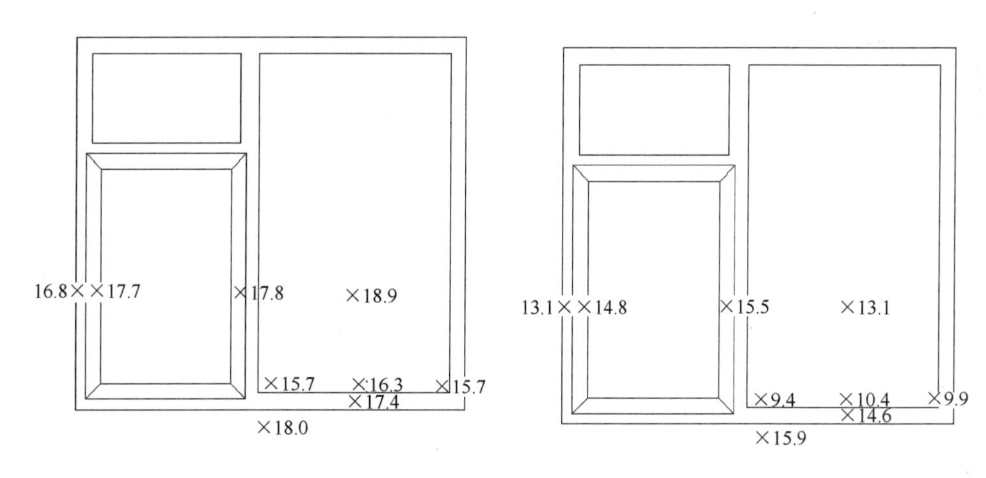

图6　某天10：00外窗内表面温度分布图　　　图7　某天3：00外窗内表面温度分布图

结果表明，在一天温度较高时刻和温度较低时刻，外窗内表面玻璃边缘温度均明显偏低，即玻璃边缘为外窗的热工薄弱环节，需加以改进。

3.6　外窗内表面结露检查结果及分析

被动式超低能耗建筑既要极大地降低建筑能耗，又要保证居住的舒适度。为保证居住的舒适度，室内的空气温度、外窗内表面温度和室内空气湿度需重点控制。外窗内表面温度过低会由于冷辐射引起居住的不舒适感，也有可能导致外窗结露。某被动式超低能耗示范工程用外窗内表面结露检查如图8所示。

图8　外窗玻璃边缘结露现象

结果表明，该工程用外窗玻璃边缘存在严重的结露现象，实际检查时发现每个窗都不同程度结露。该工程测试时室外空气温度为－20℃左右，外窗的传热系数为0.8W/(m^2·K)，达到了德国被动式超低能耗建筑用窗的要求，但由于当地冬季气温远低于德国，导致外窗内表面温度偏低出现结露。说明国内被动式超低能耗建筑用窗的传热系数简单参考德国的传热系数指标是不够的，需要研究确定适合于我国不同地区的传热系数指标。

4　结论

根据对我国被动式超低能耗建筑用外窗的性能指标研究和测试分析，可得结论如下：

（1）外窗是被动式超低能建筑重要构件，但其传热系数指标未得到充分研究；被动式超低能建筑用外窗传热系数应根据“热舒适度准则”和传热学基本原理确定，论文推导出了基本计算公式；

（2）我国不同气候地区被动式超低能耗建筑用外窗传热系数需要根据其冬季室外计算温度确定，论文给出了几个典型城市的外窗传热系数限值；国内尚无各气候地区被动式超低能耗建筑用外窗相关性能设计标准，而相关指标可参考本论文提供的方法确定。

（3）测试评估结果表明，我国几个典型被动式超低能耗示范建筑用外窗的传热系数K值小于1.0W/(m^2·K)；但是，达到德国被动式超低能耗建筑用窗指标，在国内某些地区会出现结露等问题，无法保证居住的舒适度。

（4）现场气密普测表明，木窗或铝包木窗在个别工程存在集成木材变形，导致严重的空气渗漏问题。表明被动式超低能耗建筑采用木窗或铝包木窗时，应保证木材的保存和加工环境、表面处理质量，避免水汽侵蚀导致外窗性能降低。外窗气密性测试表明，铝木复合窗和塑料窗的气密性较高，达到了 7 级或 8 级的水平（最高为 8 级）。相对而言，塑料窗气密性略低，这与实验室大量测试数据也是一致的。

（5）内表面温度测试结果表明，玻璃中心与玻璃边缘温差较大，部分外窗玻璃边缘有结露现象。说明在被动式超低能耗建筑用窗设计过程中，应重点改善玻璃边缘热工状况。

参考文献

[1] 住房和城乡建设部. 被动式超低能耗绿色建筑技术导则(居住建筑)(试行). 2015.

[2] (德)菲斯特教授，考夫曼博士著/徐智勇整理翻译. 成功设计和建造被动房质量保证指南[M]. 中国被动式超低能耗建筑联盟内部资料. 2014.

[3] 章熙民，任泽霈. 传热学(第四版)[M]. 北京：中国建筑工业出版社，2004.

[4] 万成龙. 不同气候条件下建筑外窗性能变化检测技术研究. 北京工业大学硕士论文. 2009，55～57.

[5] JGJ/T 151—2008. 建筑门窗玻璃幕墙热工计算规程[S]. 北京：中国建筑工业出版社，2009，58～65.

基于LBNL系列软件的建筑外窗热工性能分析与数值模拟

彭 洋[1,2] 沈佑竹[2] 董 军[2] 金鑫南[1] 尤其学[1]

1 江苏苏鑫装饰（集团）公司

2 南京工业大学土木工程学院

摘 要 基于数值模拟计算建筑外窗热工性能具有重要现实意义。首先归纳总结了国内外建筑外窗热工性能数值计算标准相应计算方法和边界条件，分析了不同标准的异同。在此基础上，采用基于美国标准的美国劳伦斯伯克利国家实验室建筑外窗热工性能计算软件，并编制补充电子计算表格，提出了满足我国《建筑门窗玻璃幕墙热工计算规程》的计算方法、系数取值和边界条件的建筑外窗热工性能计算流程。所建议的计算流程简便易行，可供广大建筑外窗研发人员及研究者计算建筑外窗热工性能计算时参考。

关键词 建筑外窗；传热系数；遮阳系数；数值模拟

0 概述

建筑外窗热工性能获取方法有两种：试验测试和数值模拟计算，两者具有不可替代的地位，也互为补充。数值模拟计算具有不受时间地点和环境的限制、花费小等优点。外窗概念设计和初步设计阶段采用数值模拟计算对外窗热工性能进行预测和优化，将大大节约研发成本，缩短研发周期。近来系统门窗的兴起[1]以及建筑门窗节能性能标识的大力推广[2]，凸显了基于数值模拟计算的外窗热工性能评估的重要意义。因此采用数值计算的方法来准确分析和预测外窗的热工性能显得十分必要。

欧美国家经过数十年发展，外窗热工性能数值模拟计算的理论体系与技术手段相对健全，包括（1）美国国家门窗等级评定委员会（National Fenestration Rating Council，NFRC）标准体系及劳伦斯伯克利国家实验室（Lawrence Berkeley National Laboratory，LBNL）开发的Optics、THERM和WINDOW系列配套软件，（2）欧洲ISO标准体系及BISCO等系列配套软件[3-4]。其中LBNL系列软件由于权威性和免费使用，在国内有较大的用户群体，欧洲软件需付费加之侧重窗框型材的分析，使用用户较少[4]。我国于2009年5月颁布了第一部门窗幕墙热工性能数值模拟计算规程《建筑门窗玻璃幕墙热工计算规程》（JGJ/T 151—2008）（以下简称为我国规程）[5]。广东省建筑科学研究院研发配套数值模拟计算软件粤建科MQMC“建筑幕墙门窗热工性能计算软件”，目前该软件存在网格划分质量和自适应性差等不足[6]，现仍在不断发展和完善中。一套免费、操作方便、可靠性有保证的数值计算软件，正是当前研究的重点。

外窗的热工性能数值模拟计算包括传热系数和遮阳系数的计算。本文分别从传热系数和遮阳系数两方面入手，梳理国内外外窗热工计算规程的异同，说明不同软件间的隔阂来源于规范的差别。在此基础上，结合 LNBL 免费软件提出满足我国规程的外窗热工性能数值模拟计算流程。该流程可供外窗研发人员及研究者参考。

1 传热系数

传热系数为外窗内外两侧环境温度差为 1℃时，通过单位面积的热量，代表外窗阻止热量损失的能力，数值越低，外窗的保温性能越好。我国规程与美国 NFRC 标准体系所采用的传热系数计算方法和边界条件上都有差异。我国规程与欧洲 ISO 标准体系采用的传热系数计算方法相同，但边界条件间存在一定差异。以下从计算方法和边界条件两方面分别论述。

欧洲 ISO 标准体系和我国规程采用玻璃边缘线传热理论计算整窗的传热系数，公式为：

$$U_t = \frac{\sum A_g U_g + \sum A_f U_{fr} + \sum l_\psi \psi}{A_t} \tag{1}$$

式中 U_t、U_g、U_{fr} 分别为整窗、玻璃和窗框传热系数，A_g、A_f、A_t 分别为玻璃、窗框和整窗面积，l_ψ 为玻璃边缘长度，ψ 窗框与窗玻璃间的线传热系数。

美国 NFRC 标准体系中，整窗传热系数计算方法采用玻璃边缘区域理论，公式为：

$$U_t = \frac{\sum A_{gc} U_g + \sum A_f U_f + \sum A_e U_e}{A_t} \tag{2}$$

式中 U_e、U_{fr} 分别为玻璃边缘区域和窗框传热系数，A_{gc} 为玻璃中心区域面积，A_e 为玻璃边缘区域面积，其他符号含义与式（1）相同。

式（1）和式（2）中，玻璃系统的传热系数由一维热传导模型计算得到，框部分的传热系数则由二维热传导模型计算得到。对比式（1）和式（2）可知，两种计算方法主要的差异是玻璃边缘处传热计算方法的不同。欧洲 ISO 标准体系和我国规程计算玻璃边缘区域传热时候都采用线传热系数计算理论，北美 NFRC 标准体系则采用玻璃边缘区域计算理论。另外式（1）中窗框传热系数计算时需要用一块绝热板代替玻璃系统，我国规程中绝热板长度为 200mm，导热系数为 0.3W/(m·K)，而欧洲 ISO 标准体系中绝热板长度为 190mm，导热系数为 0.35W/(m·K)，并不一致。Blanusa 等[6]通过理论分析指出相同条件下式（1）和式（2）计算结果间差异可以忽略不计，这与杨仕超等[3]的结论相同。

采用一维热传导模型计算玻璃系统传热系数时，软件所需的边界条件为室内外温度。采用二维热传导模型计算窗框传热系数时，软件所需的边界条件为室内外温度、室内外对流换热系数和太阳辐射照度。表 1 中给出了中美欧三种标准中计算边界条件。

表 1　传热系数计算边界条件

边界条件	欧洲 ISO 标准体系	美国 NFRC 标准体系	我国规程
室内空气温度 T_{in}(℃)	20	21	20
室外空气温度 T_{out}(℃)	0	−18	−20
室内对流换热系数 $h_{c,in}$[W/(m²·K)]	3.6	与框材及倾角有关	3.6
室外对流换热系数 $h_{c,out}$[W/(m²·K)]	20	26	16
外窗周边窗框的室外对流换热系 $h_{c,out}$[W/(m²·K)]	—	—	8

续表

边界条件	欧洲ISO标准体系	美国NFRC标准体系	我国规程
外窗周边窗框处玻璃边缘区域的室外对流换热系数 $h_{c,out}$ [W/(m² · K)]	—	—	12
太阳辐射照度 I_s(W/m2)	300	0	0

各国的气候条件不同，造成表1中不同标准的边界条件间存在明显差异，带来了不同国家外窗产品构造和用材间巨大的不同。相同的外窗产品，依据不同标准计算得到的传热系数明显不一致。美国NFRC标准体系计算出的结果通常大于欧洲ISO标准体系和计算的结果[7]。欧洲ISO标准体系与我国规程的计算方法和边界条件间基本一致，计算得到的传热系数间差异应较小。因此，我国规程计算得到的传热系数小于美国NFRC标准体系的计算结果。

2 遮阳系数

遮阳系数为在给定条件下，外窗的太阳光总透射比与相同条件下相同面积的3mm厚透明玻璃的太阳光总透射比的比值，代表外窗阻止太阳辐射穿过的能力，其数值越低，代表外窗的隔热性能越好。我国规程与欧洲ISO标准体系都采用遮阳系数，美国NFRC标准体系参与太阳光总透射比（也称为太阳得热系数）代表外窗的隔热性能。遮阳系数来源于太阳光总透射比。我国建筑节能设计的标准中主要依据遮阳系数值作为节能设计指标，因此该系数更多的应用于描述我国产品的隔热效果。我国规程与美国NFRC标准体系所采用的太阳总透射比计算方法和边界条件上存在一定差异。我国规程与欧洲ISO标准体系采用的遮阳系数计算方法相同，但边界条件间存在一定差异。以下从计算方法和边界条件两方面分别论述。

欧洲ISO标准体系和我国规程中遮阳系数计算公式如下：

$$SC = \frac{g_t}{0.87} \tag{3}$$

式中：SC 为遮阳系数，g_t为太阳光总透射比。

欧洲ISO标准体系和我国规程中太阳光总透射比计算公式如下：

$$g_t = \frac{\sum A_g g_g + \sum A_f g_f}{A_t} \tag{4}$$

式中：g_g、g_f分别为玻璃和窗框的太阳光总透射比，其余符号含义与式（1）相同。

美国NFRC标准体系中太阳光总透射比的计算公式如下：

$$g_t = \frac{\sum A_{gc} g_g + \sum A_f g_f + \sum A_e g_e}{A_t} \tag{5}$$

式中：g_e为玻璃边缘区域的太阳光总透射比；其余符号含义与式（2）和式（4）相同。对比式（4）和式（5）可知两个公式的区别在于是否考虑玻璃边缘区域的太阳辐射热量。美NFRC标准体系中规定g_e等于g_g，而A_e加上A_{gc}等于A_g，因此式（4）和式（5）在本质上相同。杨仕超经过计算对比发现相同条件下两个公式的相差甚小[3]。

欧洲ISO标准体系、美国NFRC标准体系以及我国规程采用相同的方法计算玻璃系统的太阳光总透射比，即积分和迭代的方法。我国规程计算玻璃系统太阳光总透射比时，所采用的标准太阳光谱为 ISO 9845-1 的第五类标准光谱，即直射与散射光谱，这与欧洲 ISO 标准体系相一致。美国 NFRC 标准体系则采用 ISO 9845-1 中的第二类直射光谱作为标准太阳光谱。直射与散射光谱的各波段的平均分光照度值均比只有直射光谱大。因此我国规程与欧洲 ISO 标准体系得到玻璃系统的太阳光总透射比大于美国 NFRC 标准体系的计算结果[3]。

欧洲 ISO 标准体系、美国 NFRC 标准体系以及我国规程采用相同的方法计算窗框的太阳光总透射比：

$$g_{\mathrm{f}} = \alpha_{\mathrm{f}} \frac{U_{\mathrm{f}}}{A_{\mathrm{surf}} h_{\mathrm{out}} / A_{f}} \tag{6}$$

式中：U_{f}为窗框的传热系数，α_{f}为窗框表面太阳辐射吸收系数，h_{out}为室外表面换热系数，A_{f}为窗框投影面积，A_{surf}为窗框外表面面积。

我国规程中窗框表面太阳辐射吸收系数取 0.4，而美国 NFRC 标准体系中窗框表面的太阳辐射系数取 0.3。

综上所述，不同标准间的遮阳系数计算方法本质上是相同的，不同在于系数的不同取值，如标准太阳光谱和窗框表面太阳辐射系数。

采用软件计算玻璃系统太阳光总透射比时，需要的边界条件为室内外对流换热系数。采用软件计算窗框太阳光总透射比时，软件所需的边界条件为室内外温度、室内外对流换热系数和太阳辐射照度。表 2 中给出了中美欧三种标准中计算边界条件。

表 2　遮阳系数计算边界条件

边界条件	欧洲 ISO 标准体系	美国 NFRC 标准体系	我国规程
室内空气温度 T_{in}(℃)	25	24	25
室外空气温度 T_{out}(℃)	30	32	30
室内对流换热系数 $h_{\mathrm{c,in}}$[W/(m^2·K)]	2.5	与框材及倾角有关	2.5
室外对流换热系数 $h_{\mathrm{c,out}}$[W/(m^2·K)]	8	15	16
太阳辐射照度 I_{s}(W/m2)	500	783	500

遮阳系数计算边界条件存在明显差异，这种差异造成不同标准计算得到的遮阳系数并不相同。此种差异不仅与边界条件差异有关，也与公式系数取值不同有关。玻璃系统的太阳光总透射比通常远大于窗框的太阳光总透射比[10]，加之玻璃系统的面积也是窗框面积的数倍到数十倍，外窗的太阳光总透射决定于玻璃系统的太阳光总透射比。整窗的太阳光总透射比由以面积为权函数的数学公式计算得到，整窗的太阳光总透射比必然小于玻璃系统的太阳光总透射比，但两者之间的差异不大。

3　基于 LBNL 系列软件的外窗热工性能计算流程

从前文的论述中可以看出以美国 NFRC 标准体系为基础的 LBNL 系列免费软件计算得到的外窗热工性能参数并不能满足我国规程的要求，主要有四方面原因：(1) 窗框传热系数计算方法不同；(2) 边界条件不同；(3) 标准太阳光谱不同；(4) 窗框太阳辐射吸收系数不同。加之 LBNL 系列免费软件只能计算美国 NFRC 标准体系所规定的标准窗型[3]。以上不足使得 LBNL 软件无法用于《铝合金门窗》[8]规定的型式检验典型试件热工性能计算中，也不能用于新型建筑外窗研发中。

基于LBNL系列软件的热传导和玻璃光学热工计算功能模块，结合我国规程的计算方法，在LBNL系列软件无法满足计算要求的环节用Excel计算表格等作为替换，制定了传热系数和遮阳系数计算流程。该流程满足我国规程的要求。同时还可结合Excel软件或者MATLAB软件的二次开发功能，实现全计算流程的自动化。

前文指出LNBL系列软件传热系数计算方法玻璃边缘区域计算理论。传热系数计算中可以考虑采用LNBL系列软件中的二维热传导模拟计算模块THERM进行窗框传热分析，在此基础上按照我国规范的计算公式得到窗框传热系数及玻璃边缘区域线系数。采用LNBL系列软件中的一维热传导模拟计算模块WINDOW计算得到玻璃系统的传热系数。按照式（1）以及整窗各部件截面面积最终获得整窗传热系数。

具体计算流程如下：

（1）采用WINDOW模块和我国规程的边界条件计算得到玻璃系统的传热系数U_g。

（2）在THERM模块中建立包含导热系数为0.03W/（m·K）、长度为200mm的等厚绝热板代窗框计算模型，采用THERM模块和我国规程的边界条件计算得窗框传热系数U_{fr}。

（3）将等厚绝热板替换为玻璃系统建立新的窗框计算模型，采用THERM模块和我国规程的边界条件计算得窗框传热系数U_f和玻璃边缘区域传热系数U_e。

（4）按照下式计算得玻璃边缘区域线传热系数ψ

$$\psi=(U_f-U_{fr})b_f+(U_e-U_g)b_e \tag{6}$$

式中b_f为窗框宽度，b_e为玻璃边缘区域宽度，b_e可取THERM模块中的默认值，即63.5mm，其余符号与式（1）和式（2）相同。

（5）基于前四步计算得到的传热系数ψ、U_{fr}和U_g，结合整窗各部件截面面积，按照式（1）计算得整窗传热系数U_t。

由于不同标准的遮阳系数计算方法本质上是一致的，差别在于LBNL标准软件选用的标准太阳光谱和窗框太阳辐射吸收系数不同。可以考虑采用LNBL系列软件中的玻璃光学热工计算模块Optics计算得到单片玻璃的光学热工参数，该模块计算中可以选择不同的计算标准，其中ISO 9050标准所用的标准太阳光谱[9]与我国规程相同。由此计算得到的单片玻璃光学热工性能满足我国规程的要求。窗框的太阳光总透射比我国规范的计算公式计算得到。按照式（4）以及整窗各部件截面面积最终获得整窗太阳光总透射比。

具体计算流程如下：

（1）将已知的单片玻璃光谱数据导入Optics模块，计算标准选择为ISO 9050，计算得到单片玻璃的光学热工参数。

（2）将上一步得到单片玻璃光学热工参数导入WINDOW模块中，按照我国规程的边界条件计算得到玻璃系统太阳光总透射比g_g。

（3）采用THERM模块和我国规程的边界条件计算出窗框的传热系数U_{fr}。

（4）按照式（6）和我国规程的边界条件计算出窗框的太阳光总透射比g_f。

（5）基于前四步得到的太阳光总透射比g_g和g_f，结合整窗各部件截面面积，按照式（4）计算得到整窗的太阳得热系数g_t。

（6）根据公式（3）计算得到整窗的遮阳系数SC。

4 小结

近年来，系统门窗的兴起以及建筑门窗节能性能标识的大力推广，数值模拟计算重要性越发显著。目前国内具有较大用户群体的数值模拟计算软件为 LBNL 系列软件。该系列软件依据美国 NFRC 标准体系开发，而美国 NFRC 标准体系与我国规程的计算方法和边界条件间存在显著差异，主要有四方面原因：(1) 窗框传热系数计算方法不同；(2) 边界条件不同；(3) 标准太阳光谱不同；(4) 窗框太阳辐射吸收系数不同。加之 LBNL 系列免费软件只能计算美国 NFRC 标准体系所规定的标准窗型。造成 LBNL 系列软件计算结果无法满足我国规程的要求，也不能用于新型建筑外窗的研发中。

基于 LBNL 系列软件的数值模拟计算功能模块，以及电子计算表格，按照我国规程计算方法、系数取值和边界条件，提出了满足我国规程要求的建筑外窗热工性能计算流程。所建议的计算流程简便易行，可供广大建筑外窗研发人员及研究者计算建筑外窗热工性能计算时参考。

基金项目

江苏省博士后科研资助计划项目（1402017B）。

参考文献

[1] 邓小鸥，刘延. 中国建筑金属结构协会开展对系统门窗企业调研[J]. 中国建筑金属结构，2014，8：28-30.

[2] 李玮. 天津市建筑门窗节能性能标识配置方案的探讨[J]. 门窗，2015，1：9-11.

[3] 杨仕超，杨华秋，马扬. 中外建筑门窗幕墙热工性能计算软件介绍及计算对比 [DB/OL]. http://www.yjksoft.com/Research? type=2,2010.

[4] 马扬，杨仕超，杨华秋. 中外建筑门窗幕墙热工计算标准体系[DB/OL]. http://www.yjksoft.com/Research? type=2,2010.

[5] JGJ/T 151—2008. 建筑门窗玻璃幕墙热工计算规程 [S]. 北京，中国建筑工业出版社，2009.

[6] 刘涛. 基于有限单元法的玻璃幕墙热工性能的分析和设计 [D]. 上海，同济大学，2010.

[7] P. Blanusa, W. P. Goss, H. Roth et. al. Comparison between ASHRAE and ISO thermal transmittance calculation methods [J]. Energy and Buildings, 2007, 39: 374-384.

[8] GB/T 8487—2008. 铝合金门窗 [S]. 北京，中国标准出版社，2009.

[9] Standards for Solar Optical Properties of Specular Materials [DB/OL]. http://windowoptics.lbl.gov/data/standards/solar,2010.

[10] 王丽丽，孙诗兵，王洪涛，万成龙. 窗框对遮阳系数的影响研究[J]. 节能技术，2014，2：159-161.

建筑室外用格栅荷载确定及试验方法的研究

黄庆文　梁少宁　国忠昊
金刚幕墙集团有限公司

摘　要　本文结合广州某项目的幕墙设计方案，对建筑室外用格栅的荷载确定、结构计算及其试验方法进行研讨，并与国标《建筑室外用格栅荷载通用技术要求》报批稿相印证，最终提出格栅荷载取值、结构计算及试验方法，为今后相关的工程项目提供技术方法及流程的借鉴。

关键词　建筑室外用格栅；荷载取值；结构计算；试验方法

1　工程项目背景

广州某项目（下文简称 H 项目）工程地处广州市海珠区，是集商业、星级酒店、高级办公用途为一体的综合性超高层建筑，幕墙面积 5.5 万平方米，总建筑面积约 16.4 万平方米，项目总建筑高度约 196 米。项目主楼建筑幕墙主要由内层幕墙和外层钢管网装饰组成，整体呈编织网状的外观艺术效果。

2　格栅设计方案技术要点介绍及系统结构分析

本项目幕墙外层格栅部分设计为单元式结构，其标准层格栅大样如图 2 所示。

图 1　工程项目效果图

图 2　标准层格栅及幕墙大样效果图

格栅系统由两个主要子单元组件构成，一是水平安装的走道格栅单元，由钢格栅框体、铝合金格栅条组成，其安装位置及部件拆分如图3所示。二是竖直安装并呈现交错状态的钢管网格栅单元及其上下固定框体，其安装位置及部件拆分如图4所示。

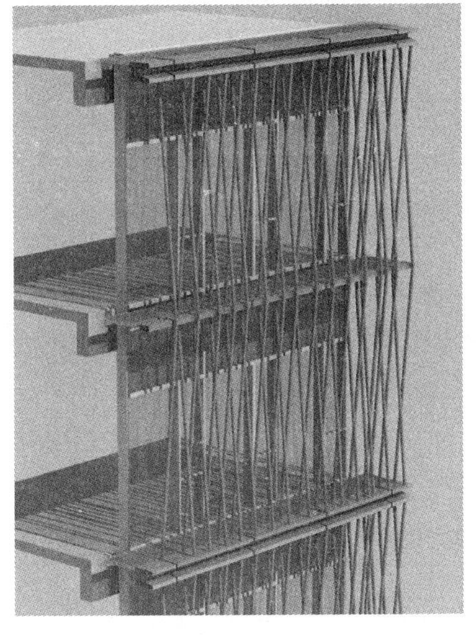
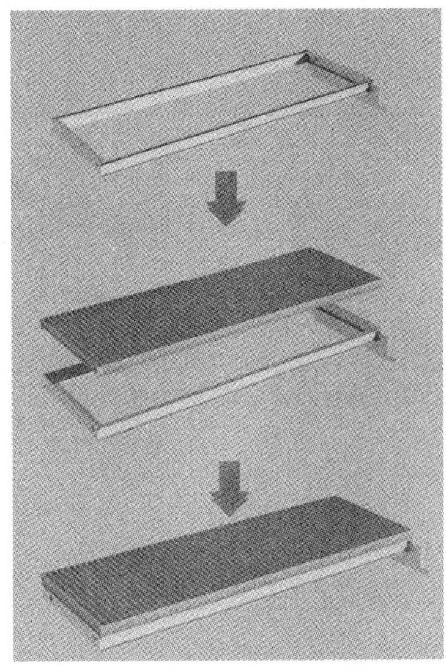

图3 走道格栅单元安装位置及部件拆分示意图

H项目幕墙工程中的格栅系统兼具有装饰、遮阳、通风、防护等设计意图，根据其节点方案设计图及招标文件所示，其结构设计应满足以下要点：

（1）抗风压性能；

（2）抗震性能；

（3）防撞击性能。

2.1 格栅节点设计

格栅标准单元高度跨2层建筑结构，高度为8600mm，水平分格为2100mm。钢管前后斜拉分布，侧面看斜拉的钢管格栅之间形成菱形，中间分格位置用铝方管支撑。

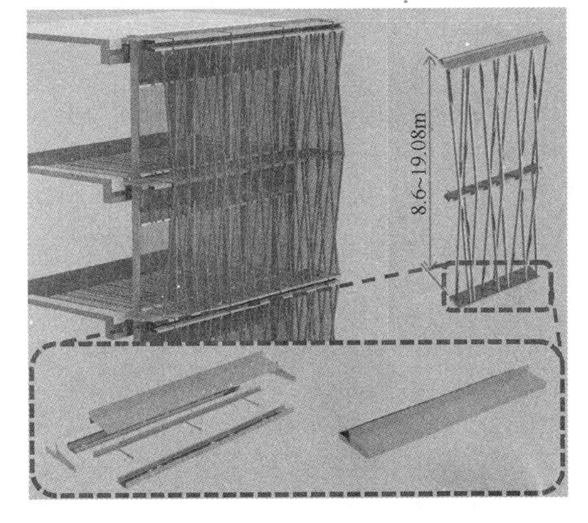

图4 钢管网格栅单元安装位置及部件拆分示意图

管网格栅采用$\varphi 65\times 3$不锈钢圆管，钢管固定在上端和下端（图6）的铝横料上，并通过铝合金连接件、钢板支座连接固定（图7）。

玻璃单元与格栅单元之间有760mm的间距，在该间距层间位置上设计水平铝合金格栅，形成走道格栅面板单元。

2.2 格栅结构分析及计算

（1）管网格栅单元计算

本项目风荷载体型系数根据《建筑结构荷载规范》（GB 50009—2012）进行取值，各种截面杆件的体型系数为$\mu_s=1.3$，幕墙计算高度$H=195.95$m，以下为按现行幕墙规范设计的结构计算结果（基本风压$W_0=0.5$kPa，B类）：

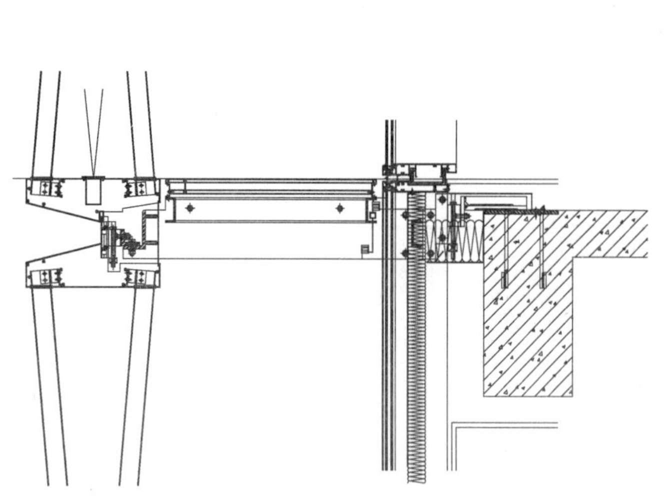

图 6　标准层格栅及幕墙竖剖节点示意图

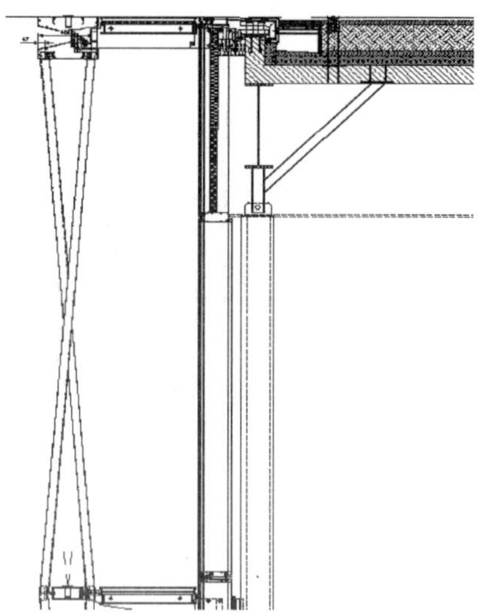

图 7　钢管网格栅单元竖剖节点示意图

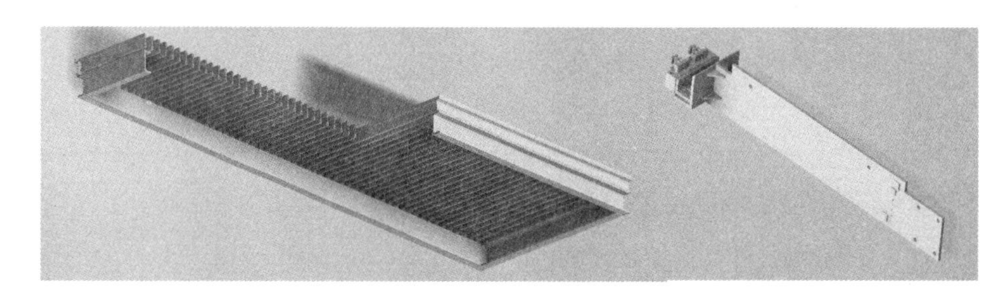

图 8　走道栅面板单元 1/4 剖视图及连接钢板三维示意图

风荷载标准值：　　　$W_k = \beta_{gz} \cdot \mu_s \cdot \mu_z \cdot W_0 = 2.44\text{kPa}$；

风荷载设计值：　　　$W = \gamma_w \cdot W_k = 3.4\text{kPa}$。

竖直方向的管网格栅采用 $\phi65\times3$ 的圆形钢管，其截面图及截面模量如图 10 所示，呈现不均匀分布，一个格栅单元为 12 根，最大计算跨度取 4.3m，其计算示意如图 11 所示。

图 9　走道栅面板单元及连接钢板节点三维示意图

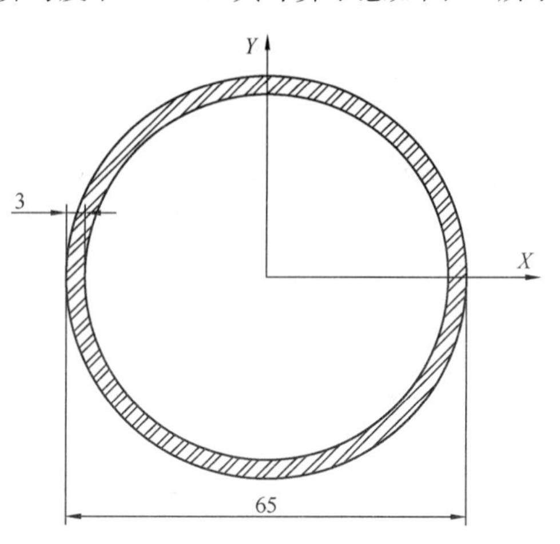

图 10　格栅钢管截面图及截面模量

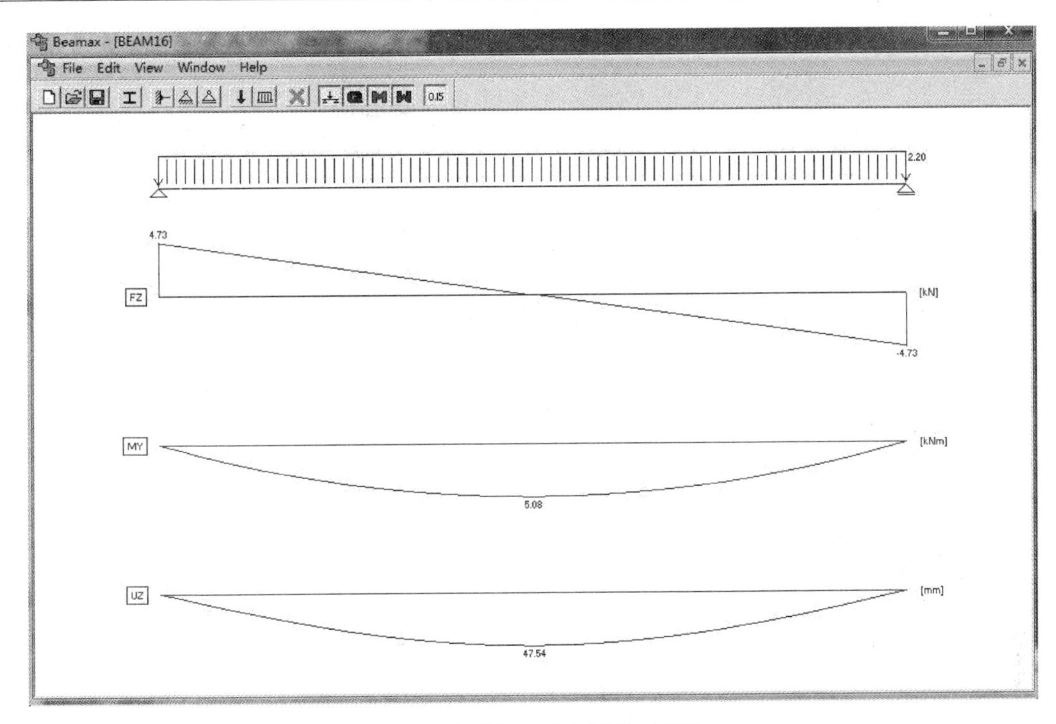

图 11　格栅钢管受力模型示意图

由此可得，单根钢管的最大弯矩为 $M=0.51\text{kN}\cdot\text{m}$；

单根钢管端部最大反力为：$N_G=0.47\text{kN}$；

单根钢管最大应力大小为：$\sigma_G=\dfrac{N}{A}+\dfrac{M}{\gamma W_x}=56.89\text{MPa}$，钢管格栅强度满足要求。

在风荷载设计标准值作用下，格栅变形挠度 $d_{Gf}=\dfrac{5q_kL^4}{384EI}=4.75\text{mm}\leqslant d_{\lim}=17.2\text{mm}$；钢管挠度满足要求。

由于重力方向荷载对整体结构未起决定性作用，且均已计算通过，其计算过程在此不再赘述。

（2）水平走道格栅单元及主要构件计算

在水平走道格栅方面，需要重点校核其连接节点部位的受力情况，挂接支座的反力如下。

水平方向风荷载总力为：$N_1=12N_G+W\times(0.35+0.11)\times2.1=8.9\text{kN}$；

垂直方向荷载总力为：$N_2=G_A\times4.3\times2.1=2.7\text{kN}$（$G_A=0.3\text{kN/m}^2$ 为含上下插接框管网格栅单元的单位面积重力荷载）；

叠加施工荷载为 $N_3=0.5\text{kPa}\times0.75\times2.1=0.8\text{kN}$。

利用有限元软件分析水平走道格栅单元的侧边悬挑连接钢板，其荷载施加情况见表 1 及图 12，约束情况如图 13 所示，得到结果如图 14、15 所示。

表 1　格栅连接钢板加载情况

	风荷载	重力荷载	施工活荷载
每个受力点荷载值	X 方向，$N_1/2=4.45$kN	Z 方向，$N_2=2.7$kN	Z 方向，$N_3/2=0.4$kN

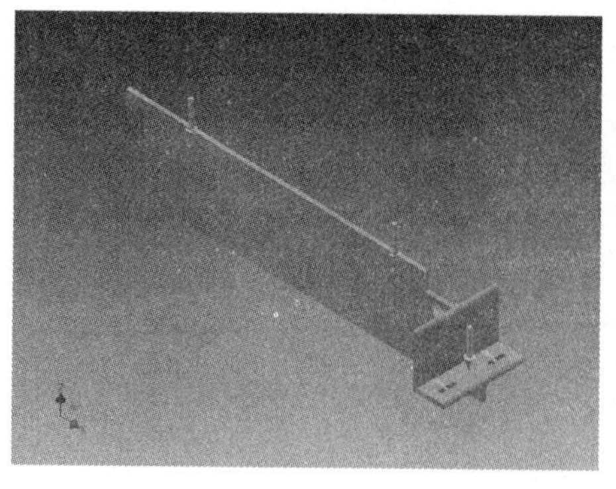

图 12　格栅连接钢板加载示意图

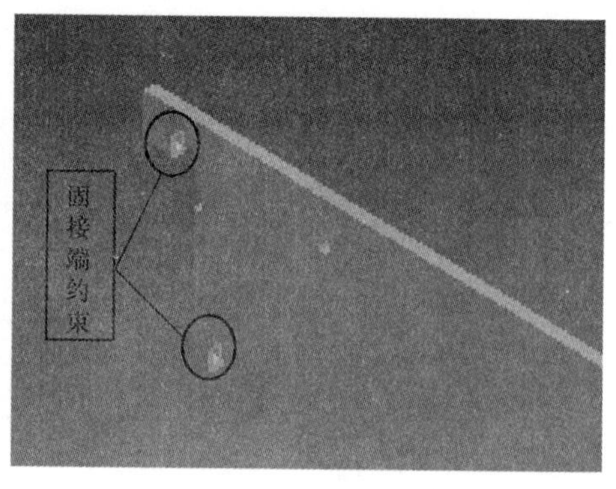

图 13　格栅连接钢板约束示意图

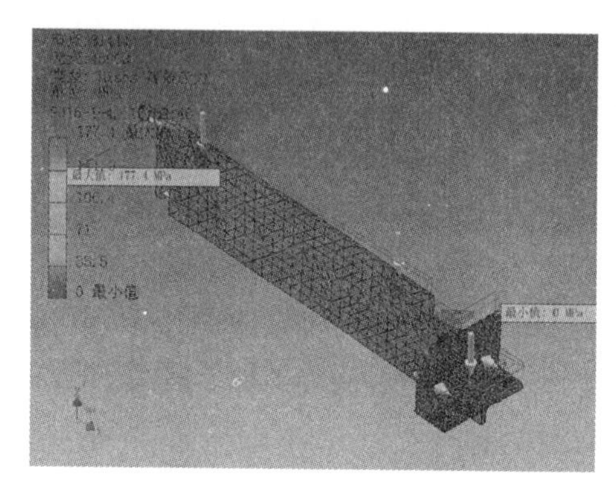

图 14　格栅连接钢板应力分析示意图

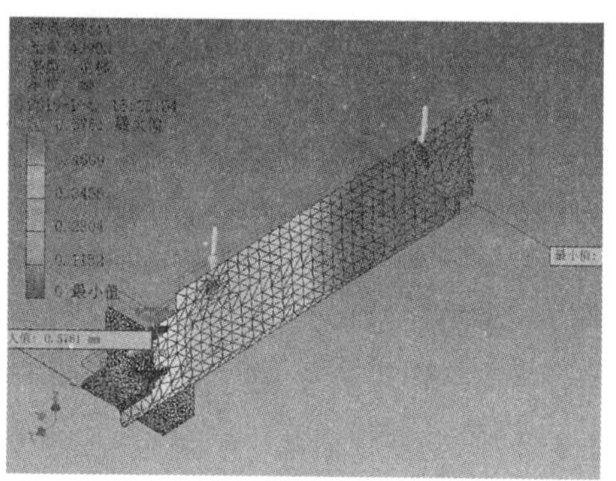

图 15　格栅连接钢板变形分析示意图

格栅连接钢板应力最大值 σ_{max} =177.4MPa＜215MPa 为，钢板强度满足要求。

2.3　格栅结构试验设计

本文建议对工程中格栅结构进行相应的结构性能试验测试，主要分为两个部分，一是动态风压试验，目的是测试其立面管网格栅的抗风压性能，以及风透过格栅管网后的压力损失情况。二是静载试验，主要测试水平走道格栅正常使用状态下（上人维修时）的结构安全性能。

1. 管网格栅单元动风压试验设计

试验采用一个包含外部风扇的风力模拟装置，使风垂吹向格栅测试面，风扇与格栅间设置气流矫直部件，其截面直径不小于 1m。在气流矫直部件出风口位置，依次接驳天气模拟仓，天气模拟仓，采集区，气动力测量区，最后通过机械通风装置将气流排出。

具体试验步骤及方法可参照采用欧盟标准《建筑物通风——终端设备——百叶窗风雨模拟性能试验》BS EN 13030：2001 执行，也可根据工程实际情况进行调整，以更加接近工程实际。图 16 为格栅风雨试验装置示意图。

2. 走道格栅单元静载试验设计

该试验需要准备的设备及使用注意事项如下：

通过对水平铺置的铝合金格板施加重力荷载，用以模拟静态风荷载与施工荷载。试验参考自行业标准《钢格板及配套件第 1 部分：钢格栅板》（YB/T 4000.1—2007），采用弯曲试验法，对铝合金格板的荷载能力进行测试。

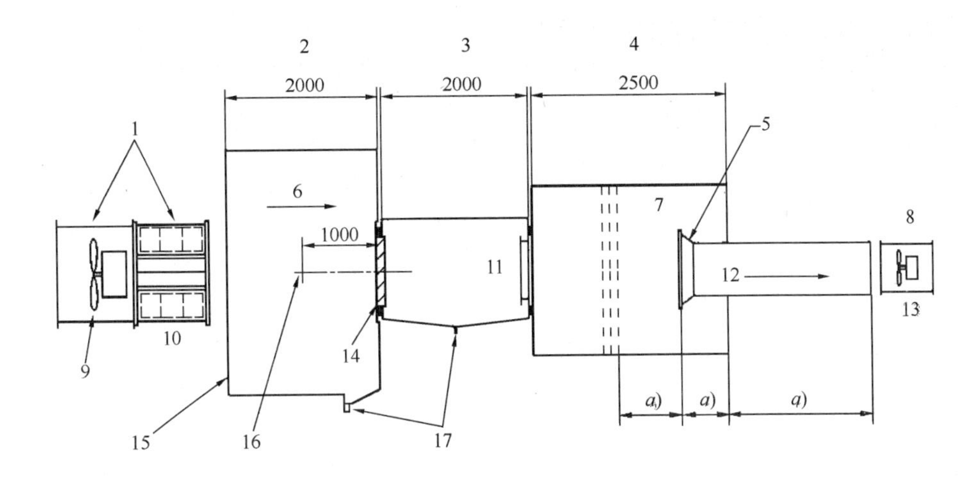

图 16　格栅风雨试验装置示意图

1—风力模拟设备；2—天气模拟仓；3—采集区；4—气动力测量区；
5—锥形入口测量装置；6—进气方向；7—阻力网；8—机械通风装置；
9—风扇；10—气流矫直装置；11—挡水板；12—排气方向；13—通风机；
14—测试件；15—室外空气接触面；16—风速测量装置位置；17—排水口

试验设备采用液压万能材料试验机（图 17），试样尺寸根据工程项目需要制定。

荷载试验方法：

将试样平放在试验机横梁上的两个支辊上。加荷载前必须确定支辊及压头与每根承载格栅零件都有良好接触，用百分表测量试样的弯曲挠度。记录测力计读数并用自动记录仪描绘荷载挠度曲线。

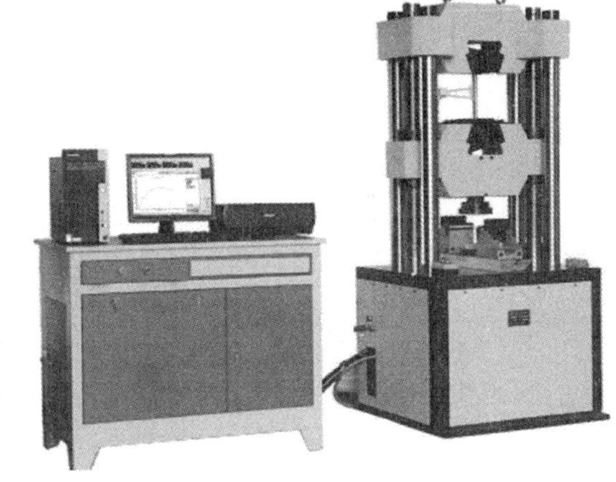

图 17　液压万能材料试验机

2.4　研究小结

国标《建筑室外用格栅荷载通用技术要求》报批稿中已有明确规定：采用静力模拟荷载

方式进行检测，测量施加荷载后的变形，观察试验后试样是否发生损坏和功能障碍来判定其抗风性能。对于常规项目（200 米以下，具有规则体型及构造的建筑）而言，《建筑室外用格栅荷载通用技术要求》报批稿中的条文已能满足其性能检测需要。

3　对建筑室外用格栅设计、荷载确定及结构分析的实施建议

对于高层或超高层建筑物而言，在极端的气候环境下，复杂幕墙构造往往会容易危及到其外围护结构的安全。在这一情况下，应根据在新版的《建筑结构荷载设计规范》（GB 50009—2012）中的规定，采用工程风洞试确定其风荷载体型系数及设计风压。如无风洞试验条件，可建立利用专业仿真软件建立计算流体力学（Computational Fluid Dynamics，简称 CFD）分析模型，从而确定其结构计算荷载的取值。

3.1 格栅产品的流体分析计算（CFD）

H项目基本风压取值：$W_0=0.5\mathrm{kN/m^2}$。考虑到H项目区域的近期规划，采用C类地面粗糙度进行计算取值，并仅验算正风压情况下管网格栅所受的风荷载作用。

根据伯努利方程的风—压关系，项目设计的风动压值为：$W_p = W_0 = 0.5 \times r_o \times v^2 =$ $\mathrm{kN/m^2}$，取标准状态下（气压为1013hPa，温度为15℃），空气重度 $r=0.01225\mathrm{kN/m^3}$ 则有 $W_p=v_{10}^2/1600$，由此可得该项目的设计基准风速为 $v_{10}=\sqrt{1600\times}=28.3\mathrm{m/s}$。

由《建筑结构荷载设计规范》（GB 50009—2012）可知，在其建筑物最高处的计算风速：

$$v_z = v_{10} \times \left(\frac{z}{10}\right)^{\alpha}$$

$$v_z = 28.3 \times \left(\frac{196}{10}\right)^{0.22} = 54.43\mathrm{m/s}$$

为与格栅产品协同设计，本文采用Solid Works Flow Simulation流体仿真分析工具进行管网格栅的验算。模型建立情况如图18所示。

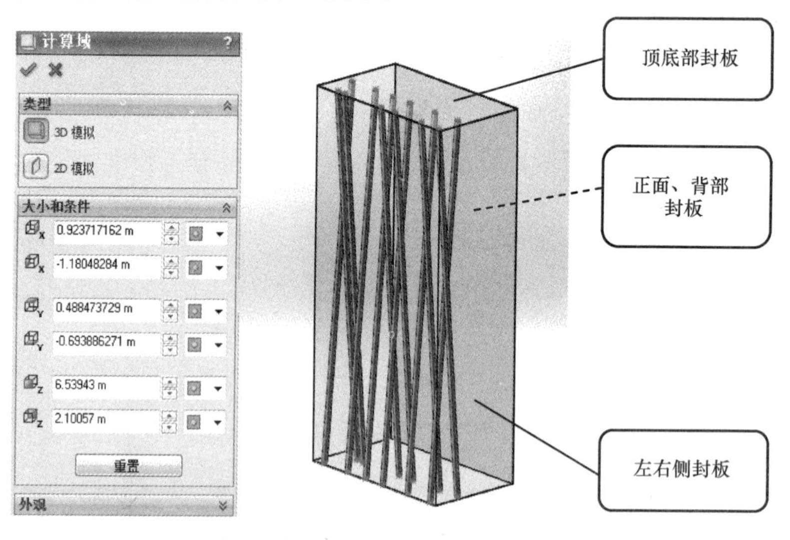

图18 管网格栅单元CFD计算模型

其计算参数情况设置如下：

分析类型：网管格栅单元内部流场；

项目流体：默认流体为空气（气体），流动类型仅选择湍流；

初始条件：场内初始压力为一个标准大气压即101325Pa，温度20.05℃；

计算域各壁面边界条件见表2。

表2 CFD计算格栅模型边界情况

	正面封板	左右侧封板	顶底部封板	背部封板
边界情况	入流速度54.43m/s	环境压力101325Pa	环境压力101325Pa	真实壁面，壁面温度20.05℃

网格划分：将计算域网格划分至“7”的精细等级。

各边界均选择 k-ε 模型进行计算，本次研究采用软件中湍流参数默认值。

设置完成后的模型如图19所示。

计算结果如图 20～图 25 所示。

（1）格栅单元内部风压平均值：

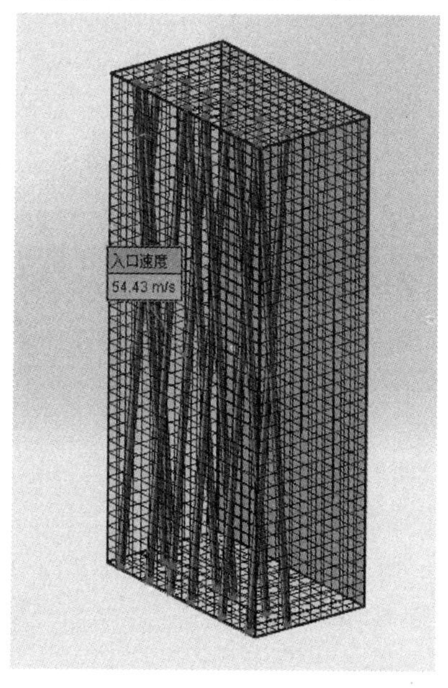

图 19　管网格栅单元 CFD 计算模型

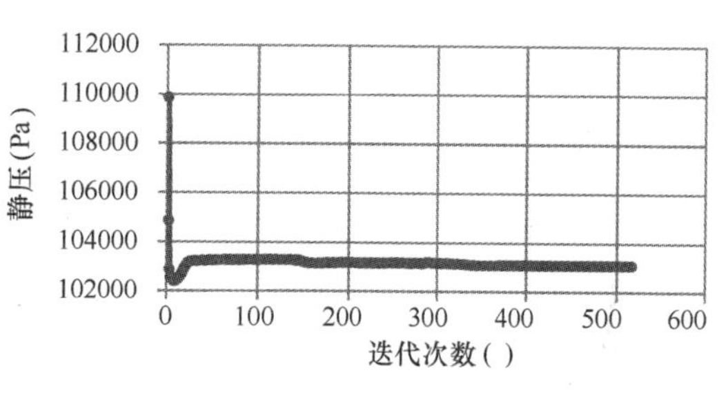

图 20　管网格栅单元静压平均值曲线

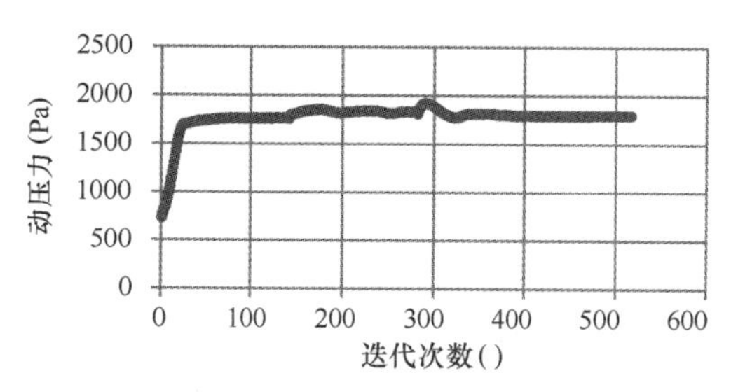

图 21　管网格栅单元动压平均值曲线

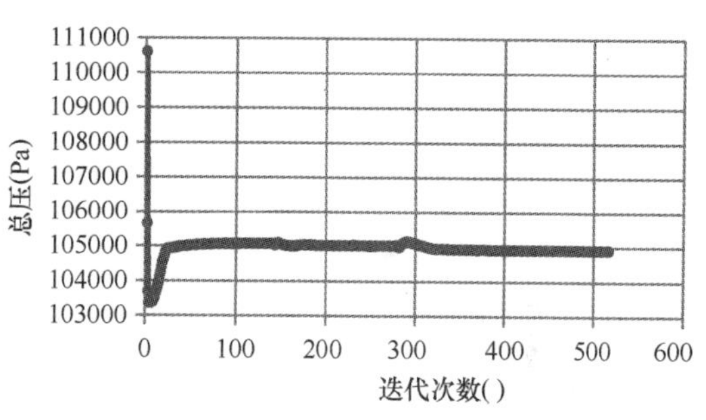

图 22　管网格栅单元总压平均值曲线

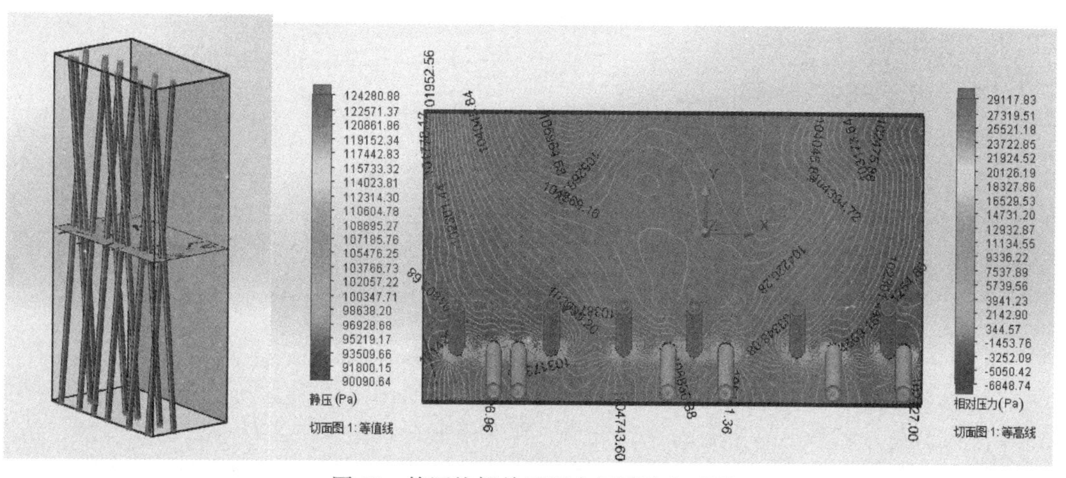

图 23　管网格栅单元压力切面分布云图

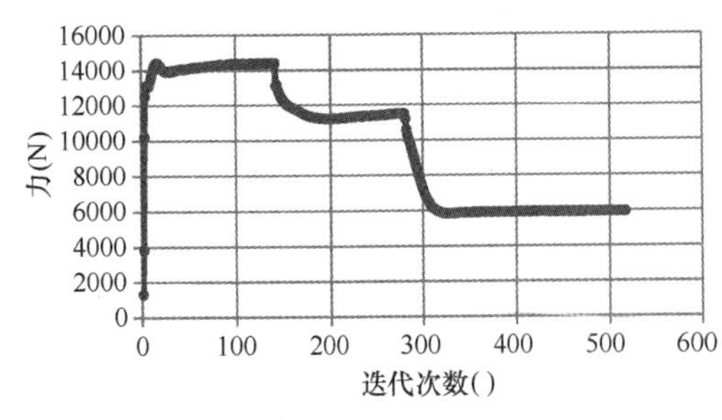

图24　管网格栅钢管所受合力曲线

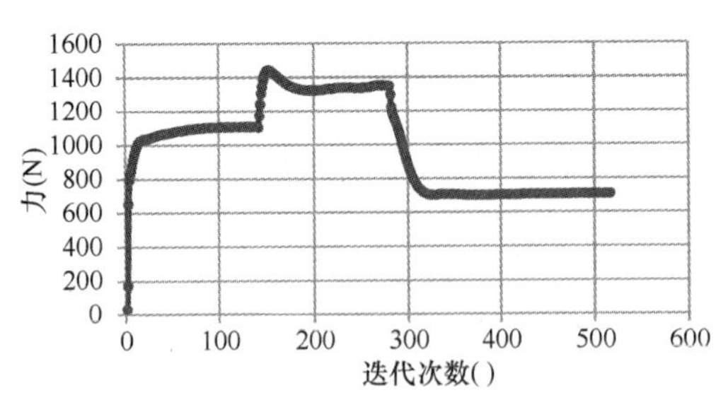

图25　单根格栅钢管所受最大合力曲线

计算流场内静压平均值为103104Pa，动压平均值为1797Pa，总压平均值为10916Pa。

（3）格栅单元钢管所受的合力及最大值：

① 单元内所有钢管所受合力：

② 单根格栅钢管所受最大合力：

由计算结果可知，格栅单元内12根钢管所受合力为5932.5N，单根格栅钢管所受最大合力为708.5N，单根钢管所受荷载大于此前采用规范计算的470N。

④ 计算结果分析

由计算结果可得，在湍流作用下，其管网格栅单元体内部的风速有一定放大，并影响格栅钢管及背部玻璃幕墙表面的受力。管网格栅的CFD分析所得其计算区域内动压平均值达到1797Pa，小于前文按规范所得的W_k=2.44kPa的取值。这证明低于200m高度的常规建筑物，采用规范取值进行计算偏于保守。在单个构件局部受力计算上，采用CFD计算分析所得的荷载值则较为可信。

3.2　基于流体分析计算（CFD）的建筑室外格栅产品风荷载取值方法

本文通过对H项目外幕墙格栅项目的方案设计和分析，提出了根据流体分析计算（CFD）的室外用建筑格栅风荷载取值方法，其计算分析方法流程归结如图26所示。

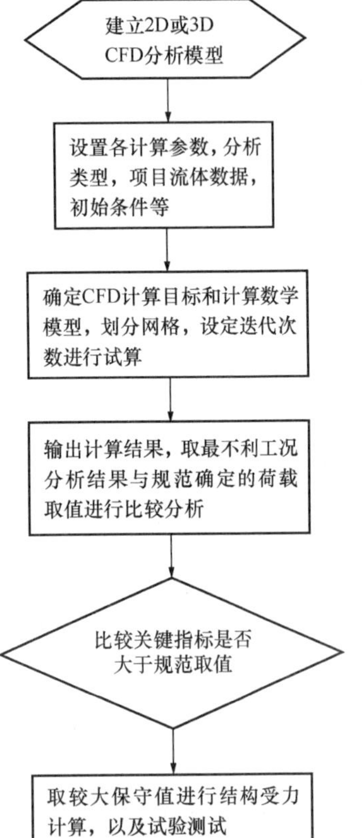

图26　基于CFD的建筑室外格栅产品风荷载取值方法流程

4　结语

目前许多具有复杂外形的建筑室外格栅，都亟需合适的技术方法，对其进行更切合工程实际情况的设计及试验检测。本文在对广州H项目幕墙工程中格栅的投标设计技术研究的基础上，采用流体分析计算（CFD）的方法，并结合目前相关技术规范的要求，对其工程设计的风荷载取值进行了对比分析和研究。同时，我们参照国内外相关规范设计了针对管网格栅的动态风荷载试验和走道格栅的静载试验。在对格栅设计技术以及相应的试验检测、仿真分析方面进行了系统化的研究之后，总结并提出了基于CFD的建筑室外格栅产品风荷载取值方法流程，也希望能对今后类似格栅项目设计提供借鉴和参考。

幕墙常用胶粘剂与密封胶的检测与鉴别方法

郭　迪　江　锋　张冠琦
广州市白云化工实业有限公司　广东广州　510540

摘　要　胶粘剂与密封胶的质量与应用对幕墙的性能与安全起着非常重要的作用。本文介绍了幕墙用密封胶“充油”的危害与鉴别方法，对中空玻璃二道密封胶、干挂石材幕墙用环氧胶粘剂和云石胶进行了用途、性能的对比，介绍了其检测与鉴别方法。
关键词　胶粘剂；密封胶；充油密封胶；鉴别

Detection and Identification Methods for Commonly Adhesives and Sealants in Curtain Wall

Abstract　Good quality and properly application of adhesives and sealants is important to the function and security of curtain wall. This paper introduces the endanger and the identification methods for mineral oil plasticizer of silicone sealants, describes common secondary edge sealants for insulating glass units and epoxy adhesives and marble adhesive for dry-fixing stone curtain wall, introduces the comparison of application and performance, and analyses rapid detection and identification methods for it.
Keywords　adhesives; sealants; mineral oil plasticizer of sealants; application

幕墙是现代化建筑经常使用的由面板与支撑结构体系组成、具有规定的承载能力、变形能力和适应主体结构位移能力、不分担主体结构所受作用的建筑外围护墙体结构或装饰结构。一般由金属、玻璃、石材以及人造板材等材料构成，像幕布一样挂上去安装在建筑物的最外层，其作用如墙体，具有美观、防风、防雨、节能等优良性能。

幕墙施工过程中需要各种不同类型的胶粘剂与密封胶用于各类粘接密封，而在实际用胶过程中有些胶粘剂与密封胶的选择还未像隐框、半隐框幕墙的玻璃和铝副框之间结构粘接用硅酮结构密封胶一样受到足够的重视，可能出现混淆用胶的情况，因此可能对幕墙的安全性产生一定的影响。

本文介绍了幕墙用密封胶“充油”的危害及快速鉴别方法，还探讨了比较容易用混而从外观又不好辨别但是对幕墙安全至关重要的中空玻璃二道密封胶、干挂石材幕墙用环氧胶粘剂与云石胶的用途对比与鉴别方法。

1　幕墙用密封胶“充油”的危害与快速鉴别

1.1　密封胶“充油”的危害

幕墙工程中常用的密封胶主要是硅酮密封胶，其主要成分是由硅氧键组成的有机硅基础聚合物，由于硅氧键的键能较高，难以被紫外线破坏，因此，硅酮密封胶具有优异的耐紫外老化性能。

但是有机硅基础聚合物价格昂贵，为了降低密封胶的成本，有些生产商就在其中添加矿物油，用来取代有机硅基础聚合物，也就是我们常说的“充油”。目前市场上有很大一部分的低价劣质的密封胶是通过大量使用各种矿物油（白油、液状石蜡）取代价格昂贵的有机硅基础聚合物来降低成本，通常称此类硅酮密封胶为“充油胶”。

此类“充油胶”通常以低价吸引客户，刚开始使用也看不出问题，但是几个月到半年以后，这些产品的问题就会逐渐暴露出来，出现污染基材、开裂、粉化、硬化、流油等问题，严重影响幕墙的结构粘接与密封粘接，危害幕墙的美观与安全。

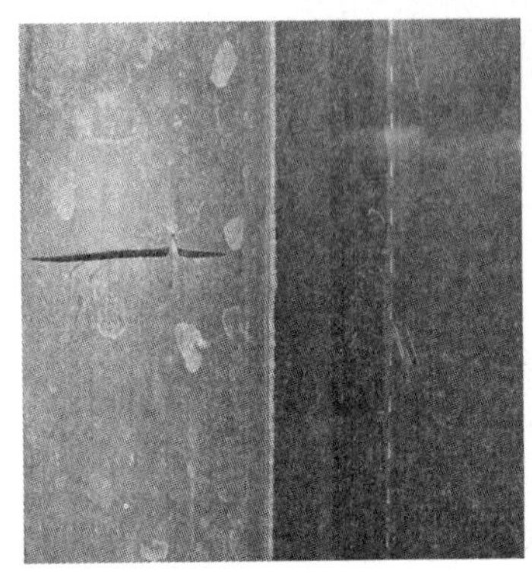

图1　“充油密封胶”的危害示意图

1.2　“充油密封胶”的快速鉴别

通过对各种填充了矿物油的充油胶的研究，我们发现矿物油与硅酮胶体系的相容性差，在硅酮密封胶中添加的矿物油，很容易从硅酮胶体系中迁移、渗透出来，且矿物油与有机硅基础聚合物的红外吸收光谱不一样。即将实施的检测硅酮密封胶是否充油的标准《硅酮结构密封胶中烷烃增塑剂检测方法》（GB/T 31851—2015）以热重分析、热失重和红外光谱分析方法，定量或定性检测硅酮结构密封胶中的烷烃增塑剂（矿物油），也适用于其他硅酮密封胶。具体检测方法可以参看该标准条文。

上述三种检测方法属于实验室检测方法，需要用到天平、烘箱和红外光谱仪等，这些仪器和设备在有些工厂或实验室有，但在工地现场很难找到。因此，本文介绍一种快速鉴别硅酮密封胶是否充油的方法——塑料薄膜测试方法。此方法适用于单组分和双组分硅酮密封胶。原理是填充了矿物油的密封胶，胶里的矿物油会渗透到塑料薄膜里面，使其变得不平整，就好像一张纸，被水润湿后，很难再恢复平整一样。只要填充了矿物油的硅酮密封胶，都会使塑料薄膜收缩；填充的矿物油的量越大，塑料薄膜出现收缩的时间越短、收缩现象越明显。该方法只需要一块平整的厚实一点的软质塑料薄膜（比如农用塑料薄膜），方法一可以将密封胶样涂抹在塑料薄膜上，刮平，使其与塑料薄膜有较大的接触面积，方法二可以用塑料薄膜的另一面，将胶压平，如图2所示。半个小时开始充油密封胶附近的塑料薄膜会开始收缩，充油越多收缩的越快且收缩的越厉害，而优质未填充矿物油的密封胶无论放置多久，塑料薄膜依然是平整的，不会有任何的变化，如图3和图4所示。如图3和图4左侧图所示，涂抹了未填充矿物油的硅酮密封胶的塑料薄膜与刚开始试验时的时候一致，未有任何收缩，而如图 3 和图 4 右侧图所示，涂抹了填充矿物油的硅酮密封胶的塑料薄膜已经发生了较大的收缩变化，即在密封胶周围塑料薄膜发生了明显的收缩现象，因此上述塑料薄膜试验方法可以不受试验场合的限制而快速简单的鉴别硅酮密封胶是否填充了矿物油，从而快速鉴别硅酮密封胶的优质与否。

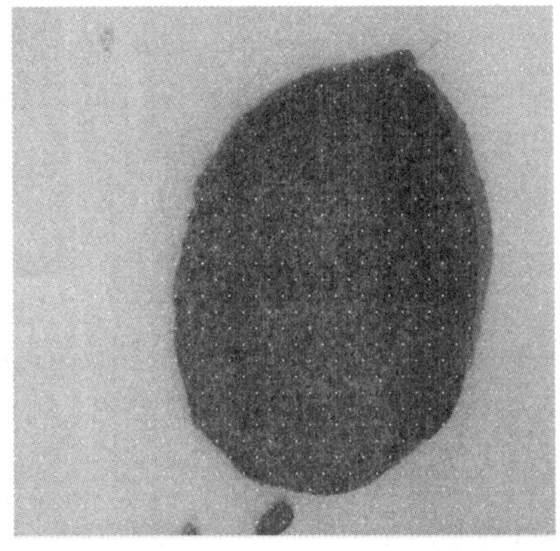

图 2　塑料薄膜测试方法示意图

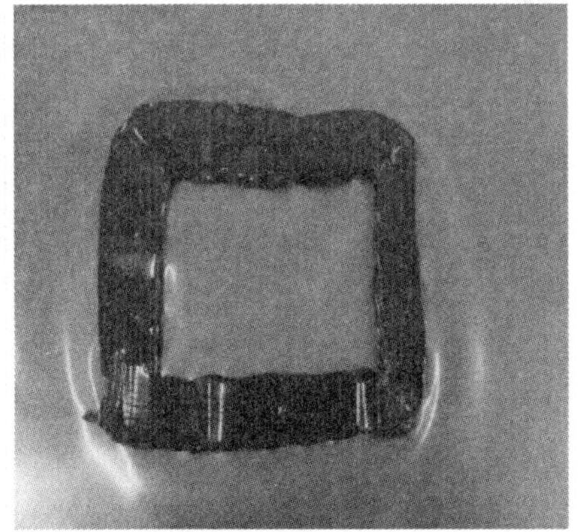

图 3　方法一　未充油密封胶与充油密封胶对比示意图（一）

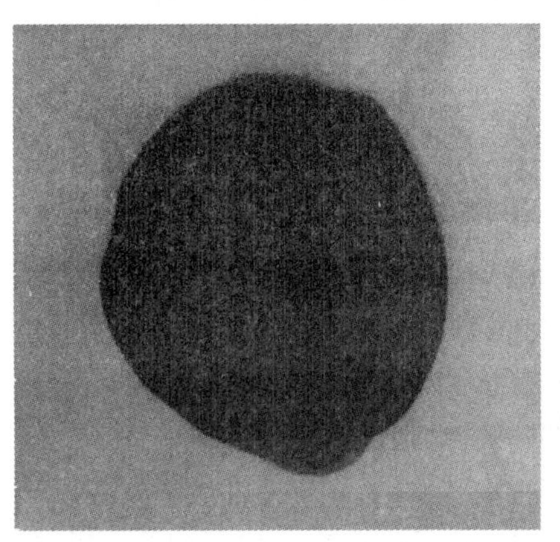
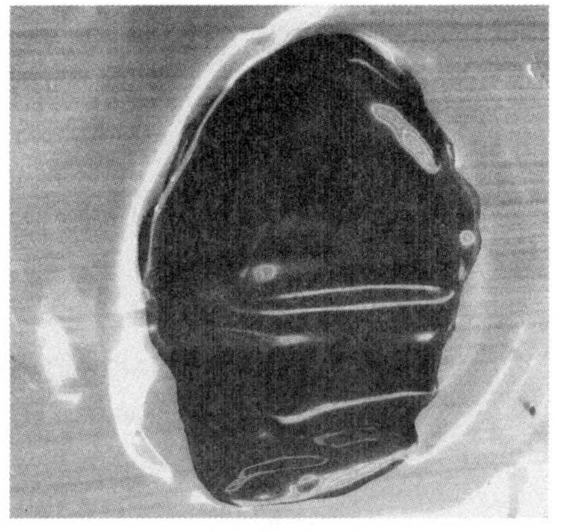

图 4　方法二　未充油密封胶与充油密封胶对比示意图（二）

2 硅酮密封胶与聚硫胶的用途与快速鉴别

2.1 用途介绍

中空玻璃作为一种新型的建筑节能材料，具有保温隔热、隔声、防结露等特点。幕墙用中空玻璃一般采用双道密封的形式，一道密封胶所起的作用是阻止水气或惰性气体进出空腔，一般使用丁基胶，因为丁基胶的水气透过率和惰性气体透过率都非常低。但是丁基胶本身粘结强度低、弹性小，必须靠二道密封胶对整体结构进行固定，将玻璃板块与间隔条粘结在一起，使中空玻璃在承受荷载时，一道密封胶能保持良好的密封效果，同时整体结构不受影响，国内一般使用硅酮密封胶或聚硫密封胶作为其二道密封胶。

硅酮密封胶的主要原料为聚硅氧烷，聚硫密封胶的主要原料为液体聚硫橡胶，两者的性能特点对比见表1。

2.2 用混后危害情况

由于聚硫密封胶不耐紫外老化，其与玻璃的粘结面受到阳光照射一段时间（一般几个月）后会出现脱胶的情况，因此《玻璃幕墙工程技术规范》（JGJ 102—2003）规定“隐框、半隐框及点支承玻璃幕墙等密封胶承受荷载作用的中空玻璃，其二道密封胶必须采用硅酮结构密封胶”，结构性装配的中空玻璃二道密封胶必须使用硅酮结构密封胶，非结构性装配的中空玻璃二道密封胶可以使用硅酮密封胶与聚硫密封胶。如不慎将聚硫胶用于隐框、半隐框幕墙的中空玻璃二道密封将可能导致幕墙玻璃外片坠落的严重安全事故。

2.3 检测与鉴别方法

当前中空玻璃一般为玻璃加工厂制造，甲方业主或者施工单位有时不一定明确规定中空玻璃二道密封胶使用哪种密封胶。很多施工单位在进行玻璃与铝副框结构粘接时需要确认中空玻璃的二道密封胶是否为硅酮结构密封胶，尤其是隐框、半隐框幕墙用中空玻璃。本文介绍一个快速简单的鉴别这两类胶的方法。

根据两类密封胶所含的基础聚合物的种类差别，鉴别时将中空玻璃二道密封胶割下一段，然后采用一般普通火源（如火柴、打火机）燃烧该密封胶条，通过燃烧后的味道差异鉴别密封胶的种类。如果燃烧时有硫元素燃烧的味道（类似火柴燃烧的味道）则该密封胶为聚硫密封胶，而燃烧时没有硫元素火柴燃烧的味道则该密封胶为硅酮密封胶。

表1 不同中空玻璃二道密封胶性能特点对比

		聚硫	硅酮（脱醇型）
对玻璃粘结性的抗紫外线性能		好	优秀
浸水后粘结性（长期曝晒）		好—中等	优秀—中等
弹性恢复率	23℃	中等	优秀
	60℃	差	优秀
杨氏模量随温度变化		很高	低
吸水		很高	低
水气渗透率（3mm薄片）（$g\cdot m^{-2}\cdot d^{-1}$）	20℃	7～9	7～16
	60℃	40～60	40～100
氩气渗透率（6mm薄片）（$10^{-10}cm^2\cdot s^{-1}cmHg^{-1}$）		1.5～1.8	40～100

续表

	聚硫	硅酮（脱醇型）
双道密封的中空玻璃吸水率（重量%）	0.5～1.2	0.4～0.6
双道密封的中空玻璃气体损失（%）（每年）	0.4～0.9	0.7～0.9
用于结构性装配的中空玻璃	否	是

3 环氧胶粘剂与云石胶的用途与鉴别

3.1 用途介绍

石材干挂是目前墙面装饰中一种新型的施工工艺。该方法以金属挂件将饰面石材直接吊挂于墙面或空挂于钢架之上，不需再灌浆粘贴，其原理是在主体结构上设主要受力点，通过金属挂件将石材固定在建筑物上，形成石材装饰幕墙。施工过程中，经常会需要用到环氧石材干挂胶与云石胶，其主要特点对比可参见表 2。

表 2 环氧胶粘剂与云石胶性能特点用途对比

	环氧干挂石材胶	云石胶
基础聚合物	环氧树脂聚合物	不饱和树脂聚合物
混合比例	双组分 1∶1 混合，而且 A 组分或者 B 组分多 20%的量，也不会影响性能。	双组分 100∶3 混合，比例容易失调。
固化速度	常温下（25℃）其适用期一般在 30 分钟左右，初干时间一般 2 小时左右，完全固化一般 24～72 小时。低温固化慢。	固化速度快，常温一般只需要 5 分钟，而且低温（-10℃）也可固化。
固化后性能	固化后粘结强度极高，不污染石材，抗水、防潮、耐候性能良好，卓越的抗老化性能，韧性强。	固化后硬度高，抛光性好，但强度不高，脆性大，韧性差，易开裂，耐候性差，耐水性差，易污染石材。
用途	广泛用于石材、金属、不锈钢、混凝土、耐火砖、陶瓷砖等不同材质的粘结，用于干挂石材幕墙的粘结。还可用于工程结构的补强及裂缝防水的粘合。	只适用于同种材质间粘结，主要用于石材的定位、修补及室内石材粘结。

3.2 用混后危害情况

在实际施工过程中，经常发现施工工人将环氧石材干挂胶与云石胶用混，从表 2 中可以看到环氧干挂石材胶主要用于石材与金属挂件的结构粘结，也可用于天然石材、人造石材、混凝土、木材、金属、砖、瓦、玻璃钢等常用硬质建筑材料中任何两种之间的粘结安装，具有优异的抗老化性能，韧性强、固化后抗水、防潮、抗化学性能佳、耐候性能良好、防火、抗震、抗压、抗拉、抗冲击；而云石胶主要用于石材的定位、修补及室内石材粘结，其耐水性及耐久性不好，一般不做结构粘结使用，并且不做大面积的石材粘结。如果不慎将云石胶用于石材与金属挂件的结构粘结其后果将非常危险，不仅可能造成石材的大面积污染，更严重的是可能造成石材的坠落从而影响幕墙安全造成严重事故。

3.3 检测与鉴别方法

为保证石材幕墙的美观与安全性，甲方业主或施工单位有时需要鉴别工程实际使用的是环氧石材干挂胶还是云石胶，而环氧石材干挂胶与云石胶固化后的胶样单从外观、硬度、气味等特点很难辨别属于哪一类型，本文介绍一种简单快速的鉴别这两类胶黏剂的方法。该方法就是根据云石胶的基础聚合物为不饱和树脂（含有有机官能团羰基 $C=O$）的特征通过傅立叶变换红外光谱仪进行检测鉴别。

具体检测方法为取需检测的已经固化的胶样，研磨成粉末状制成样品，通过傅立叶变换红外光谱仪进行反射检测（样品制样后投射率不高）。图5为某环氧石材干挂胶与某云石胶的典型光谱对比图。云石胶主要基料为不饱和树脂，不饱和树脂的羰基 $C=O$ 基团的峰位在 1680^{-1}～$1705cm^{-1}$ 范围内，吸收强度很大，这是鉴别羰基 $C=O$ 最明显的依据，也是判断是否含有不饱和树脂最好的依据，因此也是鉴别云石胶与环氧石材干挂胶的最主要依据，即是否在 1680^{-1}～$1705cm^{-1}$ 范围内含有特征峰，如含有此特征峰则可判断该胶样为云石胶，不含有该特征峰就可能是环氧干挂石材胶。

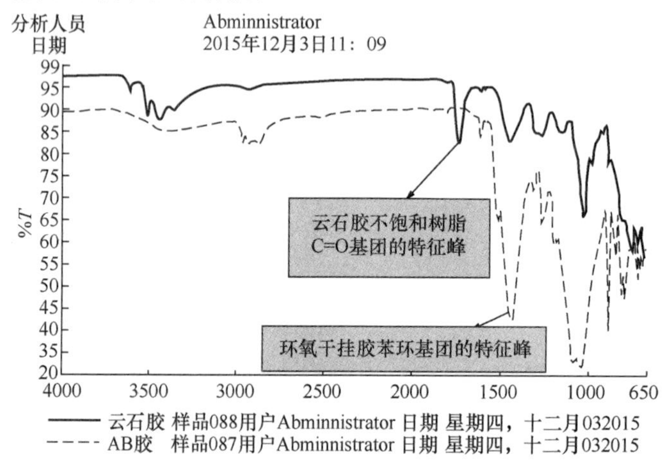

图5 “白云”牌环氧石材干挂胶与某品牌云石胶红外谱图对比

4 结语

（1）幕墙用胶粘剂与密封胶对幕墙的安全、美观、气密、水密等性能有着重要的影响，选择与使用一定要慎重和仔细，不同场合需选择适合的胶粘剂与密封胶，并且严格按照施工工艺操作。如果使用混淆，可能造成严重的安全事故。

（2）填充矿物油的密封胶严重影响其耐久性、耐候性、粘结性等关键性能，应坚决拒绝使用填充了矿物油的“充油胶”，保证幕墙的美观与安全性。

（3）密封胶是否填充了矿物油可以通过《硅酮结构密封胶中烷烃增塑剂检测方法》（GB/T 31851—2015）标准规定的方法来进行检测，也可以通过简单的塑料薄膜法来进行判断，将胶涂抹在农用塑料薄膜上，观察其固化后是否保持平整，如果不平整就说明胶中填充了矿物油。

（4）中空玻璃二道密封胶是聚硫胶还是硅酮胶可以采用燃烧的方法来区分，如果燃烧时有硫元素燃烧的味道（类似火柴燃烧的味道）则该密封胶为聚硫密封胶，而燃烧时没有硫元素火柴燃烧的味道则该密封胶为硅酮密封胶。

（5）环氧胶与云石胶的区分可以采用红外光谱的方法，观察其在1680～$1705cm^{-1}$ 范围内是否有特征吸收峰，如含有此特征峰则可判断该胶样为云石胶。

参考文献

[1] 邓超，段林丽. 硅酮密封胶中矿物油增塑剂的应用及其检测方法研究[J]. 检测技术，2013，(21)：16～19，39.

[2] 张冠琦. 中空玻璃二道密封胶的选择与使用[C]. 2009年中国玻璃行业年会暨技术研讨会论文集，126～129.

[3] Wolf，A. T. 硅酮胶密封的中空玻璃[J]. 玻璃，2006，(6)：41～48.

[4] 曾容，张冠琦. 硅酮建筑密封胶应用过程常见问题分析[J]. 建筑接缝密封于防水，2012，(21)：18～24.

《建筑门窗幕墙用中空玻璃弹性密封胶》(JG/T 471—2015)

——建工行业新标准解析

程　鹏　崔　洪

郑州中原应用技术研究开发有限公司　郑州　450007

摘　要　本文详细阐述了建工行业新标准《建筑门窗幕墙用中空玻璃弹性密封胶》(JG/T 471—2015)的编制目的、依据及主要内容，该标准技术要求、指标和试验方法与国外先进标准一致，对产品提出更加科学、合理、全面的要求，能够严格控制其耐久稳定性，为我国门窗幕墙中空玻璃弹性密封胶的应用提供了技术依据，为建筑安全节能提供技术支持。

关键词　中空玻璃；密封胶；标准

"Elastic Sealants for Insulating Glass Units of Windows and Curtain Walls in Building" (JG/T 471—2015)

Cheng Peng　Cui Hong

Zhengzhou Zhongyuan Applied Technology Research and Development Co., Ltd　Zhengzhou　Henan Province　China

Abstract　This paper elaborate the drafting purpose, basis and main contents of the construction industry new standards "Elastic sealants for insulating glass units of windows and curtain walls in building" (JG/T 471—2015), the standard technical requirements, indexes and test methods in accordance with the foreign advanced standards, provide more scientific, reasonable and comprehensive requirements for products, can strictly control its durable stability. Provides a technical basis for application of elastic sealants for insulating glass units of windows and curtain walls in building, and provides technical support for construction safety and energy saving.

Keywords　insulating glass; sealant; standard

中空玻璃作为一种节能、隔声的环保型产品，在建筑门窗幕墙上得到了越来越广泛的应用。2014年我国全年中空玻璃产量突破1亿平方米[1]，对于如此巨大的中空玻璃市场，质量问题至关重要。目前我国中空玻璃存在的主要问题是寿命短、质量没有保证，主要表现是使用一段时间后中空玻璃出现结露、渗水、甚至玻璃脱粘现象，中空玻璃隔热保温等功效完全丧失，这种问题产生的主要原因之一是密封胶失效[2]。中空玻璃是粘结装配的玻璃密封构件，密封胶的耐久粘结是使用寿命的基本保证。为了控制中空玻璃用密封胶的产品质量，采用科学严格的产品标准要求是一项重要措施。《建筑门窗幕墙用中空玻璃弹性密封胶》（JG/T 471—2015）标准（以下简称“新标准”）是根据住房和城乡建设部建标［2012］4号《关于印发2012年住房和城乡建设部归口工业产品行业标准制订修订计划的通知》要求，由郑州中原应用技术研究开发有限公司及中国建筑科学研究院主编，于2015年7月1日起实施。本文详细阐述了新标准的主要内容，并分析了各项指标要求的意义及标准的先进性。

1 新标准编制目的及依据

我国目前有关中空玻璃用弹性密封胶的产品标准有《中空玻璃用弹性密封胶》（GB/T 29755—2013）（代替JC/T 486—2001）和《中空玻璃用硅酮结构密封胶》（GB 24266—2009），标准规定了产品满足应用的基本性能及最低（合格）要求，未规定表征不同质量水平材料的性能标准值，也未对产品质量持续稳定性和一致性提出要求，缺失密封胶粘结应用必需的技术性能（如强度标准值、刚度、模量等）[3~4]。实践表明仅有的合格性判定指标不足以控制产品质量，也难以满足建筑工程应用要求。现有建筑用中空玻璃时有建筑外片玻璃脱胶坠落伤人毁物、中空玻璃流油、粘结力下降造成工程拆解返工事故的发生，多与产品必要的技术性能缺失或产品质量波动过度和设计选材失当有关，有的甚至归结为假冒、伪劣、掺油产品的使用[5]。新标准参照欧洲标准ETAG 002—2012、EN 15434—2010和EN 1279—2002（第3部分及第4部分）[6~9]，以寿命25年为目标，对中空玻璃弹性密封胶耐久性、稳定性、渗透性、应力-应变特性等技术性能和质量一致性提出更为全面的要求，针对中空玻璃单元在门窗幕墙上安装使用状态的不同设置了相应的检测项目，对中空玻璃弹性密封胶的质量控制更加有针对性，更好地满足门窗幕墙中空玻璃粘结设计选材和合理应用，与建筑门窗幕墙工程技术规范相协调，提高建筑中空玻璃密封胶粘结结构的可靠性和密封耐久性，为建筑安全节能和降低玻璃更换频度提供支持。

2 新标准主要内容

1.1 新标准范围、分类和产品标记

新标准适用于建筑门窗幕墙用中空玻璃单元件的粘结密封用弹性密封胶。该密封胶是中空玻璃单元件结构连接材料又是保证中空气体干燥状态的密封屏障，其分类首先依据中空玻璃单元件在门窗幕墙上安装使用状态决定的密封胶承载用途分类标记，标准中第4章节的条文和附录A中的图例具体规定了用途分类（图1），包括：承受阵风和/或气压水平荷载的密封胶，标记W（wind load）；承受永久荷载的密封胶，标记P（permanent load）；隐框粘结装配用硅酮密封胶，标记H（hidden frame supported）。其中，用途W型密封胶相当于明框玻璃幕墙及门窗中空玻璃用密封胶，用途H和P型的密封胶是中空玻璃单元件外片玻璃与结构框架的唯一连接件，涉及人身财产安全，应采用硅酮结构密封胶。

产品除标记用途、聚合物类型外，要求标记材料的强度标准值和模量规定值，这是表征该产品力学性能差异的重要特征值。新标准要求随行文件提供的出厂检验报告中应明示“规定值”等有关内容。

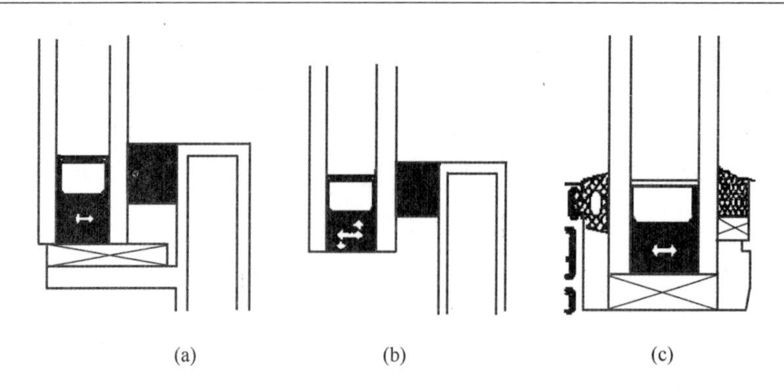

图1　典型安装中空玻璃密封胶承载形式

(a) WH类；(b) WPH类；(c) W类

2.2　新标准项目和指标

2.2.1　物理性能

新标准对产品物理性能的要求见表1。

表1　JG/T 471—2015标准对产品物理性能的要求

序号	项目		技术要求
1	密度(g/cm³)	A组分	规定值±0.05
		B组分	
2	黏度(Pa·s)	A组分	规定值±10%规定值
		B组分	
3	适用期，min		≥30
4	表干时间，h		≤3
5	硬度 Shore A	4h	规定值±10%规定值
		24h	
		14d	
6	下垂度	垂直放置，mm	≤3
		水平放置	无变形
7	红外光谱分析		图谱无显著差异
8	热重分析		图谱无显著差异
9	水蒸气透过率[g/(m²·d)]		≤规定值
10	气体渗透率[a](%)	初始气体含量	报告值
		气体密封耐久性能试验后气体含量	报告值

注：*a* 仅适用于充气中空玻璃用密封胶。

2.2.1.1　密封胶基本性能

中空玻璃密封胶首先应该满足密封胶的基本性能，便于施工。如：密度、表干时间、下垂度、适用期等，对这些项目的要求能够控制密封胶生产过程稳定性。

表干时间涉及密封胶的工作修整时间，也可对密封胶固化速度做一粗略的估计以及确保密封胶能够完全固化。适用期涉及密封胶的施工效率及可操作性，适用期太短易导致操作时间不足。下垂度能够反映出打胶后的变形情况，是密封胶在施工过程中一项重要的工艺操作性能，尤其是在垂直立面上施工时，更显出抗下垂性的重要意义，密封胶应当具有很好的触变性，没有变形。标准中密度、表干时间、下垂度、适用期等物理性能测试均按以往已有的标准方法进行。

2.2.1.2 密封性能

水蒸气透过率及气体渗透率是考察密封胶对中空玻璃的密封性能。中空玻璃密封胶的水蒸气透过率影响中空玻璃的结露性能，透过率太高，会对中空玻璃的性能造成严重影响，新标准该项试验参照 EN1279-4 进行。附录 B 中空玻璃密封胶水蒸气透过率试验方法是测定填充在中空腔内干燥剂的吸湿量，相对评定中空玻璃密封胶的水蒸气透过率，比较切合中空玻璃实际应用情况。因此，新标准指出中空玻璃实际应用中密封胶水蒸气透过率宜参照附录 B 试验。气体渗透率（氩气）对于充气中空玻璃的节能隔热性能十分关键，密封胶气体渗透率不能太大，否则会导致充气中空玻璃过早失效，该项参照《中空玻璃》（GB 11944—2012）标准进行试验[11]。

此外，GB 11944—2012 标准规定了加速耐久寿命相关试验方法及技术要求，水气密封耐久性试验 77 天后，密封的中空玻璃水分渗透指数 $I \leqslant 0.25$，平均值 $I\mathrm{av} \leqslant 0.2$。新标准采用上述水蒸气透过率及气体渗透率试验方法与 GB 11944—2012 标准相协调，可评估弹性密封胶的密封性及相对寿命。

2.2.1.3 质量一致性要求

新标准设置了热重分析、红外光谱分析、密度、硬度等控制项目，保证产品的稳定性和唯一性。密度关系到密封胶的用量和配比，以及产品的一致性。硬度太大或太小也会对密封胶的使用产生一些不良影响，同时硬度大小也能反映出产品是否一致。热重分析可以定量分析密封胶中低沸点物质的含量，红外光谱可以定性地判断出物质的分子结构，确定物质组成。利用热重分析和红外光谱分析可以保证产品的一致性，杜绝假冒伪劣产品的应用，同时有效地判断硅酮密封胶中是否掺有劣质增塑剂（如白油等）。

2.2.2 力学性能

新标准对产品力学性能的要求见表 2。

表 2 JG/T 471—2015 标准对产品力学性能的要求

<table>
<tr><th>序号</th><th colspan="3">项目</th><th>技术要求</th><th>适用范围</th></tr>
<tr><td rowspan="6">1</td><td rowspan="6">拉伸粘结性</td><td rowspan="6">23℃拉伸粘结性</td><td>拉伸粘结强度平均值，$\sigma_{X.23℃}$（MPa）</td><td>≥0.6</td><td rowspan="6">适用于全部类型</td></tr>
<tr><td>拉伸粘结强度标准值，$\sigma_{R,5.23℃}$（MPa）</td><td>≥规定值，
且规定值≥0.5</td></tr>
<tr><td>破坏状态</td><td>粘结破坏面积≤10%；
OAB 区间无透视性破坏[a]</td></tr>
<tr><td>初始刚度，$K_{12.5,23℃}$（MPa）</td><td>报告值</td></tr>
<tr><td>初始刚度模量，$E\mathrm{s}$（MPa）</td><td>规定值±20%</td></tr>
<tr><td>应力-应变曲线</td><td>曲线-AB 线交点应力
与型式检验报告 23℃
曲线的差值应≤0.02MPa</td></tr>
</table>

续表

序号	项目			技术要求	适用范围
2	拉伸粘结性	−20℃拉伸粘结性	1）拉伸粘结强度平均值（MPa）； 2）破坏状态； 3）应力-应变曲线	$\geqslant 0.75\sigma_{\text{X.23℃}}$； 粘结破坏面积≤10%； OAB区间无透视性破坏； 曲线-AB线交点应力与型式检验同条件曲线的差值应≤0.02MPa	适用于全部类型
3		80℃拉伸粘结性			仅适用于H和P型
4		60℃拉伸粘结性			仅适用于W型
5		盐雾环境后拉伸粘结性			仅适用于H和P型
6		酸雾环境后拉伸粘结性			
7		水-紫外光辐照后拉伸粘结性	拉伸粘结强度平均值（MPa）	$\geqslant 0.75\sigma_{\text{X.23℃}}$	适用于全部类型
			初始刚度 $K_{c,12.5}$（MPa）	$0.5 \leqslant K_{c,12.5}/K_{12.5,23℃} \leqslant 1.10$	
			粘结破坏面积（%）	≤10	
			应力-应变曲线	报告	
8	剪切性能	23℃剪切性能	剪切强度平均值，$\tau_{\text{X.23℃}}$（MPa）	报告	仅适用于WH和WP型
			剪切强度标准值，$\tau_{R,5}$（MPa）	≥0.5	
			粘结破坏面积（%）	≤10	
			应力-应变曲线	报告	
		−20℃剪切性能	剪切强度平均值（MPa）； 粘结破坏面积（%）	$\geqslant 0.75\tau_{\text{X.23℃}}$； 粘结破坏面积≤10	
		80℃剪切性能			
9	弹性恢复率/（%）			≥95	
10	抗撕裂性能		拉伸撕裂强度平均值（MPa）	$\geqslant 0.75\sigma_{\text{X.23℃}}$	仅适用于H和P型
			粘结破坏面积（%）	≤10	
11	疲劳性能		拉伸粘结强度平均值（MPa）	$\geqslant 0.75\sigma_{\text{X.23℃}}$	
			初始刚度 $K_{f,12.5}$（MPa）	$0.75 \leqslant K_{f,12.5}/K_{12.5,23℃} \leqslant 1.25$	
			粘结破坏面积（%）	≤10	
12	蠕变性能		位移（mm）	≤0.10	仅适用于P型

注：a“OAB区间”如图1所示。

密封胶的力学性能对其实际应用十分重要，在建筑幕墙特别是造型独特、高层建筑幕墙中，结构密封胶承受的作用力更加复杂，它不仅承受正反方向的风荷载作用力，还要承受剪切、机械疲劳等各种不同的作用力。这些复杂外力使结构密封胶长期处于肉眼无法观测到的动态变形状态，加速结构密封胶的老化。中空玻璃在使用过程中还受到周围环境因素的影响。如：雨水、紫外光照射、高温、高湿、严寒以及沿海、盐碱地带盐雾环境和因环境污染而产生的酸雾环境等因素都会加速密封胶的老化，降低其使用寿命。此外，新设计形式的高层建筑不断涌现也对结构密封胶的性能提出了更高的要求，因此需要设置相应检测项目以保障中空玻璃安全。对于中空玻璃结构粘结用密封胶，以上这些因素都应考虑；而对于中空玻璃用非结构密封胶，其仅需承受水平荷载，且有外部支撑装置保护，密封胶不受外界盐雾、酸雾等环境影响，也没有剪切、撕裂、疲劳等复杂受力，因此只需要进行常温、高温及水-紫外光照射处理后粘结拉伸强度的测试。

粘结拉伸强度是评估密封胶的重要性能，依据 GB 50068 对材料质量要求的规定，新标准要求检验并报告材料强度标准值、刚度模量，表征不同产品的质量水平[10]。刚度模量是密封胶粘结构件变形时拉应力与对应变形量的比值，表征粘结材料及粘结构件抵抗弹性变形的能力，初始刚度模量和粘结强度设计值是结构按承载能力极限状态设计的重要参数，参照 ETAG 002 标准，新标准附录 C 规定了相应的测试和计算方法。

新标准参照 EN1279-4 针对中空玻璃边缘气密失效特点，规定在粘结拉伸试验曲线 OAB 区间（图 2），透过试件观察不应有可透视的破坏（图 3），这种判定方法对中空玻璃具有适用性。此外，还要求粘结拉伸应力应变曲线与 AB 线交点的应力与同条件下典型应力应变曲线与 AB 线交点的差值应≤0.02MPa（图 4），从力学性能方面对密封胶的一致性和质量稳定性提出了严格的要求。

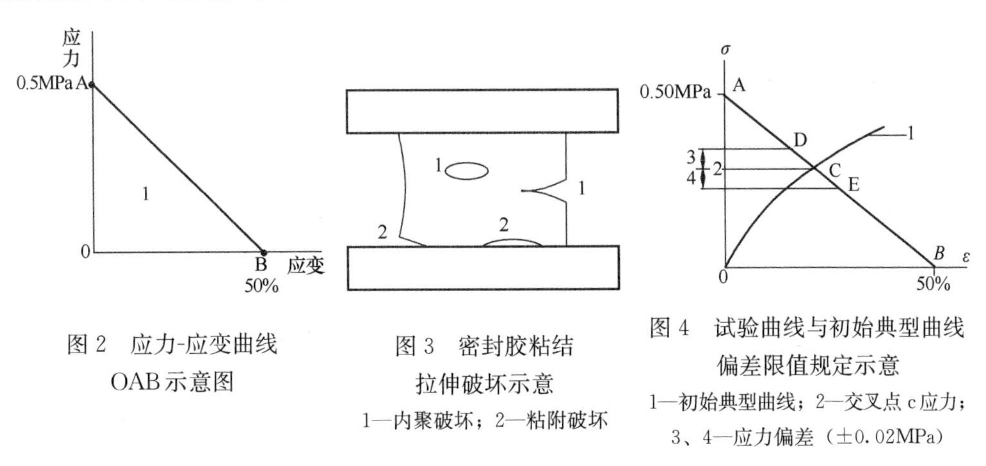

图 2　应力-应变曲线 OAB 示意图

图 3　密封胶粘结拉伸破坏示意

1—内聚破坏；2—粘附破坏

图 4　试验曲线与初始典型曲线偏差限值规定示意

1—初始典型曲线；2—交叉点 c 应力；3、4—应力偏差（±0.02MPa）

剪切性能测试是模拟剪切作用力对结构胶性能的影响，评价密封胶抵抗剪切破坏的能力。

抗撕裂性能是模拟撕裂口对结构胶的影响，评估结构密封胶在应用过程中产生缺口后的抗撕裂能力。

疲劳性能是考察疲劳应力（动态荷载）对密封胶粘结性能的影响，进一步反映密封胶的耐老化性能，能够有效地反映出密封胶抵抗循环风荷载、震动荷载等影响的能力。

蠕变性能模拟长期荷载下结构胶发生应变的情况，仅适用于评估承受永久荷载的密封胶（P 型），即仅适用于无托条支撑玻璃自身重力荷载的隐框玻璃幕墙形式。

盐雾环境试验和酸雾环境试验分别利用人工模拟盐雾环境和酸雾环境条件来考核密封胶的耐老化性能。

水-紫外光照试验是结合紫外线辐照和暴露于水中的影响，测试密封胶的耐老化性能。对于中空玻璃用结构密封胶，参考 ETAG 002 有关水-紫外光照 1008h 试验项目进行试验，而对于中空玻璃用非结构密封胶，光照时间设定为 168h。

弹性恢复率反映密封胶产生的变形能够恢复的程度，中空玻璃密封胶应当具有一定的弹性，在受到应力产生一定变形后能够很好地恢复。参照 ETAG 002 标准要求，弹性恢复率的变形位移采用 25%进行测试。该项指标仅适用于 WH 和 WP 型。对于 W 型产品，因有外部支撑装置，能够阻止密封胶的变形，所以对密封胶的变形恢复能力不做要求。

4 新标准的独特性

新标准针对中空玻璃单元在门窗幕墙上安装使用状态的不同，对中空玻璃弹性密封胶设置了相应不同的检测项目，对密封胶的质量控制更加有针对性，更好地满足门窗幕墙中空玻璃粘结设计选材和合理应用。

对承受永久荷载的密封胶（P 型）及隐框粘结装配用硅酮密封胶（H 型），在力学性能判定方面采用的新的判定方法，即用力学性能的保持率的方法来衡量密封胶性能的优劣。不同温度条件下的拉伸粘结性、盐雾环境后的拉伸粘结性、酸雾环境后的拉伸粘结性、水紫外线光照后的拉伸粘结性、撕裂性能、疲劳性能都是采用处理后的拉伸强度与初始条件的拉伸强度相比，要求比值（即性能保持率）≥0.75。该项要求旨在控制结构胶产品的耐久性，即要求结构胶在长期使用过程中经受各种老化因素的影响，仍然能够保持较好的性能，具有较长使用寿命。

新标准首次依据建筑结构可靠度统一标准规定了密封胶粘结强度标准值，参照欧洲标准规定了粘结强度设计值、初始刚度模量等与工程应用直接相关的产品性能，不仅有益于密封胶厂家开发工程要求的性能级别不同和模量不同的密封胶，而且为满足工程选材提供了技术依据。

5 结论

JG/T 471—2015 标准借鉴国际先进标准编制，检验项目涉及密封胶产品质量控制、一致性鉴定、力学性能、环境老化的影响以及密封性能等方面，以寿命 25 年为目标，严格控制产品的质量稳定性，同时对其耐久性和粘结可靠性提出了严格要求。针对中空玻璃单元在门窗幕墙上安装使用状态的不同设置了相应的检测项目，对中空玻璃弹性密封胶的质量控制更加有针对性，更好地满足门窗幕墙中空玻璃粘结设计选材和合理应用，与建筑门窗幕墙工程技术规范相协调，能够有效地控制中空玻璃密封胶的产品质量，有效抑制假冒伪劣产品，避免中空玻璃因密封胶失效导致的结露、渗水、甚至玻璃脱粘等现象的发生，保证建筑中空玻璃密封粘接可靠性和节能密封耐久性。

参考文献

[1] 2014 年全国中空玻璃产量情况[J/OL]. 中商情报网. http://www.askci.com/news/data/2015/03/19/144420cvpt.shtml.

[2] 程鹏等. 中空玻璃密封胶失效原因分析及预防措施[J]. 门窗，2013，(6)：36～39.

[3] 中空玻璃用弹性密封胶(GB/T 29755—2013)[S].

[4] 中空玻璃用硅酮结构密封胶(GB 24266—2009)[S].

[5] 马启元. 隐框幕墙中空玻璃脱胶坠落事故分析[J]. 门窗，2011，(2)：1～4.

[6] ETAG 002，Guideline for European Technical Approval for Structural Sealant Glazing kits：Part 1 Supported and Unsupported Systems [S]. 2012

[7] EN 15434，Glass in building — Product standard for structural and/or ultra-violet resistant sealant (for

use with structural sealant glazing and/or insulating glass units with exposed seals) [S]. 2010

[8] EN 1279-3, Glass in building - Insulating glass units - Part 3: Long term test method and requirements for gas leakage rate and for gas concentration tolerances [S]. 2002

[9] EN 1279-4,Glass in building - Insulating glass units - Part 4 : methods of test for the physical attributes of edge seals[S]. 2002

[10] 建筑结构可靠度设计统一标准(GB 50068—2001)[S].

[11] 中空玻璃(GB/T 11944—2012)[S].

耐火窗在《建筑设计防火规范》中的应用

Fire-resistant Window and the Application of the "Code for Fire Protection Design of Buildings"

吴从真　万　真　廖克生
广东金刚玻璃科技股份有限公司

摘　要　《建筑设计防火规范》(GB 50016—2014) 已经发布实施，它对建筑外窗的耐火完整性有了更进一步明确要求。本文介绍了《建筑设计防火规范》(GB 50016—2014) 对建筑外窗的有关条文要求，并重点介绍了耐火窗的整窗防火技术。

Abstract　"code for fire protection design of buildings" (GB 50016—2014) has been implemented, which has further requirements for fire-resistant integrity of building exterior window. This paper introduces "code for fire protection design of buildings" (GB 50016—2014) relevant provision requirements for building exterior window, and focus on the whole fire-resistant technology of fire-resistant window.

关键词　《建筑设计防火规范》；耐火窗；耐火完整性；防火技术

Keywords　"code for fire protection design of buildings"; fire-resistant window; fire-resistant integrity; fire-resistant technology

1　前言

2009 年 2 月 9 日央视新址北配楼火灾、2010 年 11 月 15 日上海市静安区胶州路教师公寓大楼火灾、2011 年 2 月 3 日沈阳市皇朝万鑫酒店火灾……这些火灾损失巨大，教训深刻，并引起有关各方对我国建筑防火问题的强烈反思。

经历血与火的洗礼之后，我国建筑防火标准发展史上具有里程碑意义的《建筑设计防火规范》(GB 50016—2014)(以下简称新《建规》) 发布，并已于 2015 年 5 月 1 日起实施。该规范深刻吸取央视火灾等上述建筑外保温系统火灾事故的惨痛教训，通过大量的保温材料及系统的火灾试验研究，首次对不同类型、不同高度建筑保温材料的燃烧性能提出了明确、严格的要求，严禁使用易燃保温材料，严格限制可燃保温材料，大力推广使用不燃保温材料，并对建筑外墙上门窗的耐火完整性做了严格规定，实现了建筑节能和建筑防火二者的协调发展。这样一个众望所归、千呼万唤始出来的高水准的规范，对于提升我国建筑物抗御火灾的能力，从源头上消除火灾隐患，预防和减少火灾事故无疑意义重大。它的实施效果、执行力度如何，也牵动着亿万人的心。

2　新《建规》对窗的防火要求

新《建规》中涉及对窗的防火要求主要有以下几方面：中庭【5.3.2】、步行街

【5.3.6】、避难间【5.5.23，5.5.24】、建筑高度大于54m的住宅建筑【5.5.32】、建筑构造【6.2.5】，【6.7.5】～【6.7.7】等。如与中庭相连通的门窗、步行街两侧建筑的商铺、建筑高度大于100米的公共建筑的避难层（间）、高层病房楼的避难间以及建筑高度大于54米住宅建筑等，这些建筑区域的窗涉及防火要求。而本文要重点探讨的，是规范【6.7.5】～【6.7.7】的内容，它涉及建筑总量大的住宅建筑，势必将对门窗行业产生深远影响。

新《建规》的【6.7.5】～【6.7.7】，对不同类型、不同高度建筑保温材料的燃烧性能提出了明确、严格的要求，并对建筑外墙上门窗的耐火完整性做了明确规定。以下为部分条文规定：

6.7.5 与基层墙体、装饰层之间无空腔的建筑外墙外保温系统，其保温材料应符合下列规定：

1 住宅建筑：

1）建筑高度大于100m时，保温材料的燃烧性能应为A级；

2）建筑高度大于27m，但不大于100m时，保温材料的燃烧性能不应低于B_1级；

3）建筑高度不大于27m时，保温材料的燃烧性能不应低于B_2级。

2 除住宅建筑和设置人员密集场所的建筑外，其他建筑：

1）建筑高度大于50m时，保温材料的燃烧性能应为A级；

2）建筑高度大于24m，但不大于50m时，保温材料的燃烧性能不应低于B_1级；

3）建筑高度不大于24m时，保温材料的燃烧性能不应低于B_2级。

6.7.7 除本规范第6.7.3条规定的情况外，当建筑的外墙外保温系统按本规范第6.7节规定采用燃烧性能为B_1、B_2级的保温材料时，应符合下列规定：

1 除采用B_1级保温材料且建筑高度不大于24m的公共建筑或采用B_1级保温材料且建筑高度不大于27m的住宅建筑外，建筑外墙上门、窗的耐火完整性不应低于0.50h；

2 应在保温系统中每层设置水平防火隔离带。防火隔离带应采用燃烧性能为A级的材料，防火隔离带的高度不应小于300mm。

根据以上规范要求，针对不同建筑高度与外墙外保温材料类型及门窗耐火完整性的应用要求，现以图1、图2来概括说明：

住宅建筑高度与外墙外保温材料及门窗耐火完整性的应用要求

住宅建筑高度(h)		采用B_2级保温材料	采用B_1级保温材料	采用A级保温材料
人员密集场所		不允许	不允许	应采用
非人员密集场所	$h\leq 27m$	当采用B_2级保温材料时，建筑外墙上门、窗的耐火完整性不应低于0.5h	宜采用	可采用
	$27<h\leq 100m$	不允许	当采用B_1级保温材料时，建筑外墙上门、窗的耐火完整性不应低于0.50h	可采用
	$h>100m$	不允许	不允许	应采用

图1 住宅建筑高度与外墙外保温材料及门窗耐火完整性的应用要求

除住宅建筑外的其他建筑高度与外墙外保温材料及门窗耐火完整性的应用要求

<table>
<tr><th colspan="2">除住宅建筑外的其他建筑高度(h)</th><th>采用B_2级保温材料</th><th>采用B_1级保温材料</th><th>采用A级保温材料</th></tr>
<tr><td colspan="2">人员密集场所</td><td>不允许</td><td>不允许</td><td>应采用</td></tr>
<tr><td rowspan="3">非人员密集场所</td><td>$h \leqslant 24$m</td><td>当采用B_2级保温材料时，建筑外墙上门、窗的耐火完整性不应低于0.50h</td><td>宜采用</td><td>可采用</td></tr>
<tr><td>$24 < h \leqslant 50$m</td><td>不允许</td><td>当采用B_1级保温材料时，建筑外墙上门、窗的耐火完整性不应低于0.50h</td><td>可采用</td></tr>
<tr><td>$h > 50$m</td><td>不允许</td><td>不允许</td><td>应采用</td></tr>
</table>

图 2　除住宅建筑外的其他建筑高度与外墙外保温材料及门窗耐火完整性的应用要求

3　门窗耐火完整性、耐火窗的概念及测试方法

《建筑幕墙、门窗通用技术条件》(GB/T 31433—2015) 给出了门窗耐火完整性的定义：即在标准耐火试验条件下，建筑门窗某一面受火时，在一定时间内阻止火焰和热气穿透或在背火面出现火焰的能力。根据规范要求，有耐火完整性要求的窗，其耐火完整性应按照《镶玻璃构件耐火试验方法》(GB/T 12513) 中对非隔热性镶玻璃构件的试验方法进行测定，但没有隔热性要求（标准耐火试验中如背火面平均温度超过初始温度 140 或背火面最高温度超过该点初始温度 180，则认为试件失去隔热性）。

耐火窗，顾名思义就是具有一定耐火完整性要求的窗。耐火窗不具有隔热性，属于 C 类非隔热窗。耐火窗与非隔热防火窗的区别在于，如果有可开启扇，耐火窗没有窗扇的启闭控制装置，而防火窗的窗扇则可以启闭控制。

耐火窗在进行耐火完整性测试时，试验炉内温度的上升随时间而变化，应按下列函数关系式进行升温控制：

$$T = 345\log_{10}(8t+1) + 20$$

式中：t 为试验所经历的时间，min；T 为升温到 t 时间的炉内平均温度，℃；

表示以上函数的曲线，即“时间-温度标准曲线”(图 3)。

4　建筑外窗耐火完整性实现的可行性

新《建规》中对于不同建筑高度与外墙外保温材料类型及门窗耐火完整性的应用要求，使得建筑外窗的 0.5 小时耐火完整性成为门窗行业的焦点问题。市场现有门窗能否满足规范要求？

1　防火窗国家标准 GB 16809 于 2008 年进行了修订，并出版了 12J609《防火门窗》图集。根据该标准，国内企业在钢质防火窗、木质防火窗、钢木复合防火窗等窗型的耐火性能方面，达到 0.5h 不存在技术障碍。

2　防火玻璃的供应：目前国内防火玻璃厂家提升技术、扩张产能的步伐也在继续加快，一些厂家购买了国外的防火玻璃生产技术。根据中国消防产品信息网的权威数据，我国目前通过第三方检测的防火玻璃厂家达 360 家之多，比 2013 年的统计数字增加了 30%左右，增速明显，满足未来耐火窗市场的玻璃供应不成问题。

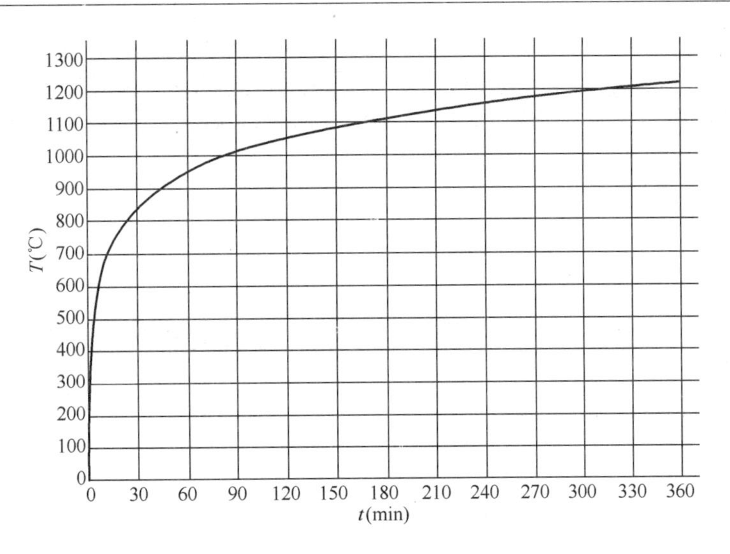

图 3 标准时间-温度曲线

3 目前市场上主流的门窗型材，如断桥铝合金窗、塑钢窗等，经采取一定的技术手段，已能够达到 0.5h 耐火完整性要求（参考第五节）。

我们认为，建筑外窗实现 0.5 小时耐火完整性是可行的。

5 建筑外窗的整窗防火技术

在发达国家，防火被认为是一个系统问题，要求防火玻璃与框架系统都具有防火功能。我国则曾存在认识上的误区，往往只注重玻璃本身的防火。性能再优异的防火玻璃，如果没有与之相匹配的防火框架、防火密封材料和五金件等，就不是完整的防火玻璃系统。只有将玻璃、框架、密封材料、五金件组合在一起并通过检测的系统产品才能够用于工程。

1 防火玻璃

防火玻璃按结构可分为复合防火玻璃和单片防火玻璃。目前国内单片防火玻璃主要有两种技术路线：采用综合增强处理的高强度单片防火玻璃和特种防火玻璃（以硼硅酸盐防火玻璃为主）。复合防火玻璃是在两片玻璃之间凝聚一种透明而具有阻燃性能的凝胶，这种凝胶遇到高温时发生吸热分解反应，变为不透明，有阻隔火焰的作用。复合防火玻璃的生产方法分为夹层法和灌浆法两种，其优点是隔热，缺点是不能直接用于外墙，难于深加工，长期处于紫外线照射下易起泡、发黄甚至失透；与复合防火玻璃相比，单片防火玻璃具有耐候性好、强度高、易于深加工及安装便捷等优点，但不隔热。单片防火玻璃和复合防火玻璃因性能上的差异在建筑应用上属互补关系。

单片特种防火玻璃包括硼硅酸盐玻璃、铝硅酸盐防火玻璃、微晶防火玻璃及软化温度高于 800 以上的钠钙料浮法玻璃等。其共同特点是：具有良好的化学稳定性，较高的软化点和较低的热膨胀系数。但技术门槛及成本非常高、市场较难接受。

目前我国单片防火玻璃技术基本采用平板玻璃物理或化学增强技术来提高玻璃的强度，使玻璃能够承受急热（或急冷）时产生的应力，从而具有防火的功能。高强度单片防火玻璃的耐火机理是通过提高钠钙硅玻璃强度，来抗衡热应力进而避免玻璃表面微裂纹扩展造成的破裂。火灾时玻璃受热膨胀，玻璃整体发生弯曲变形，玻璃受火面的微裂纹受到热应力作用，逐渐扩展造成玻璃破裂；单片防火玻璃强度极高，比普通钢化玻璃有更大的预应力，改善了玻璃的抗热应力性能，当玻璃受热膨胀，其表面的高预应力就会抵消产生的热应力，使微裂纹不再扩展致玻璃破裂，从而保证在火焰冲击下或高温下的耐火性能。当玻璃整体受到的热量大于背火面散失的热量时，玻璃整体温度逐渐升高，沿高度方向，从受火面开始逐渐进入软化区，直到玻璃背火面的黏度不足以支撑玻璃本身的重量时，玻璃整体（或局部）坍塌而失去完整性。

由于高强度单片防火玻璃边部采用有框安装，玻璃中心区与边部肯定会产生温度差，玻璃的热应力会集中在玻璃边部，玻璃的边部受到张应力，因此提高玻璃边部承受暂时应力的措施是单片防火玻璃制造和安装中的关键因素。如果对玻璃的边部进行精抛光，可以提高边部强度，火灾时高强度单片防火玻璃不会因为过大的暂时热应力而破裂，从而满足防火玻璃的耐火完整性要求。用于单片防火玻璃的原片应采用优质浮法玻璃，玻璃表面划伤、气泡、结石等质量缺陷应严格控制，但这并不意味着零缺陷，根据经验这些外观缺陷对耐火性能的影响存在一个临界范围，在满足《建筑用安全玻璃　第1部分：防火玻璃》（GB 15763.1—2009）的技术指标条件下，玻璃本身的耐火性能是有保证的。此外单片防火玻璃在出厂前必须经过均质处理，以最大限度降低玻璃在工程中的自爆概率。

国内单片高强度防火玻璃的首次大规模应用案例是在上海大剧院，该工程使用了法国圣戈班的Pyroswiss单片防火玻璃。考虑到不同气候带对建筑外窗的节能要求差异，可采用不同组合的节能防火玻璃。

2　防火玻璃的安装

基于防火玻璃在火灾中逐步软化变形的动态特征，防火玻璃在安装中须注意以下环节：

2.1　单片防火玻璃的安装需要充分考虑玻璃产生的热应力，玻璃受热产生弯曲变形应与安装结构协调变形，避免热应力与机械应力的叠加。

2.2　门窗型材所用加强钢或铝衬应连接成封闭的框架。

2.3　在玻璃镶嵌槽口内宜采取钢质构件固定玻璃，该构件应安装在增强型钢主骨架上，防止玻璃受火软化后脱落窜火，失去耐火完整性。

2.4　防火玻璃在安装时不应与其他刚性材料直接接触，玻璃与框架之间的间隙应采取柔性阻燃材料填充。

2.5　防火门窗系统选用的辅助材料如填充材料、密封材料、门窗密封件、密封胶等，应采用阻燃或难燃材料。

3　门窗型材的防火

现以金刚75系列为例，对建筑外窗的耐火完整性的技术改进提供一个思路。

3.1　型材防火原理

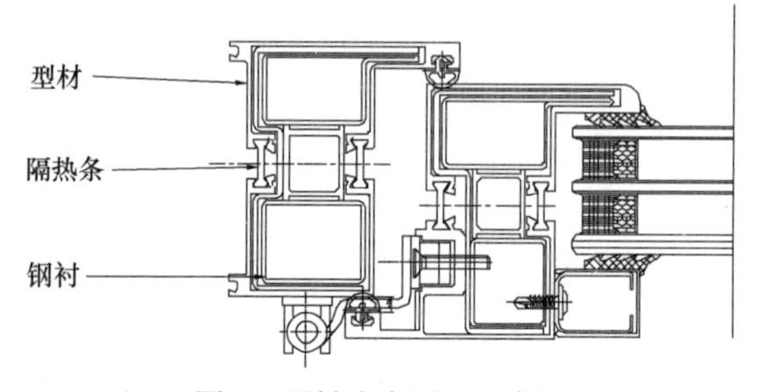

图4　型材防火原理示意图

如图4所示，当温度超过中间隔热条和型材表面材料的熔点时，隔热条（120℃）及型材（660℃）表面材料就会开始融化，断桥铝合金就会先从中间断开。由于钢的熔点很以高（1000℃以上），将钢衬穿入型材中，通过螺钉将各个穿入型材中的钢衬连接起来形成一个整体，即使隔热条与型材表面材料完全融化，穿入型材的钢衬依然能够保持原始形态，托住玻璃，保证玻璃不会立即塌下来，可以有效地阻止烟雾从窗缝隙渗进室内，隔断大火与可燃物接触，形成隔离带，从而起到防火作用

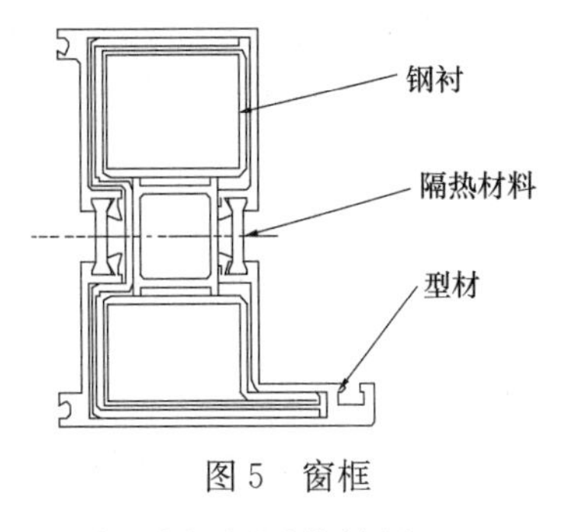

图 5　窗框

3.2　型材防火结构

以窗框为例，窗框材料分为两部分，一部分是铝材，一部分是钢衬，如图 5 所示。根据铝型材腔体结构，把两种不同形状的钢衬穿入窗框，用螺钉把钢衬固定在型材上，上下钢衬之间用隔热材料隔断，阻止室外热量传递到室内，从而起到防火隔热效果。

4　门窗整体框架的防火

4.1　框架的防火

如图 6、7 所示，框架的防火原理是将加工好的钢衬穿入型材内，在框架的角部加入角码，然后通过螺钉将型材、钢衬和角码连接成一个整体，保证即使隔热条与型材融化了，钢衬与角码依然是一个整体，能够保持原有形态。从而起到防火隔热的作用，达到框架防火的目的。

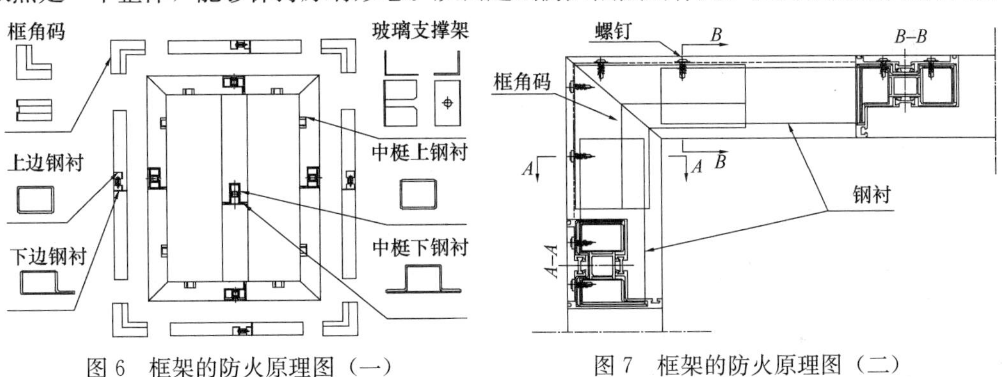

图 6　框架的防火原理图（一）　　图 7　框架的防火原理图（二）

4.2　扇框架的防火

如图 8、9 所示，扇的框架防火原理是将加工好的钢衬穿入型材里面，在扇框的角部加入角码，利用螺钉将型材、角码、钢衬连接起来形成一个整体，利用钢衬的防火特性与角码的防火特性形成一个整体的扇框架防火。

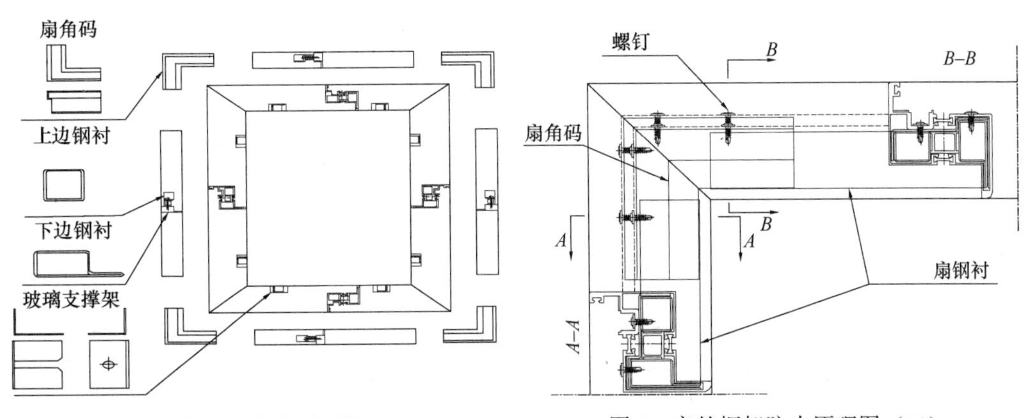

图 8　扇的框架防火原理图（一）　　图 9　扇的框架防火原理图（二）

4.3 窗扇与窗框组装后的整体防火

4.3.1 五金件的连接防火

如图10所示，框扇之间连接用的合页主要材质为铝合金或不锈钢精铸，耐火温度在600以上。通过防火合页将框与扇连接起来，通过螺钉将合页与框的钢衬、扇的钢衬锁住，形成一个整体防火框架。

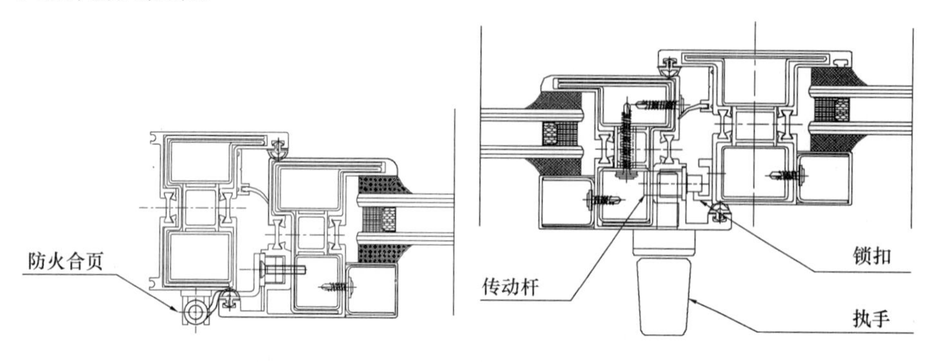

图10　五金件防火（一）　　图11　五金件防火（二）

如图11所示，开启机构安装在型材的扇上，用螺钉锁紧，执手和传动杆的主要材质为铝合金或不锈钢精铸，耐火温度在600以上。

4.3.2 窗扇、窗框以及玻璃之间的间隙密封防火

玻璃与窗框之间的密封采用防火耐候硅酮密封胶，具有阻燃功能。框与扇之间的搭接部位密封是阻燃EPDM搭接胶条（图12），能有效阻止明火内窜。

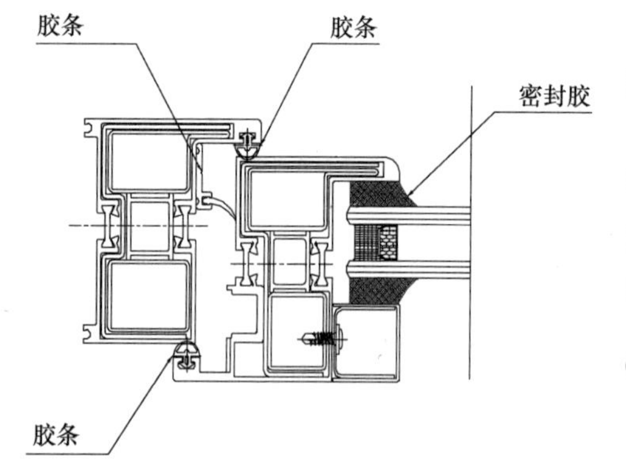

图12　间隙密封防火

6 结语

新《建规》对建筑外窗的耐火完整性提出了严格要求，这对整个门窗行业既是机遇，也是挑战。通过采用性能可靠的防火玻璃，科学合理的防火系统设计，生产满足新规范要求的耐火窗产品在技术上是完全可行的。

参考文献

[1] GB 50016，《建筑设计防火规范》[S]. 北京：中国计划出版社，2014.
[2] 吴从真．防火玻璃系统技术及应用[J].《门窗》，2013，06.
[3] 马锴及铁骎．防火玻璃框架系统的设计及应用[J].《建筑技术》. 2011，09期．
[4] 白振中，张会文．工程玻璃深加工技术手册[M]：北京：中国建材工业出版社，2014.

四、材 料 性 能

具有隔热功能的夹层玻璃中间膜的研究与使用

武爱平[1]　牛　晓[2]

1　美国 VECAST 有限公司

2　上海星鲨实业有限公司　上海　200240

摘　要　随着材料与工艺技术的进步，以及人们对提高舒适性和节能减碳的追求，夹层玻璃制造企业对有阻隔太阳辐射热作用的中间膜越来越关注，并且很多产品已悄然进入市场，使用的行业包括汽车前挡风玻璃、建筑夹层玻璃以及中空（安全）玻璃等。本文就几种典型的隔热 PVB 中间膜的光学性能进行分析和讨论，以推动隔热夹层玻璃的技术进步和产品升级。

关键词　隔热；夹层玻璃；中间膜；隔热 PVB

近年来，由于纳米分散技术、磁控溅镀技术的快速发展，通过对 PVB 夹层玻璃中间膜的生产过程中进行添加、加工和处理，使中间膜具有了光谱选择性，特别是对太阳近红外光谱段有较好的吸收或反射性能，使近红外透射比大幅降低，因此降低了太阳能总透射比 *SHGC*。

目前一般有三种 PVB 组合成型方法：

第一种是在加入聚乙烯醇缩丁醛的可塑剂（增塑剂-plasticizer）中添加吸热材料，如纳米级金属氧化物，通过调整添加材料的纳米颗粒尺寸和比例，使中间膜可吸收近红外谱热能，如图 1 所示。

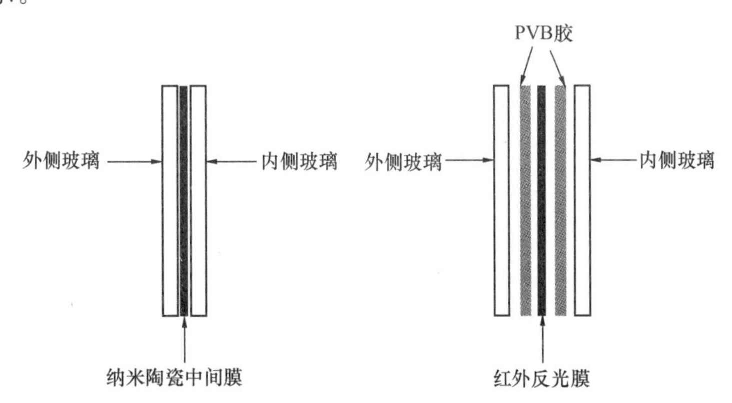

图 1　纳米陶瓷中间膜夹层玻璃　　图 2　反光隔热中间膜夹层玻璃

第二种是在两层 PVB 胶中夹有一片隔热膜，隔热膜是采用磁控溅镀工艺的金属反射膜，膜层对近红外线有较高的反射，优点是可以反射大部分红外线热能，减少了膜层吸热后再向室内的传热，降低了太阳能总透射比 *SHGC*，该种 PVB 中间膜的主要缺点是价格高昂，其夹层玻璃力学特性也为业界所存疑。

第三种是采用遮阳型Low-E玻璃代替其中的一片白玻（图3），用普通PVB胶片进行热压粘合，利用遮阳型Low-E膜层对近红外线的反射特性实现对近红外的阻隔。

由于近红外光谱紧邻可见光区，为保证较高的可见光透光率，在光谱交界波长的780nm处的带阻滤波斜率需尽可能陡峭（接近90°），该种PVB中间膜就需要离线溅镀双银或三银多层反射膜。由于这些膜层容易受到水汽侵蚀氧化，必须使用在干燥气体环境中，如制成中空或真空玻璃。单独用做夹层玻璃时，需将Low-E膜层与中间膜粘合。但这种组合同时带来三个问题，一是由于和中间膜粘结后，给热/换热系数远大于Low-E膜层的辐射换热，相当于Low-E膜层被短路，失去对传热系数U值的贡献。其二是多银Low-E膜层的力学特性（抗拉力和剪切力等）较差，降低了夹层玻璃的牢固性，其三是水汽侵入更容易使Low-E膜层氧化，并进一步降低夹层玻璃的力学和光学性能。

对第一种方案来说，在PVB中掺入纳米级复合金属氧化物多以对近红外热能的吸收为主，吸收的热能一部分又会经内侧玻璃传递到室内。因此三种方案各有优缺点。本文希望通过对不同技术方案进行光热计算，给夹层玻璃厂商选择中间膜方案时提供参考。

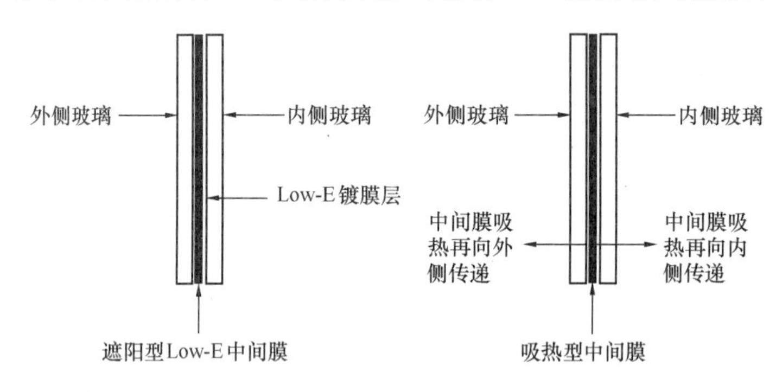

图3　遮阳型Low-E中间膜夹层玻璃

图4　中间膜吸收太阳辐射热能再向两侧传递

1　太阳辐照能量

了解太阳辐射的光谱能量分布，对通过光谱滤波实现光学节能十分重要，例如红色谱的辐照度超过蓝色的两倍多，显然阻隔红色谱比阻隔蓝色谱对减少进入室内的总辐射量贡献要大得多。

太阳辐射能量主要分布在波长为0.38～0.78μm的可见光区，和0.78～4μm的红外区，前者约占50%，后者约44%，紫外区的太阳辐射能很少，只占总量的6%。在全部辐射能中，波长在0.15～4μm之间的占99%以上。（图5，表1）

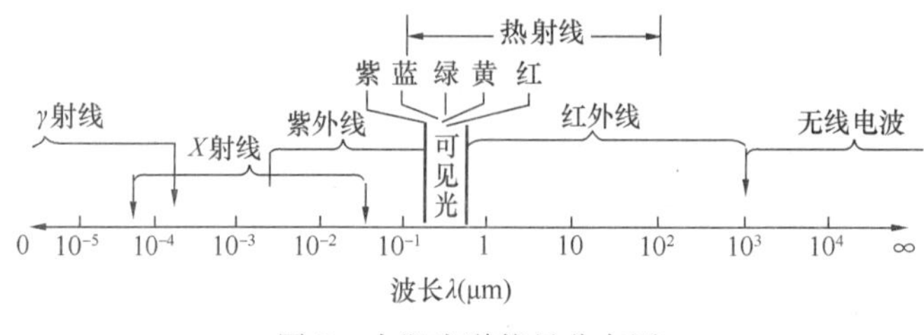

图5　太阳光谱能量分布图

表 1 各波长辐照度

总辐照度	紫外	紫色	蓝色	绿色	黄色	橙色	红色	红外
1370.97	79.151	119.316	60.74	132.8	91.59	68.18	170.88	648.315

太阳辐射通过大气后，其强度和光谱能量分布都发生变化。到达地面的太阳辐射能量比大气上界小得多，在太阳光谱上能量分布在紫外光谱区很小，大约在 4%，在可见光谱区为 48%，红外光谱区为 48%。

科学计算常用太阳照射角度偏离头顶 46.8°的 AM1.5G 表示在地面上太阳光谱能量，其辐照度为 963.75W/m^2。室内得热受自然环境影响，包括在 0.295～2.5μm 波长区间的太阳直接辐照，以及在 10μm 左右物体吸热再辐射的部分。

因各地太阳辐射强度不同，为方便热工计算和制定产品标准，在计算由室内、外温差和太阳辐射引入的传热之和 RHG（relative heat gain—相对增热）时，一般会采用统一的太阳辐射得热因子 SHGF（solar heat gain factor），其含义是当时当地、单位时间内透过 3mm 厚普通玻璃的太阳辐射能量，单位是 W/m^2，并用 S_c 和 $SHGF$ 的乘积表示单位时间太阳辐射透过单位面积玻璃的热量及被玻璃吸收后向室内二次辐射的热量的总和，如在 ASHRAE 夏季标准条件下，$SHGF$ 取值 630W/m^2；相对增热表达式为：

$$RHG=14℉\times U(夏)+200\times S_c(BTU/h-ft^2)=7.78℃\times U(夏)+630\times S_c(W/m^2)$$

以下对各种组合的夹层玻璃吸热温升值、节能效果、遮阳比等给出一些计算和结果，特别是针对一些夹层玻璃制造企业和用户，对吸热型中间膜产品由于吸热导致玻璃温升过高，以至引起爆裂的认识误区和顾虑做出澄清。计算采用的设定值取自一些典型产品的技术参数，并不针对所有产品。

2 双白玻组合的夹层玻璃

（1）白玻＋吸热型中间膜＋白玻

- 设产品技术参数如下：

可见光直接透射比：0.78；近红外直接透射比：0.08；太阳光直接反射比（300nm～2500nm）：0.08；

- 其他参数分别设定如下：

室内侧换热系数 α_i：8.7W/（m^2·K）；室外侧换热系数 α_e：23 W/（m^2·K）；太阳总辐射能：630×0.87 ＝ 548W/m^2；在总辐射能中，可见光、红外＋紫外合计各占 50%；可见光直接透射比 0.78，占太阳总辐射量的（简称占比）39%；近红外直接透射比为 0.08，占比 4%；太阳光直接反射比为 0.08，合计为：51%，其余为中间膜及玻璃吸收部分为 49%，为 268.5W/m 。

中间膜吸收的太阳辐射热向玻璃两侧传递（图 4）。由于玻璃两侧面的温差相对于玻璃因吸热升温较小，因此在计算玻璃升温时忽略不计，设稳态下的玻璃二侧表面温度均为 T，与室内侧温差为 ΔT_i，与室外侧温差为 ΔT_e，由于换热系数与温差不同，中间膜吸热再传递到两侧的热流密度也不同，向换热较大的室外侧面传递热量比换热较小的室内侧面要多。在热稳态下：

$$\alpha_i\Delta T_i+\alpha_e\Delta T_e=268.5W/m^2;$$

$$\Delta T_i = T - T_i ;\ \Delta T_e = T - T_e ;$$

式中：T_i、T_e 分别为室内、外温度；α_i、α_e 分别为室、内外换热系数。

a. 当 $T_i = T_e$；$\Delta T_i = \Delta T_e = \Delta T$

$$\Delta T\ (8.7+23) = 268.5;$$

$$\Delta T = 268.5/31.7 = 8.47℃;$$

b. 内侧环境温度24℃，外侧环境温度32℃

$$\alpha_i \Delta T_i + \alpha_e \Delta T_e = 268.5\mathrm{W/m^2};$$

$$8.7\ (T-24) + 23\ (T-32) = 268.5;$$

$$T = 38.3℃;$$

当两侧环境温度相等时，稳态下玻璃吸热再传入内侧的热量为74W/m²，占总辐射能量的13.5%：

玻璃升温：8.5℃；近红外透射比：0.35；*SHGC*：0.56；S_c（*SHGC*/0.87）：0.65；光热比：1.38；

当室内温度小于室外，如室内24℃，室外32℃时，玻璃与室内环境温差变大，玻璃吸热再传热到内侧增大为124W/m²，占总辐射能量：22.4%。

玻璃表面温度：38.3℃；近红外透射比：52.8%；*SHGC*：0.65；S_c（*SHGC*/0.87）：0.75；光热比：1.1。

就吸热型夹层玻璃温度来看，内外侧环境温度相等时，玻璃表面温升为8.5℃，在室内24℃、室外32℃情况下，玻璃表面温度为38.3℃。采用双白玻组合的夹层玻璃对降低U值没有贡献。

（2）白玻+反射型中间膜+白玻

● 设产品技术参数如下：

可见光直接透射比：0.60；近红外直接透射比：0.10；可见光直接反射比：0.20；近红外直接反射比：0.75；其他参数按前述设定值。

反射型中间膜夹层玻璃可见光透射比60%；近红外透射比10%；近红外反射比为75%；可见光直接反射比20%；合计占比82.5%。其余为中间膜及玻璃吸收部分17.5%，为96W/m²。内侧24℃、外侧32℃：

$$8.7\ (T-24) + 23\ (T-32) = 96;$$

$$T = 1041/31.7 = 32.8℃$$

以上计算得出，稳态时中间膜吸热再传入室内的热量为8.7（32.8－24）＝77W/m²，占总辐射能量的14%。采用双白玻组合的反射型夹层玻璃对降低U值没有贡献：

玻璃温度：32.8℃；近红外透射比0.38；*SHGC*：0.49；S_c（*SHGC*/0.87）：0.56；光热比：1.1。

3　白玻+普通PVB+在线Low-E白玻

该组合为一面玻璃采用普通白玻，另一面采用在线Low-E玻璃的夹层玻璃（图6），在线Low-E膜面朝外，不与中间膜粘合。利用在线Low-E低辐射，以及膜层坚硬、牢固、可清洗、不发生氧化反应、可直接面对室内使用环境等稳定特性，进一步降低太阳辐射和室内外温差对室内的增温。

● 设产品技术参数如下：

可见光直接透射比：0.70；近红外直接透射比：0.05；太阳光直接反射比（300nm～2500nm）：0.08；

采用在线 Low-E 玻璃旨在减小玻璃内侧换热系数，从而减少进入室内的太阳辐射与室内外温差对室内的增温。以下计算中换热系数采用如下简化计算公式：

$$\alpha_i = 6.12\times\varepsilon_i + 3.6$$

$$\alpha_e = 6.12\times\varepsilon_e + 17.9$$

式中：ε_i 为室内侧玻璃辐射率：在线 Low-E 取 0.2；ε_e 为室外侧玻璃辐射率：普通白玻取 0.84。

按上式计算出：

室内侧玻璃给热/换热系数 $\alpha_i=4.8$；室外侧玻璃给热/换热系数 $\alpha_e=23$；

按以上参数，太阳光直接透射及反射合计为 47%，其余 53%为中间膜及玻璃吸收部分，吸收太阳辐射 299W/m^2。

$$\alpha_i\Delta T_i+\alpha_e\Delta T_e=299\text{W/m}^2;$$

$$4.8\Delta T_i+23\Delta T_e=299\text{W/m}^2;$$

$$\Delta T_i=T-T_i;$$

$$\Delta T_e=T-T_e;$$

式中：T_i、T_e 分别为室内、外温度；α_i、α_e 分别为室、内外换热系数。

a. 当 $T_i=T_e$；$\Delta T_i=\Delta T_e=\Delta T$

$$\Delta T\ (4.8+23)=290;$$

$$\Delta T=10.7℃;$$

b. 内侧环境温度 24℃，外侧环境温度 32℃

$$\alpha_i\Delta T_i+\alpha_e\Delta T_e=290\text{W/m}\quad;$$

$$4.8\ (T-24)\ +23\ (T-32)\ =290;$$

$$T=41.4℃。$$

当两侧环境温度相等时，稳态下因中间膜吸热导致的玻璃温升为 10.7℃。吸热再传入室内的热量为 51.6W/m^2，占总辐射能量的 9%：

玻璃升温：10.7℃；近红外透射比：0.24；*SHGC*：0.47；S_c（*SHGC*/0.87）：0.54；光热比：1.5；*U*（夏）：3.3W/（m^2·K）；*U*（冬）：3.0W/（m^2·K）。

当室内温度小于室外时，室内侧温差变大，玻璃吸收再传热到室内比例增大。室内 24℃，室外 32℃时，向内侧传热为 83.4W，占总辐射能量的 15%。

玻璃表面温度：41.4℃；近红外透射比：0.35；*SHGC*：0.53；S_c（*SHGC*/0.87）：0.60；光热比：1.16；*U*（夏）：3.3W/（m^2·K）；*U*（冬）：3.0W/（m^2·K）。

从以上计算结果及实际测试结果看，对吸热型中间膜采用白玻与 Low-E 玻璃的组合会降低 *SHGC* 值，这是因为中间膜吸收近红外热能后转为长波向两面传递，在达到玻璃外侧的 Low-E 膜层时，由于膜层的低辐射特性，使玻璃表面换热系数大幅降低。例如在本例中的换热系数由 8.7W/m^2 降低到 4.8W/m^2，降幅接近一半，因此吸收再传递到室内侧的热量大幅减少。而根据能量守恒定律，室内侧换热减少必然增加室外侧换热量，玻璃温度也将增加，如在本例中玻璃温度提高 2℃。

4 白玻十吸热型中间膜十白玻与 Low-E 中空玻璃的组合

将双白玻夹层玻璃视为一块外玻璃，与 Low-E 中空玻璃进行组合（图 7），也可以视为 Low-E 中空玻璃的一侧玻璃透过中间膜与外侧玻璃粘合。中间膜吸热后通过接触换热传递到中空玻璃，与中空玻璃先吸收长波再降低热量传递的原理相同，利用中空玻璃低传热系数的保温特性，将中间膜吸收的热量降到最低。

设在单位面积中间膜吸收热量为 Q，根据下式可计算在不同的室内外温度下，中间膜吸热后在稳态平衡下的玻璃温度：

$$Q=U\Delta_i+\alpha_e\Delta e = U(T-T_i)+23(T-T_e)$$

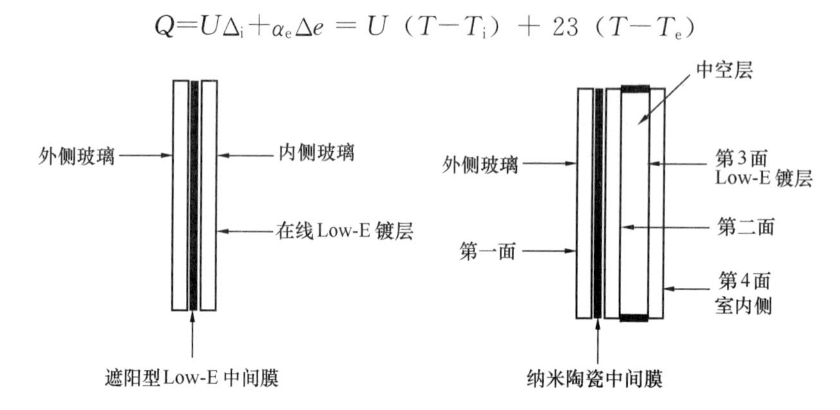

图6 采用遮阳型 Low-E 中间膜夹层玻璃 图 7 遮阳中间膜夹层中空玻璃

中间膜将太阳辐射热能吸收，并转换为长波向两侧玻璃传递，中空玻璃的 Low-E 面在第二面或第三面对降低室内传热没有区别。采用较低传热系数的中空玻璃对保温与隔热十分重要，因此需采用辐射率较低的高透型离线 Low-E 玻璃，例如采用辐射率为 0.03 的 low-E 玻璃，充惰性气体可以将 U 值降到 1.3W/（m^2・K）以下，在可见光透射比达到 60%时，仍可将 $SHGC$ 值降到 0.4。

吸收型中间膜可以实现最高的可见光透射比，以及最低的近红外线（直接）透射比，而中空玻璃可将 U 值控制在 1W/（m^2・K）以下也已经不是难题，而这种夹层中空玻璃又是安全玻璃的最好选择，因此相信定会在业界获得大范围推广。

5 结论与展望

本文主要讨论隔热型夹层玻璃，最重要的指标是可见光透射比 T_{vis} 和太阳能总透射比 $SHGC$，以及光热比 $T_{vis}/SHGC$。采用哪种解决方案主要是看能否在保证可见光透射比满足要求的前提下，选用能提供最高光热比的组合。

从理论、实测结果和实际使用上看，纳米陶瓷夹层玻璃可以提供最高的可见光透射比及光热比。

吸热型夹层玻璃会在吸收太阳辐照时会产生温升，但温升的幅度并不大。计算与实际测试证明，即使在室内温度 26℃，室外温度 40℃的情况下，在普通大气环境中，玻璃温度不会超过 45℃。即使室内外温度同为 40℃室内的情况下，玻璃温度仍小于 48.5℃，这个温度离中间膜软化温度很远，更不会引起爆裂。

从以上计算也可以得出，玻璃温度每增加 1℃，内外表面散热约增加 30W/m²，扣除玻璃透射及反射，中间膜吸收的最大热量为太阳最大辐照的 60%，即使在某些极端环境下，太阳辐照达到 600W/m²，玻璃温升也不会大于 20℃。

而在采用白玻＋Low-E 组合时，吸热型玻璃表现出明显的优势，*SHGC* 低于反射型夹层玻璃，而且室内外温差增加对 *SHGC* 影响也很小。

吸热型夹层玻璃之所以具有较高的可见光透射比和光热比，是因为其滤波特性曲线比较陡峭，因此可保留更多的可见光。而且反射率较低，不会产生光污染，而反射型中间膜如在可见光区反射过高，会造成光污染和透光率下降。

结论：在强调绿色节能和舒适性的时代大需求下，兼顾节能与舒适性的夹层玻璃有着巨大的市场前景。综合表 2 比较结果，纳米陶瓷中间膜可以提供最高的可见光透射比、最低的遮阳比和最高光热比，因此能够使夹层玻璃大幅提升其节能与舒适性，在和 Low—E 中空玻璃组合后，还能提供最优异的保温性能。

表 2　各种中间膜组合的夹层玻璃主要性能比较

	可见光透射比	可见光反射比	S_c	光热比	*U* 值	玻璃温升	适用领域	综合比较
白玻＋普通 PVB 中间膜＋白玻	高	低	高	低	高	低	建玻、汽玻	差
白玻＋纳米陶瓷中间膜＋白玻	高	低	低	高	高	小于 10℃	建玻、汽玻	优
白玻＋纳米陶瓷中间膜＋在线 Low-E	高	低	低	高	低	小于 10℃	建玻、汽玻	优
白玻＋反射型中间膜＋白玻	中	高	低	高	低	低	建玻、汽玻	良
白玻＋普通 PVB＋离线 Low-E	低	高	低	中	高	低	建玻、汽玻	中
白玻＋纳米陶瓷中间膜＋白玻＋Low-E 中空	高	低	低	高	低	低	建玻	优＋

展望：纳米陶瓷中间膜为夹层玻璃带来节能与舒适性的大幅提升，相信不仅必会带动汽车前挡风玻璃，以及新能源汽车玻璃的整体升级，而且对强调更安全、更节能的夹层中空玻璃具有重大意义，将带动中空玻璃的产业进步。

参考文献

[1]　陈启高.《建筑热物理基础》[M]. 西安交通大学出版社. 1991.

[2]　王耶. 低辐射玻璃的概念及其研究与应用问题的讨论[J]. 中国玻璃，2007，1.

[3]　董子忠，许永光，陈启高. 温永玲重庆大学建筑技术科学研究所. 窗户传热系数的简化计算方法[J]. 保温材料与建筑节能.

幕墙的污染问题及预防

蒋金博　张冠琦

广州市白云化工实业有限公司　广州　510540

摘　要　本文对幕墙污染的表现形式做了分析，幕墙污染有渗透污染和垂流污染两种表现形式，两者原因也各有不同。笔者对污染原因分析后提出了幕墙污染预防，密封胶是一个重要的影响因素，因此本文建议要选用合适的建筑接缝密封胶。经过对建筑接缝密封胶的对比分析，对硅酮密封胶进行配方改进后的防污染硅酮耐候密封胶具有优异的防污染性能，且仍具备硅酮耐候密封胶优异的耐老化性能，是预防幕墙污染的首选接缝密封胶。

关键词　幕墙；污染；原因；预防；密封胶

《玻璃幕墙工程技术规范》（JGJ 102—2003）指出：建筑幕墙是由支承结构体系与面板组成的、可相对主体结构有一定位移能力、不分担主体结构所受作用的建筑外围护结构或装饰性结构。通常按面板材料可将建筑幕墙划分为玻璃幕墙、金属板幕墙、石材幕墙和其他人造板材幕墙等。

幕墙作为建筑的外墙围护，不承重，除了具有隔声、隔热、防雨等使用功能外，还具有很好的装饰性，使整栋建筑达到美观；随着幕墙材料的发展，建筑师可通过建筑幕墙设计达到以前难以实现的建筑装饰效果，可以说，建筑幕墙是装点现代化城市的一道亮丽的风景线。

但是，在城市中矗立的大量幕墙中，有些经过一段时间的使用后，面板变得脏兮兮的，严重影响了建筑的美观，甚至有工程竣工不到半年，幕墙就变得泪流满面、惨不忍睹。幕墙的污染问题已经成为严重困扰业主和幕墙设计、施工单位的一道难题。本文就探讨一下设计和选材对幕墙污染问题造成的影响。

1　幕墙污染的表现形式

实际工程案例分析中，发现不仅石材幕墙、铝板幕墙、铝塑板幕墙甚至玻璃幕墙也有污染现象，而且污染的表现形式也不止一种，我们认为可分为以下两类：

1.1　渗透污染

渗透污染的表现为与胶缝相接触的面板材料有类似于油状的物质渗入而导致的面板材料表面变色，该现象一般发生在邻近胶缝的面板材料，多见于石材幕墙，除石材幕墙外，陶板、纤维水泥板等多孔幕墙材料也有工程案例发现有渗透污染现象。

图 1、图 2 分别为某大厦和某酒店的石材幕墙，工程竣工不久，就发现有渗透污染，图 3 为图 2 所示的某酒店石材幕墙的近距离照片，由图 3 可见与胶缝接触的面板材料因油状物渗入而出现了明显变色。

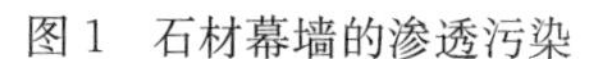

图 1 石材幕墙的渗透污染

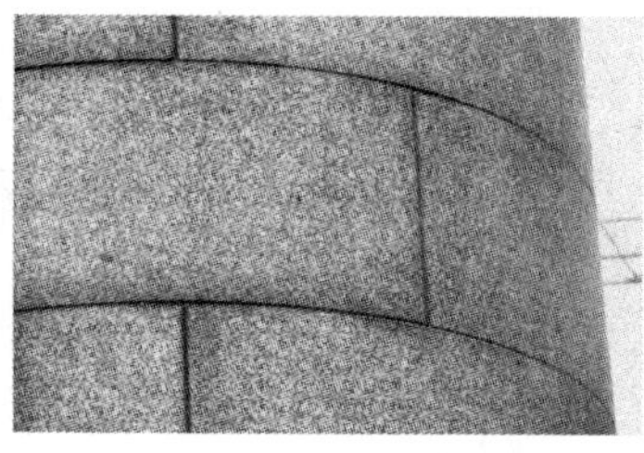

图 2 石材幕墙的渗透污染

图 3 石材幕墙的渗透污染

不仅是多孔型面板材料，有些铝板、铝塑板幕墙工程也发生了渗透污染现象，个别现象出现了油状物在面板材料表面涂层渗透铺展，污染面积大，污染现象非常明显，严重影响到幕墙美观。

图 4 工程为某国际会展中心，坐落在海滨，设计方融入海洋设计元素，整个建筑呈现“白色贝壳”状。为达到设计效果，面板材料选用了白色的 GRC 板，接缝密封选用了某品牌的密封胶。竣工时非常美观，但是好景不长，几个月后就出现了明显的渗透污染。

图 5 为某铝板幕墙工程案例，该幕墙已竣工 8 年，现场查看铝板表面涂层已有老化，局部出现粉化现象，与胶缝接触的面板材料出现了明显的“污染带”，即出现了油状物在表面涂层渗透铺展，污染面积大，严重影响到该幕墙的美观。

图 4 GRC 幕墙的渗透污染

图 5 铝板幕墙的渗透污染

1.2 垂流污染

除了渗透污染外，发现绝大多数幕墙面板上有“流痕”污染现象，即污染物在雨水作用下在幕墙面板上出现垂流污染，“流痕”在胶缝上下都可观察到。垂流污染不仅出现在暴露户外的石材幕墙、铝板幕墙，在玻璃幕墙上也可观察到。在幕墙未进行清洗的前提下，垂流污染会随时间的延长，污染物的积聚而逐渐明显。在实验过程中，我们发现有样板 3 个月左右就出现了垂流污染现象。垂流污染现象产生后，在浅色的石材和铝板幕墙表现尤为明显，对幕墙的整体美观影响较大。

图 6、图 7 分别为某铝板幕墙工程和某石材幕墙工程出现了明显的垂流污染现象。图 8 为玻璃幕墙的垂流污染现象，观察玻璃幕墙垂流污染有时可能不如石材幕墙和铝板幕墙那样明显，但选取一定的观察角度从建筑物内部向外看，玻璃幕墙垂流污染的流痕有时还是比较明显的。

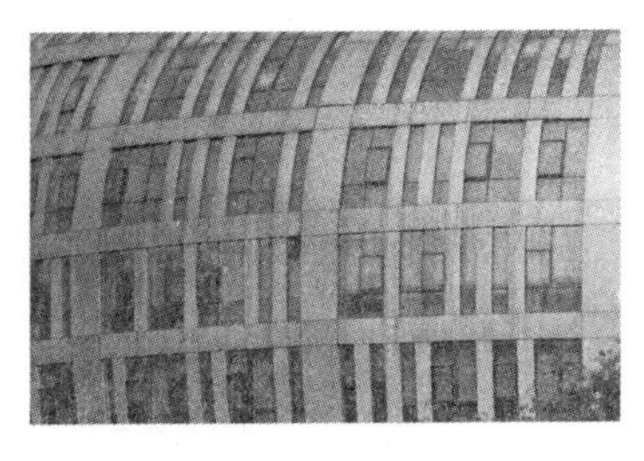

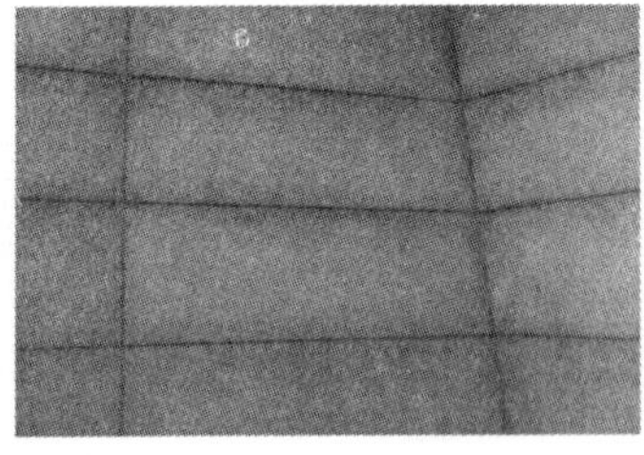

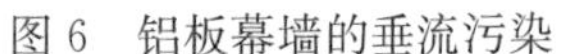

图6 铝板幕墙的垂流污染　　图7 石材幕墙的垂流污染　　图8 玻璃幕墙的垂流污染

2 幕墙污染的原因分析和应对

2.1 渗透污染的原因分析和应对

对于石材、陶板等多孔性面板材料渗透污染的原因，主要是因为面板材料与其使用的接缝密封胶接触后，密封胶中的增塑剂等小分子物质会渗入到多孔性材料内部，造成的胶缝周围的面板变色，形成渗透污染（图9）。

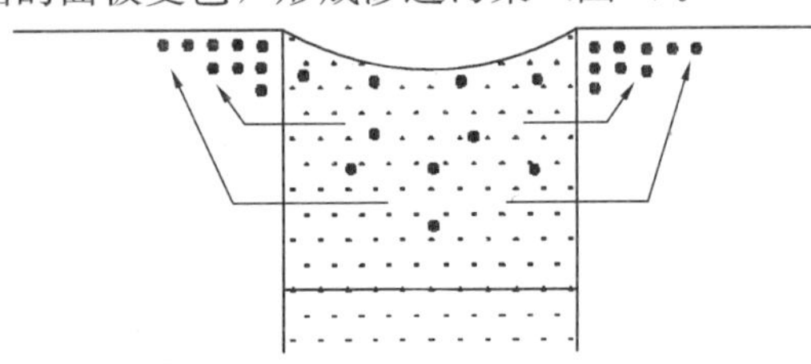

图9 石材等多孔材料渗透污染示意图

一般情况下，普通的耐候密封胶在配方设计上为了提高弹性和伸长率、降低硬度和模量、改善挤出性等考虑，通常会加入增塑剂；增塑剂或小分子低挥发分物质在密封胶固化过程中不参与交联固化反应，石材等多孔性材料与含有增塑剂的密封胶接触一段时间后，增塑剂有可能从胶体中渗出到石材表面污染石材。这种污染一旦造成就无法消除，对石材幕墙的外观影响非常大。

因石材渗透污染一旦造成无法消除，为控制污染进一步扩散，通常采取的方法就是尽快除掉污染源，即将造成污染的接缝密封胶尽快割掉，采用无污染的专用石材密封胶重新注胶施工。

而对于另一种渗透污染现象，表面有涂层的铝板、铝塑板，因表面涂层老化后会变得疏松、起粉，从而密封胶中的增塑剂渗透至老化后的涂层中，在涂层表面形成渗透扩散。由于这种污染主要是由于面板表面涂层不耐老化，从而涂层老化后疏松、起粉以致密封胶增塑剂在涂层扩散，一般采用的方法是对面板重新涂装、翻新。但是，密封胶增塑剂扩散至粉化后涂层的污染很难清洗干净。

2.2 垂流污染的原因分析和应对

垂流污染产生的原因主要是因为硅酮胶表面能低，容易吸附空气中的灰尘，胶缝表面聚积灰尘，形成“污染源”。下雨时，胶缝表面被吸附的灰尘经雨水冲刷后，污染胶缝附近及水平胶缝下面的基材表面（图10）。

由于垂流污染是胶缝表面吸附灰尘导致，因此垂流污染不仅出现在暴露户外的石材幕墙，也出现在金属板幕墙、玻璃幕墙等。垂流污染可以通过幕墙表面清洗的方式予以清除，但费时费力，尤其在高层和超高层幕墙上，幕墙板块清洗的难度较大，成本较高，且高空作业存在安全隐患（图11）。例如今年4月份的央视大楼“大裤衩”外幕墙清洗，媒体报道清洗费用达50万元，耗时40天。垂流污染清洗后，仅在一定时间内可维持幕墙的清洁美观，

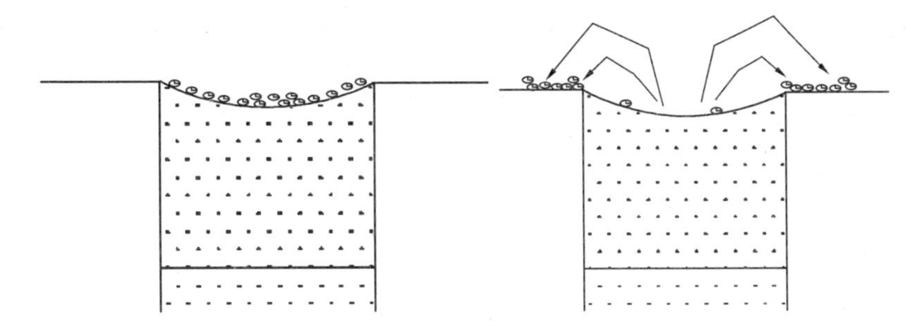

图 10　垂流污染示意图

一定时间期限后需再次清洗。

垂流污染产生的另一个原因是平台或斜面的设计不当，灰尘可长期在平台或斜面聚积，形成“污染源”，同时，平台或斜面因设计不当形成向外的排水方式，这样积累的灰尘被雨水冲刷下来，会在下方的面板上形成脏污流痕，造成污染，如图 12 所示。该垂流污染虽然能清洗掉，但一旦下雨形成水流，又会继续造成脏污流痕。

图 11　幕墙清洗的高空作业

图 12　平台积累灰尘对下方面板所造成的污染

3　幕墙污染问题的预防

3.1　设计上的预防

设计时，尽可能避免积灰平台或斜面冲刷的雨水直接流到幕墙上，如合理的设计排水措施，或适当采用遮雨措施，尽可能减少在幕墙上形成水流而造成脏污流痕，如图 13 的挑檐设计可减少下雨时立面幕墙上形成水流。

图 13　石材幕墙的挑檐设计

3.2　幕墙面板材料的选择

对于幕墙面板材料，幕墙面板材料本身应具备较好的耐老化性能，对于表面有涂层的幕墙面板材料，表面涂层还应具备较好的耐老化性能。这样才可能避免因面板材料本身出现表面粉化、疏松或龟裂现象以至于密封胶增塑剂或其他污染物易在面板材料表面渗透、铺展而造成污染。

3.3 幕墙接缝用密封胶的选择

基于以上对幕墙污染原因分析，幕墙接缝用密封胶如选用不当，幕墙污染的两种形式，即渗透污染和垂流污染都有可能发生，因此，幕墙接缝用密封胶的选用不容忽视，应选用对幕墙不会有污染的接缝密封胶。

什么才是适合幕墙的接缝密封胶？笔者认为适合幕墙的接缝用密封胶应具备以下的特点：一是该密封胶本身应具备不渗油、不吸灰的特点，对幕墙不会有渗透污染和垂流污染，使用后能保持幕墙的长期美观；二是由于幕墙和幕墙接缝长期暴露在户外中，耐老化性能应相对较好，能保证幕墙接缝的长期密封粘结。

建筑用密封胶除硅酮密封胶外，还有聚氨酯密封胶和改性聚醚密封胶（简称MS胶）可以用于建筑的接缝密封，这两种胶表面都不易吸附灰尘，可以做到没有污染现象[1]。但这两种密封胶耐老化性能不如硅酮胶，表面容易老化，出现裂纹，如图14所示。此外，这两种胶与玻璃的粘结不耐紫外线照射，时间长了会出现脱胶现象，因而这两种密封胶都不能用于玻璃幕墙，仅在石材幕墙工程上有一定应用。

图14　5000h紫外老化后密封胶对比

另一种解决方案是将现有的硅酮密封胶进行配方改进，使之具备不渗油、不吸灰的特点，该密封胶由于仍采用以有机硅聚合物为主体原料，因而同时具备硅酮密封胶优异的耐老化性能。白云化工基于该研发方向开发了SS818防污染硅酮耐候密封胶[2]，SS818防污染硅酮耐候密封胶的测试结果完全满足《石材用建筑密封胶》（GB/T 23261—2009）中50HM的性能要求[4]，不仅不会对石材等多孔材料造成渗透污染，而且具有优异的防垂流污染性能，在实际幕墙样板上户外暴露9个月无垂流污染现象，如图15所示。

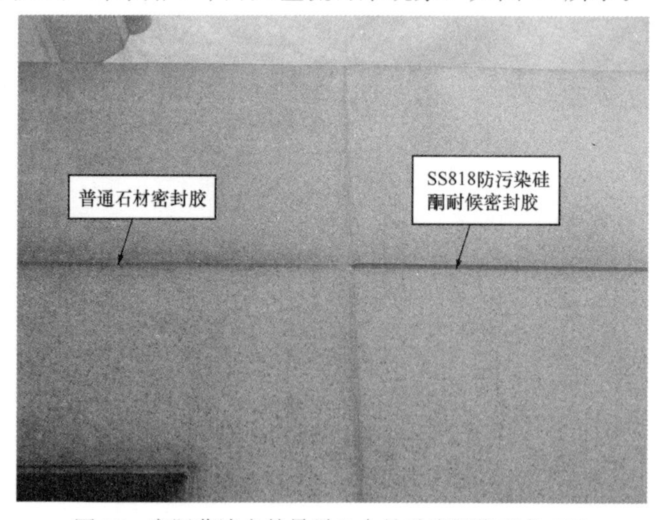

图15　实际幕墙户外暴露9个月垂流污染现象对比

4 防污染硅酮耐候密封胶的应用前景

防污染硅酮耐候密封胶具备优异的防污染性能，其基材适用性广泛，可用于玻璃幕墙、金属幕墙、石材幕墙等的接缝密封。对于石材等多孔性基材，能防止增塑剂等小分子对多孔性石材的渗入污染。用于常规幕墙，可最大限度减少密封胶接缝附近的脏污垂流污染，通过减少脏污垂流污染，幕墙在正常清洗的频次或少于正常清洗的频次下，能最大程度保证幕墙的整体清洁美观。因此，非常适用于对污染和脏污垂流有严格限制、对外墙美观性能要求较高的多孔性天然石材和外墙板块系统。从另一方面来说，通过减少脏污垂流污染，可显著减少幕墙清洗的频次，从而减少幕墙保洁方面的维护成本。

除此之外，防污染硅酮耐候胶可具备50级位移能力，同时具有普通耐候密封胶施工简便的特点，可作为高位移能力耐候密封胶使用，能满足对位移能力要求较高的超高层、大尺寸的幕墙接缝耐候密封。

幕墙清洗，尤其是超高层建筑的幕墙清洗一直是困扰业主的难题，防污染硅酮耐候密封胶以其优异的综合性能，预计有很好的应用前景。

5 结论

（1）幕墙污染严重影响到建筑美观，幕墙污染虽有渗透污染和垂流污染两种表现形式，两者原因也各有不同，但密封胶是一个重要的影响因素，因而，选用合适的建筑接缝密封胶显得较为重要。

（2）聚氨酯密封胶和有机硅改性聚醚胶，这两种密封胶用于建筑的接缝密封，胶缝表面确实不吸附灰尘，对面板污染性小，但其材料特性不耐老化，需定期维护，在幕墙上应用受到限制。

（3）通过对硅酮密封胶进行了配方改进，可以开发出防污染硅酮耐候密封胶，具有优异的防污染性能，且仍具备硅酮耐候密封胶优异的耐老化性能，是预防幕墙污染问题的首选接缝密封胶。

参考文献

[1] 幸光新太郎、王俊．建筑用改性硅酮密封胶发展简介[J]．中国建筑防水，2012，22：41，43.

[2] 蒋金博、陈文浩等．防污染硅酮耐候密封胶及其应用[C].2014第十七届中国有机硅学术交流会论文集．

不同 PA66GF25 隔热条吸湿性能研究

陈 超

芜湖精塑实业有限公司 安徽芜湖 241100

摘 要 本文以进口隔热条与国产隔热条为实验对象，主要研究了不同 PA66 隔热条吸湿前后强度变化及增重情况，并采用 DSC、SEM 等分析产生变化原因。结果表明：随着吸湿时间的增加，PA66GF25 隔热条高温横向抗拉强度逐渐降低，吸湿增重率逐渐增加，国产隔热条的高温横向抗拉强度降幅与吸湿增重率明显大于进口隔热条，不同国产隔热条的高温横向抗拉强度降幅与吸湿增重率随吸湿时间的增加变化也不同；从各隔热条 DSC 曲线来看，进口隔热条只有一个吸收峰，而国产隔热条则出现多个吸收峰，且采用不同原料隔热条其吸收峰亦有不同；通过对不同隔热条的玻纤形态分析发现，进口隔热条煅烧后玻璃纤维清晰可见，长径比保持较好，而国产隔热条表面多附有杂质，SEM 扫描电镜分析可知，进口隔热条与玻璃纤维结合较好，且玻璃纤维分布同向性较好，玻璃纤维取向性较好，国产隔热条中玻璃纤维与 PA66 基体结合较差，玻璃纤维分散性、取向性较差。

关键词 隔热条；吸湿；DSC 曲线；玻纤形态；断面形貌

1 前言

PA66GF25 尼龙隔热条是穿条式隔热铝合金型材的核心构件，在断桥铝合金门窗中不仅具有隔热保温功能，而且连接隔热型材中两侧的铝型材，起着结构件的作用。

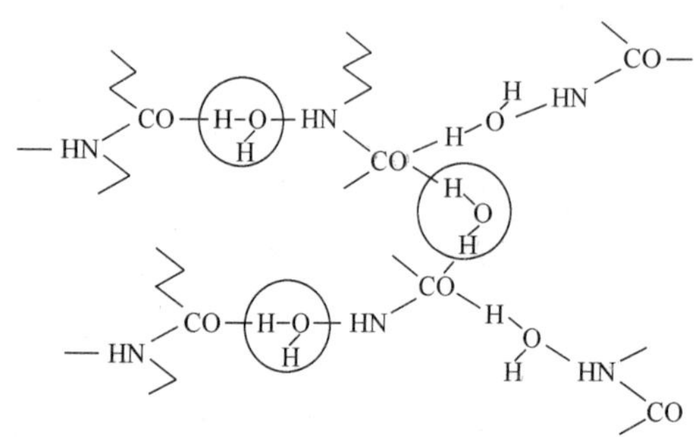

图 1 聚酰胺分子酰胺基与水分子形成氢键机理

尼龙隔热条中的聚酰胺分子链含有极性很强的酰胺基团（—NHCO—），会因水、热、氧等外界环境因素影响导致其强度降低、尺寸稳定性变差，进一步影响隔热条后期穿条加工及长期使用。

不同 PA66GF25 隔热条因所使用原料不同，其吸湿性能、强度亦存在较大差异。因而，本文对两种不同 PA66 原料隔热条的吸湿性能进行了研究，并通过多种研究方法对吸湿性能差异进行详述，为进一步了解尼龙隔热条吸湿性能提供参考。

2 实验部分

2.1 实验材料

I14.8 隔热条：某进口隔热条，三家国产隔热条。

2.2 主要仪器与设备

（1）万能试验机，型号：GP-TS2000S30KN，深圳高品检测设备有限公司；

（2）高低温试验箱，型号：TEMP800，深圳高品检测设备有限公司；

（3）游标卡尺，型号：SF2000，桂林广陆数字测控股份有限公司；

（4）千分尺，哈尔滨量具刃具集团有限责任公司；

（5）差示扫描量热仪，型号：DSC-60H，日本岛津公司；

（6）SEM 扫描电镜，型号：Quanta450，美国 FEI 公司。

2.3 尺寸及力学性能检测

隔热条横向抗拉强度及尺寸测定按 GB/T 23615.1—2009 进行测试，其中横向抗拉强度试样长度尺寸为（35±1）mm。

3 结果与讨论

3.1 不同吸湿时间对不同尼龙隔热条高温横向抗拉强度的影响

聚酰胺分子中因其极性酰胺基团（—NHCO—）具有很强的吸水性，在相对湿度大的环境中会因吸湿而强度降低。

从表 1 中可以看出，随着吸湿时间的增加，PA66GF25 隔热条高温横向抗拉强度逐渐降低，吸湿增重率逐渐增加，且从图 2 中可以看出，随着吸湿时间的增加，国产隔热条的高温

表 1 不同尼龙隔热条暴露前后高温横向抗拉强度及吸湿增重率

（暴露于空气中，相对湿度 60%，温度 23℃）

隔热条类型	高温横向抗拉强度（MPa）	暴露后高温横向抗拉强度（MPa）				吸湿增重率（%）			
		1h	2h	4h	8h	1h	2h	4h	8h
进口隔热条	62.15	61.81	61.38	60.79	59.92	0.08	0.13	0.18	0.25
国产隔热条 1	53.43	52.99	52.46	51.78	50.99	0.09	0.15	0.22	0.31
国产隔热条 2	53.14	52.72	52.19	51.51	50.75	0.09	0.16	0.22	0.32
国产隔热条 3	51.27	50.78	50.21	49.45	48.53	0.11	0.18	0.26	0.38

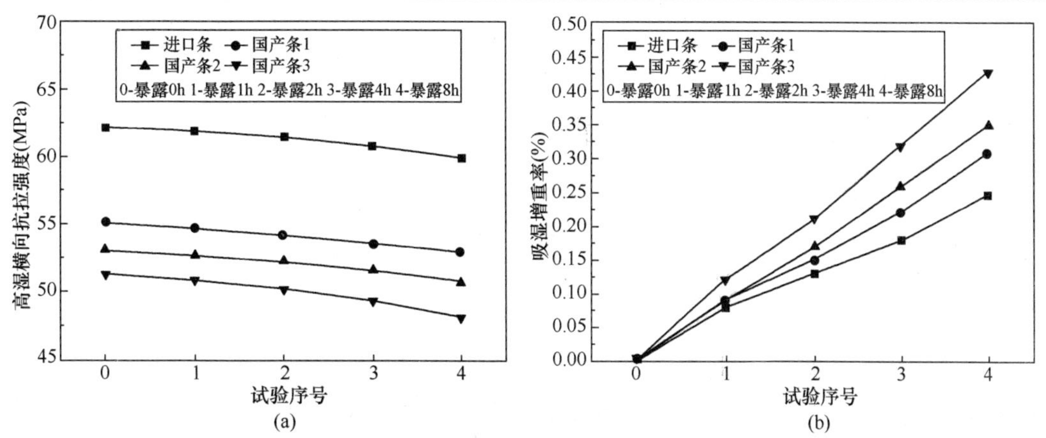

图 2 不同尼龙隔热条暴露前后高温横向抗拉强度及吸湿增重率

（暴露于空气中，相对湿度 60%，温度 23℃）

（a）高温横向抗拉强度；（b）吸湿增重率

横向抗拉强度降幅与吸湿增重率明显大于进口隔热条，同时，不同国产隔热条的高温横向抗拉强度降幅与吸湿增重率随吸湿时间的增加变化也不同。

PA66的结晶度约为30%—40%，仍存在大量非结晶区酰胺基，PA66在吸湿过程中，水分子与非结晶区的酰胺基结合，PA66分子间的氢键被破坏，分子链间出现松动，进而导致强度降低。

国产隔热条多采用回收PA66，在回收过程中易发生降解，结晶度降低，产生分子量更小的PA66，更易与水分子结合，同时，在回收过程中会因掺杂的低分子物质，导致PA66的晶相结构遭到破坏，水分子亦易进入PA66体系中，进一步导致PA66吸湿增强，因此，采用优质PA66的进口隔热条高温横向抗拉强度降幅与吸湿增重率增幅小于采用回收PA66的国产隔热条，而在回收PA66中，因处理方式的不同，亦会造成国产隔热条强度的不同。

3.2 不同PA66GF25隔热条DSC曲线分析

图4为进口隔热条与3种国产隔热条的DSC曲线，从图4中可以看出，进口隔热条DSC曲线中只有一个吸收峰，发生约在262.59℃，即为PA66的熔融温度，而国产隔热条则均有多个吸收峰，其中国产隔热条3则出现了3个小的吸收峰和1个大的吸收峰，大的吸收峰为PA66熔融吸收峰，而小的吸收峰可能为为低熔点物质、PA6以及PA66降解部分熔融温度，而国产隔热条1和国产隔热条2分别出现了2个吸收峰，除A点最大熔融吸收峰外，其余可能为PA6熔融吸收峰与PA66降解部分熔融吸收峰。

除进口隔热条外，从吸收峰值来看，各国产隔热条熔融温度均在255℃左右，所用PA66均为回料，均含有低熔点物质，或为PA6，或为PA66降解物质，对成型隔热条的强度影响较大，这是进口隔热条与国产隔热条以及国产隔热条之间强度差异的主要原因。

3.3 不同PA66GF25隔热条玻纤形态及SEM断面形貌

从图5中可以看出，进口隔热条玻纤形态要明显优于国产隔热条，其玻璃纤维长度保持较好，长径比较大，且玻璃纤维表面无附着物，这是因为全新PA66在高温下完全分解，而国产隔热条则采用回收料因其含有其他杂质成分，在高温煅烧时，难以分解完全，因而在煅烧后的玻璃纤维表面会有细小颗粒包覆现象。

图6为4种隔热条缺口冲击断面SEM照片，圆柱状物质为玻璃纤维，隔热条的断裂为脆性断裂，图6（a）中进口隔热条玻璃纤维被冲断，少量被拔出，并且玻璃纤维嵌入到PA66基体中，根部与PA66紧密粘结，露出的玻璃纤维表面附着有PA66基体，而且相邻玻璃纤维间树脂紧密相连。

而图6（b）中国产隔热条1断裂后可发现其玻璃纤维较错综，且表面很少附着PA66基体，图6（c）中国产隔热条2断裂后玻璃纤维虽嵌入至PA66基体中，但表面很少附着有PA66基体，图6（d）中不易观察到玻璃纤维断裂形态。

4 结论

通过对隔热条吸湿性能的研究发现，随着吸湿时间的增加，PA66GF25隔热条高温横向抗拉强度逐渐降低，吸湿增重率逐渐增加，国产隔热条的高温横向抗拉强度降幅与吸湿增重率明显大于进口隔热条，不同国产隔热条的高温横向抗拉强度降幅与吸湿增重率随吸湿时间的增加变化也不同。

从各隔热条DSC曲线来看，进口隔热条只有一个吸收峰，而国产隔热条则出现多个吸

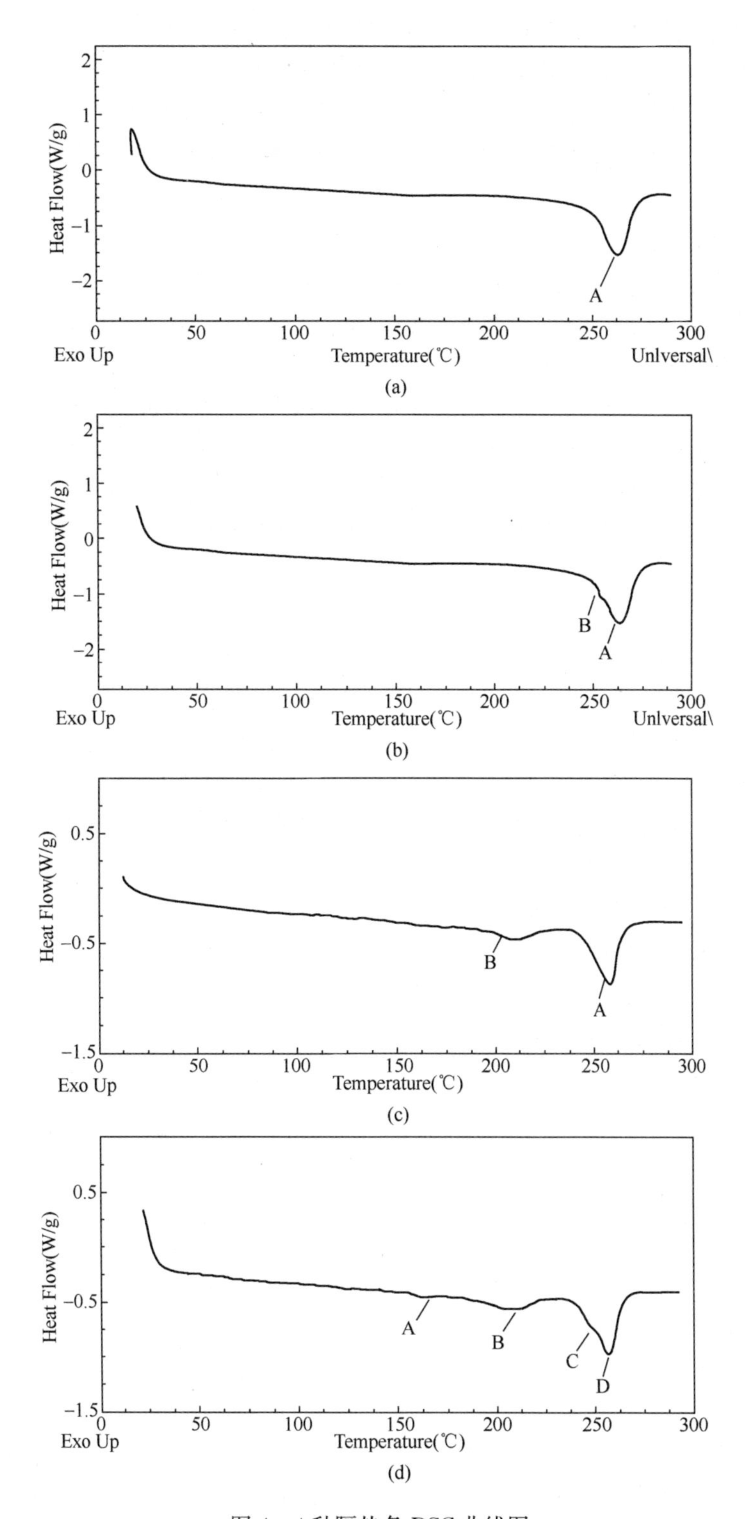

图 4　4 种隔热条 DSC 曲线图

(a) 进口隔热条；(b) 国产隔热条 1；(c) 国产隔热条 2；(d) 国产隔热条 3

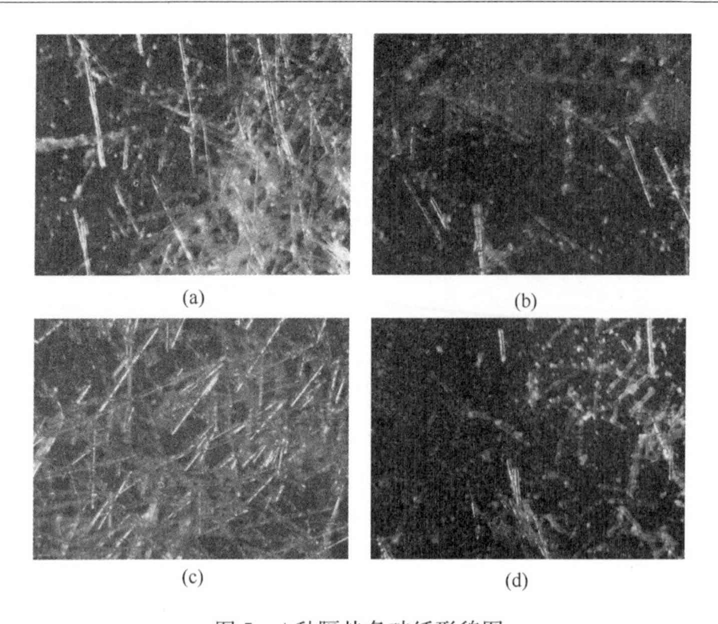

图5　4种隔热条玻纤形貌图

(a) 进口隔热条；(b) 国产隔热条1；(c) 国产隔热条2；(d) 国产隔热条3

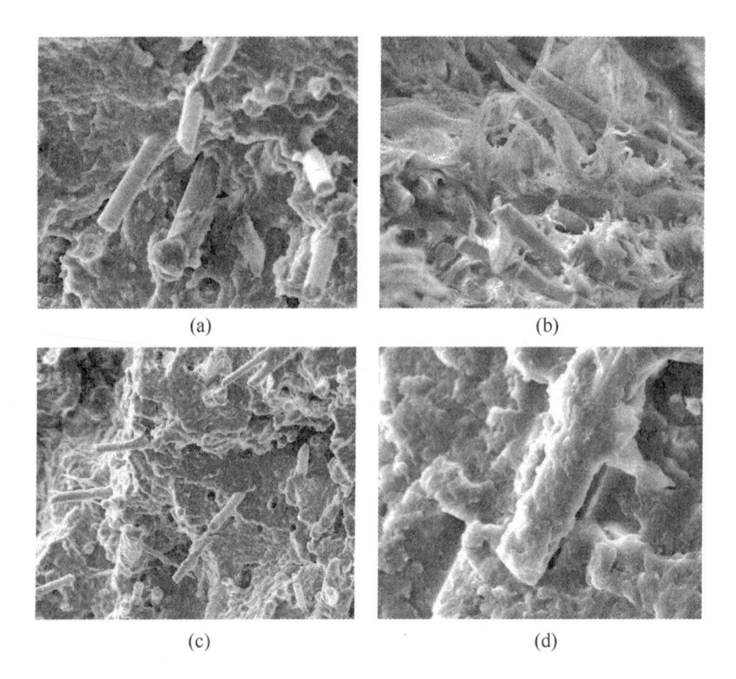

图6-4　种隔热条SEM断面形貌

(a) 进口隔热条；(b) 国产隔热条1；(c) 国产隔热条2；(d) 国产隔热条3

收峰，且采用不同原料隔热条其吸收峰亦有不同，原料的差异决定隔热条性能差异，进口隔热条因其采用全新PA66，强度很高，而国产隔热条所采用回收PA66，强度较低，且添加物质对隔热条强度进一步降低。

进口隔热条的玻纤形态及SEM断面形貌均优于国产隔热条，进口隔热条煅烧后玻璃纤维表面未有附着物，纤维长径比较大，而国产隔热条煅烧后玻璃纤维表面杂质较多，且纤维长径比小，SEM 断面形貌进一步说明进口隔热条中 PA66 基体与玻璃纤维结合较好，玻璃纤维取向性较好，国产隔热条中玻璃纤维与 PA66 基体结合较差，玻璃纤维分散性、取向性较差。

参考文献

[1] 全国有色金属标准化技术委员会．GB/T 23615.1—2009 铝合金建筑型材用辅助材料[S]. 北京：中国标准出版社，2009.

[2] 李珊珊，吕群，李伟等．聚乙烯基木塑复合材料吸水率的研究[J]. 中国塑料，2009，38(9)：69-74.

[3] 李荣富，胡兴洲．金属杂质对聚酰胺热氧化降解的影响[J]. 合成材料老化与应用，1999(1)：5-12.

[4] 曾庆敦．复合材料的细观破坏机制与强度[M]. 北京：科学出版社，2002：29-31.

[5] 夏秀群等．聚酰胺隔热条的耐水性研究[J]. 城市建设理论研究，2014，(14)：1318-1322.

[6] 福本修编．聚酰胺树脂手册[M]. 施祖培等译．北京：中国石化出版社，1994，2.

[7] 刘相果，彭晓东，刘江等．偶联剂对短玻纤增强 PA66 微观结构及性能影响研究[J]. 工程塑料应用，2003，31(7)：1-4.

[8] 董炎明．高分子分析手册[M]. 北京：中国石化出版社，2004：271-274.

中国建材工业出版社
China Building Materials Press